发电生产"1000个为什么"系列书

光伏电站运行与维护

1000

陈建国 主编

中国电力出版社
CHINA ELECTRIC POWER PRESS

内 容 提 要

本书紧密结合光伏电站现场的运行与维护工作，采用问答的形式对光伏电站的运行及生产管理的相关技术、案例等进行了系统性介绍。本书分10章，主要内容包括光伏电站的运维基础、运维管理、设备图解及维护巡检、设备缺陷和故障处理、安全管理和预防控制、远程运维平台、生产运行指标、能效管理与效率提升、电站性能检测与预防性试验、电站后评价等内容。

本书内容全面、实用、便查，适合从事光伏电站运行与维护的技术人员使用，也可供其他有关专业人员和高校师生参考。

图书在版编目（CIP）数据

光伏电站运行与维护 1000 问/陈建国主编 . —北京：中国电力出版社，2022.3（2024.7重印）

（发电生产"1000个为什么"系列书）

ISBN 978-7-5198-6345-6

Ⅰ.①光… Ⅱ.①陈… Ⅲ.①光伏电站-运行-问题解答②光伏电站-维修-问题解答 Ⅳ.①TM615-44

中国版本图书馆 CIP 数据核字（2021）第 279313 号

出版发行：中国电力出版社
地 　 址：北京市东城区北京站西街 19 号（邮政编码 100005）
网 　 址：http：//www.cepp.sgcc.com.cn
责任编辑：孙建英（010—63412369） 　 霍 　 妍
责任校对：黄 　 蓓 　 郝军燕 　 马 　 宁
装帧设计：张俊霞
责任印制：吴 　 迪

印 　 刷：北京雁林吉兆印刷有限公司
版 　 次：2022 年 3 月第一版
印 　 次：2024 年 7 月北京第五次印刷
开 　 本：880 毫米×1230 毫米 　 32 开本
印 　 张：17.125
字 　 数：490 千字
印 　 数：4001—5000 册
定 　 价：75.00 元

前　言

　　随着我国经济社会的快速发展及国家能源战略转型进程的加快，以光伏、风力发电为代表的清洁能源在电力系统中的地位显著提升，装机容量逐年增长。截至 2020 年底，我国光伏电站装机容量累计已经超过 253GW。与其他清洁能源相比，光伏发电的优势较为明显，随着相关技术的不断突破、成本的下降，光伏发电的需求仍将呈现增长趋势，是未来最具有发展前途的电力能源之一。

　　随着我国存量光伏电站资产规模的不断增长，光伏电站的运行与维护（简称运维）在资产全生命周期管理中的地位越来越受到重视。如何科学管理并保障电站资产的高效、稳定和安全运行，使得资产保值和增值，一直是电站投资者、第三方运维服务商最为关心的问题。

　　目前，光伏电站的运维管理仍存在着标准不统一、运维不规范、人员专业性欠缺、智能化程度不够、管理水平和运维效率低下等诸多问题。有鉴于此，我们深感很有必要编写一本比较系统、全面介绍光伏电站运行与维护的参考书。为此，我们成立了图书编委会，邀请了多年从事现场光伏运维工作的技术和管理人员参与编写，如区域负责人、电站站长和运维主管等，他们不仅具有丰富的电力行业经验，同时在国内也较早地进入光伏电站运维领域。

　　作者结合多年运维工作实践经验的积累与沉淀，从实用性出发，前后历时三年，精心编写了本书，力求做到图文并茂、通俗易懂，以一问一答的形式介绍光伏电站运维的技术与管理。本书分十章，涵盖了运维基础、运维制度体系与日常管理、设备图解与维护、设备缺陷与故障处理、安全运行管理、远程运维平台、生产运行指标体系与数据分析、能效管理与效率提升、电站检测与预防性试验、电站后评价等相关内容，是为数不多的覆盖面较广的运维类图书。

本书读者对象包括但不限于从事光伏电站运维的技术和管理人员、设备供应商、设计院、工程开发建设及验收人员、第三方咨询机构、电站检测人员、从事发电研究的科研人员、教师和学生以及关注电站运维的行业同仁。

本书由陈建国担任主编，负责主要章节内容的编撰、全书统稿及审定工作。韩冰、吴东辉、郝超、刘志刚、朱浩、朱宗强、马玉龙、赵猛、徐忠、韩栋、申林林、冯绍庆参与了部分章节内容的编写工作。

朱雅文、张秋业、杨威、特日格乐、李万里等参与了部分章节的审核工作。来自电站的人员为本书提供了大量的现场图片素材及相关案例，在此对书中所用图片的拍摄者表示衷心的感谢。

在编写过程中，编者与上海质卫环保科技有限公司总经理刘志刚博士、西安金扫把光伏科技有限公司总经理孙家欢博士、坎德拉（北京）科技有限公司总经理蒋华庆先生，以及苏州中康电力运营有限公司的运维专家及行业朋友进行了热心交流与讨论，同时中国电力出版社的编辑对本书提出了许多宝贵的修改意见和建议，在这里一并表示诚挚的感谢。

编者在本书的编写过程中查阅了相关资料，如论文、规范、标准、会议文集和网上资料等，并引用了一些网上资料和参考文献中的部分内容，在此谨向其作者表示深切的谢意！若有些引用未出现在参考文献中，恳请谅解，并请及时联系我们，以便再版时予以修正。

由于光伏电站运维涉及面较广，不同的运维服务单位其管理模式、方法和标准都不尽相同，要达到内容的详尽细致并满足不同的读者需求并非易事。本书仅起到抛砖引玉的作用，希望能对广大读者有所裨益和启发，同时也期待为实现光伏电站的高效运行与维护提供有益的借鉴和参考。

由于本书涉及专业较广，限于编者学识和水平，书中疏漏与不妥之处在所难免，恳请广大读者和专家批评指正（接收意见或建议的邮箱：chenjianguo2006@126.com）。

编者
2021 年 7 月

目　录

前言

第一章　运维基础 ……………………………………… 1

　第一节　光伏系统基础 ………………………………… 1

　　1. 光伏电站按是否并网分为哪几类? ………………… 1

　　2. 光伏电站按接入电网类型分为哪几类? …………… 1

　　3. 光伏电站按安装容量分为哪几类? ………………… 1

　　4. 光伏电站按安装场所分为哪几类? ………………… 1

　　5. 地面光伏电站一般由哪些设备组成? ……………… 2

　　6. 屋顶分布式光伏电站一般由哪些设备组成? ……… 3

　　7. 光伏电站的并网屯压等级如何选择? ……………… 3

　　8. 光伏支架可以分为哪些类型? ……………………… 4

　　9. 使用不同光伏支架类型的发电系统有哪些特点? … 4

　　10. 什么是平单轴跟踪系统的逆向跟踪技术? ………… 5

　　11. 不同类型的光伏电站运行和维护有哪些特点? …… 5

　　12. 地面光伏电站运维的难点和问题有哪些? ………… 6

　　13. 分布式光伏电站运维的难点有哪些? ……………… 7

　　14. 运维管理效率的提升有哪些措施? ………………… 8

　　15. 运维人才的培养途径有哪些? ……………………… 9

　　16. 从生产管理角度,光伏电站的运维模式有哪几种? … 10

　　17. 从运营管理角度,光伏电站的运维模式有哪几种? … 10

　　18. 何谓总部、区域和场站的三级管理体系? ………… 11

　　19. 运维后端反馈机制对前端的设计和采购可带来哪些帮助? …… 11

　　20. 地面光伏电站的选址应考虑哪些因素? …………… 12

　　21. 地面光伏电站的用地范围包括哪些? ……………… 13

　　22. 地面光伏电站光伏方阵的用地范围包括哪些? …… 13

23. 地面光伏电站组件阵列的用地面积如何计算？ •••••••••• 13

24. 集中型光伏电站的并网主要条件有哪些？ •••••••••• 14

25. 集中型光伏电站的并网主要流程有哪些？ •••••••••• 14

26. 光伏电站投产试运行应做哪几方面工作？ •••••••••• 15

27. 光伏电站交接、验收期易忽略的检查项有哪些？ •••••••••• 16

28. 建设期受电工程竣工后，提交的竣工报告应包括哪些内容？ ••• 16

29. 我国太阳能资源区是如何划分的？ •••••••••• 17

30. 什么是燃煤机组脱硫标杆上网电价？ •••••••••• 17

31. 什么是光伏电站的标杆上网电价？ •••••••••• 18

32. 2011 年至 2020 年期间，标杆上网电价发生了哪些调整？ ••••• 18

33. 何谓光伏发电的平价上网？ •••••••••• 19

34. 何谓平准化度电成本 LCOE？ •••••••••• 20

35. 光伏组件接收的太阳辐射有哪几类？ •••••••••• 20

36. 光伏组件可以分为哪几类？ •••••••••• 21

37. 何谓异质结电池？ •••••••••• 21

38. 何谓双面电池组件？ •••••••••• 21

39. 半片组件技术为什么能降低封装损失？ •••••••••• 22

40. 光伏组件的电性能参数有哪些？ •••••••••• 22

41. 不同品牌的光伏组件的性能差异点有哪些？ •••••••••• 23

42. 光伏组件的寿命一般有多少年？ •••••••••• 23

43. 光伏组件 $I\text{-}U$ 曲线上的每一点代表了什么？ •••••••••• 23

44. 光伏组件的转换效率是什么？ •••••••••• 24

45. 何谓组件的弱光性能？ •••••••••• 24

46. 如何理解组件的温度特性？ •••••••••• 25

47. 异质结组件与 PERC 组件的温度系数差异在哪里？ •••••••••• 26

48. 光伏组件温度与哪些因素有关？ •••••••••• 27

49. 晶硅光伏组件的功率衰减有哪些原因？ •••••••••• 28

50. 常规光伏组件的衰减率一般不超过多少？ •••••••••• 29

51. 光伏组件局部遮挡会导致旁路二极管导通吗？ •••••••••• 29

52. 直流汇流箱与交流汇流箱在使用上有什么区别？ •••••••••• 30

53. 直流汇流箱的熔断器如何选型？ •••••••••• 30

54. 智能直流汇流箱通信模块的供电来自何处？ ············ 31

55. 光伏逆变器可以分为哪几类？ ·················· 31

56. 集中逆变器的特点是什么？ ···················· 32

57. 组串逆变器的特点是什么？ ···················· 32

58. 逆变器的性能参数有哪些？ ···················· 33

59. 逆变器的各电压参数有什么区别？ ·············· 33

60. 集中逆变器设备内交流侧电容器的作用是什么？ ···· 34

61. 逆变器的设计使用寿命是多少年？ ·············· 34

62. 组串逆变器的组串电流数据采样和检测是如何实现的？ ·· 35

63. 什么是逆变器的单峰跟踪和多峰跟踪？ ·········· 35

64. 同一路 MPPT 可以串接不同组件数量的组件串吗？ ·· 35

65. 直流绝缘阻抗低的原因和危害有哪些？ ·········· 36

66. 逆变器检测绝缘阻抗的原理是什么？ ············ 36

67. 逆变器绝缘阻抗低和残余电流异常的区别是什么？ ·· 36

68. 逆变器房散热不良对电容器是否有影响？ ········ 37

69. 何谓系统的容配比？ ························ 37

70. 不同的光资源区系统的容配比一般是多少？ ······ 37

71. 什么是组件的最佳安装倾角？ ················ 37

72. 组件功率衰减后系统容配比会降低吗？ ·········· 38

73. 利于防雷保护的组件连接方式是什么样的？ ······ 39

74. 分布式光伏电站的并网点是指什么？ ············ 40

75. 分布式光伏电站的公共连接点是什么？ ·········· 41

76. 工商业屋顶安装光伏电站之后，是否会增加工厂变压器
    损耗？ ·································· 41

77. 企业厂房安装光伏电站以后功率因数为何会下降？ ·· 41

78. 何谓自发自用、余电上网？ ···················· 41

79. 自发自用、余电上网项目是如何计量的？ ········ 42

80. 何谓双向电能表？ ·························· 42

81. 分布式光伏发电项目的电能计量装置应满足哪些要求？ ·· 43

82. 当前我国的电价制度是怎样的？ ················ 44

83. 何谓合同能源管理？ ························ 44

84. 能源合同管理中关于电费的支付有哪些规定？ ……… 45

85. 如何根据电能表显示的数据计算电量？ ……… 45

86. 举例说明根据电能表读数计算电量的方法。 ……… 45

87. 分布式电站红外远程抄表是什么？ ……… 46

第二节　电气一次、二次 ……… 46

88. 如何读懂电气主接线图？ ……… 46

89. 光伏电站的箱式变压器主要是哪种类型？ ……… 47

90. 变压器的油箱有什么作用？ ……… 47

91. 变压器的储油柜有什么作用？ ……… 47

92. 变压器的气体继电器有什么作用？ ……… 48

93. 常用的变压器油有几种？ ……… 48

94. 不同型号的变压器油能否混用？ ……… 48

95. 什么是变压器的铜损？ ……… 48

96. 什么是变压器的铁损？ ……… 48

97. 变压器有哪些接地点，各接地点起什么作用？ ……… 49

98. 为什么规定油浸式变压器的绕组温升为 65℃？ ……… 49

99. 箱式变压器的上层油温不宜超过多少？ ……… 49

100. 箱式变压器的油温和绕组温度如何测量？ ……… 49

101. 夏季高温天气下，箱式变压器正常运行的油温大约是
    多少？ ……… 50

102. 箱式变压器测温的原理是什么？ ……… 50

103. 什么是变压器的绝缘吸收比？ ……… 51

104. 断路器、负荷开关、隔离开关在作用上有什么区别？ …… 51

105. 变压器在运行中有哪些特殊规定？ ……… 51

106. 新安装的保护装置竣工后，验收项目有哪些？ ……… 52

107. 何谓 UPS 系统？ ……… 52

108. 微机故障录波器的作用是什么？ ……… 53

109. 为什么高压线路要架空？ ……… 53

110. 光伏电站站用电源有哪两种运行方式？ ……… 53

111. 地面电站限电时，使用站用变压器电源是否影响自动发
    电控制（AGC）？ ……… 54

112. 电力二次系统包括什么？ ·············· 55

113. 电力系统的遥测、遥信、遥控和遥调信息分别是什么？ ······ 55

114. 何谓继电保护？ ·············· 55

115. 何谓电量保护？ ·············· 56

116. 何谓非电量保护？ ·············· 56

117. 非电量保护所反映的含义有哪些？ ·············· 56

118. 为什么要做保护定值单？ ·············· 56

119. 哪些设备需要做保护定值？ ·············· 57

120. 继电保护运行监视管理内容有哪些？ ·············· 57

121. 二次保护定值整定、核对时存在的风险及注意事项有
哪些？ ·············· 57

122. 软压板和硬压板有什么区别？ ·············· 58

123. 综合保护装置交接验收时，应检查哪些资料和文件？ ········ 59

124. 光伏电站的摄像头一般布置在哪些区域？ ·············· 59

125. 何谓综合自动化系统？ ·············· 59

126. 光伏电站的开关站/升压站的保护测控装置是什么？ ·········· 59

127. 什么是光伏电站 SCADA 系统？ ·············· 60

128. 光伏电站本地数据采集与监控系统具体包括哪些设备？ ······ 60

129. 什么是电力载波？电力载波通信回路怎么设计？ ·········· 60

第三节 调度基础 ·············· 60

130. 我国电力调度机构分为哪几级？ ·············· 60

131. 什么是国调和网调？ ·············· 61

132. 光伏电站需要向电力调度部门提供哪些信号？ ·········· 61

133. 光伏电站的调度权限和范围有哪些？ ·············· 61

134. 调度电话的使用有哪些规定？ ·············· 62

135. 光伏电站的停运分为哪几类？ ·············· 62

第四节 政策手续类 ·············· 63

136. 什么是发电业务许可证？ ·············· 63

137. 办理发电业务许可证需要提供哪些资质及材料？ ·········· 63

138. 发电业务许可证办理的注意事项有哪些？ ·············· 64

139. 土地证办理流程和材料有哪些？ ·············· 65

140. 土地证办理的注意事项有哪些? ⋯⋯⋯⋯⋯⋯ 66

141. 光伏电站电能质量检测具体项目有哪些? ⋯⋯⋯ 66

142. 电能质量检测的注意事项有哪些? ⋯⋯⋯⋯⋯ 66

143. 光伏可再生能源发电补贴申报流程是什么? ⋯⋯ 67

144. 光伏可再生能源发电补贴申报注意事项有哪些? ⋯⋯ 68

145. 办理建设工程许可证时需要准备哪些材料? ⋯⋯ 69

146. 光伏电站办理消防验收的先决条件是什么? ⋯⋯ 69

147. 光伏电站消防验收备案办理流程是什么? ⋯⋯⋯ 69

148. 光伏电站开工如何做好水土保持工作? ⋯⋯⋯ 70

149. 110kV 光伏电站第一次结算电费时的流程步骤? ⋯⋯ 70

150. 光伏电站关口计量表电量结算时少了如何解决? ⋯⋯ 71

151. 光伏发电企业下网电费怎样计算? ⋯⋯⋯⋯⋯ 71

第五节　网络安全与电网考核 ⋯⋯⋯⋯⋯⋯⋯⋯⋯ 72

152. 二次监控系统是怎么划分的? ⋯⋯⋯⋯⋯⋯⋯ 72

153. 光伏企业二次安防检查流程及项目是什么? ⋯⋯ 72

154. 光伏电站为什么要配置 AGC 系统? ⋯⋯⋯⋯⋯ 73

155. AGC 的基本结构是什么? ⋯⋯⋯⋯⋯⋯⋯⋯ 74

156. 什么是 AVC 系统? ⋯⋯⋯⋯⋯⋯⋯⋯⋯⋯⋯ 74

157. AVC 系统有哪些控制方式? ⋯⋯⋯⋯⋯⋯⋯⋯ 74

158. AVC 系统的基本结构是什么? ⋯⋯⋯⋯⋯⋯⋯ 75

159. 使用 AGC/AVC 系统的目的是什么? ⋯⋯⋯⋯⋯ 75

160. 什么是 SVG? ⋯⋯⋯⋯⋯⋯⋯⋯⋯⋯⋯⋯⋯ 75

161. SVG 需要具备什么功能? ⋯⋯⋯⋯⋯⋯⋯⋯⋯ 76

162. SVG 有哪两种接线方式? ⋯⋯⋯⋯⋯⋯⋯⋯⋯ 76

163. 什么情况下可以不使用 SVG? ⋯⋯⋯⋯⋯⋯⋯ 76

164. 组串逆变器发无功是否可降低下网电费? ⋯⋯⋯ 77

165. 组串逆变器发无功是否影响有功功率? ⋯⋯⋯⋯ 77

166. AGC 的控制模式有哪两种? ⋯⋯⋯⋯⋯⋯⋯⋯ 78

167. AGC 主站需要获取哪些信息? ⋯⋯⋯⋯⋯⋯⋯ 79

168. AGC 子站需要获取哪些信息? ⋯⋯⋯⋯⋯⋯⋯ 79

169. AGC 系统的运行控制应关注哪些方面的问题? ⋯⋯ 79

170. 什么是调度数据网？ •••••••••••••••••••••••••••••••••• 79

171. 为什么需要纵向加密装置？ •••••••••••••••••••••••••• 80

172. 为什么需要横向隔离装置？ •••••••••••••••••••••••••• 80

173. 何谓光伏功率预测系统？ •••••••••••••••••••••••••••• 80

174. 光伏功率预测系统的作用是什么？ •••••••••••••••••• 81

175. 光功率预测系统的配置有哪些？ •••••••••••••••••••• 81

176. 光伏功率预测系统一般生成的文件有哪些？ •••••••• 81

177. 光功率预测的时长和精度有哪些要求？ •••••••••••• 82

178. 何谓"两个细则"考核？ •••••••••••••••••••••••••••••• 82

179. 电力监管部门发布的两个细则考核指标有哪些？ •••• 82

180. 两个细则中关于无功调节考核有哪些要求？ •••••••• 83

181. 电压合格率的计算方法是什么？ •••••••••••••••••••• 83

182. 两个细则中关于 AGC 考核的规定有哪些？ •••••••••• 84

183. 两个细则中关于 AGC 可用率的考核规定有哪些？ •••• 84

184. 两个细则中关于 AGC 合格率的考核规定有哪些？ •••• 84

185. 两个细则中关于 AGC 最大功率变化的考核规定有哪些？ •••••• 84

186. 两个细则中关于 AGC 响应时间的考核规定有哪些？ •••• 85

187. 两个细则中关于 AGC 免考核的项目有哪些？ •••••••• 85

188. 两个细则中关于光功率的考核项目有哪些？ •••••••• 85

189. 如何分析电网"两个细则"考核补偿表？ •••••••••••• 85

第六节 电力交易 •• 87

190. 何谓绿色电力证书？ •••••••••••••••••••••••••••••••• 87

191. 何谓绿色电力证书挂牌销售？ •••••••••••••••••••••• 87

192. 何谓绿色电力证书协议转让？ •••••••••••••••••••••• 87

193. 何谓隔墙售电？ •••••••••••••••••••••••••••••••••••• 87

194. 电力市场体系由哪些组成？ •••••••••••••••••••••••• 88

195. 何谓大用户直购电？ •••••••••••••••••••••••••••••••• 88

第二章 运维管理 •• 89

第一节 生产准备 •• 89

196. 生产准备需要做哪些工作？ •••••••••••••••••••••••• 89

197. 主控室张贴图表包括哪些？ •••••••••••••••••••••••• 89

198. 光伏电站运维服务商一般需要哪些资质？ ……………… 90

第二节 运维制度 ……………………………………………… 90

199. 建立、健全运维管理制度体系有什么好处？ …………… 90

200. 光伏电站运维有哪些管理制度？ ……………………… 91

201. 运营总部对光伏电站的考核指标有哪些？ …………… 91

202. 何谓光伏电站的精细化管理？ ………………………… 92

203. 何谓光伏电站的标准化管理？ ………………………… 92

204. 何谓光伏电站的 7S 管理？ …………………………… 92

205. 安全标准化管理可从哪些方面开展？ ………………… 93

206. 定期运维工作主要包括哪些方面？ …………………… 94

第三节 人员管理和工作标准 ……………………………… 94

207. 不同类型及不同规模光伏电站的运维人员一般如何配置？ … 94

208. 人员组织架构一般是什么样的？ ……………………… 95

209. 人员值班方式是什么样的？ …………………………… 95

210. 运维人员需要参与哪些培训？ ………………………… 96

211. 运维人员必须持有的证书有哪些？ …………………… 96

212. 什么是特种作业操作证（电工）？ …………………… 96

213. 特种作业许可证如何获得？ …………………………… 97

214. 什么是调度上岗证？ …………………………………… 97

215. 如何按区域划分责任到人？ …………………………… 97

216. 按区域划分责任到人的好处是什么？ ………………… 98

217. 运维人员的岗位职责一般有哪些？ …………………… 98

218. 站长对升压站的巡检需要做好哪些管理工作？ ……… 99

219. 站长对光伏区的巡检需要做好哪些工作？ …………… 100

220. 站长对日常报表、工作记录需做好哪些工作？ ……… 101

221. 站长对日常的培训管理需要做好哪些工作？ ………… 102

222. 站长对故障处理需要做好哪些工作？ ………………… 102

223. 站长对电网调度、交易中心等需要做好哪些工作？ … 103

224. 站长对其他的管理工作需要做好哪些？ ……………… 103

225. 运行值班长对报表检查需要做好哪些工作？ ………… 104

226. 运行值班长对巡检需要做好哪些工作？ ……………… 105

227. 运行值班长对运行记录需要做好哪些工作? ……………… 105

228. 运行值班长对备品备件记录需要做好哪些检查工作? ……… 105

229. 运行值班长对备品备件的管理需要做好哪些工作? ………… 106

230. 运行值班长对安全工器具的管理需要做好哪些工作? ……… 106

231. 运行值班长对安全防护工器具的管理需要做好哪些
工作? …………………………………………………… 107

232. 运行值班长对运维工器具的定期检查有哪些? …………… 107

233. 运行值班长对技术培训需要做好哪些工作? ……………… 108

234. 运行值班长对档案资料管理需要做好哪些工作? ………… 108

235. 运行值班长对光伏区的巡检管理需要做好哪些工作? ……… 108

236. 运行值班长对晨会、安全例会和交接班需做好哪些
工作? …………………………………………………… 108

237. 运行值班长对安全培训需要做好哪些工作? ……………… 109

238. 运行值班长对工作票三种人的培训、考核需要做好哪些
工作? …………………………………………………… 109

239. 运行值班长对工作票管理有哪些工作? …………………… 110

240. 运行值班长对操作票管理需要做好哪些工作? …………… 110

241. 运行值班长对升压站的巡检需要做好哪些工作? ………… 111

242. 运维员对于监控系统巡屏的具体工作内容和要求有哪些? … 111

243. 运维员对工作票办理的具体工作内容和要求有哪些? ……… 111

244. 运维员对运行操作的具体工作内容和要求有哪些? ………… 112

245. 运维员对设备巡检的具体要求有哪些? …………………… 112

246. 运维员对定期工作的要求有哪些? ………………………… 112

247. 运维员对报表及设备运行有哪些要求? …………………… 112

248. 运维员需要做好哪些培训工作? …………………………… 113

249. 物资管理员的具体工作内容及标准有哪些? ……………… 113

250. 对于光伏电站生产设备,安全员的具体工作内容和标准有
哪些? …………………………………………………… 113

251. 对于安全教育培训,安全员的具体工作内容和标准有
哪些? …………………………………………………… 114

252. 对于厂区安防巡逻,安全员的具体工作内容和标准有

哪些? •• 114

253. 对于厂区安全用电,安全员的具体工作内容和标准有
哪些? •• 115

254. 对于厂区消防安全,安全员的具体工作内容和标准有
哪些? •• 115

第四节 资料管理•• 116

255. 光伏电站技术资料存档应包括哪些内容? •••••••••• 116

256. 光伏电站运行记录资料包括哪些? •••••••••••••••• 117

257. 设备运行台账包括哪些内容? ••••••••••••••••••••• 118

258. 故障分析报告和知识库有哪些用处? •••••••••••••• 118

第五节 日常管理••• 119

259. 运维日常清扫作业的工作要求有哪些? •••••••••••• 119

260. 光伏区设备巡检的运维日常作业要求有哪些? •••••• 119

261. 如何制定合理的运维巡检路线? •••••••••••••••••• 120

262. 站内电气设备巡检的日常作业要求有哪些? •••••••• 120

263. 运行日志主要包括哪些内容? ••••••••••••••••••••• 121

264. 电量向上级报送注意哪些问题? •••••••••••••••••• 121

265. 光伏电站的日报表一般包括哪些内容? •••••••••••• 122

266. 光伏区的消缺流程是什么样的? •••••••••••••••••• 122

267. 每日班前会包括哪些内容? •••••••••••••••••••••• 123

268. 日常调度工作中有哪些需要注意的问题? •••••••••• 123

269. 对于交接人员,如何做好日常的交接班工作? •••••• 124

270. 对于接班人员,如何做好日常的交接班工作? •••••• 124

271. 光伏电站在除草过程中如何加强质量和进度管控? •• 125

272. 对高压室的钥匙使用和保管有何要求? •••••••••••• 125

第六节 备品备件管理 •••••••••••••••••••••••••••••••••••• 126

273. 光伏电站的易耗品有哪些? •••••••••••••••••••••• 126

274. 组件和支架的备品备件有哪些? •••••••••••••••••• 126

275. 智能汇流箱设备的备品备件有哪些? •••••••••••••• 126

276. 逆变器的备品备件有哪些? •••••••••••••••••••••• 127

277. 箱式变压器的备品备件有哪些? •••••••••••••••••• 127

278. 高压开关柜的备品备件有哪些? ·············· 128

279. 电缆的备品备件有哪些? ·············· 129

280. 备品备件的管理内容有哪些? ·············· 130

281. 备品备件的回收和报废应注意哪些? ·············· 130

282. 物资仓库需要做好哪些管理? ·············· 130

第七节 工器具管理 ·············· 131

283. 运维工器具分为哪几类? ·············· 131

284. 安全工器具清单如何配置? ·············· 131

285. 常用检测工器具包括哪些? ·············· 132

286. 运维专用工器具包括哪些? ·············· 132

287. 对于安全工器具的运维要求有哪些? ·············· 132

288. 专用工器具的使用要求有哪些? ·············· 133

第八节 缺陷故障管理 ·············· 133

289. 故障缺陷如何进行分类管理? ·············· 133

290. 如何做好故障分析报告? ·············· 134

291. 如何做好缺陷及故障台账的统计工作? ·············· 134

第九节 运维费用管理 ·············· 135

292. 组件清洗招标需要注意哪些问题? ·············· 135

293. 光伏电站的运维费用一般包括哪些? ·············· 136

第十节 保险理赔 ·············· 136

294. 光伏电站一般会购买哪些保险? ·············· 136

295. 何谓财产一切险和机器设备损坏险? ·············· 137

296. 财产一切险与机器设备损坏险的区别是什么? ·············· 137

297. 光伏电站保险理赔的流程是什么? ·············· 137

第十一节 技术培训 ·············· 138

298. 如何在设备质保期内加强设备消缺经验的积累? ·············· 138

299. 如何开展事故预想? ·············· 138

第三章 设备图解及维护巡检 ·············· 140

第一节 光伏区设备图解 ·············· 140

300. 智能直流汇流箱由哪些元器件组成? ·············· 140

301. 智能直流汇流箱电路原理是什么样的? ·············· 141

302. 交流汇流箱内部结构是什么样的？ ……………… 141

303. 集中逆变器由哪些组成？ ……………… 142

304. 组串逆变器由哪些组成？ ……………… 142

305. 箱式变压器由哪些组成？ ……………… 143

306. 箱式变压器测控装置的用途是什么？ ……… 145

第二节　升压站设备图解 ……………… 145

307. 气象站由哪些组成？ ……………… 145

308. 什么是光伏电站的主控室？ ……………… 145

309. 光伏电站主控室的作用有哪些？ …………… 146

310. 主控室有哪些设备或设施？ ……………… 147

311. 继保室一般有哪些设备？ ……………… 149

312. 二次设备的平面图一般是如何分布的？ ……… 149

313. 高压室有哪些设备或设施？ ……………… 150

314. SVG 成套装置由哪些部分组成？ ………… 151

315. 光差保护屏由哪些部分组成？ …………… 151

316. 母线保护屏一般由哪些部分组成？ ………… 152

317. 故障录波屏由哪些部分组成？ …………… 153

318. 电能表屏由哪些部分组成？ ……………… 153

319. 电能质量在线监测屏由哪些组成？ ………… 154

320. 公共网络控制屏由哪些组成？ …………… 155

321. GPS 远动通信屏由哪些组成？ …………… 155

322. 视频监控屏由哪些组成？ ……………… 155

323. 调度数据网屏由哪些组成？ ……………… 156

324. 网络安全监测装置由哪些组成？ ………… 158

325. 什么是 OMS? ……………… 159

326. 什么是双细则考核系统？ ……………… 159

327. AGC/AVC 控制屏是什么样的？ ………… 159

328. 光功率预测屏由哪些组成？ ……………… 160

329. 直流充电屏由哪些组成？ ……………… 160

330. UPS 逆变电源系统由哪些组成？ ………… 160

331. 什么是站用电源系统？ ……………… 161

332. 高压（110、66kV）变电设备区有哪些设备或设施? ········· 162

333. 高压断路器、隔离开关及接地刀闸是什么样的? ········· 162

334. 主变压器的组成有哪些? ········· 163

335. 高压设备区电压互感器是什么样的? ········· 163

336. 光伏电站避雷针的作用是什么? ········· 165

337. 接地变压器兼站用变压器的作用是什么? ········· 166

第三节 送出线路图解 ········· 166

338. 什么是架空电缆线路? ········· 166

第四节 设备维护要点 ········· 167

339. 环境监测仪的维护要点有哪些? ········· 167

340. 直接辐射表的维护要点有哪些? ········· 168

341. 散射辐射表的维护要点有哪些? ········· 168

342. 总辐射表的维护要点有哪些? ········· 169

343. 光伏组件的维护要点有哪些? ········· 169

344. 直流汇流箱的维护要点有哪些? ········· 170

345. 光伏专用熔断器的维护要点有哪些? ········· 171

346. 逆变器的维护要点有哪些? ········· 171

347. 高压电缆的维护要点有哪些? ········· 172

348. 箱式变压器的维护要点有哪些? ········· 172

349. 站用变压器的维护要点有哪些? ········· 173

350. 接地变压器及消弧线圈的维护要点有哪些? ········· 173

351. 隔离开关的维护要点有哪些? ········· 174

352. 直流柜/通信柜的维护要点有哪些? ········· 174

353. 接地开关的维护要点有哪些? ········· 175

354. 蓄电池组的维护要点有哪些? ········· 175

355. 光伏电站的外线维护要点有哪些? ········· 176

356. 光伏电站哪些设备需要定期除尘清扫? ········· 176

357. 光伏电站的设备除尘如何进行? ········· 176

第五节 设备巡检要求 ········· 178

358. 光伏电站设备巡检可以分为哪几类? ········· 178

359. 光伏电站特殊巡视具体有哪些内容? ········· 178

360. 电站巡检中有哪些注意事项？ •••••••••••••••••••••••••••• 179

361. 光伏区的巡检路线图是什么样的？ ••••••••••••••••••• 179

362. 升压站的巡检路线图是什么样的？ ••••••••••••••••••• 180

363. 固定式支架及其基础的巡检有哪些内容？ •••••••••• 181

364. 跟踪支架的巡检有哪些内容？ •••••••••••••••••••••• 182

365. 气象站的巡检有哪些内容？ ••••••••••••••••••••••••• 182

366. 光伏组件的巡检有哪些内容？ •••••••••••••••••••••• 183

367. 直流汇流箱的巡检有哪些内容？ •••••••••••••••••••• 184

368. 交流汇流箱的巡检及内部检查分别有哪些内容？ ••• 185

369. 集中逆变器的巡检有哪些内容？ •••••••••••••••••••• 187

370. 组串逆变器的巡检有哪些内容？ •••••••••••••••••••• 190

371. 箱式变压器的外部巡检有哪些内容？ •••••••••••••••• 191

372. 箱式变压器的内部巡检有哪些内容？ •••••••••••••••• 192

373. 主变压器的巡视有哪些内容？ •••••••••••••••••••••• 196

374. 特殊天气对室外变压器应做哪些检查？ •••••••••••• 197

375. 继电保护及自动装置运行中的检查项目有哪些？ ••• 197

376. 电流互感器在运行中的检查维护项目有哪些？ •••••• 197

377. 母线的巡视有哪些内容？ •••••••••••••••••••••••••••• 198

378. 厂区电缆巡检有哪些内容？ ••••••••••••••••••••••••• 198

379. SVG 高压电缆头的巡检内容哪些？ •••••••••••••••• 199

380. SVG 的隔离开关巡视有哪些内容？ •••••••••••••••• 199

381. SVG 的接地刀闸巡视有哪些内容？ •••••••••••••••• 200

382. SVG 的户外真空断路器巡视有哪些内容？ •••••••• 201

383. SVG 的避雷器巡视有哪些内容？ •••••••••••••••••• 202

384. SVG 的充电电阻巡视有哪些内容？ •••••••••••••••• 202

385. SVG 的电抗器巡视有哪些内容？ •••••••••••••••••• 202

386. SVG 装置柜的巡视有哪些内容？ •••••••••••••••••• 204

387. GIS 开关巡视的内容有哪些？ ••••••••••••••••••••• 205

388. 光伏电站送出线路巡视的内容有哪些？ •••••••••••• 207

389. 光差保护屏的巡视检查内容有哪些？ •••••••••••••• 208

390. AGC/AVC 系统的巡视内容有哪些？ •••••••••••••••• 208

391. 光功率预测屏重点巡视内容有哪些? ……………… 209

392. 直流系统的重点巡视内容有哪些? …………………… 210

393. 站用电源系统重点巡视内容有哪些? ………………… 212

394. 调度数据网的巡视内容有哪些? ……………………… 213

395. 视频监控系统及电站防盗系统巡视内容有哪些? …… 214

396. 微机五防系统巡视内容有哪些? ……………………… 214

397. 远动通信屏的巡视内容有哪些? ……………………… 215

398. 安全围网、标识牌的检查有哪些? …………………… 215

399. 绝缘安全工器具高压验电器的月检有哪些内容? …… 216

400. 绝缘安全工器具绝缘手套的月检有哪些内容? ……… 216

401. 绝缘安全工器具绝缘靴的月检有哪些内容? ………… 217

402. 绝缘安全工器具绝缘棒的月检有哪些内容? ………… 217

403. 绝缘安全工器具绝缘梯/凳的月检有哪些内容? ……… 218

404. 防护安全工器具的月检有哪些内容? ………………… 218

第六节 设备运行操作及处理 …………………………… 219

405. 如何查找电流、电压偏低的组串并进行相关操作? … 219

406. 光伏组串检查需要注意哪些事项? …………………… 219

407. 如何使用蓝牙模块在组串逆变器上查看运行数据? … 220

408. 什么是倒闸操作? ……………………………………… 221

409. 电气设备有哪几种状态? ……………………………… 221

410. 电气倒闸操作中有哪些内容? ………………………… 222

411. 倒闸操作的基本原则是什么? ………………………… 222

412. 倒闸操作的装拆接地线操作技术要求有哪些? ……… 223

413. 逆变器的使用需要注意哪些事项? …………………… 223

414. 光伏电站通信中断,出现电网故障应如何处理? …… 224

415. 箱式变压器密封胶垫大量漏油该如何处理? ………… 224

416. 户内电压互感器熔丝检查更换步骤有哪些? ………… 224

417. 消弧线圈的运行方式有哪些要求? …………………… 225

418. SVG故障信息的查询方法是什么? …………………… 225

419. 光伏电站在什么情况下需要进行负荷转移? ………… 225

420. 光伏电站负荷转移需要考虑哪些问题? ……………… 226

15

421. 保护压板投、退一般原则有哪些? ……………… 226

422. 组串逆变器输入端的连接器接头更换的步骤有哪些? …… 227

423. 站用电源切换如何操作? ……………………… 227

第四章 设备缺陷和故障处理 …………………………… 229

第一节 光伏组件 ………………………………………… 229

424. 光伏组件现场安装的问题有哪些? ……………… 229

425. 光伏组件失效有哪些特征? …………………… 231

426. 什么是组件蜗牛纹? 产生的原因可能有哪些? …… 231

427. 光伏组件隐裂有哪些特征? …………………… 231

428. 组件玻璃碎裂的原因和危害是什么? …………… 232

429. 光伏组件背板缺陷有哪些? …………………… 233

430. 组件的接线盒可能存在哪些缺陷? ……………… 233

431. 光伏组件旁路二极管的击穿原因有哪些? ……… 234

432. 光伏组件出现哪些问题需要更换? ……………… 236

433. 光伏组件零星更换需要注意哪些问题? ………… 236

434. 光伏组件的接地线缺陷有哪些? ………………… 237

435. 为避免雷击对组件影响,需要做好哪些工作? …… 237

436. 什么是PID组件? ……………………………… 238

437. PID组件的快速检测方法是什么? ……………… 238

438. 组件下边缘产生泥带缺陷的原因是什么? ……… 240

439. 组件下边缘泥带堆积的危害是什么? …………… 240

440. 泥带对组件功率的影响有多大? ………………… 241

441. 对于组件泥带缺陷,有效的整改方法有哪些? …… 242

第二节 环境监测仪 ……………………………………… 243

442. 环境监测仪器安装的常见问题有哪些? ………… 243

第三节 支架与基础 ……………………………………… 244

443. 光伏区支架的常见缺陷有哪些? ………………… 244

444. 光伏支架缺陷的常见处理措施有哪些? ………… 245

445. 光伏区组件压块的常见缺陷有哪些? …………… 245

446. 光伏区支架接地的常见缺陷有哪些? …………… 246

447. 平单轴跟踪支架的电动机故障的原因有哪些? …… 247

448. 平单轴跟踪支架的电动机故障的措施有哪些? ……………… 248

449. 光伏电站螺栓安装有哪些注意事项? ……………………… 248

450. 支架基础如何做好防腐防锈工作? ……………………… 248

451. 光伏电站的桩基有哪些缺陷? ………………………… 249

452. 光伏电站的桩基缺陷有哪些整改措施? …………………… 251

453. 山地电站桥架的安全隐患有哪些? …………………… 251

454. 山地电站桥架安全隐患的巡检和防治措施有哪些? ……… 251

455. 山地电站迎风口位置支架的预防措施有哪些? …………… 252

第四节 汇流箱 ……………………………………… 253

456. 汇流箱标识缺失如何整改? ………………………… 253

457. 汇流箱熔断器烧毁的常见原因有哪些? …………………… 254

458. 智能汇流组串数据上传异常的可能原因有哪些? ………… 254

459. 后台监盘显示汇流箱部分支路电流为0A的原因有哪些? … 255

460. 后台监盘显示汇流箱部分支路电流偏低的原因有哪些? … 255

461. 后台监测的组串电压、电流数据异常的原因有哪些? …… 255

462. 直流汇流箱通信故障有哪些原因? ……………………… 256

463. 后台测控平台显示某汇流箱无通信如何排查? …………… 256

464. 在调试直流汇流箱的RS-485通信时应注意什么? ……… 257

465. 直流汇流箱组串接地故障可能有哪些原因? ……………… 257

466. 直流汇流箱防雷模块失效怎么处理? …………………… 257

467. 汇流箱烧毁的原因有哪些? ………………………… 258

第五节 逆变器 …………………………………… 258

468. 逆变器的维护检修需要注意哪些事项? …………………… 258

469. 逆变器过温故障怎么处理? ………………………… 258

470. 逆变器直流过电压故障如何排查及解决? ………………… 259

471. 逆变器电网过/欠电压故障的原因有哪些? ……………… 259

472. 逆变器电网过/欠电压故障的排查方向有哪些? ………… 260

473. 逆变器风扇故障的原因有哪些? ……………………… 260

474. 逆变器电容故障的原因有哪些? ……………………… 261

475. 逆变器电容故障的排查措施有哪些? …………………… 261

476. 逆变器漏电流故障的原因有哪些? ……………………… 261

477. 逆变器漏电流故障的措施有哪些? ……………………… 262

478. 逆变器孤岛故障的原因有哪些? ……………………… 262

479. 逆变器孤岛故障的措施有哪些? ……………………… 262

480. 因逆变器接触器无法吸合造成停机故障如何处理? …… 262

481. 逆变器绝缘电阻低故障的原因和措施有哪些? ……… 263

482. 集中逆变器直流接地故障怎么处理? ………………… 264

483. 集中逆变器报 PDP 故障如何分析处理? …………… 264

484. 逆变器无法正常并网应怎么处理? …………………… 265

485. 组串逆变器电网电压异常告警如何处理? …………… 265

486. 组串逆变器光伏组串接反有哪几种情况? …………… 265

487. 逆变器组串反向故障的措施有哪些? ………………… 266

488. 逆变器通信中断的原因有哪些? ……………………… 266

489. 逆变器通信中断的处理措施有哪些? ………………… 266

490. 组串逆变器 RS-485 通信接线错误怎么处理? ……… 266

491. 集中逆变器 IGBT 炸毁的原因可能有哪些? ………… 267

492. 冬季温度低,逆变器不并网发电的可能原因是什么? … 268

493. 光伏阵列组串电压偏低,如何排查故障? …………… 268

494. 逆变器硬件异常现象、处理方法是什么? …………… 268

495. 组串逆变器更换或安装注意事项是什么? …………… 269

496. 逆变器维修更换后的检查内容有哪些? ……………… 270

497. 逆变器输入接头发热缺陷的原因是什么? …………… 270

498. 组串逆变器的地埋输入线缆为什么要预留一定长度? …… 271

第六节　变压器 ………………………………………… 271

499. 箱式变压器哪些故障比较常见? ……………………… 271

500. 箱式变压器故障停运,重点检查哪些内容? ………… 271

501. 处理变压器故障前,需要先了解哪些情况? ………… 272

502. 变压器渗漏油的位置有哪些? ………………………… 272

503. 变压器渗漏油的原因有哪些? ………………………… 272

504. 怎样检查及处理变压器渗油? ………………………… 273

505. 变压器漏油的备品备件管理措施有哪些? …………… 274

506. 变压器漏油的技术防范措施有哪些? ………………… 274

507. 变压器漏油的运行管理防范措施有哪些？ ⋯⋯⋯⋯ 275

508. 变压器熔断器故障的原因有哪些？ ⋯⋯⋯⋯⋯⋯ 275

509. 变压器熔断器故障的技术防范措施有哪些？ ⋯⋯⋯ 276

510. 变压器熔断器故障的管理组织措施有哪些？ ⋯⋯⋯ 277

511. 箱式变压器超温跳闸报警的原因有哪些？ ⋯⋯⋯⋯ 277

512. 箱式变压器测控装置故障的防范措施有哪些？ ⋯⋯ 277

513. 箱式变压器油位偏低的原因是什么？ ⋯⋯⋯⋯⋯⋯ 278

514. 箱式变压器油位偏低的危害是什么？ ⋯⋯⋯⋯⋯⋯ 278

515. 箱式变压器油位偏低的处理方法是什么？ ⋯⋯⋯⋯ 278

516. 导致变压器温度异常的原因有哪些？ ⋯⋯⋯⋯⋯⋯ 279

517. 主变压器的常见故障有哪些？ ⋯⋯⋯⋯⋯⋯⋯⋯ 279

518. 变压器在什么情况下应紧急拉闸停用？ ⋯⋯⋯⋯⋯ 279

519. 变压器着火后怎样处理？ ⋯⋯⋯⋯⋯⋯⋯⋯⋯⋯ 280

520. 变压器运行中遇到三相电压不平衡现象如何处理？ ⋯⋯⋯ 280

521. 箱式变压器低压侧框架式断路器故障跳闸后如何排查？ ⋯⋯ 280

第七节　电缆与连接 ⋯⋯⋯⋯⋯⋯⋯⋯⋯⋯⋯⋯⋯⋯ 281

522. 光伏电站组串接线有哪些缺陷？ ⋯⋯⋯⋯⋯⋯⋯ 281

523. 光伏电站组串布线有哪些缺陷？ ⋯⋯⋯⋯⋯⋯⋯ 283

524. 不同品牌的连接器互插会带来什么问题？ ⋯⋯⋯⋯ 284

525. 光伏连接器不规范的压接会带来什么问题？ ⋯⋯⋯ 285

526. 光伏连接器正确的连接方式是什么？ ⋯⋯⋯⋯⋯⋯ 285

527. 光伏连接器悬空会带来什么影响？ ⋯⋯⋯⋯⋯⋯⋯ 286

528. 光伏连接器布置在槽钢内的不足之处有哪些？ ⋯⋯ 286

529. 连接器密封垫丢失会带来什么影响？ ⋯⋯⋯⋯⋯⋯ 287

530. 光伏直流电缆发生接地故障的原因是什么？ ⋯⋯⋯ 288

531. 如何快速寻找光伏组件接地故障？ ⋯⋯⋯⋯⋯⋯⋯ 288

532. 电缆线路常见故障和处理措施有哪些？ ⋯⋯⋯⋯⋯ 289

533. 光伏电站现场电缆故障处理方法是什么？ ⋯⋯⋯⋯ 290

534. 箱式变压器高压线路电缆故障或中间接头损伤的故障处理方法
　　 是什么？ ⋯⋯⋯⋯⋯⋯⋯⋯⋯⋯⋯⋯⋯⋯⋯⋯⋯ 290

535. 高压电缆运行维护的注意事项有哪些？ ⋯⋯⋯⋯⋯ 291

536. 电缆终端击穿的原因有哪些? •••••••••••••• 291

537. 电缆接头和终端头的设计应满足哪些要求? •••••• 291

第八节　高压电气开关 ••••••••••••••••••••• 292

538. 集电线路断路器故障跳闸后的排查思路有哪些? •••• 292

539. 开关事故跳闸后检查的内容有哪些? •••••••••• 292

540. 35kV 开关柜穿墙套管有放电声音怎么处理? •••••• 292

541. 35kV 开关柜上高压触头盒坏了怎么更换? •••••••• 293

542. 高压柜有放电声音怎么进行排查处理? •••••••••• 293

543. 如何防止电压互感器一、二次侧的高压熔断器损坏? ••• 294

第九节　SVG •••••••••••••••••••••••••••• 294

544. SVG 运行中常见的异常现象及处理方法是什么? ••••• 294

545. SVG 在运行中常见的故障及处理方法是什么? •••••• 295

第十节　二次回路及装置 •••••••••••••••••••• 296

546. 简述 RS-485 通信问题的查找办法。 •••••••••••• 296

547. 非电量保护的常见缺陷有哪些? •••••••••••••• 297

第十一节　综合自动化系统 ••••••••••••••••• 297

548. "两个细则"对资源数据质量的要求有哪些? •••••• 297

549. 影响光功率预测的主要因素有哪些? •••••••••• 298

550. 环境监测仪的常见问题有哪些? •••••••••••••• 299

551. 光功率预测关于数据越限是什么? ••••••••••••• 299

552. 光功率预测关于数据跳变是什么? ••••••••••••• 299

553. 光功率预测关于数据死值是什么? ••••••••••••• 299

554. 光功率预测关于数据逻辑错误是什么? •••••••••• 300

555. 光功率预测关于数据缺失是什么? ••••••••••••• 300

556. 光功率数据上传失败如何处理? •••••••••••••• 300

557. 对于省调光功率准确率免考核,主要是哪些情况? ••• 301

558. 关于光功率预测系统,日常运维应注意哪些问题? ••• 301

559. 光伏电站运行中和 AGC 有关的运行缺陷有哪些? •••• 302

560. 通信设备时间不一致问题,如何处理? •••••••••• 302

561. 时钟同步装置无法接受同步卫星信号如何处理? •••• 303

第五章 安全管理和预防措施 ·········· 304

第一节 自然灾害和事故 ·········· 304

562. 影响光伏电站的自然灾害有哪些? ·········· 304

563. 分布式电站发生火灾可能有哪些原因? ·········· 305

564. 哪些人为因素会带来安全事故? ·········· 306

565. 雷击对光伏电站有哪些危害? ·········· 306

566. 雷电中的直击雷有哪些危害? ·········· 306

567. 雷电波入侵是通过哪种方式影响光伏设备的? ·········· 307

568. 感应雷是如何影响光伏设备的? ·········· 307

第二节 危险源辨识和管理 ·········· 307

569. 光伏连接器的隐患和防范措施有哪些? ·········· 307

570. 光伏设备的危险源如何管理? ·········· 308

571. 逆变器的危险源有哪些? ·········· 308

572. 箱式变压器的危险源有哪些? ·········· 309

573. 主变压器的危险源有哪些? ·········· 309

574. 主变压器的危险源控制措施有哪些? ·········· 309

575. 电缆的危险源有哪些? ·········· 309

576. 电缆的危险源控制措施有哪些? ·········· 310

577. GIS 系统的危险源有哪些? ·········· 310

578. GIS 系统的危险源控制措施有哪些? ·········· 310

579. 架空线工作的危险源有哪些? ·········· 311

580. 架空线工作的危险源应对措施有哪些? ·········· 311

581. 电气设备检修的危险源有哪些? ·········· 311

582. 电气设备检修的危险源应对措施有哪些? ·········· 311

583. 雷雨天、雾天电气设备巡视的危险源有哪些? ·········· 312

584. 雷雨天、雾天电气设备巡视的应对措施有哪些? ·········· 312

585. 暴雨、山体滑坡和泥石流的危险因素有哪些? ·········· 312

586. 暴雨、山体滑坡和泥石流的应对措施有哪些? ·········· 312

587. 输电线路的树障砍伐的风险源有哪些? ·········· 313

588. 输电线路的树障砍伐的风险应对措施有哪些? ·········· 313

589. 山地电站光伏区巡检被动物咬伤的应对措施有哪些? ·········· 313

590. 蓄电池的风险预控措施有哪些? ·············· 314

第三节 安全防范措施 ·············· 314

591. 什么是两措计划? ·············· 314

592. 常见的安全标识牌有哪些? ·············· 315

593. 常见的标识牌悬挂位置如何规定? ·············· 316

594. 如何做好安全标识的维护工作? ·············· 317

595. 直击雷的防范措施有哪些? ·············· 317

596. 电力设备的鼠害防治措施有哪些? ·············· 319

597. 抢救触电者脱离电源时应注意的事项有哪些? ·············· 320

598. 光伏电站应备的防火设施和器材有哪些? ·············· 320

599. 光伏电站消防工器具有哪些? ·············· 321

600. 光伏电站不同位置的消防器材一般如何配置? ·············· 322

601. 分布式电站的火灾防范措施有哪些? ·············· 322

602. 光伏电站对于火灾的防范措施有哪些? ·············· 324

603. 地面电站对于火灾的灭火方式是什么? ·············· 325

604. 光伏电站的防洪标准是什么? ·············· 326

605. 洪水风险的防范措施有哪些? ·············· 326

606. 光伏区组件防洪重点考虑哪些问题? ·············· 327

607. 光伏区箱式变压器、逆变器防洪重点考虑哪些问题? ·············· 328

608. 光伏电站防洪应急预案应包括哪些? ·············· 328

609. 常见安全工器具的试验标准和周期是怎样的? ·············· 329

610. 站用变压器和农网变压器故障时,如何做好应急电源
措施? ·············· 330

第四节 设备安全操作 ·············· 330

611. 装设接地线的基本要求是什么? ·············· 330

612. 倒闸操作可分为哪几类? ·············· 331

613. 验电操作的具体注意事项有哪些? ·············· 331

614. 检修作业结束后的"两清四查"是什么? ·············· 331

第五节 安全大检查和安全运行 ·············· 332

615. 安全检查的方式有哪些? ·············· 332

616. 光伏电站节前安全生产自查工作有哪些? ·············· 332

617. 月度消防安全检查都检查哪些内容? •••••••••••••••••••• 333

618. 为什么需要定期对接线端子进行测温? •••••••••••• 333

619. 火灾报警装置检查哪些内容? •••••••••••••••••••••••••• 333

620. 消防设施检查有哪些内容? •••••••••••••••••••••••••••• 334

621. 对消防器材的一般检查内容有哪些? •••••••••••••• 334

622. 光伏区围栏需要做好哪些检查? •••••••••••••••••••• 335

623. 夏季高温, 光伏电站的运维工作需要注意哪些? ••••••• 336

624. 冬季光伏电站的高压设备的运维工作需要注意哪些? ••••• 336

625. 冬季光伏电站的低压设备的运维工作需要注意哪些? ••••• 337

626. 冬季光伏电站的配电房继保室的运维工作需要注意
哪些? ••• 337

627. 冬季光伏电站的防火工作需要注意哪些? •••••••• 337

628. 冬季光伏电站的日常生活需要注意哪些? •••••••• 338

629. 大风天气, 光伏电站的运维工作需要注意哪些? ••••••• 338

630. 组件清洗工作的安全管理注意事项有哪些? •••••• 339

631. 彩钢瓦分布式电站组件检修时如何不伤害组件? ••••• 340

632. 分布式电站防止高空坠落需要做好哪些安全工作? ••••• 341

第六章 远程运维平台 ••••••••••••••••••••••••••••••••• 343

633. 如何理解光伏电站监控系统? •••••••••••••••••••• 343

634. 光伏电站监控系统主要采集哪些信息? •••••••••• 343

635. 什么是远程集中运维平台? •••••••••••••••••••••••• 344

636. 远程集中运维平台与数控采集与监控系统在应用上有什么
区别? ••• 345

637. 远程集中运维平台有哪些特点? •••••••••••••••••• 345

638. 远程集中运维平台在日常运维中有哪些常见应用? ••••• 346

639. 光伏电站的通信数据流向是什么样的? •••••••••• 346

640. 远程集中运维平台如何实现数据的呈现? •••••••• 346

641. 远程集中运维平台对数据质量的要求有哪些? •••••• 347

642. 为什么关口计量表电量与逆变器显示电量不一致? ••••• 347

643. 光伏区的数据能否直接连接外网? •••••••••••••••• 348

644. 远程集中运维平台的断点续传功能是什么? •••••• 348

645. 远程集中运维平台的数据上送会有延时吗？ •••••••••••••••• 348

646. 远程集中运维平台的数据上送对流量卡的要求是什么？ •••••• 349

647. 监控系统是如何监测高电压与大电流的？ •••••••••••••••• 349

648. IEC103/104 规约与 Modbus 协议的区别是什么？ ••••••••• 349

649. 光伏电站 RS-485 通信接线方式有哪几种？ •••••••••••••• 350

650. 光纤环网有哪些接线方式？ •••••••••••••••••••••• 350

651. 光伏电站光伏区通信异常的原因有哪些？ •••••••••••••••• 351

652. 平台上有哪些常见的告警信息？ •••••••••••••••••••• 351

653. 平台出现容量错误的原因是什么？ •••••••••••••••••• 351

654. 平台出现容量错误的解决措施是什么？ •••••••••••••••• 351

655. 太阳辐射监测仪的数据可能会存在哪些问题？ •••••••••••• 352

656. 后台气象站数据不准确如何处理？ •••••••••••••••••• 352

657. 组串电流离散率可以分为几个等级？ •••••••••••••••• 353

658. 组串电流离散率低，组串一定就没有问题吗？ •••••••••••• 353

659. 不同电流差异值下的组串离散率是如何表现的？ •••••••••• 353

660. 山地光伏电站组串离散率有哪些特点？ •••••••••••••••• 354

661. 举例说明如何利用组串电流瞬时离散率查找缺陷单元。 •••••• 356

662. 山地光伏电站组串朝向不同，组串电流曲线差异原因
是什么？ •••••••••••••••••••••••••••••••• 357

663. 逆变器直流侧超配会导致逆变器出力曲线削峰吗？ •••••••• 358

664. 弱电网会导致逆变器出力曲线的削峰吗？ •••••••••••••• 358

665. 后台监控显示汇流箱部分支路电流为 0A 的处理步骤有
哪些？ •••••••••••••••••••••••••••••••• 359

666. 在没有监控运营平台的情况下，如何查看逆变器的发电
数据？ •••••••••••••••••••••••••••••••• 360

第七章　生产运行指标 ••••••••••••••••••••••••••• 362

第一节　光资源类 ••••••••••••••••••••••••••••••• 362

667. 光伏电站的光资源指标有哪些？ •••••••••••••••••••• 362

668. 日照时数与峰值日照小时数有何区别？ •••••••••••••••• 363

第二节　容量类 ••••••••••••••••••••••••••••••••• 363

669. 什么是备案容量？ •••••••••••••••••••••••••••• 363

670. 什么是安装容量？ ·································· 363

671. 什么是额定容量？ ·································· 364

672. 什么是并网容量？ ·································· 364

673. 什么是发电容量？ ·································· 364

674. 什么是平均并网容量？ ···························· 364

第三节　电量类 ··· 365

675. 什么是计划电量？ ·································· 365

676. 什么是理论满发电量？ ···························· 365

677. 什么是逆变器发电量？ ···························· 365

678. 什么是上网电量？ ·································· 365

679. 什么是上网小时数？ ······························ 366

680. 什么是加权平均上网小时数？ ······················ 366

681. 什么是结算电量？ ·································· 367

682. 什么是结算小时数？ ······························ 367

683. 什么是购网电量？ ·································· 367

684. 什么是下网电量？ ·································· 367

685. 什么是备用变电量？ ······························ 368

686. 什么是应发电量？ ·································· 368

687. 什么是应发小时数？ ······························ 368

688. 什么是损失电量？ ·································· 368

689. 什么是损失小时数？ ······························ 369

690. 什么是限电损失电量？ ···························· 369

691. 什么是故障损失电量？ ···························· 369

692. 什么是停电损失电量？ ···························· 369

693. 什么是弃光限电率？ ······························ 370

694. 什么是故障损失率？ ······························ 370

695. 什么是自发自用率？ ······························ 370

696. 什么是余电上网率？ ······························ 370

第四节　能耗类 ··· 370

697. 什么是直接站用电量？ ···························· 370

698. 什么是综合厂用电量？ ···························· 371

699. 什么是综合厂用电费? ·············· 371

700. 什么是直接站用电率? ·············· 371

701. 什么是综合厂用电率? ·············· 371

702. 什么是厂损率? ················· 372

703. 什么是光伏方阵吸收损耗? ············ 372

704. 什么是逆变器损耗? ·············· 372

705. 什么是集电线路及箱式变压器损耗? ······· 372

706. 什么是升压站损耗? ·············· 372

707. 什么是外线损耗? ··············· 373

708. 什么是外线损耗率? ·············· 373

第五节 设备运行类 ················ 373

709. 什么是最大出力? ··············· 373

710. 什么是负荷率? ················ 373

711. 什么是逆变器输出功率离散率? ········· 373

712. 什么是逆变器的转换效率? ··········· 373

713. 什么是组串电流离散率? ··········· 374

714. 什么是光伏方阵效率? ············· 374

715. 什么是光伏电站的系统效率 PR? ········ 374

第六节 发电评价类 ················ 375

716. 设备的故障评估有哪些指标? ·········· 375

717. 举例说明设备的故障评估指标。 ········· 376

718. 什么是发电计划完成率? ··········· 376

719. 如何计算发电计划完成率? ··········· 376

720. 什么是设备可利用率? ············· 377

721. 如何计算设备可利用率? ··········· 377

第七节 相关指标计算方法 ············· 378

722. 如何计算太阳辐射量? ············· 378

723. 如何计算理论满发电量? ··········· 378

724. 如何计算平均并网容量? ··········· 379

725. 举例说明平均并网容量的计算过程。 ······· 379

726. 举例说明加权平均上网小时数的计算过程。 ····· 380

727. 损失电量定义在关口计量表侧和逆变器侧有何不同？ ········ 380

728. 光伏电站的应发电量如何计算？ ·············· 381

729. 什么是样板逆变器？ ·················· 381

730. 样板逆变器的选择有哪些原则？ ············ 382

731. 如何优化选择光伏电站的样板逆变器？ ········ 382

732. 举例说明样板逆变器的选择方法。 ············ 383

733. 故障损失电量如何估算？ ················ 385

734. 停电损失电量如何估算？ ················ 386

735. 限电损失电量如何估算？ ················ 386

736. 使用样板逆变器估算限电损失的公式是什么？ ······ 386

737. 利用样板逆变器估算限电损失的公式如何优化？ ······ 387

738. 如何使用辐照数据估算限电损失电量？ ········ 387

739. 光伏电站的系统效率 PR 如何计算？ ·········· 388

740. 如何对 PR 进行温度修正？ ·············· 388

第八节　数据化运维 ························ 389

741. 数据分析在电站资产管理中的应用场景有哪些？ ······ 389

第八章　能效管理与效率提升 ·················· 391

第一节　电站损耗分析 ···················· 391

742. 光伏发电系统的常见损耗有哪些？ ·········· 391

743. 阴影遮挡损失的分类有哪些？ ············ 391

744. 什么是入射光角度损失？ ················ 391

745. 什么是组件的温升损失？ ················ 392

746. 什么是失配导致的发电损失？ ············ 393

747. 什么是直流汇集电缆损失？ ·············· 393

748. 逆变器的损失包括哪些？ ················ 393

749. 逆变器出口至并网点的损耗包括哪些？ ········ 394

750. 什么是组件污秽损失？ ················ 394

751. 什么是系统不可利用率？ ················ 394

752. 光伏电站的系统效率计算时段以哪个为准？ ······ 395

753. 不同类型光伏电站的系统效率水平一般是多少？ ······ 395

754. 光伏电站各段损耗一般各占多少？ ·········· 396

755. 光伏电站的辐射表数据不准，如何计算系统效率？ ············ 397

756. 光伏电站组件连接器自身的损耗有多大？ ············ 398

757. 光伏电站中连接器故障带来的影响有多大？ ············ 398

758. 山地电站的组件有哪些遮挡问题？ ············ 398

759. 树木遮挡对方阵带来的发电量损失有多大？ ············ 399

760. 逆变器出口至关口计量表损耗异常的原因有哪些？ ············ 401

第二节 发电对标与低效管理 ············ 402

761. 光伏电站对标管理有哪些方法？ ············ 402

762. 光伏电站运行管理中不被重视的电量损失有哪些？ ············ 403

763. 基申对标管理法如何实现电量损失降低？ ············ 404

764. 举例说明逆变器发电小时数对标分析法的应用。 ············ 405

765. 举例说明光伏组件低效运行的具体原因。 ············ 406

766. 先天性的阵列缺陷表现在哪些方面？对运维有何启示？ ······ 407

767. 组件自身原因导致的低效如何处理？ ············ 407

768. 组件混装引起的低效如何处理？ ············ 408

769. 遮挡引起的低效如何处理？ ············ 408

770. 组串朝向或倾角不一致引起的低效如何处理？ ············ 409

第三节 运维类产品应用 ············ 409

771. 什么是光伏组件功率优化器？ ············ 409

772. 光伏组件功率优化器的应用场景有哪些？ ············ 409

773. 什么是光伏组串功率优化器？ ············ 409

774. 组串优化器的应用场景是哪些？ ············ 410

775. 组串优化器的提升效果有多少？ ············ 411

776. 组件清扫机器人是如何工作的？ ············ 412

777. 组件清扫机器人的应用场景有哪些？ ············ 413

778. 组件清扫机器人应用的挑战有哪些？ ············ 413

779. 导水排尘器对组件的发电量提升有多大？ ············ 414

780. 为什么导水排尘器安装后电量提升效果不明显的可能原因

是什么？ ············ 416

781. PID组件如何进行修复？ ············ 417

782. PID组件修复需要注意的若干问题有哪些？ ············ 417

28

783. 使用无人机可以发现电站的哪些问题？ …………… 418

784. 使用无人机监测光伏组件热斑天气条件是什么？ …… 420

785. 如何制定无人机飞行航线？ ………………………… 420

786. 如何设置好无人机拍摄的相关参数？ …………… 421

787. 无人机设备如何保养？ …………………………… 421

788. 红外热成像仪在电站运维有哪些用途？ …………… 422

789. 设备维护测温贴如何使用？ ……………………… 423

790. 什么是感温电缆？有什么用途？ …………………… 423

第四节　电站技改优化 …………………………………… 423

791. 光伏电站的技改可以分为哪几类？ ……………… 423

792. 光伏组串的 C 型接线方式的弊端和措施是什么？ … 424

793. 地面光伏电站组串接线方式更改的效益如何？ …… 425

794. 组件串联数不同是否会影响逆变器的启动时间？ … 425

795. 如何延长逆变器的发电时间？ …………………… 426

796. 如何减少光伏组件的失配损失？ ………………… 426

797. 如何减少组串逆变器的 MPPT 跟踪损失？ ……… 426

798. 传统汇流箱如何改造成智能汇流箱？ …………… 427

799. 如何优化直流汇流箱的安装位置？ ……………… 427

800. 夏季光伏电站如何降温？ ………………………… 427

801. 彩钢瓦屋顶电站如何降温？ ……………………… 428

802. 老旧逆变器存在哪些问题，如何处理？ …………… 429

803. 分布式电站光伏组件存在阴影遮挡，如何进行技术
改造？ …………………………………………………… 429

804. 山地光伏电站光伏组件换位可以提升发电量吗？ … 430

805. 举例说明对组件阴影遮挡进行技改后的效果。 …… 430

806. 光伏电站扩容的原因及价值体现在哪些方面？ …… 432

807. 光伏区进行扩容需要考虑哪些问题？ …………… 433

808. 工商业屋顶装了光伏，功率因数降低是怎么回事？ … 434

809. 分布式电站功率因数问题的解决方案有哪些？ …… 434

810. 功率因数低的用户如何计算无功补偿？ …………… 434

811. 光伏电站技改试验的能效提升比例如何进行计算？ … 435

812. 举例说明能效提升的计算方法。 437

813. 低功率组件批量更换为高功率组件需注意哪些问题？ 439

814. 光伏电站涉网设备技术改造的原因是什么？ 440

815. 光伏电站涉网设备的技术改造点有哪些？ 441

第五节 清洗除草除雪类 441

816. 光伏组件的清洗方式有哪些？ 441

817. 现场人员清洗光伏组件需要注意哪些问题？ 442

818. 如何使用样板机法估算组件最佳清洗时间？ 443

819. 如何使用系统效率 PR 估算最近清洗的时间节点？ 443

820. 光伏组件人工清洗的标准是什么？ 444

821. 车载除雪方式是什么样的？ 445

822. 人工除雪方式是什么样的？ 445

823. 组件除雪注意哪些问题？ 445

824. 组件安装偏差问题会影响融雪速度吗？ 446

825. 组件离地高度会影响融雪速度吗？ 447

826. 对于双面组件系统，为什么上一排组件融雪速度快？ 448

827. 山地电站的除草方式有哪些？ 448

828. 如何做好除草工作？ 450

829. 除草工作的注意事项有哪些？ 450

830. 除草的合同约定注意哪些？ 451

831. 光伏电站鸟粪治理有没有简单可行的措施？ 451

832. 安装简易驱鸟器的益处有哪些？ 452

833. 何谓激光驱鸟器？ 453

第六节 站用电优化 453

834. 如何实现站用电源的经济性？ 453

835. 使用高压下网电，站用电费的增加可能有哪些原因？ 455

第七节 数字化地图 456

836. 如何提升光伏电站运维巡检的效率？ 456

837. 如何使用软件对场区进行三维化布置？ 457

第九章 电站性能检测与预防性试验 459

第一节 检测一般问题 459

838. 检测在运维中的作用和意义是什么？ •••••••••••••••••••••• 459

839. EL 检测的原理是什么？ ••••••••••••••••••••••••••••••• 459

840. EL 图像的明暗说明了什么？ ••••••••••••••••••••••• 460

841. 通过组件 EL 测试可发现哪些缺陷？ ••••••••••••••••• 460

842. 便携式 *I-U* 测试仪的辐照采集有哪些器件？ ••••••••• 461

843. 组件背板温度的测试手段有哪些？ ••••••••••••••••• 461

844. 光伏组件热斑的外部原因有哪些？ ••••••••••••••••• 462

845. 光伏组件热斑的内部原因有哪些？ ••••••••••••••••• 462

846. 光伏区主接地和分支接地电阻值要求分别是多少？ •••••• 463

847. 光伏电站的方阵失配包括哪两个？ ••••••••••••••••• 463

848. 灰尘遮蔽会导致系统效率降低吗？ ••••••••••••••••• 463

第二节 低压检测仪器 •••••••••••••••••••••••••••••••• 464

849. 电站检测一般需要哪些设备？ •••••••••••••••••••• 464

第三节 低压检测标准 •••••••••••••••••••••••••••••••• 466

850. 光伏电站低压检测项目和判定标准有哪些？ ••••••••• 466

第四节 低压检测方法 •••••••••••••••••••••••••••••••• 468

851. 光伏方阵的绝缘电阻测试方法有哪些？ •••••••••••• 468

852. 汇流箱的绝缘电阻测试有什么要求？ •••••••••••••• 469

853. 逆变器的绝缘测试方法是什么？ •••••••••••••••••• 469

854. 绝缘电阻表使用的注意事项有哪些？ •••••••••••••• 470

855. 光伏电站红外检测的流程是什么？ ••••••••••••••••• 470

856. 光伏组件的热斑有哪些表现？ •••••••••••••••••••• 471

857. 为什么要对热斑检测的温度结果进行温差分区？ •••••• 473

858. 举例说明热斑检测的温差分区情况。 •••••••••••••• 474

859. 使用便携式 *I-U* 测试仪器测试的功率需要做哪些修正？ ••••• 474

860. 组串户外测试关于功率修正的相关系数如何确定？ •••• 475

861. 光伏组件的衰减率如何测试？ •••••••••••••••••••• 475

862. 举例说明光伏组件的衰减率测试结果。 •••••••••••• 476

863. 光伏电站组件到组串的串联失配率如何测试？ •••••• 477

864. 举例说明光伏电站组件到组串的串联失配率计算。 •••• 477

865. 光伏电站组串到汇流箱的并联失配率如何测试？ •••••• 478

866. 举例说明光伏电站组件到组串的并联失配率的计算。 ········· 479

867. 光伏电站的直流线损包括哪些？ ·················· 480

868. 组串至汇流箱的直流线损如何测试？ ·············· 480

869. 汇流箱到逆变器的直流线损如何测试？ ············· 481

870. 光伏电站的 PR 如何测试？ ···················· 482

871. 举例说明光伏电站的 PR 测试结果。 ·············· 482

872. 山地光伏电站的 PR 如何测试？ ·················· 483

873. 光伏组件的灰尘遮蔽率如何监测？ ················ 483

874. 组件灰尘瞬时遮蔽率的计算有哪几种方法？ ········· 484

875. 电流和功率法计算瞬时遮蔽率的区别是什么？ ········ 485

876. 日加权遮蔽损失率如何计算？ ··················· 486

877. 集中逆变器运行效率如何测试？ ················· 486

878. 举例说明集中逆变器的运行效率测试结果。 ·········· 486

第五节　高压设备定期预防性试验 ····················· 487

879. 预防性试验对于运维有什么意义？ ················ 487

880. 预防性试验的国家标准有哪些？ ················· 487

881. 配电室各设备检测周期一般是多长一次？ ··········· 487

882. 高压试验的设备有哪些？ ······················ 488

883. 高压电缆的试验项目和设备有哪些？ ·············· 489

884. 油浸式箱式变压器的预防性试验项目有哪些？ ········ 489

885. SVG 装置的试验项目和设备有哪些？ ·············· 490

886. 继电保护自动装置的综合调试的试验项目有哪些？ ······ 490

887. 10kV 高压柜综合开关的试验项目有哪些？ ··········· 491

888. 10kV 电流互感器和电压互感器的试验项目有哪些？ ······ 491

889. 变压器油色谱分析的目的是什么？ ················ 491

890. 变压器绝缘电阻测试的目的是什么？ ·············· 491

891. 变压器在什么情况下测试绝缘电阻？ ·············· 491

892. 变压器的绝缘测试有哪些要求？ ················· 491

893. 变压器的绝缘电阻要求是多少？ ················· 492

894. 绕组的 tanδ（介质损耗试验）的目的是什么？ ········ 492

895. 变压器预防性试验直流电阻值有超差，如何处理？ ······ 492

第六节 定期防雷检测 ·································· 493

  896. 光伏电站做防雷检测的周期多长? ················ 493

  897. 光伏电站一般如何做好防雷设计? ················ 493

  898. 光伏电站防雷检测的主要区域有哪些? ············ 493

  899. 光伏电站防雷检测的主要项目有哪些? ············ 493

  900. 光伏电站防雷检测的主要工具有哪些? ············ 494

第十章 电站后评价 ·································· 495

  901. 光伏电站的后评价包括哪些? ·················· 495

  902. 光伏电站的后评价需要收集哪些资料? ············ 496

  903. 光伏电站的发电量后评价需要准备哪些资料? ········ 496

  904. 光伏电站的发电量后评价对数据的要求是什么? ······ 497

  905. 太阳能资源评价目的和方法有哪些? ·············· 498

  906. 目前行业通用的典型气象数据资源有哪些? ·········· 498

  907. 不同软件气象数据源的差异是什么? ·············· 498

  908. 全生命周期预期发电小时数的估算公式是什么? ······ 499

  909. 如何对山地电站的方阵布置合理性进行复核? ········ 501

  910. 如何对山地电站的方阵阴影遮挡情况进行复核? ······ 502

  911. 如何对山地光伏发电项目的发电量进行后评价? ······ 502

  912. 如何对光伏电站项目的电缆用量进行评价? ·········· 504

参考文献 ·· 506

第一章 运 维 基 础

第一节 光伏系统基础

1. 光伏电站按是否并网分为哪几类？

答：光伏电站按是否并网可分为离网光伏电站、并网光伏电站两类。

2. 光伏电站按接入电网类型分为哪几类？

答：光伏电站按接入电网类型可分为集中式光伏电站和分布式光伏电站两类。集中式光伏电站一般是利用荒漠、山地、水面等进行集中建设，并直接并入公共电网，接入高压电网；分布式光伏电站是在用户所在场地或附近建设，就近接入，并网电压等级相对较低。

3. 光伏电站按安装容量分为哪几类？

答：光伏电站按安装容量可分为小型、中型、大型三类。对于小型光伏电站，安装容量小于或等于 1MW；对于中型光伏电站，安装容量大于 1MW 和小于或等于 30MW；对于大型光伏电站，安装容量大于 30MW。

4. 光伏电站按安装场所分为哪几类？

答：光伏电站按安装场所可分为屋顶光伏电站（见图 1-1）、荒漠地面光伏电站（见图 1-2）、山地或丘陵光伏电站（见图 1-3）、水面光伏电站（桩体式、漂浮式）、农光互补光伏电站、光伏建筑一体化电站等几类。

图 1-1　屋顶光伏电站

图 1-2　荒漠地面光伏电站

图 1-3　山地或丘陵光伏电站

5. 地面光伏电站一般由哪些设备组成？

答：以大型地面光伏电站为例，电站设备一般包括光伏区发电系统（光伏组件、汇流箱、逆变器、支架基础、支架、直流电缆、交流电缆、箱式变压器）、环境监测仪、升压站/开关站一次设备［主变压器、接地变压器、气体绝缘金属封闭开关设备（gas insulated switchgear，GIS）、组合式高压开关柜、断路器、隔离开关、接地刀闸、互感器、避雷器接地装置、熔断器、高压电力电缆］、自动装置及计量装置［具有动态调节能力的静止无功发生器（static var generator，SVG）、故障录波、计量装置、电能质量在线监测装置、光功率预测系统、自动发电控制/自动电压控制装置等］、站用电系统、继电保护装置、直流系统及蓄电池系统、UPS 不间断电源、通信设备（通信管理装置、远动通信装置）等。

6. 屋顶分布式光伏电站一般由哪些设备组成？

答：以混凝土屋顶为例，屋顶分布式光伏电站通常包括与建筑屋面结合的基础、光伏阵列、支架、组串逆变器、交流汇流箱、交直流线缆、并网柜（含电能量采集终端及电能质量在线监测装置）、环境监测仪、通信设备等。视并网电压等级，配置升压相关设备。

7. 光伏电站的并网电压等级如何选择？

答：根据 GB 50797—2012《光伏发电站设计规范》，并网电压等级要在接入系统方案经过技术经济比较后确定，现行电力行业标准 DL/T 5729—2016《配电网规划设计技术导则》中 10.2.7 推荐的光伏电站并网电压等级可参考表 1-1，可参照该表格根据安装容量选择对应的并网电压等级。

表 1-1　　　　　　　光伏电站的并网电压等级

光伏安装容量范围（MW）	推荐并网电压等级
(0，0.008]	220V
(0.008，0.4]	380V
(0.4，6]	10kV
(6，50]	20、35、66、110kV
(50，+∞)	110kV

8. 光伏支架可以分为哪些类型？

答：根据材料不同，支架可分为钢支架、铝合金支架和非金属支架。根据运行方式不同，光伏支架主要分为固定式和跟踪式支架。其中固定式可分为最佳倾角固定、倾角可调固定、斜屋面固定式支架等，跟踪式可以分为平单轴、斜单轴、双轴跟踪式支架等。另外，市场上也有一种新型的支架，即柔性支架。柔性支架方案是把传统刚性支架方案的檩条改为钢绞线的方式，目前在地质条件较差的滩涂，水位深、跨度大的鱼塘，以及一些大型污水处理厂等得到应用。

9. 使用不同光伏支架类型的发电系统有哪些特点？

答：以传统的应用较为广泛的固定式和跟踪式支架为例说明。

最佳倾角固定式支架系统是支架处于最佳角度安装，组件安装角度全年不变实现了全年的发电量最大，由于支架固定，组件的安装角度不变。

倾角可调式支架是根据不同的季节，手动地将组件角度调节为最佳季节倾角（一般一年调节 2～4 次），适合于中高纬度地区。据实测数据表明，可调式比最佳倾角固定式可提升 3％～8％的发电量。

跟踪式支架是通过天文算法或光敏传感器使得组件始终跟踪太阳光线并呈最佳受光状态，一般通过组件支撑结构、旋转结构、驱动装置、传动装置、控制系统和通信系统来完成。

平单轴跟踪系统的旋转轴朝向一般是南北方向，通过东西方向上的旋转，以保证每一时刻的太阳光线与组件正面的法线夹角为最小值。实测表明，平单轴跟踪式比固定式支架可提升 10％～20％的发电量，适合中低纬度地区。

斜单轴跟踪系统是平单轴的升级，主轴南北方向与地面形成 10°～20°的固定角度，按照一定的跟踪算法，光伏组件按东西方向自动跟踪太阳运行。实测表明，斜单轴式比固定式支架可提升 15％～25％的发电量，更适合中高纬度地区。

双轴跟踪系统的仰角和方位角均可以跟踪太阳运行，使得光伏组件处在最佳的辐射接收角度，据有关文献报道，其发电量比固定式支架可提升 25％或更多的发电量，也适合于中高纬度地区。

10. 什么是平单轴跟踪系统的逆向跟踪技术？

答：平单轴跟踪系统运行时，通常在太阳升起和下落的部分时段，光伏阵列间会因太阳高度角低而产生阴影遮挡，造成发电量损失。逆向跟踪是跟踪系统根据组件间距、阵列尺寸和太阳高度角来重新计算跟踪角度，控制器会控制支架的旋转角，从与光线垂直时的角度调整到较小的角度，避免相邻支架之间的遮挡。由于与常规的跟踪太阳运行轨迹运转的方式不同，故称为逆跟踪，也称为反向跟踪。

11. 不同类型的光伏电站运行和维护有哪些特点？

答：不同类型的光伏电站运维特点与侧重点均不尽相同，表 1-2 简要列出了荒漠电站、山地电站、农光互补电站、水面光伏电站、屋顶分布式电站的一些特点，包含优点和缺点。

表 1-2　　不同类型的光伏电站运维特点举例（含优缺点）

电站类型	特 点
荒漠电站	一般分布在西北地区，电站容量较大，光伏设备数量较多；地势平坦，设备巡检方便；由于水源匮乏，无法及时清洗组件；自然环境恶劣，植被较少，风沙频率高；需要防范洪水、沙尘暴等灾害
山地电站	灌木植被茂盛，草木遮挡严重；周围可能有耕地、树林、坟地等，冬春季节防火压力大；山地地势复杂，场区分散，运维巡检难度高，需要防范可能发生的塌方、泥石流、山石滚落等风险
农光互补电站	组件最低点离地面一般较高，草木不易对组件产生遮挡，但是更换组件及设备维护相对较难等
水面光伏电站	夏季水面温度比陆地温度低，利于光伏组件保持高效率，减少温升损失；由于环境湿度大，易造成设备绝缘性能降低；水体深浅不同，巡检便利性差，需要划船或使用电动船，配备救生衣等；水鸟较多，鸟粪易堆积，带来热斑效应等
屋顶分布式电站	单体电站体量小，较为分散，一般无人（少人）值守，需要远程监控平台或手机监控 App；光伏电站靠近用电负荷中心，利用自发自用、余电上网方式，可为企业省电费；彩钢瓦屋面组件倾角低、容易积灰，组件清洗频率较高；清洗、日常维护等需要高空作业；彩钢瓦有了使用年限需要更换等

12. 地面光伏电站运维的难点和问题有哪些？

答： 地面光伏电站的运维难点和问题，包括但不限于以下几点：

（1）前期工程设计不足和施工不规范等遗留的缺陷。光伏电站补贴时代，产业快速扩展、粗放式发展，电站建设"抢装、抢建"现象特别普遍，导致电站设计和建设的很多环节并不完善，得不到科学的管控，设计、施工和设备等缺陷遗留到运维层面，使电站造成了先天性的"缺陷"。这些遗留的风险在运维过程中逐渐显现出来，给运维工作带来了极大的挑战，可能需要付出很大的努力，甚至无计可施。

（2）潜在隐患和故障点多，维护工作量大。光伏电站虽设备较为单一，但光伏组件数量众多、占地面积大，站上环境恶劣，随着运行年数的增加，关键设备将持续老化，运行监控检查、缺陷消除的维护工作量不断增加。例如，某 50MW 安装容量的电站，由近 20 万块 255W 的光伏组件、9000 多个支路、500 多个汇流箱、50 台箱式变压器、100 台 500kW 集中逆变器及对应的开关柜、继电保护系统、通信调度系统、监控系统及升压站系统和大量的高低压电缆、控制电缆等构成，存在大量潜在的缺陷点。受到设备质量的性能影响及气象条件的变化，缺陷和故障随时可能都会发生。

（3）招聘难、人员管理难、稳定性差。由于光伏电站地处偏远或经济欠发达地区，周边设施比较差，需要员工吃、住、工作都待在电站，而电站的住宿、生活条件相对比较艰苦，人员招聘存在一定的困难，业主或运维单位难以招聘到稳定的专业技术人员，人员变动频繁，稳定性差。另外有些运维企业经验不足，人员配置不够专业，存在重管理、轻技术或重技术、轻管理等现象，不重视人才培养和人才体系建设，造成日常运维工作处于被动的状态。

（4）运维效率低、设备消缺不及时。运维管理标准化制度及流程的缺失、人员配置不足、运维队伍技术能力薄弱等问题都会降低运维效率,导致从发现设备缺陷到处理的时间滞后,降低了设备利用率,增加了发电量损失。从光伏电站系统的设备构成来看,设备集成度高,设备出现故障时依赖厂家的现象也比较严重。运维人员对某些缺陷和故障的判断和分析不准确,甚至无从下手。即使委托厂家处理问题,沟通和等待厂家指导需要一定的时间,无形中增加了发电量损失。

(5)运维规程生搬硬套,缺乏灵活性。现行光伏电站一般借鉴传统电力的相关"运行规程""检修规程"等,但是光伏发电与传统电力存在一定的差异,特别是光伏直流侧的运维,传统电力的工作方法不完全适用于光伏发电生产运行的要求,如果生搬硬套传统电力的相关规程,不能真正结合光伏电站运维的特点,可能缺乏针对性和可操作性,就不能有效指导光伏运维的实际工作。

(6)隐蔽损失发现较难。由于组件电压的降低及衰减问题,导致单个支路发电量偏低,在低辐照度下难以及时识别电流偏低的支路,导致不能及时发现存在的缺陷。部分单块组件因热斑导致效率低,串联后产生"木桶效应",导致整串电流低。汇流箱熔断器问题或支路端子的接触电阻过大,导致支路损耗升高,类似缺陷的存在可能导致几百到上千千瓦时的日电量损失。直流侧的隐蔽缺陷在管理中易被忽视,部分应发而未发的电量白白浪费。

13. 分布式光伏电站运维的难点有哪些?

答: 分布式光伏电站运维的难点,包括但不限于以下几点:

(1)电站前期建设时,方阵与方阵之间未预留运维通道,给后期组串检查和组件更换带来较大的困难。人员在维护时,易踩踏到组件,会给组件的运行带来安全隐患。

(2)屋面存在遮挡物、业主自行加装建筑物或者邻近高楼的建设对电站造成严重的阴影遮挡,会带来发电量损失。

(3)屋顶上或屋顶周边环境存在粉尘、铁粉、酸碱气体等污染,光伏组件处于这样的环境中,易影响功率输出和产品寿命。

(4)屋顶漏水问题。对于彩钢瓦屋面电站,开发建设时屋顶施工人员的踩踏、运维过程中的组件清洗、设备巡视等,都会对彩钢瓦屋顶的使用寿命带来影响，有可能引起屋顶局部漏水，给企业带来一定的影响，易产生经济纠纷。

（5）组件清洗问题。由于彩钢瓦屋面的组件一般顺坡布置，角度较小，光伏组件边框与玻璃存在一定的高差，小雨过后组件底部边缘的积水受到边框的阻挡难以排出，加上屋顶周边可能存在灰尘污染源，组件表面易积灰，灰尘长时间积累且组件没有清洗的情况下，组件底部距边框约 10cm 的范围，泥垢污染将非常严重。与水泥屋顶分布式电站相比，彩钢瓦屋顶组件清洗难度较大，同时也存在高空作业风险，因此人工清洗成本较高。

（6）安全防范问题。近几年分布式屋顶光伏电站发生火灾的情况时有发生，给电站资产带来了严重的损失。

（7）电费统计和结算困难。不同的业主回款周期和结算方式不同，可能面临电费收取难的问题。

（8）分布式电站容量小，较为分散，日常缺陷诊断任务较多，运维人员对监控管理软件的依赖性较强。一般需要成熟稳定的线上监控管理平台并保证通信正常、数据精准采集。

（9）功率因数不达标问题。工商业屋顶安装分布式光伏电站以后，特别是自发自用余电上网模式，功率因数不达标导致的罚款金额较大，自发自用比例越高，功率因数不达标的风险就越大。

14. 运维管理效率的提升有哪些措施？

答：运维管理效率的提升有多种措施，下面简要阐述几点：

（1）首先是建立"专业化、标准化、精细化、信息化、智能化"的管理体系，优化工作流程、健全管理制度、强化技术标准、狠抓现场管理质量。强化管理人员的责任和主动运维意识，站长对全站的经营管理起到非常重要的作用，不仅要管理内部电站，还要处理外部事务。站长不仅要有全面的专业技术能力，能带领全站同事很好地解决各种生产过程中的技术难题，还需要有领导能力、协调能力，以及掌握调度规则、交易规则、电网双细则考核规则、土地政策、财税政策等。

（2）改变传统被动的运维模式，建设智能化运营管理平台。

使用线上和线下相互结合的主动运维模式。通过线上运营数据分析，及时发现异常，根据缺陷位置分布，合理安排线下巡检路线，利用"PDCA"方法实现缺陷管理的有效闭环。

（3）建设智能化、信息化管理平台。将日常运维的关键业务线上化，如设备缺陷和故障处理、日常报表填送、电站物品采购、通知发文、文件审批、远程技术会议、运维技术培训等，同时对相关业务实行线上审批机制，提高工作效率。

（4）加强光伏电站经济运行管理，根据电站的运行特点，加强发电损失、线路损耗管理，想尽一切办法提升直流侧发电量，并对高压侧的关键设备加强运行监督。充分利用夜间时间进行设备维护和预防性试验，提升设备的可利用率。

（5）加强光伏电站的技术改造，如安全性技术改造、效益型技术改造等，或运用与运维相关的新技术、新产品，如无人机巡检、数字化巡检地图、组件清洗机器人、光伏组件优化器、光伏组串优化器、组件导水排尘器、电势诱导衰减（potential induced degradation，PID）组件修复设备等。

15. 运维人才的培养途径有哪些？

答：光伏电站运维管理的重要环节是人的管理，运维人员在电站运维不仅仅是完成其本职工作，也需要实现个人成长、体现个人价值。

（1）人才培养可通过总部、电站两级培训及外委集训等方式开展。

（2）对于技术层面，运营总部可设立不同专业的人才，例如电气一次、电气二次、光伏系统、通信自动化等专业的人才，建立管理人员和技术人员培训体系，设立专业讲师团队及各专业对应的理论课程和实践课程，通过线上直播或线下分享等方式进行授课。总部定期下发学习材料，组织电站学习运维基础内容，并通过不定期的线上考试，使得运维人员掌握应知、应会的基础知识。

（3）运营总部可在各区域定期开展技能大比武，在理论上和技能操作上相结合。内容可涵盖电力生产安全知识、光伏电站技术标准、运行规程、光伏电站提质增效、新技术应用、故障分析判断等，通过技能比武，可选拔出优秀的技术能手，使其在今后的运维中起到标兵带头作用。

（4）场站培训主要是由经验较为丰富的站长带头，以老带新，实行"传、帮、带"模式，每月定期组织进行集中培训，内容可覆盖安全规程、设备知识和操作要点、故障案例分析等。新入职的员工可由经验较为丰富的高级运维人员通过手把手操作进行现场实践培训。

（5）当光伏电站出现故障时，场站人员应抓住设备人员在现场维修的机会进行学习，充分掌握设备维修的方法和过程，自主培养出检修技能，为设备的自主检修打下基础。

（6）对于管理层面，特别是基层站长、区域管理人员，除了技术课程，还可学习必要的经营管理、财务、法律等知识。

（7）除了上述几点，建立完善的人才晋升体系也是必不可少，包括技术通道和管理通道，为有能力且有一定业绩的运维人员打开晋升和成长空间。

16. 从生产管理角度，光伏电站的运维模式有哪几种？

答： 从生产管理的角度来看，目前光伏电站的运维可分为两种模式：一种是运行和维护分离模式，另一种是运行和维护一体化模式。

17. 从运营管理角度，光伏电站的运维模式有哪几种？

答： 从运营管理的角度来看，光伏电站的运维可分为自主运维管理和委托运维管理（又称代理运维）两种模式。能源央企或国企由于具有电力行业背景，自身拥有专业性良好的运维团队，更倾向于自主运维；中小民营企业的电站业主在目标上追求性价比和自主性，也会选择自建团队、自主运维的模式。但是近几年由于受到国家补贴滞后的影响，有不少民营企业为了缓解资金压力，将光伏电站资产进行出售，资产交易以后，原运维团队继续为新的业主提供运维服务,此时运维模式由先前的自主运维变成了代理运维。

18. 何谓总部、区域和场站的三级管理体系?

答: 光伏电站的管理体系和运营电站的规模有着密切的联系,电站数量少,可采用简单的运营总部直接到电站的管理方式。随着运营容量的增大、电站数量的增加,光伏电站存在分散性和区域性等特点,此时各大运维单位一般采取的是"总部—区域—电站"三级管理模式,其中总部和区域在管理模式中扮演的角色,说明如下:

(1)总部集中了技术和管理团队,并拥有电站的远程集控管理平台和数据管理中心,在重大决策、技术服务支撑、运营过程检查监督等方面起着重要作用,负责制定光伏电站的运维标准、流程、运营规程和各项技术监督措施,同时也负责人员的招聘、技术培训、绩效考核等各个方面工作。

(2)区域分管所辖的光伏电站,执行总部下发的任务,并按时汇报工作内容。总部虽对区域进行管理,但一些管理权限会下放到区域,使其根据当地的特点进行管理,例如不同省区的电网政策、电力交易政策不同,由熟悉该业务的区域人员来协调对外关系。

19. 运维后端反馈机制对前端的设计和采购可带来哪些帮助?

答: 光伏电站前期开发选址、系统设计、工程建设及后期运维都是全生命周期管理的重要环节。早期的光伏电站,重前端建设、轻后端运维的现象比较普遍,比如设计和运维是脱节的,导致运维环节出现了一系列问题。

作为运维服务方,光伏电站运行维护环节存在的问题可反馈到前端的开发、设计等部门,可避免后期开发建设中再次出现类似问题。通过后端反馈机制,业主、EPC 总包、设计院等都能逐步建立起这种全生命周期的意识,光伏电站的建设才会朝优质高效的方向良性发展。

举例说明，某彩钢瓦屋顶分布式电站，由于设计缺陷，没有预留运维通道，给运维带来的问题有两点：①支路查找困难，运维人员在巡检中发现支路不发电，查找一个烧坏的 MC 连接器可能要拆除整个组串的组件。②组件人工清洗问题，由于光伏组件布置密集，清洗可能会踩踏方阵中间位置的组件，如果不清洗，发电损失较大，使得运维陷入两难的局面。这样的例子不胜枚举，在后续建设分布式电站时，需在设计过程中考虑类似的难点。

20. 地面光伏电站的选址应考虑哪些因素？

答： 根据相关的文献资料，地面光伏电站选址主要考虑的因素有：

（1）土地性质。土地必须为可用于工业项目的土地，即非基本农田、非农业用地、非绿化用地、非其他项目规划用地等，在选址时需与当地土地局、规划局等相关部门确认土地性质，还要通过当地环保部门的环境评价认可。

（2）地理因素。地理位置、海拔、地质情况、地质灾害风险、选址地区的朝向、坡度起伏情况、阴影遮挡、太阳辐射增益等。

（3）环境气象因素。最大风速及常年主导风向、短时最大降雨量、积水深度、洪水水位、排水条件、年降雨量以及风速。上述情况直接影响支架基础形式。此外，还要考虑其他气象因素对组件的影响，如沙尘暴、大雪等灾害性天气。还需考虑大气质量因素，如空气透明度、空气内悬浮尘埃的量及物理特性、盐酸等具有腐蚀性的因素。

（4）接入电网条件。与接入点的距离远近、接入电压等级、可接入电站容量等。一般地面电站选址比较偏僻，必须考虑该电力输送条件、电力送出和厂用电线路，要与当地电网公司（或供电公司）充分沟通，对列入选址备选地点、周边可用于接入系统的变电站的容量、预留间隔和电压等级等进行详细了解。

（5）投资经济性因素。考虑总投资成本、发电量收益、气候气象条件、运营维护成本等决定项目投资价值的因素。

（6）选址地金融税收、土地是否有政策支持，各项手续是否容易办理，工作是否容易开展等。

21. 地面光伏电站的用地范围包括哪些?

答：对于地面光伏电站运维，土地一般是租赁使用，每年需要交纳土地租赁费用，现场运维需要了解用地情况和用地面积计算方法。

根据《光伏发电站工程项目用地控制指标》（国土资规〔2015〕11 号文件），光伏电站用地主要包括光伏方阵用地、变电站及运行管理中心用地、集电线路用地、场内道路用地 4 个部分，每个部分又包括《光伏发电站设计规范》涉及的具体功能的用地。

22. 地面光伏电站光伏方阵的用地范围包括哪些?

答：根据《光伏发电站工程项目用地控制指标》（国土资规〔2015〕11 号文件），光伏方阵用地作为一个完整的功能分区，包括方阵中的组件用地、逆变器室及箱式变压器用地、方阵场内道路、组件间隔、支架单元间距等。

23. 地面光伏电站组件阵列的用地面积如何计算?

答：光伏组件阵列前后左右都需要一定间距，用地面积不仅指光伏组件在地面上的投影面积，还包含阵列之间的间隙面积，阵列前后间距越大，用地面积越多。

例如，某个固定式光伏方阵由 10 排支架组成，支架上组件纵向双排安装，单个支架一共 44 块组件，组件的长×宽为 $1.65\text{m}\times 0.99\text{m}$，上下排两块组件的斜面长度为 3.32m（组件之间的间距为 0.02m），相邻组件的左右间距为 0.02m，支架的前后间距为 7m，组件安装角度为 $37°$，那么占用地面积可计算为：

单个支架上组件阵列的横向长度：$44/2\times 0.99+(44/2-1)\times 0.02=22.2$（m）。

组件阵列的用地面积：$22.2\times 7\times 9+22.2\times 3.32\times\cos37°=1457.5$（m²）。

采用跟踪式支架安装的光伏方阵用地指标，应按阴影最长时

13

间点计算南北向和东西向光伏方阵的最大占地面积，具体可参考《光伏发电站工程项目用地控制指标》的相关内容。

24. 集中型光伏电站的并网主要条件有哪些？

答：光伏电站无论是省调管辖或是地调管辖，并网前必须满足相关管理和技术要求，并由调度机构确认：

（1）发电设施、升压站和送出线路工程建设完成。

（2）与市供电公司营销部签订《供用电合同》。

（3）与省（市）调控中心签订《临时并网调度协议》。

（4）与交易中心签订《临时购售电合同》。

（5）通过省电力质监站工程质量验收，同意并网（先建先得项目不做强制要求）。

（6）并网前提交资料齐全，并通过审查计算。

（7）通过市供电公司各职能部门组织的验收，并完成整改工作。

（8）通过省（市）调控中心组织的涉网验收，并完成整改工作。

（9）发电功率预测系统、自动发电控制（automatic generation control，AGC）系统、自动电压控制（automatic voltage control，AVC）系统按要求配置。

（10）满足电网相关技术要求，并完成调试和联调。

25. 集中型光伏电站的并网主要流程有哪些？

答：集中型光伏电站的并网流程如下：

（1）向省（地）调提交电站及线路等设备的调度名称申请，省（地）调审核后下发调度管辖关系及命名文件。

（2）发电设施、升压站和送出线路工程建设完成，通过省电力质监站工程质量验收（先建的项目不做强制要求）。

（3）计量装置安装完毕，取得省电科院计量中心对关口计量表和电流、电压互感器的校验报告。

（4）与市供电公司营销部签订《供用电合同》。

（5）所需提交资料交地调各专业审查、计算并签字，向地调提交并网申请书，签订《临时并网调度协议》。

（6）与省公司交易中心或市公司营销部签订《临时购售电合同》。

（7）开通调度电话及调度数据网络。

（8）提交接入监控系统安全防护方案和调度数据网申请，审核通过后分配 IP 地址。

（9）申请电站实时数据、气象实时数据、功率预测数据接入，电能量采集系统数据接入及联调；申请同步相量测量单元（PMU）采集数据接入。

（10）与省电科院（或中国电科院）签订并网后运行特性检测的协议或合同。

（11）由调控中心组织运检、安质、营销计量等专业共同进行并网验收，给出整改意见并监督电站完成整改工作。

（12）所有并网条件确认后，电站向地调、省调申请接入线路启动送电和电站光伏阵列并网调试申请票，省调批复后由地调安排线路启动和并网工作。

26. 光伏电站投产试运行应做哪几方面工作？

答： 对于提前入驻光伏电站现场的运维人员，需要了解电站投产试运行的相关工作：

（1）先编制试运行流程及划分责任，明确各类人员的岗位职责及要求。

（2）完成电站启动前初步验收、单元工程和分部工程的质量评定，并形成初步验收鉴定书。

（3）整理并上报电站的主要设备参数、电气一次系统图、监控系统图，对电站电气主接线设备进行命名和编号。

（4）对电站生产现场的全部设备、缺陷及时建立档案、台账，编制安全标识、标号等。

（5）及时动态了解电站并网试运行的各项程序，按期完成初审及试运行启动的整套程序。

27. 光伏电站交接、验收期易忽略的检查项有哪些？

答：光伏电站交接、验收期的相关检查关系到光伏电站的后期运维工作。根据以往经验，电站交接验收期间需列出重要的或易忽略的检查项，这些检查项包括但不限于以下几点：

（1）光伏区高低压线缆。

（2）光伏区及配电楼主接地网。

（3）各主体建筑物防水验收。

（4）光伏组件压块规格和安装紧固性。由于压块数量较多且不易检查（可抽查），可能影响组件的安全性。

（5）场坪未处理的电站，支架安装地势需核查，易出现支架安装不牢固、低洼区域组件过水、遮挡、角度不适等问题。

（6）调度数据网、二次系统、通信、监控系统网络的安全性，影响电站安全运行和发电考核。

（7）二次定值的合规性，除线路主保护，其余均为施工方设置，但是容易出现不符合电力调控规范要求的定值，影响后期设备运行安全性。

（8）站内用水安全保障性，此为易忽略项。光伏发电企业均远离居住区，无水源会影响运维人员以后正常的生产、生活。大部分厂区建设合同内都有明确规定水源的可靠性，需提供水源的质检报告。

（9）水土保持工程验收、厂内基建工程及道路的水土流失率，为不易检查或易忽略项，影响光伏区设备安全性及运维人员正常生产、生活。

（10）高压输出线路的检查也是易忽略项，离上级变电站较远的光伏发电企业尤其需要注意，如输出线路路径上的林地、农业生产用地及公共设施用地情况，以免影响后期线路的安全性。

28. 建设期受电工程竣工后，提交的竣工报告应包括哪些内容？

答：电站建设期受电工程施工、试验完工后，应向供电公司提出工程竣工报告，内容应包括：

(1) 工程竣工图及说明。

(2) 电气试验及保护整定调试记录。

(3) 安全工器具的试验报告。

(4) 隐蔽工程的施工及试验记录。

(5) 运行管理的有关规定和制度。

(6) 值班人员名单及专业资格证书。

(7) 供电企业认为必要的其他资料或记录。

29. 我国太阳能资源区是如何划分的?

答:2013 年,中华人民共和国国家发展和改革委员会发布了《关于发挥价格杠杆作用促进光伏产业健康发展的通知》,实行分区标杆上网电价政策。根据年等效利用小时数将全国划分为三类太阳能资源区:年等效利用小时数大于 1600h 为一类资源区;年等效利用小时数在 1400~1600h 为二类资源区;年等效利用小时数在 1200~1400h 为三类资源区,对不同的资源区实行不同的光伏标杆上网电价。不同资源区包括的地区如下:

一类资源区所包含的地区如下:宁夏全省、青海(海西)、甘肃(嘉峪关、武威、张掖、酒泉、敦煌、金昌)、新疆(哈密、塔城、阿勒泰、克拉玛依)、内蒙古(除赤峰、通辽、兴安盟、呼伦贝尔以外地区)。

二类资源区所包含地区如下:北京、天津、黑龙江、吉林、辽宁,四川、云南、内蒙古(赤峰、通辽、兴安盟、呼伦贝尔)、河北(承德、张家口、唐山、秦皇岛)、山西(大同、朔州、忻州),陕西(榆林、延安),青海、甘肃、新疆除一类外的其他地区。

三类资源区则是一、二类之外的其他地区。

30. 什么是燃煤机组脱硫标杆上网电价?

答:脱硫燃煤标杆上网电价,又称燃煤机组脱硫标杆上网电价。在屋顶分布式发电领域,在测算全额上网及自发自用、余电上网模式的投资收益时,需要用到这个电价,余电上网是指企业消纳不完的电卖给电网公司,价格就执行当地的脱硫燃煤标杆上网电价。

脱硫燃煤标杆上网电价受国家政策影响较大，从 2020 年 1 月 1 日起，中华人民共和国国家发展和改革委员会明确将取消煤电价格联动机制，将现行上网电价机制改为"基准价与上下浮动"的市场化机制。基准价按各地现行燃煤发电标杆上网电价确定，燃煤发电市场交易价格上下浮动原则上不超过 20%，具体电价由发电企业、售电公司、电力用户等通过协商或竞价确定。

31. 什么是光伏电站的标杆上网电价？

答：光伏电站标杆上网电价，简称标杆电价，是指光伏电站把所发电量卖给电网公司时收取的售电价格，若光伏电价高于煤电价格，则根据国家出台的相关政策，高于燃煤电价的部分，由国家的可再生能源发展基金予以补贴，因此标杆上网电价是燃煤机组标杆上网电价与补贴之和。

如表 1-3 所示为某 4 个光伏电站标杆电价，其中新疆 A 电站于 2016 年 2 月并网发电，已经进入补贴目录，执行的标杆上网电价为 0.95 元/kWh，脱硫煤电价为 0.25 元/kWh，国家补贴电价为 0.7 元/kWh。

表 1-3　　　　　　　某 4 个光伏电站标杆电价

电站	备案容量（MW）	标杆电价（元/kWh）	脱硫煤电价（元/kWh）	国家补贴电价（元/kWh）	补贴目录
新疆 A	50	0.95	0.25	0.7	第七批
青海 B	20	1	0.227 7	0.772 3	第六批
新疆 C	30	1	0.25	0.75	第五批
山东 D	40	0.85	0.394 9	0.455 1	

注　随着国家对光伏电站发电上网电价政策的完善，集中式光伏电站标杆上网电价已改为指导价。

32. 2011 年至 2020 年期间，标杆上网电价发生了哪些调整？

答：由于光伏发电技术的迭代进步和成本下降等因素，近几年光伏电站的标杆上网电价经过了多次调整，电价不断下降，不同光照资源区的电价变化表见表1-4。

表1-4　不同光照资源区的电价变化表（单位：元/kWh）

日期	三类资源区	二类资源区	一类资源区
2011年7月1日前	1.15	1.15	1.15
2011年	1	1	1
2012年	1	1	1
2013年9月1日后	1	0.95	0.9
2014年	1	0.95	0.9
2015年	1	0.95	0.9
2016年	0.98	0.88	0.8
2017年	0.85	0.75	0.65
2018年"531新政"前	0.75	0.65	0.55
2018年"531新政"后	0.7	0.6	0.5
2019年	0.55	0.45	0.4
2020年	0.49	0.4	0.35

随着光伏度电成本逐渐逼近脱硫煤标杆电价，业内预测，"十四五"初期光伏将大规模实现平价上网，由此光伏补贴政策也将正式退出历史舞台。根据《国务院关于促进光伏产业健康发展的若干意见》（国发〔2013〕24号），光伏补贴的执行期限原则上为20年。补贴政策的退出，对已有的补贴项目不会带来影响。

33. 何谓光伏发电的平价上网？

答： 光伏发电按照项目规模分为集中式与分布式两种形式，前者通常接入高电压等级输电网，后者通常接入配电网或直接连接用户，其"平价"标准分别对标传统能源发电成本与用户购电成本，即通常说的发电侧平价与用户侧平价。

发电侧平价定义为光伏发电按照传统能源的上网电价收购，在没有补贴的情况下实现合理利润。由于煤电在我国传统能源中成本最低、利用最广，因此光伏发电侧平价可以理解为光伏发电成本达到煤电水平。

用户侧平价的实现则要求光伏发电成本低于售电价格，根据用户类型及其购电成本的不同，又可分为工商业、居民用户侧平价。

34. 何谓平准化度电成本 LCOE？

答：平准化度电成本（levelized cost of energy，LCOE）是光伏发电项目全生命周期总成本和总发电量的比值，可用于项目电价的定价分析，也可用于不同项目成本对标与比较分析。LCOE 公式可表示为：

$$LCOE = \frac{I_0 - \dfrac{V_R}{(1+i)^n} + \sum\limits_{n=1}^{N} \dfrac{A_n + R_n}{(1+i)^n}}{\sum\limits_{n=1}^{N} \dfrac{Y_n}{(1+i)^n}} \tag{1-1}$$

其中，LCOE 是度电成本，I_0 为项目的初始投资；V_R 为固定资产的残值；A_n 为第 n 年的运营成本，n 表示寿命期内的某一年（$n=1$，2，$\cdots$，N）；N 为光伏电站的寿命期，一般取 $N=25$ 年或 30 年，具体视项目而定；R_n 为其他费用，包括贷款利息、第 n 年的流动资金、税金（增值税、营业税金附加和所得税等，并考虑税收优惠政策对 LCOE 的影响）；i 是折现率，在技术方案的设计过程中可将其作为常数加以考虑，一般可取 8% 或更低；Y_n 为第 n 年的上网电量（上网电量的定义参考第七章的第 678 问）。

35. 光伏组件接收的太阳辐射有哪几类？

答：光伏组件接收的太阳辐射主要有直接辐射、散射辐射和反射辐射。

（1）直接辐射：太阳以平行光线的方式投射到组件正面或背面的一部分太阳辐射。当被遮挡时，会在障碍物背后形成清晰的阴影。直接辐射的空间分布特性与纬度和海拔有关。

（2）散射辐射：太阳辐射通过大气时，受到大气中气体、尘埃、气溶胶等的散射作用，从天空的各个角度到达组件正面或背面的一部分太阳辐射。散射辐射的空间分布特性与云层、水汽、沙尘、气溶胶等气象环境因素有关。

（3）反射辐射：通过其他物体（地表）反射到达组件正面或背面的一部分太阳辐射。由于反射辐射主要来自地面，组件接收到的反射辐射的大小和辐射接收面的安装角度、离地高度、障碍物等因素有关。

36. 光伏组件可以分为哪几类？

答：光伏组件根据内部电池材料的不同，可以分为有机电池和无机电池。其中无机电池分为单晶硅、多晶硅和薄膜电池，对应的光伏组件分为单晶硅组件、多晶组件和薄膜组件。薄膜电池又细分为硅基薄膜电池和化合物薄膜电池，后者细分为砷化镓电池、碲化镉电池和铜铟镓硒电池。

目前市场上主流的光伏组件为单晶硅光伏组件，电池的技术路线有发射极和背面钝化电池（passivated emitterand rear cell，PERC）、异质结（heterojunction with intrinsic thin film，HIT/HJT）、隧穿氧化层钝化接触（tunnel oxide passivated contact，TOPCon，PERC 技术的升级）等；在组件封装环节，有双面、双玻、切片、多主栅（muti-busbar）、叠瓦（shingled solar cell）等。

随着行业的发展，电池及其组件已经由小尺寸、小功率向大尺寸、大功率方向发展，并被验证是实现度电成本下降的有效途径。

37. 何谓异质结电池？

答：异质结是一种特殊的 PN 结，由非晶硅和晶体硅材料形成，是在晶体硅上沉积非晶硅薄膜。异质结电池属于 N 型电池中的一种，最早由日本三洋公司于 1990 年成功开发，被命名为 HIT 电池。因 HIT 已被三洋注册为商标，后续进入异质结领域的光伏企业，为了避免产生专利纠纷，采用了不同的称谓，比如 HJT、SHJ、HDT 等。

38. 何谓双面电池组件？

答：常规光伏组件背面不透光，双面组件背面是用透明材料（玻璃或者透明背板）封装而成，除了正面发电外，其背面也能够接收来自环境的散射光、直射光、反射光进行发电，因此有着更高的综合发电效率，按目前的电池技术，在标准测试条件下（standard test condition，STC），背面的光电转换效率一般是正面的 60%～90%。

39. 半片组件技术为什么能降低封装损失？

答： 组件封装损失主要来源于光学和电学损失，前者包括焊带遮光、玻璃和封装材料引起的反射和吸收损失，后者主要是电池失配、焊带电阻、汇流带电阻、焊接不良引起的接触电阻、接线盒电阻等引起的功率损失。电流流经组件内部的焊带时会产生功率损耗，这部分损耗主要转化为焦耳热（$P_{loss,0} = I^2 R$）存在于组件内部。因此随着电流的增大，这部分的损失也就越大。

半片电池是基于全片电池使用激光切割法沿着垂直于全片电池的主栅线的方向切成尺寸相同的电池，由于电流和电池面积有关，当半片电池串联以后，正负回路上电阻不变，通过主栅线的电流降低到整片的 $1/2$，这样功率损耗就降低为原来的 $1/4(P_{loss,1} = 1/4 \times I^2 R)$，从而降低了组件的功率损失，提高了组件的封装效率。

40. 光伏组件的电性能参数有哪些？

答： 光伏组件的电性能参数有开路电压 U_{oc}、短路电流 I_{sc}、工作电压 U_m、工作电流 I_m 和最大输出功率 P_m。

当将组件的正负极短路，使 $U=0$ 时，此时的电流就是短路电流；当组件正负极不接负载时，组件正负极间的电压就是开路电压。

最大输出功率取决于太阳辐照度、光谱分布、组件工作温度和负载大小，一般在 STC 标准条件下测试（STC 是指 AM1.5 光谱，入射辐照强度为 1000W/m²，组件温度为 25℃）。

工作电压是最大功率点时对应的电压，工作电流是最大功率点时对应的电流。

41. 不同品牌的光伏组件的性能差异点有哪些?

答: 可从以下几个方面进行比较:

(1) 电性能参数。表征电流和电压大小。在系统应用环节,两者影响组件的串联数和组串并联数,并影响线缆的损耗、支架的长度及成本。

(2) 组件功率公差。一般是正公差,如 0~5W。

(3) 组件技术。半片、叠瓦或双面技术等,或是多种兼有。

(4) 组件电压等级。常见的有 1000V 和 1500V。更高的电压等级可以串联多块组件,有利于降低线缆成本和线损。

(5) STC 转换效率和弱光性能。在 STC 转换效率差别较小时,需要从弱光下的转换效率来比较。

(6) 相对透射率。与组件玻璃表面的材质、焊带结构及尺寸、封装材料等有关。

(7) 温度系数。反映了组件受外界温度影响而造成的发电损失。温度系数的差异对电量的影响比较大。

(8) 光致衰减 (light induced degradation, LID)。常见有 2%、1.5%、1%,衰减率的大小和电池技术有关。

(9) 线性衰减。主要是指材料的老化衰减,理论上逐年衰减是线性的衰减关系,理论衰减值和电池技术、生产工艺有关,常见有 −0.4%/年、−0.45%/年、−0.5%/年等。衰减率越低,全生命周期内,单瓦发电量越高。

(10) 组件尺寸。决定了阵列的安装面积及安装成本等。

42. 光伏组件的寿命一般有多少年?

答: 目前光伏组件的产品质保期一般为 10 年,设计使用寿命一般不低于 25 年,在第 25 年末,光伏组件的衰减率不得高于 20%,即运行 25 年后光伏组件输出功率不应小于额定标称功率的 80%。

43. 光伏组件 *I-U* 曲线上的每一点代表了什么?

答: 光伏组件的 *I-U* 曲线见图 1-4。*I-U* 曲线上任一负载点对应的纵坐标和横坐标分别是输出电流和电压，二者的乘积为输出功率，不同的负载点乘积不同，最大的点对应的就是最大输出功率。光伏电站在运行中需要通过逆变器的最大功率点跟踪（maximum power point tracking，MPPT）技术实现组件的最大功率输出。

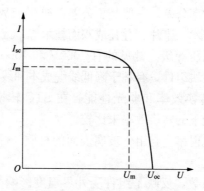

图 1-4　光伏组件的 I-U 曲线

44. 光伏组件的转换效率是什么?

答: 通常说的转换效率是在 STC 条件下测试，使用标准光强测试的输出功率值与组件正面接收的光功率的比值，如某多晶组件在 STC 条件下所测试的标称功率值为 270W，其尺寸为 1.64m×0.99m，组件表面所接收的光功率可计算为：1000W/m^2×1.64m×0.99m＝1623.6W。那么，组件 STC 转换效率为 270/1623.6×100％＝16.63％。

45. 何谓组件的弱光性能?

答: 弱光性能是指组件在低辐照度下（辐照度低于 1000W/m^2 时）的发电性能，在实验室测试时，一般使用转换效率来表征。它与组件的并联电阻值和串联电阻值等因素有关。弱光性能好的组件，在弱光条件下其转换效率可略高于 STC 时的转换效率。

如图 1-5 所示为不同辐照度下的组件弱光性能表现，A 组件的弱光性能较其他组件要好，尤其当辐照度低于 600W/m^2 时，弱光性能的差异比较明显。辐照度在 600W/m² 时，A 组件相对于 STC 时转换效率的百分比为 100.62％，其他组件均低于该值。当辐照度是 400W/m² 时，A 组件相对于 STC 时转换效率的百分比约等于 100％，其他组件均低于该值。而当辐照度低于 400W/m² 时，所有组件的转换效率均低于 STC 时的转换效率。

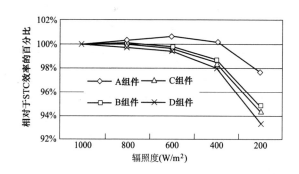

图 1-5 不同辐照度下的组件弱光性能表现

46. 如何理解组件的温度特性？

答：光伏组件从辐射中获取能量，投射到组件上的辐射能量一部分被组件反射回大气，剩余的一部分进入组件内部，被电池吸收后经过光电转换被组件转化为电能，无法被利用的能量被转换为热能，这部分的热能使得电池的温度上升。

电池的温度除了受太阳辐射强度的影响外，也受到环境温度的影响。由于太阳辐射的强度、环境温度从早到晚不断变化，电池的温度也随之变化。

常规晶体硅太阳电池效率随电池温度的上升而线性下降，其功率温度系数为负值，温度每提高 1℃，功率输出将减少 0.4％～0.5％；其电流的温度系数一般为正值，但是电压值的变化要快于电流的变化，因此功率输出仍然是负的温度特性。

不同的电池技术，其组件的温度系数不同。表 1-5 为某单晶硅组件的温度系数，其中功率温度系数为 −0.41％/℃。表 1-6 为某异质结组件的温度系数，其中功率温度系数仅为 −0.24％/℃。因此在炎热的环境中，异质结组件的温升发电损失要明显小于常规单晶硅组件。

表 1-5   某单晶硅组件的温度系数

指标	单位	参考值
峰值功率温度系数	%/℃	−0.410
开路电压温度系数	%/℃	−0.330
短路电流温度系数	%/℃	0.059

表 1-6   某异质结组件的温度系数

指标	单位	参考值
峰值功率温度系数	%/℃	−0.240
开路电压温度系数	%/℃	−0.220
短路电流温度系数	%/℃	0.047

47. 异质结组件与 PERC 组件的温度系数差异在哪里?

答：某异质结组件的功率温度系数为 −0.24%/℃，而某 PERC 组件的功率温度系数为 −0.37%/℃。当组件的温度变化，而其他环境因素不变时，不同温度下的组件功率与 STC 功率的比值关系如图 1-6 所示。当组件温度低于 25℃时，PERC 组件的低温发电性能优于异质结组件。例如组件温度为 10℃时，PERC 组件的功率输出为 STC 功率的 105%，异质结组件的功率输出为 STC

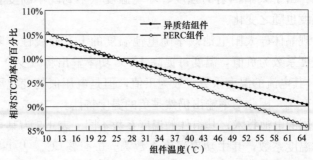

图 1-6   不同温度下的组件功率与 STC 功率的比值关系

功率的 104%。异质结组件的高温发电性能优于 PERC 组件。例如组件温度为 65℃时，PERC 组件的功率输出为 STC 功率的 86%，异质结组件的功率输出为 STC 功率的 90%。

以上述两种组件的温度系数为例，使用 PVsyst 软件模拟一年的温升损失。仿真项目地选择在不同的地区，并使用最佳倾角固定式和平单轴跟踪支架进行对比，固定支架系统的不同类型组件温升损失比例对比与平单轴跟踪系统的不同类型组件温升损失比例对比分别如表 1-7 和表 1-8 所示。仿真结果表明，异质结组件的温升损失明显较低，PERC 组件的温升损失较高，温升损失的差异大小受安装形式、辐射量、风速、当地环境温度等因素的影响。

表 1-7　固定支架系统的不同类型组件温升损失比例对比

组件类型	格尔木	银川	阿布扎比	崇仁	江岸苏木
异质结	1.00%	1.43%	5.98%	1.95%	0.92%
PERC	1.62%	2.19%	8.73%	2.91%	1.49%
差值	−0.62%	−0.76%	−2.75%	−0.96%	−0.57%

表 1-8　平单轴跟踪系统的不同类型组件温升损失比例对比

组件类型	格尔木	银川	阿布扎比	崇仁	江岸苏木
异质结	1.60%	1.92%	6.40%	2.45%	1.43%
PERC	2.35%	2.88%	9.36%	3.60%	2.20%
差值	−0.75%	−0.96%	−2.96%	−1.15%	−0.77%

48. 光伏组件温度与哪些因素有关？

答： 对于特定结构的电池组件，电池 PN 结温度与组件自身封装材料、太阳辐照度、环境温度、风速、组件安装方式等因素有关。

（1）封装方式：对于传统背板型光伏组件，大部分热量主要通过背板导出，光伏背板的导热系数较小，一般为 0.14W/(m·K)，因此无法有效地将热量排出。

双玻组件在这方面散热性要优于常规背板组件,因为光伏玻璃是热的良导体,其导热系数为 $1.04W/(m \cdot K)$,虽然厚度比背板厚,但整体热阻较低,所以比背板的导热性能要好。因此,在理论上双玻组件的散热性能要优于传统背板组件。

(2) 安装方式:组件的安装方式也会影响组件的运行温度,安装方式主要和安装的场所有关,如水泥屋顶、地面电站等。组件安装角度较大,组件的散热条件一般较好。

对于彩钢瓦屋顶,组件一般顺坡布置,与屋面的距离约 10cm,散热空间较小,因此组件阵列的排布不能太密集,需要预留通道,形成一定的通风腔。

49. 晶硅光伏组件的功率衰减有哪些原因?

答: 由于户外环境和气候条件十分复杂,导致常规晶体硅光伏组件功率衰减的原因也有很多,例如光致衰减(LID)、PID、蜗牛纹、热斑效应、封装材料老化等。

晶硅光伏组件的光致衰减是在刚开始使用时发生较大幅度下降,但随后趋于稳定。晶硅组件的老化衰减,是在长期使用中出现的极缓慢的功率下降现象。

PID 效应又称电势诱导衰减,是指光伏组件在高温高湿的环境中,电极与边框之间存在较高的偏置电压时,玻璃中的 Na^+ 出现离子迁移,附着在电池片表面,从而造成光伏组件功率下降的现象。

蜗牛纹是指在组件表面出现的如蜗牛爬过痕迹一般的纹路,蜗牛纹的出现与电池的隐裂和水汽的进入有关。

热斑效应是指光伏组件的某些电池被遮挡或内部出现异常时,电池的短路电流会小于组件的工作电流,此时电池的电压将发生反向偏置,作为负载消耗其他电池片的能量,导致电池发热,温度明显高于其他电池,从而形成热斑。

封装材料的老化一般以醋酸乙烯酯共聚物胶膜(EVA)发黄、玻璃磨损等光学性能下降为主,也有 EVA 分层、背板分层、背板粉化等问题。

50. 常规光伏组件的衰减率一般不超过多少?

答: 光伏组件光电转换效率直接影响光伏发电系统的发电量,发电量往往是光伏电站运营商最为关心的,直接影响投资收益。

中华人民共和国工业和信息化部发布了《光伏制造行业规范条件》(2021 年本),文中指出:"晶硅组件衰减率首年不高于 2.5%,后续每年不高于 0.6%,25 年内不高于 17%;薄膜组件衰减率首年不高于 5%,后续每年不高于 0.4%,25 年内不高于 15%"。

目前对于 PERC 单晶电池组件,首年不超过 2%,逐年衰减率一般不超过 0.55%。随着电池技术的进步,衰减率呈现降低趋势。

51. 光伏组件局部遮挡会导致旁路二极管导通吗?

答: 传统光伏组件内部电路结构示意图如图 1-7 所示。光伏组件为 60 片电池串联,虚线框为接线盒内部电路,有 3 个旁路二极管,正常情况下,旁路二极管处于反向截止状态,即组件电流不从二极管流过,但是会承受一定的反向电压。

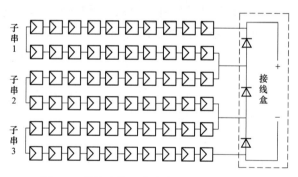

图 1-7 传统光伏组件内部电路结构示意图

当组件的电池片局部受到遮挡,变成了一个高电阻,遮挡面积的大小影响该电池串的二极管的状态,二极管两端达到电压反偏条件后被导通,原流过遮挡电池片的电流被二极管分流,从而起到保护电池的作用。二极管导通后,组件的工作电压会受到影响,对于三个二极管的组件,单个二极管保护一串电池串,导通一个二极管,工作电压就会减少 1/3。

52. 直流汇流箱与交流汇流箱在使用上有什么区别?

答: 对于配置集中逆变器的光伏电站,一般使用直流汇流箱将光伏组串进行汇集后接入逆变器。直流汇流箱一般有 16 进 1 出、32 进 1 出等规格。若按是否有监控装置,直流汇流箱又分为不带监控的非智能型、带监控的智能型两种类型。

交流汇流箱适用于采用组串逆变器的光伏电站,多个组串逆变器输出交流电流,到达交流汇流箱处汇集后输出至箱式变压器的低压侧。交流汇流箱一般有 6 进 1 出、8 进 1 出等规格。

两种汇流箱都具有防雷功能,智能直流汇流箱有电压、电流监测、箱体内温度与湿度监测等功能,并配有 RS-485 通信接口;而交流汇流箱是组串逆变器的输出汇集,一般不需要电压、电流的监测功能。

53. 直流汇流箱的熔断器如何选型?

答: 根据 GB/T 13539.6—2013《低压熔断器 第 6 部分:太阳能光伏系统保护用熔断体的补充要求》,熔断器的额定电压的选择应考虑光伏组串在最低温度下的开路电压,例如 $-25℃$ 时,开路电压升至 1.2 倍 $U\mathrm{oc_{stc}}$(标准测试工况下的开路电压),熔断器的额定电压应大于等于 1.2 倍 $U\mathrm{oc_{stc}}$。

额定电流要考虑光伏组件使用最高温度时的短路电流等,例如在 $45℃$ 和 $1200\mathrm{W/m^2}$ 的辐照度峰值时,熔断器的额定电流不应小于 1.4 倍 I_{sc}(短路电流)。例如,光伏组件的 STC 短路电流为 $9.18\mathrm{A}$,那么短路电流的 1.4 倍为 $12.85\mathrm{A}$,若最大系统电压为 $1000\mathrm{V}$,熔断器可选择电压为 $1000\mathrm{V}$ 及电流为 $15\mathrm{A}$ 的型号。

海拔对熔断器的额定电流有一定影响,当海拔在 $2000\mathrm{m}$ 以下时,熔断器可以不考虑降容,如果超过了 $2000\mathrm{m}$,就需要考虑降容系数(或称为额定电流修正系数)。不同海拔的熔断器性能如表 1-9 所示。

如果熔断器周围温度较高时,如高出 $45℃$ 或在汇流箱中紧挨着安装多个熔断器时,也应降容使用,降容量按熔断器厂家建议。

表 1-9　　　　　　　不同海拔的熔断器性能

海拔（m）	2000	3000	4000	5000
额定电压（V）	1000	900	800	700
降容系数（40℃）	1.0	0.96	0.93	0.9
分段能力	不变	不变	不变	不变

注　此表参考执行 GB/T 20645《特殊环境条件　高原用低压电器技术要求》。

54. 智能直流汇流箱通信模块的供电来自何处？

答： 智能直流汇流箱内部装有监控与通信模块，模块供电来源于光伏阵列在正常工况下的直流电。这里需要注意的一个前提是，一定数量的光伏组件串联在一起产生足够的电压，同时模块本身的工作功耗要低，保证光伏组件开始产生电能的同时模块即可同步工作。

例如，图 1-8 为智能汇流箱的典型配置，它由 16 路光伏组串构成，监控单元可采集 16 路光伏组串的电流、防雷器状态等信息。16 路光伏组串经过正负母排汇流之后统一输出，并可同时给汇流箱自身提供工作电源。

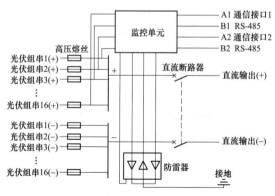

图 1-8　智能汇流箱的典型配置

55. 光伏逆变器可以分为哪几类？

答： 光伏逆变器按是否并网，可分为离网逆变器、并网逆变器；按技术路线分类，可分为组串逆变器、集中逆变器、集散式逆变器、微型逆变器等。

56. 集中逆变器的特点是什么？

答：集中逆变器的特点包括但不限于：

缺点：

（1）使用集中逆变器的光伏电站，由于组件方阵经过两次汇流到达逆变器，逆变器的最大功率点跟踪不能保证每一路都处于最佳工作点，当有一块组件发生故障或阴影遮挡，会影响整个系统的发电效率。

（2）集中逆变器无冗余能力，若有故障，则整个逆变器单元将停止发电，发电损失较大。

（3）由于组串经过汇流箱汇流后到达逆变器，汇流箱内每一个支路都需配熔断器，熔断器的数量越多，存在潜在的风险隐患越大。

（4）集中逆变器一般采用集装箱式机房，需要通风散热。设备维护较为复杂。出现故障，一般需要专业人员处理。

优点：

（1）逆变器集成度高，功率密度大，成本低。

（2）元器件数量少，可靠性高。

（3）各种保护功能齐全，电站安全性高。

57. 组串逆变器的特点是什么？

答：组串逆变器的特点包括但不限于：

优点：

（1）组串逆变器一般体积较小，搬运方便，可室外壁挂式安装。组串逆变器一般有多路 MPPT 功能，每个 MPPT 的组串不受其他组串的影响，可降低阴影遮挡带来的影响，同时也减少了光伏组串最佳工作点与逆变器不匹配的情况。

（2）组串逆变器 MPPT 工作电压的区间较大，在阴雨天、雾气多的地方，发电时间较长。由于组串逆变器的安装比较灵活，因此在山地电站、分布式电站等应用比较广泛。

（3）组串逆变器功率较小，当出现故障时，不影响其他逆变器的运行，故障逆变器可以由运维人员整机更换，停电时间短，发电损失较小。

缺点：

（1）电子元器件多、电气间隙小，不适合高海拔地区。

（2）采用户外安装，风吹日晒，易导致外壳和散热片老化。

（3）当超过一定数量并联后，单台设备在额定功率下的谐波含量较高。

58. 逆变器的性能参数有哪些？

答：逆变器的性能参数有：

（1）使用环境条件。对于海拔有一定的要求，超过 4000m 的，逆变器的额定功率、电压等可能会降低。

（2）直流侧允许的最大电压、最大电流；交流侧额定输出电压和输出电流。

（3）负载功率因数。它表示逆变器带感性负载或容性负载的能力。

（4）逆变器的过载能力。过载能力应在规定的负载功率因数下满足一定的要求。

（5）逆变器的转换效率。在规定的工作条件下，输出功率与输入功率的比值，逆变器的效率随着负载大小不同而改变。

（6）逆变器的 MPPT 效率及最大功率点跟踪效率。集中逆变器一般是单路 MPPT，组串逆变器一般有多路 MPPT。逆变器使用多种控制算法，例如爬山法、全局扫描法等，最后获得组串的最大功率点电压。

59. 逆变器的各电压参数有什么区别？

答：逆变器直流侧的电压参数主要有最大直流输入电压、MPPT 工作电压范围、启动电压、额定输入电压等，这些参数各有侧重点。表 1-10 以某逆变器参数为例进行说明。

表 1-10 某逆变器参数

最大直流输入电压	1100V
MPPT 工作电压范围	200～1000V
启动电压	250V
额定输入电压	600V

（1）最大直流输入电压：要求在极限最低温度时，组串的最高开路电压不能超过该值。例如某单晶双面组件的 STC 开路电压是 49.7V，组件电压温度系数是－0.3%/℃，某项目地极限低温为－15℃，此温度下的开路电压为 $49.7 \times [1 + (-15 - 25) \times (-0.3\%)] = 55.664$(V)，通过计算，一路组串最多为 19 块组件，即串电压为 $19 \times 55.664 = 1057.6$(V)＜1100V。

（2）MPPT 工作电压范围：由于组件的电压和光照、温度有关，存在一定的电压波动。逆变器为了适应和跟踪组件电压的变化而设计了 MPPT 最大功率点跟踪范围。

（3）启动电压：逆变器启动前，组件阵列处于开路状态，电压会比较高；当逆变器启动后，组件阵列处于工作状态，电压会降低，为防止逆变器再次重复启动，启动电压比最低工作电压高一些。逆变器启动后，逆变器的控制部分、CPU 和屏幕等器件先工作，首先逆变器先进行自检，再检测组件阵列和电网电压等，只有等光伏阵列功率超过逆变器的启动功率，逆变器才会有功率输出。

（4）额定输入电压：直流侧电压不同，逆变器的转换效率不同。当阵列电压处于或接近额定输入电压时，逆变器的效率较高。因此，组串设计时也尽量将阵列电压配置在额定输入电压附近。

60. 集中逆变器设备内交流侧电容器的作用是什么？

答：并网逆变器输出的是交流电，电容器和电阻、电抗器（电感）等组成电阻—电抗—电容滤波电路，把从绝缘栅双极型晶体管（IGBT）全桥逆变电路逆变出来的矩形波滤成接近正弦波，同时滤除交流电中的直流分量。

61. 逆变器的设计使用寿命是多少年？

答：逆变器的设计使用寿命一般宣传是 25 年，实际上由于使用条件不同，使用寿命可能会小于 25 年。因此前期进行经济测算，应对一部分大修（对于集中型逆变器）或更换（对于组串型逆变器）的费用进行预留。

62. 组串逆变器的组串电流数据采样和检测是如何实现的？

答： 组串逆变器通过输入电流检测电路，检测各组串输入电流，分析各组串的工作状态，保证组串工作出现异常时，能够及时发出告警，用来提醒用户及时检修。组串电流的采样点位置和电流检测方案简单描述如下：

组串逆变器一般是两个组串对应一个 MPPT，假设该逆变器输入 4 个组串，对应两个 MPPT。在逆变器的采样电路中有两个霍尔检测元件，分别位于支路电流和 MPPT 总电流处，通过支路和 MPPT 总电流处的电流检测值可计算出某一支路的电流。正常情况下，如果计算的电流为正值，说明组串接入正常；如果某一支路的电流检测值或所在 MPPT 另一支路的电流计算值为负值，达到判断阈值，逆变器会报组串反向告警，说明支路可能存在接反或其他异常。

63. 什么是逆变器的单峰跟踪和多峰跟踪？

答： 单峰跟踪和多峰跟踪的区别如下：

单峰跟踪模式：大部分情况下，逆变器的跟踪算法是单峰跟踪，如常见的是爬山法、扰动观察法。

多峰跟踪模式：如果组串中的某一块组件或者组件内部的某一片电池被外部环境所遮挡，此时，受遮挡的电池或组件所受的光照强度会下降，复杂的遮挡会使得组件之间所接收的光照强度不一致，组件的电流大小会不相同，因此输出的特性曲线叠加后会形成多个峰值，全局峰值只有一个，局部峰值可能会存在多个，逆变器在这种复杂遮挡环境下，必须要启动多峰跟踪模式，才能跟踪到全局最大功率点。

64. 同一路 MPPT 可以串接不同组件数量的组件串吗？

答： 首先要确认逆变器具有多路 MPPT 功能，相同组件数量的组件串可以接入同一个 MPPT 的输入端，但尽量不要把不同组件串联数的组串接入同一个 MPPT。如果并接了不同串接数量的组件串，该 MPPT 电路会兼顾串接数量较少、电压较低的组件串，易导致跟踪混乱、电压失配等问题。

65. 直流绝缘阻抗低的原因和危害有哪些？

答：直流绝缘阻抗低是光伏系统的常见故障。光伏组件、直流电缆、接头损坏、绝缘层老化等都会导致绝缘阻抗降低；直流电缆敷设在桥架内，由于金属桥架边缘可能有倒钩，在布线过程中可能损坏电缆的绝缘皮；截面积为 $4mm^2$ 的直流电缆直埋，土壤中的水、土易腐蚀损坏电缆皮。

危害：低绝缘阻抗将导致系统存在泄漏电流，如果此时逆变器仍并网运行，将导致电气设备外壳带电，带来触电安全隐患。故障点对地放电会引起局部发热或电火花，引起火灾等安全隐患。

66. 逆变器检测绝缘阻抗的原理是什么？

答：检测方阵绝缘阻抗是逆变器一项强制性标准和要求，当检测到光伏阵列绝缘阻抗小于规定值时逆变器必须显示故障，非隔离的逆变器需停机，不能并入电网。

逆变器检测绝缘阻抗的原理：通过检测组串正极对地和组串负极对地电压，分别计算出组串正极和组串负极对地的电阻，若任意一侧阻值低于阈值，逆变器就会停止工作，并报警显示"PV 绝缘阻抗低"。

67. 逆变器绝缘阻抗低和残余电流异常的区别是什么？

答：非隔离型逆变器在维护过程中经常遇到绝缘阻抗低和残余电流异常两个故障，两者有一定的区别：

（1）绝缘阻抗只检测直流侧的绝缘情况，通过检测直流 PV＋和 PV－的对地电压来换算成阻抗值，告警的判断条件是阻抗值的大小；残余电流检测的是方阵的对地漏电流，包含直流和交流两部分，告警的判断条件是残余电流的大小。

（2）逆变器出现"绝缘阻抗低"告警，只需要检查直流部分。同理，如果交流线缆损坏了，逆变器只会显示"残余电流异常"告警。除非直流侧线缆发生比较大的故障（比如直流接地），逆变器一般不会出现"残余电流异常"告警。

（3）逆变器绝缘阻抗检测一般发生在逆变器启动阶段，如果逆变器运行过程中发生了绝缘损坏的情况，逆变器就会出现"残余电流异常"告警。

68. 逆变器房散热不良对电容器是否有影响？

答：逆变器房散热效果不好，可能是风道的密封性太差，机房对外风道设计存在问题，导致逆变器风机对外的风阻变大，从而影响逆变器散热，逆变器排风过程中有一部分热量排在了机房内，从而使机房环境温度升高。

一般情况下，温度对电容器寿命有一定影响，电容的寿命随温度的升高而缩短，影响最明显的是电解电容器，在极限温度为85℃的条件下工作时，仅仅可以保证2000h的正常工作。

69. 何谓系统的容配比？

答：参考国家能源局2020年发布的NB/T 10394—2020《光伏发电系统效能规范》，系统容配比指光伏发电站组件正面安装容量与逆变器额定容量之比。

70. 不同的光资源区系统的容配比一般是多少？

答：参考国家能源局2020年发布的NB/T 10394—2020《光伏发电系统效能规范》，根据系统度电成本的最低原则，对于不同的辐照资源，系统最优容配比的设计也不同。单面组件和双面组件容配比典型地区算例结果分别见表1-11和表1-12。

71. 什么是组件的最佳安装倾角？

答：对于不同的安装角度，组件表面接收的辐射量不同，一年的发电量也会有差异。为了尽可能地多发电，对于固定式支架，

表 1-11 　　　　　　单面组件容配比典型地区算例结果

序号	水平面总辐射量（kWh/m²）	平铺	固定式	平单轴跟踪	斜单轴跟踪
1	1000	1.7~1.8	1.7~1.8	1.6~1.7	1.5~1.6
2	1200	1.7	1.6~1.7	1.6	1.5
3	1400	1.6	1.5~1.6	1.5	1.4
4	1600	1.4	1.4	1.4	1.3
5	1800	1.3~1.4	1.3	1.3~1.4	1.2~1.3
6	2000	1.2	1.1~1.2	1.1~1.2	1.0~1.1

表 1-12 　　　　　　双面组件容配比典型地区算例结果

序号	水平面总辐射量（kWh/m²）	固定式	平单轴跟踪	斜单轴跟踪
1	1000	1.6~1.7	1.5~1.6	1.5
2	1200	1.6	1.5~1.6	1.4
3	1400	1.5	1.4~1.5	1.3~1.4
4	1600	1.3	1.3~1.4	1.2~1.3
5	1800	1.2~1.3	1.3	1.2
6	2000	1.1	1.0~1.2	1

组件的安装需要按最佳倾角设计。传统的设计理念是按全年接收到的最大的辐射量所对应的倾角作为最佳倾角。实际上，受前后排组件间阴影遮挡的影响，该倾角对应的一年的发电量并非最大。因此，组件的最佳倾角应按全年发电量最大时对应的角度来设计。

72. 组件功率衰减后系统容配比会降低吗？

答：系统容配比是逆变器直流侧功率与逆变器的额定输出功率的比值。逆变器额定输出功率一般不变，而组件会随着运行年限的增加产生功率衰减，因此组件运行年限越长，系统的容配比越低。

如图 1-9 为甘肃某光伏电站运行 5 年后的组件衰减情况。现场人员使用便携式 *I-U* 测试仪器测试了 14 个光伏区的组串额定功率，并将原始功率值进行了比较，发现功率衰减率达 6%～9% 不等，均超过了理论衰减值的 5.3%。

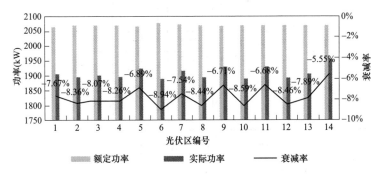

图 1-9　甘肃某光伏电站运行 5 年后的组件衰减情况

衰减前系统的容配比为 1.03，衰减后系统的容配比降低为 0.94～0.98。组件功率衰减越大，系统容配比越低。某电站 14 个区衰减前后的系统容配比如图 1-10 所示。

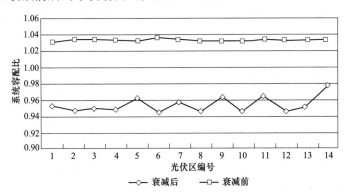

图 1-10　某电站 14 个区衰减前后的系统容配比

73. 利于防雷保护的组件连接方式是什么样的?

答: 对于传统的一体化接线盒而言，参考 IEC 62548—2016《Photovoltaic(PV) Arrays-Design Requirements》中的 7.4.3.3，文中推荐

了如图 1-11 所示的组件间连接方法（C 型连接方式），总的原则是尽量减小正、负极间的回路面积，其中每一排的上下两块组件顺序相反，接线盒位置紧挨在一起。

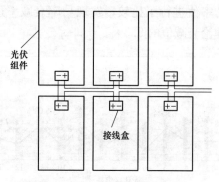

图 1-11　组件 C 型连接方式

对于分体式接线盒的组件而言，若组件采用横向安装，则可采用图 1-12 所示的连接方式（双面半片组件，接线盒在组件长边的中间，即采用 C 型连接方式）。若第 1 列组件的负极朝上，正极朝下；则第 2 列负极朝下，正极朝上，奇偶数列组件正负极方向相反。除组件串线中间位置（左端组件）上下连接外，正负极之间的连线均可沿着檩条敷设并与 U 型钢槽固定。

对于该连接方式，横向连接时相邻两块组件的连接长度需要 2m以上。考虑连接器的连接点容易产生故障，为了减少连接点数量，相邻两块组件的接线可不采用延长线，而根据实际项目情况，在光伏组件选型时，对组件自身的正负输出线缆的长度提出定制要求。

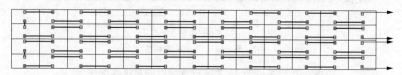

图 1-12　组件 C 型连接方式（组件使用分体式接线盒）

74. 分布式光伏电站的并网点是指什么？

答： 参考 GB/T 33593—2017《分布式电源并网技术要求》，

分布式电源并网点指分布式电源与用户内部电网相连的点，一个用户可以有多个分布式电源并网点。

75. 分布式光伏电站的公共连接点是什么？

答：公共连接点是指用户内部电网与公共电网相连的点，如果一个光伏电源不通过用户内部电网直接与公共电网连接，那么连接点就是并网点，也是公共连接点。

76. 工商业屋顶安装光伏电站之后，是否会增加工厂变压器损耗？

答：变压器损耗分为空载损耗（铁损）和负载损耗（铜损）。如果光伏发电大部分被工厂吸收，一小部分余电上网，在这种情况下，流过变压器的电能就会减少，变压器的铜损耗就会降低，铁损耗基本不变，从而降低变压器总损耗，不会降低变压器的使用寿命。

77. 企业厂房安装光伏电站以后功率因数为何会下降？

答：企业屋顶安装分布式光伏，若采用自发自用、余电上网模式，则在企业车间正常运行的工况下，光伏电站发电期间优先满足企业生产所需电量，随着光伏发电量的增加，企业通过计量考核点从电网吸收的有功功率大为减少，但正常生产所需的无功功率量保持不变，并且发电期间光伏电站也会吸收电网的无功功率，从而可能导致电网计量点的功率因数降低，达不到电网考核标准，根据《功率因数调整电费办法》，电网将对企业加收功率因数调节费（即力调电费）。

78. 何谓自发自用、余电上网？

答：自发自用、余电上网是指分布式光伏发电系统所发电力主要由电力用户自己使用，多余电量接入电网。它是分布式光伏发电的一种商业模式，用户在消耗不掉自发电力的情况下，以不浪费的方式送入电网。用户自己消耗的光伏电量，以节省电费的方式直接享受电网的销售电价，余电单独计量，并以规定的上网电价进行结算。

79. 自发自用、余电上网项目是如何计量的?

答: 目前自发自用、余量上网的分布式光伏发电系统接入计量方案如图 1-13 所示。对于分布式光伏发电，有两套计量装置（电能表 1 和电能表 2），实现对光伏发电量、上网电量和下网电量的计量。其中电能表 1 为单向计量表，电能表 2 为双向计量表。分布式光伏发电量 E_1 由电能表 1 计量得到；用户下网电量 E_2 和用户上网电量 E_3 由双向电能表 2 计量得到。如果白天光伏装置处于发电状态，那么用户自发自用电量 E_4 可通过 $E_4 = E_1 - E_3$ 计算得到（需要注意的是它包含了线路的损耗部分）。

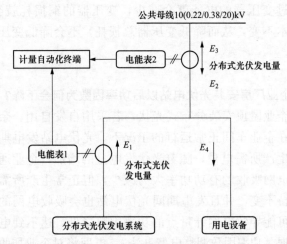

图 1-13　自发自用、余量上网的分布式光伏发电系统接入计量方案

另外，工商业分布式项目一般按峰谷平电价计量，电能表 2 一般带有峰谷平计量的功能，电能表 1 也应具备峰谷平计量的功能，否则会影响自发自用电量的结算。

80. 何谓双向电能表?

答: 双向计量电能表，简称双向电能表。它是能计量用电和

42

发电的电能表，功率和电能都是有方向的，从用电的角度看，耗电的算为正功率或正电能，发电的算为负功率或负电能，该电能表可以通过显示屏分别读出正向电量和反向电量并将电量数据存储起来。图 1-14 为关口处主表和副表示例。

双向电能表一般按电网公司相关规定进行定期校验或委托电网公司进行管理。一般高压并网的电站需要安装主、副表（备表）。

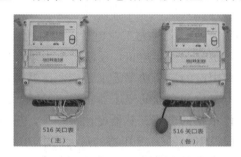

图 1-14 关口处主表和副表示例

81. 分布式光伏发电项目的电能计量装置应满足哪些要求？

答： 分布式光伏发电项目的电能计量装置应满足如下要求：

（1）通过 10kV 电压等级接入的分布式光伏发电项目，关口计量点应安装同型号、同规格、准确度相同的主、副电能表各一套。对于 220/380V 电压等级接入的分布式光伏发电项目，电能表单套配置。

（2）计量点装设的电能计量装置，其设备配置和技术要求应符合 DL/T 448—2016《电能计量装置技术管理规程》、DL/T 5137—2001《电测量及电能计量装置设计技术规程》以及相关标准、规程要求。对于 10kV 电压等级接入的项目，关口计量装置一般选用不低于 II 类电能计量装置。对于 220/380V 电压等级接入的项目，关口计量装置一般选用不低于 III 类电能计量装置。

（3）分布式光伏发电系统电能计量表应符合电网公司相关电能表技术规范，具备双向计量、分计量、电量冻结等功能，并支持载波、RS-485、无线多种通信方式，适应不同使用环境下的数据采集需求。

82. 当前我国的电价制度是怎样的?

答: 我国现行电价制度实行单一制电价、两部制电价、峰谷分时电价以及功率因数调整电费。

(1) 单一制电价。只有一个电度电价,指以用户实际每月用电量的多少来计算电费,不论用电多少均实行同一电价,但装机容量超过 100kVA (kW) 的电力用户,还需要执行功率因数调整电费。

(2) 两部制电价。又称大工业电价,将电价分为两个部分:一是基本电价,也称为固定电价,反映了电力生产成本中的容量成本,是以用户用电的最高功率需求量或变压器容量来计算的基本电费;与基本电价和企业的变压器容量 (kVA) 或最高功率需求量 (kW)、计量柜的电流互感器变比等相关,与用户每月实际用电量无关。假设 1000kVA 变压器的最大需求功率 700kW 左右,计量柜的电流互感器也达不到 1000kVA 时的变比,那么实际的电网营销部门根据该企业实际的最高功率需求配置计量柜的配比和电能表的倍率。二是电度电价,也称流动电价,反映了电力供应中的电能成本,以用户每月实际用电量来计算。实行两部制电价的用户,按以上两种电价分别计算后的电费相加,均需要执行功率因数调整电费,即为用户应付的全部电费。

目前我国对变压器总容量为 315kVA 及以上的大工业用户均实行两部制电价,并可放宽至 100kVA 及以上的工商业用户。

83. 何谓合同能源管理?

答: 合同能源管理的国家标准是 GB/T 24915—2020《合同能源管理技术通则》,国家支持和鼓励节能服务公司以合同能源管理机制开展节能服务,享受财政奖励、营业税免征、增值税免征和企业所得税免三减三优惠政策。

一般在合同中约定发电企业与用电单位的相关责任和义务、节能效益的计算方式、电量的计量方式。根据合同能源管理方式,投资方利用用电单位的建筑屋顶投资建设光伏发电系统,能够得到电价的销售价格,以市场电价的优惠价格向用电企业售电。

84. 能源合同管理中关于电费的支付有哪些规定?

答：能源合同管理中关于电费的支付有以下规定：

(1) 企业实际用的光伏电以光伏电站出口双向电能计量表的计量为准，企业用电方确认前一个月的实际用电记录，并签发光伏用电量确认单。

(2) 电费的计费标准以当地电网同时段（尖、峰、谷）工业电价为基准，在项目运营期内，计费标准一般是当地电网同时段（尖、峰、谷）电价的比例系数，该比例一般由双方在合约中约定，例如 85% 比例（含税）。

(3) 电费的结算一般是按月结算，光伏发电企业收到电费后，应开具相应的增值税发票，或者由当地的电网公司代收电费，电网公司按工业电价收取时，光伏发电企业向用电企业支付折扣的份额。

85. 如何根据电能表显示的数据计算电量?

答：本月电量＝$(D_{月末}-D_{月初})$×电压互感器变比×电流互感器变比。其中，电压互感器变比×电流互感器变比，称为倍率；D：总有功表底读数；电压互感器变比：一般为××kV/0.1kV；电流互感器变比：一般为×××A/5A 或×××A/1A。

86. 举例说明根据电能表读数计算电量的方法。

答：举例如下：

(1) 某单位电能表月初读数为 30，月末读数为 40，无电压互感器、电流互感器，则本月电量为：本月电量＝$(D_{月末}-D_{月初})$×电压互感器变比×电流互感器变比＝(40−30)×1×1＝10(kWh)。

(2) 某单位电能表月初读数为 30，月末读数为 40，无电压互感器，电流互感器变比为 50/5，则本月电量为：本月电量＝$(D_{月末}-D_{月初})$×电压互感器变比×电流互感器变比＝(40−30)×1×50/5＝100（kWh）。

(3) 某单位电能表月初读数为 30，月末读数为 40，电压互感器变比为 10kV/0.1kV、电流互感器变比为 50/5，则本月电量为：

本月电量＝$(D_{月末}-D_{月初})$×电压互感器变比×电流互感器变比＝$(40-30)$×$10/0.1$×$50/5$＝$10\ 000(kWh)$。

87. 分布式电站红外远程抄表是什么？

答： 传统的抄表方式是运维人员到光伏电站现场进行抄表，缺点是效率低、成本高。目前，分布式电站可使用一种新型的红外抄表方式，它主要是基于 38kHz 信号调制解调成红外信号，并转换为 RS-485 信号，配合数据采集装置，可将数据上传到云平台。

第二节　电气一次、二次

88. 如何读懂电气主接线图？

答： 光伏电站高压设备较多，初次接触电气行业的人员首先要学会看懂电气接线图，成套电气图纸主要包含总平面图、系统接线图、系统原理图、设备布置图，辅助图纸包含电缆清册、设备材料表、设计说明等。运维人员能够读懂电气原理图及接线图，以便分析场站运行情况及故障判断。

原理图是单纯地使用电气设备符号、连接线路及控制元件进行表述的图纸，一般看图顺序为从上到下、从左到右、先一次后二次、先交流后直流。原理图不考虑现场电气设备、元件的实际位置，只表述设备整体的连接、控制关系。图纸中符号代表的元器件，图中都有标注。

接线图一般与原理图配套绘制，主要表示元件之间、设备之间的电缆布置、走向及关系。电气工程安装施工中大部分使用接线图作为工作依据。

对于电气主接线图，首先要了解系统的潮流走向、系统容量、电压等级、进线数量、主变压器的容量和数量、变比大小及主变压器的接线方式、出线数量及负荷大小、保护配置等。然后查看系统有无特殊配置，比如是否有电容器无功补偿。

89. 光伏电站的箱式变压器主要是哪种类型？

答：箱式变压器一般分欧式箱式变压器和美式箱式变压器。欧式箱式变压器为预装式，美式箱式变压器为组合式。它们的主要区别在于高压部分，美式箱式变压器高压接线方式仅环网或者终端供电两种，而欧式箱式变压器常把高压开关柜、变压器、低压开关柜分装在高压室、变压器室、低压室，三室彼此间隔，再以电缆或母排连接。

美式箱式变压器基本是油浸式变压器，结构分为前后两部分，前部分为接线柜，后部分为变压器油箱、绕组、铁芯、高压负荷开关、插入式熔断器、后备限流熔断器等元器件，均放置在油箱体内。美式箱式变压器具有占地面积小、便于安放等特点，价格也比欧式变压器便宜得多，目前光伏电站大多采用美式箱式变压器。图 1-15 为美式箱式变压器示例。

图 1-15　美式箱式变压器示例

90. 变压器的油箱有什么作用？

答：油箱即油浸式变压器的外壳，用于散热、保护器身。变压器的器身放在油箱内，油箱里放入用来绝缘和散热的变压器油。

91. 变压器的储油柜有什么作用？

答：储油柜俗称油枕，安装在油箱上，使油箱内部与外界隔绝。变压器油的体积随着油温的变化而膨胀或缩小时，储油柜起储油和补油作用，对油箱内的油量起调节作用，保证油箱内充满油。储油柜的侧面还装有油位计，可以监视油位的变化。

92. 变压器的气体继电器有什么作用？

答：气体继电器安装在变压器油箱和储油柜之间的管道中，内部有一个带有水银开关的浮筒和一块能带动水银开关的挡板。当变压器油箱内部发生故障时，产生的气体聚集在气体继电器上部，油面下降，浮筒下沉，接通水银开关而发出信号；当变压器内部发生严重故障时，油流冲破挡板，挡板偏转时带动一套机构使另一水银开关接通，发出信号并跳闸。

93. 常用的变压器油有几种？

答：常用的变压器油有 3 种，其代号为 DB-10、DB-25、DB-45。它们的凝固点分别为 -10、-25、-45℃ 及以下温度，也称为 10、25、45 号变压器油。

94. 不同型号的变压器油能否混用？

答：变压器油是矿物油，起到绝缘和散热作用，由于它的成分不同，不同的变压器油一般不能混合在一起，否则对油的安定度有影响，会加快油质的劣化。若变压器油备件用量不足，需混用不同品牌的变压器油时，则应先经过混油试验，即通过化学、物理化验证明可以混合，再混合使用。

95. 什么是变压器的铜损？

答：铜损是指变压器一次、二次电流流过绕组所消耗的能量之和，由于绕组多用铜导线制成，故称铜损，也称为负载损耗，它与电流的平方成正比。铭牌上所标的千瓦数，是指绕组在 75℃ 时通过额定电流的铜损。

96. 什么是变压器的铁损？

答：铁损是指变压器在额定电压下（二次开路），在铁芯中消耗的功率，也称为空载损耗，包括励磁损耗与涡流损耗。

97. 变压器有哪些接地点，各接地点起什么作用？

答： 变压器有绕组中性点接地、外壳接地、铁芯接地。

（1）绕组中性点接地为工作接地，构成大电流接地系统。

（2）外壳接地为保护接地，为防止外壳上的感应电压过高而危及人身安全。

（3）铁芯接地为保护接地，为防止铁芯的静电电压过高使变压器铁芯与其他设备之间的绝缘损坏。

98. 为什么规定油浸式变压器的绕组温升为 65℃？

答： 油浸式变压器在运行中产生铜损和铁损，使得绕组和铁芯发热，易造成变压器绝缘老化。变压器绕组或上层油面的温度与周围环境的温度差称为绕组或上层油面的温升。

国家规定，以 40℃ 作为周围冷却空气的最高温度，当变压器安装在小于 1000m 的地区，国家规定变压器绕组温升限值为65℃，这是因为我国油浸式变压器采用的是 A 级绝缘，绕组的最高温度极限为105℃（65℃＋40℃）。箱式变压器的使用寿命取决于它的绕组温度，绕组温度对绝缘材料的温度和老化起着决定性作用。

99. 箱式变压器的上层油温不宜超过多少？

答： 为了保证变压器油及绝缘在长期使用条件下不致迅速劣化变质，在周围环境最高温度不大于 40℃ 时，根据 DL/T 572—2016《电力变压器运行规程》，一般规定 85℃ 为上层油温的界限（制造厂有规定的按制造厂规定）。在干燥的环境中，当上层油温达到 80℃ 以上，就会发出油温过高报警。

100. 箱式变压器的油温和绕组温度如何测量？

答： 箱式变压器的运行温度，包括变压器油温和绕组温度。变压器一般会在外壳顶部安装有插入变压器油内部的测温槽，通过设置测温元件来测量变压器的油温。由于变压器绕组中流过负荷时会产生热量，因此在运行中的变压器绕组温度一定会高于变压器的油温。其中，对变压器绝缘老化影响最严重的是内部最热点的温度，一般称为"热点温度"，大多数箱式变压器一般会配置变压器上层油温计，大型变压器还会配置绕组温度计。

变压器上层油温计的黑色指针指示实际运行温度，红色指针指示设定的上限报警温度，如图 1-16 所示。当变压器上层油温超过该值时报警，两指针相碰使电接点导通，发出警报信号，并且红色指针上面有一个凸起；当油温超过运行中的最高温度时，黑色指针就会带动红色指针转动，此时表示运行中的油温已达到最高温度。

图 1-16　箱式变压器上层油温计

对于变压器绕组的温度，直接测量有一定困难，它可以看作是变压器顶层油温和绕组对油温作用的叠加，一般在变压器油温测量的基础上加入变压器的负荷电流，利用热模拟法模拟计算绕组对变压器油温的升温，从而得出变压器绕组温度。

101. 夏季高温天气下，箱式变压器正常运行的油温大约是多少？

答：夏季高温天气下，箱式变压器正常运行的油温为 50～65℃。

102. 箱式变压器测温的原理是什么？

答：箱式变压器测温采用 Pt100 温度传感器，又称铂热电阻，其测温原理是利用检测电阻随环境温度变化时所引起的电阻值的变化，根据温度值计算电阻值，环境温度越高，电阻值越大。Pt100 温度传感器在 0℃ 时的电阻值是 100Ω，电阻变化率为

0.3851Ω/℃，一般使用三线式接法消除测温线电阻值带来的影响。

如表 1-13 所示是温度与电阻值的对应关系表，测温范围比较大，从－50～100℃，基本覆盖了箱式变压器的运行环境温度范围。

表 1-13　　　　　　　温度与电阻值的对应关系表

温度（℃）	标称电阻值（Ω）
－50	80.31
0	100
50	119.40
100	138.51

103. 什么是变压器的绝缘吸收比？

答：在维护检修变压器时，需要测量变压器的绝缘吸收比，它等于 60s 所测量的绝缘电阻值与 15s 所测的绝缘电阻值之比，即 R_{60}/R_{15}。用吸收比可以进一步判断设备是否由于潮湿、污秽或有局部缺陷等因素影响了绝缘电阻，规程规定吸收比不应低于 1.3。

104. 断路器、负荷开关、隔离开关在作用上有什么区别？

答：断路器、负荷开关、隔离开关都是用来闭合和切断电路的电器，但它们在电路中所起的作用不同。断路器可以切断负荷电流和短路电流；负荷开关只可切断负荷电流，短路电流是由熔断器来切断的；隔离开关不能切断负荷电流，更不能切断短路电流，只用来切断电压或允许的小电流。

105. 变压器在运行中有哪些特殊规定？

答：变压器在运行中有以下特殊规定：

（1）主变压器在冷却器未启动时，不允许带负荷运行，也不允许长时间空载运行。

（2）变压器过负荷运行时，应投入全部冷却器，并加强对变压器上层油温的监视和对变压器的检查。

（3）变压器经过事故过负荷以后，应对变压器进行全面检查，并对过负荷的大小和持续时间做详细记录。

（4）变压器退出运行后，再断开冷却器电源。

（5）为防止油流静电对变压器的损害，冷却器启用时，不应同时启动所有冷却器组，而应逐组启动，尤其对停运一段时间后再投入的冷却器。

（6）投入冷却器组的台数应根据负荷和温度来确定，不允许将备用冷却器组和工作冷却器组一起全部投入运行。

106. 新安装的保护装置竣工后，验收项目有哪些？

答：验收项目如下：

（1）电气设备及线路有关实测参数应完整、正确。

（2）全部保护装置竣工图纸应符合实际。

（3）检验定值应符合整定通知单的要求。

（4）检验项目及结果应符合检验条例和有关规程规定。

（5）核对电流互感器变比及伏安特性，其二次负载应满足误差要求。

（6）检查屏前、屏后的设备是否整齐完好，回路绝缘是否良好，标志是否齐全正确。

（7）用一次负荷电流和工作电压进行验收试验，判断互感器极性、变比及其回路的正确性，判断方向、差动、距离、高频等保护装置有关元件及接线的正确性。

107. 何谓 UPS 系统？

答：UPS 系统即不间断电源系统，它是一种含有储能装置、以逆变器为主要元件、稳压稳频输出的电源保护设备。

UPS 容量一般为 8kVA，主要供后台监控电脑、AGC、光功率系统、视频监控系统、调度数据网等重要设备的电源，正常负荷电流在 12A 左右。UPS 系统主输入电源为 220V 直流电源（取自电站 220V 直流系统），经逆变后输出高质量的 220V 交流电源。另外还设有一路 220V 交流输入旁路电源。为了保证高质量的供电，正常情况下设为逆变优先模式，当直流逆变异常时可切换为旁路供电模式。

108. 微机故障录波器的作用是什么？

答：微机故障录波器用于电力系统，可在系统发生故障时，自动准确地记录故障前后过程的各种电气量的变化情况，通过这些电气量的分析、比较，对分析处理事故、判断保护是否正确动作，帮助故障分析人员快速定位问题的出处和原因，减少故障查找时间和维修的周期，以及提高电力系统安全运行水平均有着重要作用。

微机故障录波器不仅能将故障时的录波数据保存在软盘中，经专用分析软件进行分析，而且可通过微机故障录波器的通信接口，将记录的故障录波数据远传至调度部门，为调度分析处理事故提供依据。

109. 为什么高压线路要架空？

答：在光伏项目中每个光伏阵列的箱式变压器之间的线缆一般会埋在地下，这些线缆的电压一般是 10kV 或 35kV，而触及 110kV 以上的线缆却都是架空走线，因为目前超高压线缆还未能找到能满足其绝缘标准的绝缘层材料，如果只是增加厚度，那就无法施工放线。另外因为空气是绝缘体，架空能有效绝缘，而埋在地下如果有漏电情况，就会威胁到地面人员的安全，因为大地是良好的导体。

110. 光伏电站站用电源有哪两种运行方式？

答：站用电源主要供站内的设备运行、站内生产和生活用电。站用电源有两种方式：①采用 10kV 备用变压器作为备用电源，光伏电站一般没有高压自用电设备，需要降压至 400V 使用；②当光伏电站有发电母线时，自用电工作电源从发电母线引接，由站用变压器降压。

对于站用电源的选择，需要进行技术经济评估和电源稳定性评估。

　　一般情况下，站用变压器与备用变压器两者互为备用，当其中一种是工作电源，另一种就是备用电源，两路电源由双电源切换开关（automatic transfer switching，ATS）切换控制。当工作电源失压时，备用变压器电源自动投入运行。下面以站用变压器为主电源、10kV 备用变压器为备用电源方式进行说明：

　　（1）站用电源取自 35kV 母线：电站 35kV 站用变压器降压至 400V 后，经低压负荷开关送至站用 400V 母线；事故和电站停运时取自站外 10kV 配电网。

　　（2）10kV 备用变压器降压至 400V，经低压负荷开关送至站用 400V 母线，作为站内备用电源。

　　由于 10kV 配电网线路不稳定，异常停电较多，对站用电的稳定性带来影响。从电源稳定性角度，站用变压器优先作为内部供电。

111. 地面电站限电时，使用站用变压器电源是否影响自动发电控制（AGC）？

　　答：假设某光伏电站共 20 个区、40 台 500kW 集中逆变器，光伏电站受调度限负荷时，调度下发 10MW 指令，AGC 将目标功率分配到 20 台逆变器，逆变器出口实时功率为 10.3MW，并网点实时功率为 10MW。光伏电站 AGC 控制示意图见图 1-17。

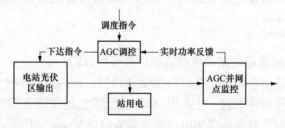

图 1-17　光伏电站 AGC 控制示意图

　　下一时刻，将站用变压器由 10kV 备用变压器切换至自发电 35kV 母线，白天站用电使用光伏自发电，假设站用电将消耗功率

0.5MW，虽然此刻逆变器实时功率为 10.3MW，但是并网点输出功率为 9.8MW，与 10MW 目标下发值存在 0.2MW 缺口，AGC 监控刷新数据后反馈，原本受控限发的逆变器，设定值将被提高，实时功率也增加，达到并网点输出功率为 10MW，而此时逆变器实际发电功率为 10.8MW。

由此可以看出，限电情况下，当白天站用电使用自发电时，不影响电站 AGC 对逆变器的调控。

112. 电力二次系统包括什么？

答： 电力二次系统包括计算机监控系统、继电保护系统、光功率预测系统及附属设备、AGC/AVC 系统、电量采集装置、信息申报系统、PMU 同步相量测量装置、调度数据网系统等。

113. 电力系统的遥测、遥信、遥控和遥调信息分别是什么？

答： （1）遥测信息：远程测量，采集并传送运行参数，包括各种电气量（线路上的电压、电流、功率等量值）等。

（2）遥信信息：远程信号，采集并传送各种保护和开关量信息。

（3）遥控信息：远程控制，接受并执行遥控命令，主要是分合闸，对远程的一些开关控制设备进行远程控制。

（4）遥调信息：远程调节，接受并执行遥调命令，对远程的控制量设备进行远程调试，如调节发电单元的输出功率。

114. 何谓继电保护？

答： 继电保护是保证光伏电站电力设备安全运行的基本保护系统，任何电力设备不得在无继电保护的状态下运行。当逆变器、汇流箱、集电线路、变压器、母线、对外送出线路及用电设备等发生故障时，继电保护需要用最短的时间和在最小的范围内，按预先设定的参数，自动将故障设备从运行系统中断开。

115. 何谓电量保护?

答: 电量保护主要是以采集电量信息为主的保护装置,如电流保护、电压保护、零序保护、距离保护等。

116. 何谓非电量保护?

答: 非电量保护顾名思义就是指由非电气量反映的故障动作或发生的保护,一般是指保护的判据不是电量(电流、电压、频率、阻抗等),而是非电量,如气体保护、温度保护、防爆保护、防火保护、超速保护等。

由于电量保护存在局限性,当故障发生在电量保护范围之外时,如果短时间内不能切掉设备,就会造成事故扩大,必须要依靠非电量保护来保障设备的安全。

117. 非电量保护所反映的含义有哪些?

答: 以变压器为例,如表 1-14 所示为各非电量保护所反映的物理量和对应的变压器故障。

表 1-14 各非电量保护所反映的物理量和对应的变压器故障

保护名称	反映的物理量	对应的变压器故障
压力释放	箱体内压力累积	内部压力升高,严重的匝间短路或对地短路,产生大量的气体
温度高	绝缘油和绕组温度	过载、散热差、损耗超标
油位计	油位高低	油量偏多偏少
轻瓦斯	累积气体体积	内部放电、铁芯多点接地、内部过热、外部空气进入箱体
重瓦斯	油流速度	严重的匝间短路、对地短路

118. 为什么要做保护定值单?

答: 保护定值单一般由电网下达或由专业保护定值计算单位出具并报电网认可,其中涉网的电量保护定值单都比较严谨,但非电量保护定值问题较大，有的站没有非电量保护定值单，其定值整定问题较多，易发生因定值及投退错误而出现保护误动及拒动情况，直接影响安全经济运行。

119. 哪些设备需要做保护定值？

答： 110kV 系统主变压器保护、线路保护、母线保护等；35kV 系统集电线路保护、无功补偿装置保护、接地变压器保护等；400V 系统站用变压器低压开关保护、稳控装置保护、光伏区箱式变压器低压开关保护、逆变器保护等。

120. 继电保护运行监视管理内容有哪些？

答： （1）常规厂站继电保护装置的状态分为投入、退出和信号三种。投入状态是指装置功能连接片和出口连接片均正确投入，把手置于正确位置；退出状态是指装置功能连接片和出口连接片全部断开，把手置于对应位置；信号状态是指装置功能连接片投入，出口连接片全部断开，把手置于对应位置。

（2）现场运行人员应密切监视继电保护设备运行状态，发现异常、告警等信息应及时汇报电网调度机构，并通知检修人员分析、处理。

（3）现场运行人员每月定期核对微机继电保护装置的各相交流电流、各相交流电压、零序电流（电压）、差电流、外部开关量变位和时钟，以及户外端子箱、主变压器和电抗器本体电器的防雨、防潮、防尘、防冻措施，并做好记录。

（4）同一综合自动化变电站微机继电保护装置和继电保护信息管理系统经同一 GPS 或时钟源对时，现场运行人员每天巡视时核对微机继电保护装置和继电保护信息管理系统的时钟。

121. 二次保护定值整定、核对时存在的风险及注意事项有哪些？

答： （1）光伏企业二次保护定值应由有资质的专业人员根据厂站实际容量进行整定计算，并与上级主管单位申请报备，通过批准后方可按值输入。

（2）整定、核对前应检查定值单是否规范、清晰、齐全，是否符合规程要求。对于检查出的不符合项，应立即和整定计算人员沟通、确认。

（3）开具工作票，整定、核对时应由两人共同进行，一人唱诵、一人复诵并检查执行，检查完成应及时向上级领导回执，并由主管领导检查。有能力的光伏厂站可以配备录音笔，录音文件定期保存。

（4）定值重新整定或需要变更时，需要向上级领导申请，经过相应继电保护试验后方可按新定值执行。

（5）核对定值时，还需核对电流互感器/电压互感器变比、软压板、硬压板、控制字、定值区号等重要参数。

（6）光伏企业应按实际情况编辑并严格执行二次保护定值整定。

可以按照此流程进行闭环工作：计算整定人员→复审人员→核对、整定人员（两人）→试验人员→主管领导检查→签订定值执行单→反馈主管部门。

（7）定值整定、检查过程中需要使用电力系统专业术语，以免引起歧义。

122. 软压板和硬压板有什么区别？

答：硬压板是保护柜内连接片之类的硬件设备，可分为功能压板和出口压板。

软压板是保护装置软件系统的某个功能的投退，可以通过修改保护装置的软件控制字来实现。软压板是程序，不是实实在在的物体。

保护装置的软压板控制字和功能压板是"与"关系，如差动保护功能投入，必须是保护装置内部的差动保护软压板控制字置"1"，同时保护屏柜内的差动保护功能压板在"投入"位置。

123. 综合保护装置交接验收时，应检查哪些资料和文件?

答：根据 DL/T 1239—2013《1000kV 继电保护及电网安全自动装置运行管理规程》，光伏电站综合保护装置在交接验收时，应查收：

（1）竣工原理图、安装图、技术说明书、电缆清册等设计资料。

（2）制造厂提供的装置说明书、保护屏（柜）电气原理图、装置电气原理图、分板电气原理图、故障检测手册、合格证明和出厂试验报告等技术文件。

（3）新安装检验报告和验收报告。

（4）微机继电保护装置定值和程序通知单。

（5）制造厂提供的软件框图和有效软件版本说明。

（6）微机继电保护装置的专用检验规程。

124. 光伏电站的摄像头一般布置在哪些区域?

答：具体配置原则如下：沿电站围墙四周及各主要路口设置远红外对射装置；升压站配电装置区域、综合楼门厅设置低照度摄像头；办公室入口处设置摄像头；保护盘室、35kV 配电室、站用电室、无功补偿设备安置室内摄像头，在主控室设置图像监视终端显示器。

125. 何谓综合自动化系统?

答：光伏电站综合自动化系统是光伏电站的重要组成部分，实现对一、二次设备的数据采集、监视、控制、操作、故障记录以及光伏功率预测、AGC/AVC 系统等自动化功能，是保障电站稳定、安全、经济运行的重要技术手段。

126. 光伏电站的开关站/升压站的保护测控装置是什么?

答：保护装置主要用于保护电站以及设备的稳定运行，当发生故障或者事故时，主动切开与电网的联系。它主要包括线路保护、主变压器保护、母差保护、站用变压器保护、防孤岛保护、低压保护等。

测控装置主要用于电站内各种电气量的输入与输出，包括电压、电流、功率、温度、电量、开关的位置、告警信息、控制开关的分合等。

127. 什么是光伏电站 SCADA 系统？

答：光伏电站 SCADA（supervisory control and data acquisition）系统，是光伏电站数据采集和监视控制系统，即光伏电站本地监控系统。它对站内升压站及光伏区组件阵列、汇流箱、逆变器、箱式变压器、配电柜等设备进行实时监测和控制，使运维人员能够快速地掌握电站的运行情况。

128. 光伏电站本地数据采集与监控系统具体包括哪些设备？

答：光伏电站本地数据采集与监控系统主要是实现站内的监测和控制以及与省调、地调等主站的通信。最基本的组成有：保护装置、测控装置、通信管理机、数据采集器、规约管理机、以太网交换机、环境监测站、传感器、服务器、安全隔离装置、安全防护装置、"五防"系统、通信线缆、视频监控系统、卫星对时系统等。

129. 什么是电力载波？电力载波通信回路怎么设计？

答：电力载波是电力系统特有的通信方式，是指利用现有电力线缆，通过载波方式将模拟或数字信号进行高速传输的技术。其最大特点是不需要重新架设网络，只要有电线就能进行数据传递。

逆变器通过三相交流线接入电力载波通信模块，通过网线接入数据采集器和客户终端设备（customer premise equipment，CPE），通过无线传入基站无线接收器，再接入 RU 装置，通过光纤接入交换机。

第三节 调度基础

130. 我国电力调度机构分为哪几级？

答：我国电力调度机构按五级设置，即国家电力调度中心（国调）、区域电网调度中心（网调）、省电力调度中心（省、区调）、地区电力调度（地调）和县电力调度（县调）。各级调度间实现分层控制、信息逐级传送，实现计算机数据通信，在主干线形成网络。按照电力系统"统一调度、分级管理"的原则，各级调度有其明确的管理范围及主要职责。

131. 什么是国调和网调？

答： 国家电力调度中心，简称国调，是我国电网调度的最高级（隶属于国家电网有限公司），国调通过计算机数据通信与各大区调度中心相连接，协调确定各大区之间的联络线潮流和运行方式，监视、统计和分析全国电网的运行情况。

区域电网调度中心（网调）：在电网调度方面，网调是省调的上级单位，对省调具有直接领导与管理权限。例如，西北分中心主要调度范围为西北区域内 750（330）kV 网络、区域直调电厂机组以及省间联络线。

国家电网有限公司下辖东北电网、华北电网、华中电网、华东电网、西北电网和西南电网 6 个调控分中心。

132. 光伏电站需要向电力调度部门提供哪些信号？

答： 在正常运行情况下，光伏电站向电力调度部门或其他运行管理部门提供的信号至少应包括以下 4 点：

（1）光伏电站并网状态、辐照度、环境温度、预测功率。
（2）光伏电站有功和无功输出、发电量、功率因数。
（3）光伏电站并网点的电压和频率、注入电网的电流。
（4）主变压器分接头挡位、主断路器开关状态等。

133. 光伏电站的调度权限和范围有哪些？

答： 每个省份的电网规定可能不尽相同，以甘肃电网光伏电站调度规程为例，光伏电站由省调、地调共同调度管理。

（1）省调管辖范围：电力电量平衡、光伏电站出力及调度方式由省调统一调度。

（2）地调管辖范围：光伏电站主变压器、集电线路、无功补偿设备、送出线路、高压出线间隔及一、二次设备。设备运行和投退必须由地调同意。

（3）电站自行管辖范围：站用变压器及站用低压配电装置、各箱式变压器、光伏发电设备、综合消防泵房设备、消防报警及视频监控设备。设备运行和投退由当值班长决定。

继电保护、通信、自动化以及安全自动装置设备的调度管辖范围划分原则上与其相应的一次设备调度管辖范围相同。

134. 调度电话的使用有哪些规定？

答：调度电话的使用有以下规定：

（1）调度电话只允许经供电公司培训考试合格并颁发资格证书的值班人员接听。

（2）调度电话只允许使用一台专用电话，不得分接。

（3）除当值值班人员外禁止其他人使用调度电话。

（4）必须保证调度电话录音时刻在完好运行状态。

（5）如因检修或其他特殊原因必须停运调度录音电话时，必须设置其他临时录音设备，并向上级调度部门汇报。

135. 光伏电站的停运分为哪几类？

答：光伏电站的停运分为以下几类：

（1）计划停运：计划停运是指光伏电站内设备处于计划检修或维护的状态。

（2）非计划停运：非计划停运是指方阵逆变器或高压设备不可用，不是计划停运状态，又称故障停运。

（3）调度停运：调度停运是指因为光伏电站外出线路送出原因，电网调度对电站下达停运或限功率运行指令。

第四节 政策手续类

136. 什么是发电业务许可证？

答：根据《电力业务许可证管理规定》（电力监管委员会第 9 号令），从事发电业务的厂站企业需要向国家电力监管委员会（电监会）申报并取得发电类电力业务许可证，只有取得了发电类电力业务许可证的光伏企业，才能合法地进行电力生产与输送。其中《分布式发电管理暂行办法》（发改能源〔2013〕1381 号）提出了鼓励豁免分布式发电许可证的原则性要求。《关于明确电力业务许可管理有关事项的通知》（国能资质〔2014〕151 号）进一步细化政策，明确了电力业务许可的豁免范围，经能源主管部门以备案（核准）等方式明确的分布式发电项目可豁免相关发电业务许可证。

137. 办理发电业务许可证需要提供哪些资质及材料？

答：根据国家能源局电力业务资质管理中心《发电类电力业务许可证办理指南》规定，经营太阳能、风能、生物质能、海洋能、地热能等新能源发电企业，可简化发电类电力业务许可证申请的材料要求。

光伏企业具体申报资质要求如下：

（1）具有法人资格。

（2）具有与申请从事的电力业务相适应的财务能力。

（3）生产运行负责人、技术负责人、安全负责人和财务负责人具有 3 年以上与申请从事的电力业务相适应的工作经历，具有中级以上专业技术任职资格或者岗位培训合格证书。

（4）发电项目建设经有关主管部门审批或者核准。

（5）发电设施具备发电运行能力。

（6）发电项目符合环境保护的有关规定和要求。

申报资料如下：

（1）企业法人签署的许可证申请表。

（2）营业执照副本及其复印件。

（3）成立 2 年以上的光伏企业需要提供最近 2 年的财务情况说明；不足 2 年的需提供企业成立以来的财务说明。

（4）最近 2 年的财务状况审计报告；成立不足 2 年的，出具企业成立以来的财务状况审计报告和对营运资金状况的说明。

（5）企业生产运行负责人、技术负责人、安全负责人、财务负责人的简历、专业技术任职资格证书等有关证明材料。企业安全负责人、生产运行负责人、技术负责人、财务负责人，允许一人兼任其中两项或多项职务。

（6）发电项目建设经有关主管部门审批或者核准的证明材料（备案证明）。

（7）发电项目通过竣工验收的证明材料；尚未组织竣工验收的，提供发电机组通过启动验收的证明材料，或者有关主管部门认可的质量监督机构同意整套启动的质量监督检查报告（一般由供电公司出具）。

（8）发电项目符合环境保护有关规定和要求的证明材料。

138. 发电业务许可证办理的注意事项有哪些？

答： 以国家能源局华东监管局《光伏企业发电业务许可证办理流程》为例：

（1）在网上注册企业账号时需要注意注册电力业务许可证（发电类）分项。

（2）如经办人不是企业法人，需要法人签署的委托书，因办理业务过程中需频繁使用，可签署 5 份备用。

（3）企业生产运行负责人、技术负责人、安全负责人、财务负责人可以一人兼任多职，但财务负责人需要专人负责，各类人员简历、专业技术任职资格证书需要专业对口、认证，各类人员需要企业正规任命文件。

（4）供电公司出具通过启动验收的证明材料，需要省电科院认证的电能质量检测报告作为支撑。

（5）根据国家能源局华东监管局最新文件（华东监能资质〔2019〕45 号）要求，光伏企业在启动并网试运行 3 个月内必须取得电力业务许可证（发电类），否则不得并网发电。

（6）发电业务许可证有效期将届满前 6 个月，需向监管局申请有效期延期，在有效期内，国家能源局华东监管局每年到企业进行不定期抽查。

139. 土地证办理流程和材料有哪些？

答： 光伏发电规划内的生活区域需要办理国有建设用地使用权属的土地证，以安徽省明光市光伏电站为例，具体流程及所需提交材料如下：

（1）选址、测绘并向市国土资源局申请建设指标。

（2）由市土地管理委员会决议核准。

（3）在招标、拍卖、挂牌阶段，支付拍卖保证金。

（4）竞拍成功后，市国土资源局进入土地竞拍公示期（约为 7 天）。

（5）公示后，至财政局开具缴款书，至市国土资源局将拍卖保证金转为土地出让款。

（6）签订国有土地使用权出让合同阶段，所需资料如下：申请办理用地报告、拍卖或挂牌公告、成交确认书、土地出让款缴款凭证、法人身份证明、规划设计条件及红线图、宗地图原件（市国土资源局收储中心签字领取）。

（7）办理建设用地批准书阶段，所需资料如下：发改委项目立项文件，至规划局办理《建设用地规划许可证》。《建设用地规划许可证》分为三类（规划地块、划拨地块、出让地块），以出让地块为例，所需材料如下：企业申请表、项目所在地政府征求意见、企业营业执照、土地使用权出让合同、发改委立项文件、电子版宗地图、土地出让款凭证原件、土地纳税证明、成交确认书。

（8）建设用地使用证办理阶段，所需资料如下：建设用地批准书原件、国有建设用地交接书原件、土地使用权出让合同、土地出让款凭证原件、土地纳税证明、建设用地规划证原件、宗地图（原件）、营业执照复印件、法人身份证复印件、委托书、委托人身份证原件及复印件、当地土地所开具的权籍调查表。

140. 土地证办理的注意事项有哪些？

答： 土地证办理的注意事项有：

（1）所需土地纳税证明均需要原件，在税务局纳税时要求其多开具几份。

（2）权籍调查表需要镇以上行政单位开具，因调查需要时限，可以联系先开具。

（3）部分光伏电站业主在并网发电以后再去办理土地证，办理时，需要注意发改委立项文件有效期。

（4）项目所在地政府征求意见是企业当地镇级以上政府开具的批准建设证明，需加盖政府公章。

（5）电子版宗地图、纸质版宗地图原件、宗地编号可以先行至国土资源局测绘中心领取、办理。

141. 光伏电站电能质量检测具体项目有哪些？

答： 光伏电站电能质量检测为光伏电站并网发电运行的重要合规检测手续，只有取得合格的电能质量检测报告，光伏电站才能允许接入电网发电运行。

光伏电能质量检测是根据 GB/T 19964—2012《光伏发电站接入电力系统技术规定》、NB/T 32007—2013《光伏发电站功率控制能力检测技术规程》以及所在省区电力有限公司对光伏发电并网运行的管理要求等国家标准行业文件为基础，相关的检测内容如下：

（1）电能质量检测：包含电压闪变标准限值及测试、三相电压不平衡测试、频率测试、电压偏差测试、电压谐波测试、电压间谐波测试、谐波电流测试。

（2）有功、无功功率控制能力检测：包含有功功率输出特性、有功功率变化、有功功率控制能力、无功功率输出能力、无功功率控制能力。

142. 电能质量检测的注意事项有哪些？

答： 电能质量检测的注意事项有：

（1）每个省区仅有几家有资质的检测单位，需提前预约、排队。

（2）为促使检测流程顺畅，需提前编辑完成电站基本信息等资料。

（3）电能质量检测一般为24h或48h，记录数据为检测值中的最大值，或者95％概率最大值，需要查询天气情况，选定天气晴朗的日期进行，否则影响检测结果。

（4）需要确定电流互感器、测量仪器精准度，确定二次回路连接合格，保证测量数据合规。

（5）需要确认主接地系统合格，保证电压偏差检测合规。

143. 光伏可再生能源发电补贴申报流程是什么？

答： 根据《国家电网有限公司关于组织开展可再生能源发电补贴项目清单申报的公告》，申请纳入项目清单的新能源发电企业通过国网新能源云平台（网址为 http：//sgnec.esgcc.com.cn）开展申报工作。

光伏可再生能源发电补贴申报流程可分为用户注册、企业入住、信息填报、电网初审、能源主管部门复审、信息管理中心复核、项目清单公示几个步骤。

用户注册：在新能源云平台进行用户注册，提交企业名称、统一社会信用代码等信息。

企业入驻：选择企业入驻页面提交入驻申请，提交公司信息、法人或经办人信息，上传身份证件，上传公司证件等，经审核通过后完成入驻。

信息填报：补贴申报页面进行信息填报，选择所属集团项目，填报申报补贴项目清单所需信息。

电网初审：省级电网企业对新能源发电企业申报项目材料的完整性、真实性进行核对。

能源主管部门复审：省级电网企业将通过初审的项目清单，通过新能源云平台向省（区、市）能源主管部门申报复审，并取得审核确认结果。

信息管理中心复核：国家电网有限公司将通过省级主管部门复审的项目清单，通过新能源云平台报送国家可再生能源信息管理中心进行复核，并取得复核结果。

项目清单公示和公布：国家电网有限公司将可再生能源信息管理中心复核结果通过新能源云平台公示，公示期为 10 个工作日。公示期满后，国家电网有限公司将正式公布可再生能源补贴项目清单，并同步报送中华人民共和国财政部、中华人民共和国国家发展和改革委员会、国家能源局。

144. 光伏可再生能源发电补贴申报注意事项有哪些？

答：光伏可再生能源发电补贴申报注意事项有：

（1）提交信息包括项目代码、项目名称、项目业主、项目类别、项目所在地、核准（备案）容量、核准（备案）时间、装机容量、并网时间、上网电价等。

（2）支持性文件包括项目核准（备案）批复文件、并网支持性文件、上网电价批复文件等。

（3）审查重点为申报项目的真实性、项目全容量并网时间是否符合申报要求、并网支持性文件的有效性、项目核准（备案）文件的真实性和合规性、项目建设并网规模的合规性、申报光伏企业执行电价的合规性。

（4）在完成电网企业初审和省级能源主管部门确认后，需要国家电网有限公司等组织经营范围内的电网企业对申报项目信息和支持性文件进行汇总，形成《可再生能源发电补贴项目确认汇总表》，并通过信息平台在线提交至信息中心进行复核，同步上传汇总表盖章扫描件。

（5）根据《财政部办公厅关于加快推进可再生能源发电补贴项目清单审核工作的通知》（财办建〔2020〕70 号）要求，需提交全容量并网时间承诺书，承诺内容包括：全容量建成完工的并网时间，办理电力业务许可证时是否完成全容量并网，办理并网调度协议时是否完成全容量并网，同时提交电力业务许可证以及并网调度协议等资料。

145. 办理建设工程许可证时需要准备哪些材料?

答: 办理建设工程许可证时需要准备的材料如下:

(1) 申请报告。

(2) 建设工程许可证审批表。

(3) 营业执照或事业单位法人证书或组织机构代码。

(4) 委托书及被委托人身份证。

(5) 建设项目批准、核准、备案或相关文件。

(6) 建设用地规划许可证。

(7) 土地使用权证。

(8) 修建性详细规划或建设项目规划设计方案。

(9) 施工图纸 2 套。

(10) 施工图设计文件审查合格书。

(11) 其他必要的政府文件、材料及图文等。

146. 光伏电站办理消防验收的先决条件是什么?

答: 先办理土地证、不动产证、建设工程规划许可证、施工许可证,对于符合光伏电站的设计与施工规范,按国家现行有关消防的技术、管理的相关要求申请办理。

147. 光伏电站消防验收备案办理流程是什么?

答: 光伏电站前期设计、备案、施工、最终验收,都要按照国家消防要求取得消防验收,各地区验收标准不同,首先要取得消防许可,按照设计要求最终进行验收,下面以安徽宿州地区为例,仅供参考:

受理机构:市消防支队。

申报材料:①营业执照或工商行政管理机关出具的企业名称预先核准通知书;②建设工程消防验收或竣工验收消防备案的法律文书;③消防安全管理制度;④灭火和应急疏散预案;⑤场所平面布置图;⑥员工岗前消防安全培训记录;⑦自动消防系统操作人员取得的消防行业特有工种职业资格证书;⑧单位、场所室内装修消防设计施工图;⑨消防产品质量合格证明文件。

148. 光伏电站开工如何做好水土保持工作?

答: 在项目开工前,需要编制水土保持方案报告,并取得行政主管部门的水土保持方案批复。

在项目建设过程中,需要开展水土保持监测,建设完成后进行主体验收前,需要进行水土保持设施验收。水土保持监测和验收要根据项目规模和当地的水土保持规定确定,具体可以咨询当地的水行政主管部门,一般是水利局、水务局或者水保局。

149. 110kV 光伏电站第一次结算电费时的流程步骤?

答: 以河南省为例进行说明。具体内容如下:

(1) 组织关口计量验收:①关口流程办理:需提供省公司一、二次系统接入审查意见的批复文件、一次主接线图、关口计量屏图纸等相关材料;②签订技术服务合同(省计量中心现场校验部);③对互感器进行现场试验(省计量中心现场校验部)。

(2) 到省计量中心领取电压互感器二次计量回路压降及负荷测试试验报告、电能表现场校验记录。

(3) 到省公司营销部计量处确认计量点设置方案和审查意见,并签字。

(4) 到省计量中心现场校验部办理投运申请,并签字。

(5) 到省计量中心室检定部确认关口计量表,现场检定合格后并签字。

(6) 到省计量中心现场校验部确认互感器,现场检定合格后并签字。

(7) 到省调控中心自动化处确认采集是否正常,合格后并签字。

(8) 到省计量中心现场校验部办理投运后的验收部门意见,签字并领取关口电能计量装置验收表。

(9) 到省公司营销部计量处确认主持验收部门的审核意见,并签字。

(10) 携带《关口电能计量装置验收表》原件、《国网河南省电力公司关口电能计量装置验收管理流程单》签字版、《并网调度

《协议》复印件到省营销中心提交结算流程。

（11）到省电网公司交易中心提交申请办理交易的账号、密码。

（12）每个月第一个工作日上报上一月的发电量和结算电量。

（13）每月 10 日前到省电网公司提交上一月电量结算单，到营销中心盖章后分别给营销、财务、交易中心各一份，自留一份。

（14）省电网公司公布电费公示后，开发票送至省电网公司财务。

（15）每月 25～30 日确认电网公司打款到账后，电费结算流程完毕。

150. 光伏电站关口计量表电量结算时少了如何解决？

答：利用电网电能量计量系统查看对侧主副表电量情况，对侧表数据准确但结算电量不准确，可提交补回结算电量申请单。

若疑似对侧表存在问题，则联系地调计量中心，并申请查看对侧具体情况，确认为对侧问题的要提交申请，并协商补回结算电量。

151. 光伏发电企业下网电费怎样计算？

答：下网电费计算步骤为：

（1）按照供电公司计量表统计的电量数据，在统计周期内，计算有功电量和无功电量的平方和，开根号计算视在功率。

（2）用有功电量除以视在功率算出功率因数：功率因数＝有功用电量/(有功用电量的平方＋无功用电量的平方)$^{1/2}$。

（3）根据供电公司功率因数的考核系数表得到考核系数。

（4）有功电量产生的电费减去代收附加费后乘以考核系数为力调电费（考核电费）。

（5）有功电量产生的电费加上力调电费为当期总电费。

第五节 网络安全与电网考核

152. 二次监控系统是怎么划分的？

答：光伏发电企业需按照《电力监控系统安全防护规定》（国家发展和改革委员会 2014 年第 14 号令），将光伏电站基于计算机及网络技术的业务系统划分为生产控制大区和管理信息大区，并根据其重要性和对一次系统的影响程度将生产控制大区划分为控制区（安全Ⅰ区）和非控制区（安全Ⅱ区）。

光伏电站安全区具体划分如下：

（1）控制区包括光伏电站运行监控系统、AGC/AVC 系统、同步相量测量装置、"五防"系统。

（2）非控制区是一些非实时数据的传输业务，包括光功率预测系统、电能量采集装置、故障录波装置。

（3）管理信息大区（安全区Ⅲ），包括天气预报系统（向功率预测服务器传输天气预报数据）、环境监测仪。

二次监控系统信息安全防护检查是由有资质的检测公司进行检查、评测，并出具检查报告和评级认证。

153. 光伏企业二次安防检查流程及项目是什么？

答：二次安防检查大致分为三个阶段：准备阶段、现场实施阶段、报告分析编写阶段。

（1）准备阶段：现场调研，制定安全检查工作方案，人员、设备调配，技术准备、人员保密教育。

（2）现场实施阶段：通过黑盒渗透测试、人工审计、自动化检测等手段，对光伏企业电力二次监控系统整体存在的信息安全漏洞及运行环境存在的信息安全风险进行检测。

（3）报告分析阶段：根据检测结果，通过定量计算、综合分析，对系统做出全面评估，组织召开专家审议，开具审拟报告。

根据《电力监控系统安全防护评估规范》要求，检查包含安全技术要求 7 个层面、安全管理要求 5 个方面；评测分为 76 个子类、155 个检查项目。

7 个层面：物理安全、网络安全、主机安全（操作系统）、主机安全（数据库）、应用安全、数据安全、安全管理。

5 个方面：安全管理制度、管理机制、人员安全管理、系统建设管理、系统运维管理。

154. 光伏电站为什么要配置 AGC 系统？

答：由于光伏发电的间歇性、随机性特点，光伏电站的大规模并网给电网调度带来了巨大的调峰压力，增加了电网系统的不稳定性，降低了电网系统的电能质量。

2011 年 5 月，国家电网有限公司发布的 Q/GDW 1617—2015《光伏电站接入电网技术规定》指出："光伏电站应具备有功功率调节能力，能够接收、自动执行调度部门的控制指令，确保有功功率及有功功率变化按照调度部门的要求运行"。

因此，大型光伏电站均需配备光伏有功功率自动控制系统，根据预定的规则和策略实现负荷分配，在规定的出力调整范围内，达到实时跟踪上级电力调度部门下发的调节指令，按照一定调节速率实时调整发电出力，这样就可以满足电力系统频率和功率控制的要求，从而使电网处于安全的运行状态，图 1-18 为 AGC 系统后台。

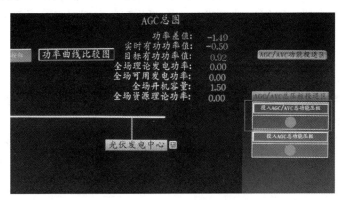

图 1-18　AGC 系统后台

155. AGC 的基本结构是什么?

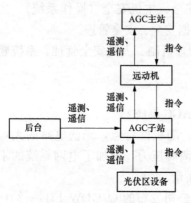

图 1-19　AGC 系统图

答：自动发电控制（AGC）系统由调度监控主站、通道、远方终端（远动机）、分配装置（AGC子站）、发电单元等组成闭环控制系统。AGC系统图如图1-19所示，该图体现目前AGC控制的大致网络拓扑结构，当AGC工作在远方模式时，AGC子站通过远动机接收调度主站（AGC主站）的有功控制调节指令，根据实时功率与计划功率值的偏差，按照相应的算法，将功率调节指令发送到光伏区的每台逆变器。关于内部详细的数据及指令控制传输因各地区、各电站、各厂家的差异而存在不同。

156. 什么是 AVC 系统?

答：自动电压控制（AVC）系统，是自动接收调度下达（或本地设定）的高压侧母线电压实时指令（或计划曲线），根据场站内实测数据制定安全、经济的控制策略，实现对站内无功设备（逆变器、SVG）进行优化、协调分配，实现对场站并网点电压自动调节和闭环控制。

157. AVC 系统有哪些控制方式?

答：AVC系统应有多种控制模式，包括恒电压控制、恒功率因数控制和恒无功功率控制等。

AVC系统的核心功能是把并网点电压控制在允许的范围之内。

AVC系统对光伏电站高压侧母线电压实际值和调度下发的目标值进行比较，如果差值太大，AVC系统将自动调节SVG或逆变器的无功功率限值，实时补偿无功功率或者吸收无功功率，实现将电压追平到目标值附近。

158. AVC 系统的基本结构是什么?

答: AVC 系统一般由主站和子站组成。主站安装在区域电网的调度中心,子站安装在光伏发电站侧。AVC 主站根据系统无功优化潮流的计算,将节点电压控制命令发送到子站,并接收子站反馈的状态信息。AVC 子站在功能逻辑上又可分为上位机和下位机。上位机接收主站的控制命令,向下位机下达各机组的目标无功。

159. 使用 AGC/AVC 系统的目的是什么?

答: 电压和频率是衡量电能质量的重要指标,有功功率影响频率,而影响电压质量的直接因素就是无功功率。在电力系统运行中,电源的无功在任何时刻应同负荷的无功功率的无功损耗之和相等。当负荷无功增加时,若此时不能平稳供应所需要的无功负荷,则电力系统的电压就会降低。

当 AGC/AVC 系统工作在远方模式,调度中心通过 AGC/AVC 系统可以实时调节光伏电站的有功功率和无功功率大小,从而做到对电网电能质量(主要是频率和电压)的调控,最终目的为:

(1)控制电力系统频率在允许误差范围之内,在正常稳态运行工况下,其允许频率为 49.5～50.2Hz。

(2)在满足电力系统安全性约束条件下,对光伏电站发电量实行经济调度控制。

(3)维持电力系统电压在允许误差范围之内,保证电网稳定运行,提高电压合格率。

(4)优化电力系统无功传输,避免大范围的无功传输,降低网损。

160. 什么是 SVG?

答: SVG,是一种 IGBT 全控式有源型无功发生器,其功率模块由多个 IGBT 元器件与电容器串并联而成的自换相桥式电路，经过电抗器并联在电网上，适当地调节桥式电路的交流侧输出电压幅值和相位，或者直接控制其交流侧的电流，使该电路吸收或者发出满足要求的无功电流，实现容性及感性无功补偿。

161. SVG 需要具备什么功能？

答：根据 Q/GDW 617—2011《光伏电站接入电网技术规定》，对于专线接入公共电网的大型光伏电站，其配置的容性无功容量能够补充光伏电站满发时站内汇集系统、主变压器的全部感性无功及光伏电站送出线路的一半感性无功之和。除了考虑电站本身的无功消耗，SVG 还需要参加电网调压，为系统提供无功功率支撑，因此容量需要考虑一定的裕度。

162. SVG 有哪两种接线方式？

答：SVG 主要有直挂链式和降压式两种接线方式，SVG 整机通过连接电抗器、隔离开关与 35kV 高压母线系统侧连接起来的为直挂机型。通过 10kV/35kV 升压变压器、隔离开关与 35kV 高压母线连接起来的为降压式。对于光伏电站 SVG 直挂还是降压的选择，主要还是考虑成本。对于 10MVar 以上的系统，建议采用直挂方案；对于 10 MVar 以下的系统，建议采用降压方案。

163. 什么情况下可以不使用 SVG？

答：根据 GB/T 19964—2012《光伏发电站接入电力系统技术规定》和 GB/T 29321—2012《光伏发电站无功补偿技术规范》相关规定，光伏发电站要充分利用并网逆变器的无功容量及其调节能力，当逆变器的无功容量不能满足系统需要时，应在光伏发电站集中加装适当容量的无功补偿装置，必要时加装动态无功补偿装置。

对于光伏电站，光伏电站的无功补偿主要集中在箱式变压器、集电线路、升压站主变压器和送出线路无功损耗上，无功功率需求一般在电站容量的 10%～30%（具体根据电站的无功需求计算）。

由于大部分光伏逆变器具备功率因数在超前 0.9、滞后 0.9 连续可调的无功调节能力。逆变器通过功率因数调节方式，在配合远程调度的情况下，可以满足部分无功需求。在相关主管部门对无功补偿装置无硬性要求的条件下，可以考虑利用逆变器的无功功率输出能力部分代替无功补偿装置的功能。

164. 组串逆变器发无功是否可降低下网电费？

答： 如果光伏电站只使用 SVG 补偿无功，下网电费可能较高。例如，某光伏电站安装容量为 18.8MW，SVG 系统容量为 6MVA，2019 年 1 月份在不开 SVG 的情况下，下网有功总电量为 18051kWh。2019 年 2 月份春节期间，负荷较低，电网系统电压升高。为了提高电网稳定性，站上利用 SVG 和逆变器的无功功能倒吸电网无功，进相运行仅 11 天有功总电量达到了 34 500kWh。

由于单独开启 SVG 系统将增加下网电量的使用费，为了减少下网电量费用，可使用组串逆变器发无功为主、SVG 为辅的方式。电网考核点主要为功率因数、反向无功两大项，条件允许的情况下，可只用逆变器发无功。

165. 组串逆变器发无功是否影响有功功率？

答： 对于逆变器运行采用"固定无功"模式的情况，当逆变器实际视在功率小于最大视在功率时，"固定无功"模式不影响有功输出。当逆变器实际视在功率等于最大视在功率时，"固定无功"模式会影响有功输出。

例如，某逆变器最大有功功率（$\cos\varphi=1$）为 33kW，某时刻有功功率为 25kW，无功为 15kVA，视在功率可计算得 29kVA。在某时刻有功功率升高至 29kW，若此时还发 15kVA 的无功，视在功率为 34kVA，则超过了逆变器的最大值 33kVA；若保持无功不变，逆变器就会限功率运行，有功功率则降低到 28kW。

166. AGC 的控制模式有哪两种？

答：一般情况下，AGC 的控制模式可分为有功功率给定模式和负荷曲线模式两种。图 1-20 为有功功率给定模式，即当天控制电站的总输出功率为恒定值。当晴天辐照较好的情况下，实时功率输出值超过限定值后，光伏出力曲线将会被"削峰"，看上去就接近于梯形曲线。

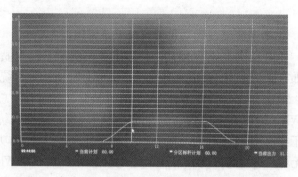

图 1-20　有功功率给定模式（调度限定负荷 60MW）

图 1-21 为负荷曲线模式，上面一条曲线是调度下发的计划有功功率，下面一条曲线是光伏电站的实时有功功率。通过 AGC 使得电站的有功功率保持在限定的目标值附近，两者允许存在一定的偏差，这个偏差为 AGC 的调节死区，根据电站的并网容量确定。

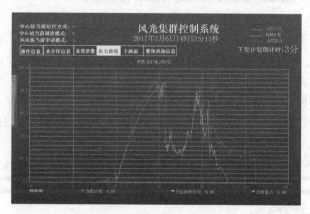

图 1-21　负荷曲线模式

167. AGC 主站需要获取哪些信息？

答： AGC 主站数据采集主要包括：各光伏电站装机容量、发电计划曲线、光伏送出断面限值、参与 AGC 的机组实时数据（投入容量、向下可调节裕度等）、联络线的实时数据（计划值、实际值）、区域控制偏差等实时信息，以及各光伏电站有功功率、光功率预测数据、运行和控制状态等电站运行信息及联络线交换功率、电网频率、光伏送出断面实时值、常规机组备用容量等电网运行信息。

168. AGC 子站需要获取哪些信息？

答： AGC 子站是光伏电站的重要设备，此设备直接接受电网调控中心控制，将直接影响电站的发电情况。需要获取的信息有：调度下发的指令（目标值），全站实时总出力（并网点功率），逆变器信息（逆变器实时发电功率和有功功率设置值），样板逆变器的编号、容量和实时功率。

169. AGC 系统的运行控制应关注哪些方面的问题？

答： AGC 系统的运行控制应关注以下四方面：

（1）实时数据的采样周期及精度要求。

（2）AGC 控制策略与性能评价标准。

（3）AGC 机组容量及响应速度。

（4）控制区参数的设定。

170. 什么是调度数据网？

答： 调度数据网是连接电站的生产控制大区和电网的生产控制大区的专用网络。根据原国家经济贸易委员会于 2002 年 6 月 8 日颁布并下发的第 30 号令《电网和电厂计算机监控系统及调度数据网络安全防护规定》的精神，要求调度生产系统建立和完善电力调度数据专用网络。

171. 为什么需要纵向加密装置？

答： 纵向加密装置的作用是为了身份认证与数据加密以及保护数据的完整性，一般是上级电力调度中心与下级电力各单位相连，通过纵向加密装置来创建 VPN 隧道传输实时及非实时的业务数据，因为一旦业务数据经过加密，黑客即便获取了报文也不能破解，且隧道两端的加解密公钥和私钥是一一对应的，这样就保证了电力网络的相对安全。

一般调度要求电站装设五台，其中一区两台（省调、地调），二区两台（省调、地调），三区一台。

按照供电公司最新要求，生产控制大区与调度数据网纵向连接处还需增加入侵检测装置及网络安全监测装置，并接入到调度网络安全监管平台。

172. 为什么需要横向隔离装置？

答： 横向隔离装置针对的是生产控制大区与管理信息大区之间的传输，相当于是安全网闸，数据只能单向传输，不能双向。比如一区、二区的业务需要访问三区外网，那就需要正向隔离装置，如果三区外网业务需要访问一区、二区的内网业务，需使用反向隔离装置，这样黑客即便入侵也没有返回的数据，无法进行窃取，在一定程度上保护了电力网络的安全。

173. 何谓光伏功率预测系统？

答： 光伏功率预测系统主要是预测光伏电站的出力大小，系统基于天气预报数据、环境检测仪所采集的数据及光伏电站运行状态等构建预测数学模型，生成预测数据文件，并通过非实时交换机发送给调度中心，调度中心接收数据文件后，入库并加以分析，得到该站的日常发电情况，调度中心通过光伏功率预测系统对该地区的光伏发电厂进行集中管控。

光伏功率预测系统在电站里一般以组屏的形式存在，在监控后台放置一台主机和一台显示器，便于站内运维人员使用维护。屏体内一般有防火墙、反向隔离器、两台服务器、交换机等设备。

174. 光伏功率预测系统的作用是什么?

答: 光伏发电具有间歇性、随机性和波动性,由此给电网的安全运行带来了一系列问题,电网调度部门传统的做法只能采取拉闸限电这样的无奈之举。随着光伏发电站规模的增加,光伏功率预测系统变得尤为重要,光伏功率预测越准,给电网安全运行所带来的影响就越小,就能够有效地帮助电网调度部门做好各类电源的调度计划,间接提高光伏电站的运营管理效率。

175. 光功率预测系统的配置有哪些?

答: 光功率预测系统一般由环境监测仪、数值天气预报系统、网络安全隔离装置、内外网服务器、系统工作站和预测系统软件平台等组成。

通过正向隔离装置和防火墙将相关数据传送到功率预测系统,天气预报系统则通过反向隔离将天气预测数据转送至功率预测系统。站内实时数据(实时有功、环境监测仪数据、逆变器数据等)及天气预测数据经过功率预测系统计算后,将结果反馈传送至光伏电站,光伏电站通过二区调度数据网传送到相应的调度中心,电站人员通过二区工作站可查看预测数据及上传情况。

176. 光伏功率预测系统一般生成的文件有哪些?

答: 短期文件、超短期文件、气象文件。

(1)短期文件。短期文件是根据外网传过来的天气预报文件生成的文件,文件名一般含有 DQ 字样,较容易区分。该文件是当天全天的功率预测,一天内至少送一次。

(2)超短期文件。超短期文件是根据实时天气数据而生成的文件,该数据来源于环境监测仪,主要是辐照度数据,该文件需要 15min 上送一次(一般调度要求),不能间断。

(3)气象文件。气象文件就是将环境监测仪采集的数据加以整理并传送至调度中心的文件,一般情况下 5min 上送一个数据文件。

177. 光功率预测的时长和精度有哪些要求？

答： 超短期预测是对未来 4h 以内的光功率进行预测，每 15min 一个预报点，每 15min 滚动预报一次，那么一天 24h 就是 96 个数据点。预测时间范围越短，预测质量越高；反之，预测结果的准确性越低。

短期功率预测一天一次，实时测光数据 5min 一次，部分地区要求逆变器数据 1min 一次，预测时长和精度参考见表 1-15。

表 1-15　　　　　　　　预测时长和精度参考

预测类型	时长	精度	分辨率
超短期	0~4h 滚动预测	>85%	15min
短期	0~24/48/72h	>80%	15min
中长期	0~168h		15min

178. 何谓"两个细则"考核？

答： 2006 年，国家能源局下发了《发电厂并网运行管理规定》（电监市场〔2006〕42 号），《并网发电厂辅助服务管理暂行办法》（电监市场〔2006〕43 号），各西北、华东、华中、东北等能源监管局根据区域制定细则。因此，两个细则分别是《发电厂并网运行管理实施细则》（侧重规定管理和处罚）、《并网发电厂辅助服务管理实施细则》（侧重规定义务辅助服务和补偿）。其中西北能源监管局起草的"两个细则"先后经历四版修订，根据修订年份，分别是 2009、2012、2015、2018 版，其中 2018 版已于 2019 年 1 月开始被执行。

179. 电力监管部门发布的两个细则考核指标有哪些？

答： 电力监管部门对纳入电力调度管理的光伏电站的运行考核指标有：

（1）非计划停机：非计划停运/自身原因造成大面积脱网的次数。

（2）自动发电控制：AGC 系统的可用率、有功功率变化值、调度控制合格率、调度控制响应时间。

（3）无功补偿装置：无功补偿装置的可用率。

（4）自动电压控制：月投运率、装置调节合格率。

（5）一次调频：单次大频差扰动、一次调频合格率、一次调频月度平均合格率。

（6）功率因数调节：动态可调范围。

（7）光功率预测：日预测曲线最大误差、超短期预测曲线调和平均数准确率、可用电量的日准确率。

180. 两个细则中关于无功调节考核有哪些要求？

答： 以《西北区域发电厂并网运行管理实施细则》为例，并网发电厂应按电力调度的指令，在发电机组性能允许的范围内，通过无功调节，保证母线电压合格。

电力调控机构统计与计算各并网发电厂母线电压月合格率，发电企业月度电压合格率要求为：750kV（500kV）及 330kV 应达到 100%，220kV 应达到 99.90%，110kV 应达到 99.80%，每降低 0.1% 按 10 分/月考核。

181. 电压合格率的计算方法是什么？

答： AVC 主站每隔 5min 给各新能源厂站下发一个电压目标值，新能源厂站 AVC 系统根据电压目标值计算各无功补偿设备需要吸收或发出的无功值，然后跟踪电压目标值。AVC 主站电压目标值下发 2min 后，调控机构调度控制系统会去采集控制母线的电压，以判定该考核点电压是否合格，母线电压值在调控机构下达电压曲线上下限范围内为合格，允许正负 0.5kV 的偏差，超出范围的点记为不合格点。每 30s 采集一个值，一共采集 5 个值，如果 5 个值中有 1 个电压合格，那么该电站的电压控制合格，否则就是不合格。

上述电压合格率的计算公式参考为：电压合格率＝$(D_{总点数} - D_{不合格点})/D_{总点数} \times 100\%$。

182. 两个细则中关于 AGC 考核的规定有哪些？

答： 总装机容量在 10MW 及以上的新能源场站必须配置 AGC 系统，接收并自动执行电力调度机构远方发送的有功功率控制信号。

调度机构应对调度管理范围内的总装机容量在 10MW 及以上的新能源场站有功控制系统运行性能进行统计和考核，不具此项功能者，每月按 20 分/万 kW 考核，即 2 分/MW 考核。按照 1000 元/分的考核力度，一个 10MW 的新能源场站，如果不加装 AGC，每月将被罚款两万元。

183. 两个细则中关于 AGC 可用率的考核规定有哪些？

答： 光伏电站的有功功率控制系统可用率应达到 99%，每降低 1% 按 1 分/万 kW 考核。

光伏电站的有功功率控制系统可用率＝场站有功功率自动控制系统闭环时间/新能源出力大于样板机或样板逆变器总容量的时间×100%。

184. 两个细则中关于 AGC 合格率的考核规定有哪些？

答： 两个细则中关于 AGC 合格率的考核规定有：

合格率：子站执行的合格点数/主站下发调节指令次数×100%。

死区为不超过场站装机容量的 3% 视为合格，合格率应大于 99%，每降低 1% 按 1 分/万 kW 考核。

合格率考核仅针对功率上升阶段因电网安全原因需调减功率下降阶段的变化，因环境因素变化导致的功率下降速率过快不予考核。此条是目前唯一的新能源 AGC 考核分，实际统计的为在限电状态下，实发功率超过"AGC 指令＋装机容量的 3%"，即只考核超发。

185. 两个细则中关于 AGC 最大功率变化的考核规定有哪些？

答： 光伏电站应按照电力调度机构要求控制有功功率变化值，

要求月均 10min 最大功率变化不超过装机容量的 33%，月均 1min 最大功率变化不超过装机容量的 10%，每超出 1% 按 10 分/月考核。功率变化考核的是功率上升阶段和下降阶段的变化，因环境因素变化导致的功率下降速率过快不予考核。

186. 两个细则中关于 AGC 响应时间的考核规定有哪些?

答: 要求响应时间合格的次数与总调节次数的比值应满足 99%，每降低 1% 按 1 分/万 kW 考核。响应时间考核不针对机组出力上升阶段且出力不大于 20% 装机容量的阶段。

187. 两个细则中关于 AGC 免考核的项目有哪些?

答: 因省调主站系统异常造成发电厂要被考核的，经省调自动化处核实无误后，由并网发电企业在"两个细则"中提出免考核申请。

AGC 免考核包括可用率、月均 10min 最大功率变化、月均 1min 最大功率变化、合格率、响应时间五项。

188. 两个细则中关于光功率的考核项目有哪些?

答: 关于光功率预测的考核项目主要参考表 1-16。

表 1-16　　　　　　　　光功率预测的考核项目

考核项	考核指标内容
上传率	西北地区 95%，其他地区 100%
准确率	均方根、平均绝对误差、最大偏差（合格率）、相关性系数、调和平均数
理论功率	大小逻辑关系、积分电量偏差率
数据质量	采集数据合理性（死值、越限、跳变），数据统计合理性
发电量预测	日预测偏差、月累计预测偏差

189. 如何分析电网"两个细则"考核补偿表?

答: "两个细则"包括发电厂并网运行管理实施细则、并网发电厂辅助服务管理实施细则。其中，并网运行管理细则为罚分部分，辅助服务管理细则为奖分和分摊部分。

根据国家能源局新疆监管办公室发布的《关于公布 2019 年 5 月新疆电网"两个细则"考核和补偿结果的通知》，以 2019 年 5 月新疆电网"两个细则"考核补偿表（见表 1-17）为例进行分析，其中兑现分数＝补偿分数－考核分数＋分摊分数，兑现金额＝兑现分×1000（单位：元）。

表 1-17　　2019 年 5 月新疆电网"两个细则"考核补偿表

类型	考核分数	补偿分数	分摊分数	兑现分数	兑现金额（万元）
火电	15 019	94 916	－26 673	53 224	5322.4
水电	3410	5272	－6175	－4312	－431.2
风电	14 075	0	－21 597	－35 672	－3567.2
光伏	7101	0	－5626	－12 727	－1272.7

对于 2019 年 5 月电力辅助服务，从补偿和分摊费用的对比来看，火电实现净收入，而风电、水电、光伏为纯支出。尽管火电分摊费用达到 2667 万元，占全部分摊费用的比重为 44％，但是获得补偿后，实现净收入 5322.4 万元。

电力辅助服务费用的一部分来源于并网电厂运行管理考核费用，而风电并网运行管理考核费用较高，导致风电分摊费用较多。风电和光伏发电"靠天吃饭"的间歇性特质，使得调节能力差，在新的电力辅助服务市场化的利益分配体系下，风电和光伏需要共同承担辅助服务的分摊部分。

对于光伏电站来讲，几乎没有可以提供的辅助服务项目，也就是说，即使光伏电站运行都满足了细则要求没有被考核，但是也还要扣除分摊的辅助服务的费用。某地区光伏电站考核结果见表 1-18，四个电站的考核和补偿分数大部分为 0，但是还需要共同承担辅助服务费用。

表 1-18 某地区光伏电站考核结果

电厂名称	考核分数	补偿分数	分摊分数	兑现分数	兑现金额（万元）
A 光伏电站	0	0	−12.39	−12.39	−1.239
B 光伏电站	0.94	0	−9.17	−10.11	−1.011
C 光伏电站	0	0	−2.13	−2.13	−0.213
D 光伏电站	0	0	−0.63	−0.63	−0.063

第六节 电 力 交 易

190. 何谓绿色电力证书？

答：绿色电力证书（简称绿证）是指国家对发电企业所生产的每 1000kWh 绿色电力颁发的具有唯一代码标识的电子凭证。绿色电力证书多见于欧洲，美国则称之为可再生能源证书，是一种可以交易的商品，其目的在于确保总发电量中有一定的比例是来自可再生能源，主要与配额制相互结合。绿色电力证书是衡量可再生能源环境价值的一种方式，用市场的方式形成证书的价格。

191. 何谓绿色电力证书挂牌销售？

答：根据国家可再生能源信息管理中心发布的《绿色电力证书自愿认购交易实施细则》，绿色电力证书挂牌销售是指绿色电力证书出售方通过交易平台提交绿色电力证书信息，意向买方通过交易平台查看实时挂牌信息，完成支付购买的交易方式。

192. 何谓绿色电力证书协议转让？

答：根据国家可再生能源信息管理中心发布的《绿色电力证书自愿认购交易实施细则》，协议转让是指绿色电力证书交易双方通过协商达成一致，并通过交易平台完成交易的交易方式。

193. 何谓隔墙售电？

答：隔墙售电就是允许分布式能源项目通过配电网将电力直接销售给周边的能源消费者。这一模式可以赋予能源消费者参与可持续发展的权力，同时还可以促进电网企业向平台化服务的战略转型。

194. 电力市场体系由哪些组成？

答： 电力市场由中长期市场（年度、月度）、现货市场（日前市场和实时市场）、容量市场、期货市场、衍生品市场等组成。市场主体通过双边协商、集中竞价、挂牌交易等方式开展。

195. 何谓大用户直购电？

答： 大用户直购电是用电量超过一定数额的用户，可以直接与发电公司或供电公司签订双边购电合同。其中，作为直接购电主体之一的大用户，是一个相对概念，其资格既可以用电压等级界定，也可以平均用电负荷或年用电量的大小界定。随着电力工业市场化改革的深入，大用户的门槛也将逐渐降低。在我国，大用户一般是指用电电压等级较高、用电量或变电容量超过一定规模的工业用电大户。

第二章 运维管理

本章主要介绍光伏电站的运维管理，相关内容主要从生产准备、运维制度、人员管理和工作标准、资料管理、日常管理、备品备件管理、工器具管理、缺陷故障管理、运维费用管理、保险理赔和技术培训方面进行介绍。

第一节 生 产 准 备

196. 生产准备需要做哪些工作？

答： 生产准备是运维人员在电站调试期间为电站运营期所做的所有准备工作，运维人员提前介入工程调试阶段可以熟悉电站设备，并可监督施工质量，在并网前向工程总承包方及时提出存在的缺陷并要求进行整改。

生产准备工作主要包含：

（1）制度类。编制生产准备计划、生产准备大纲、电站运行规程、电站检修规程等，建立上墙制度。

（2）现场类。参与设备安装调试，进行设备交接准备工作、电站试运行工作。

（3）物资准备。建立设备台账，制作设备标牌，准备生产物资（如记录本、安全生产标识、安全工器具、备品备件、办公耗材、劳保用品等）；配置通信网络和电话、准备生活区物资。

（4）其他准备。收集和整理技术资料、人员培训与授权上岗等。

197. 主控室张贴图表包括哪些？

答： 参考 DB15/T 1428—2018《大型并网光伏发电站运行维

护规程》，张贴的图表包括但不限于以下内容：

（1）电气主接线图，电站平面图（应包含维护及应急通道）。

（2）电站组织管理机构图表、岗位职责表。

（3）设备巡视路线图（可选）。

（4）上墙制度，包括《操作票和工作票管理制度》《交接班制度》《巡回检查制度》《设备定期试验轮换制度》和岗位职责。岗位职责涵盖的对象包含站长、运维员、安全员、后勤人员等。上墙制度示例见图 2-1。

（5）紧急事故处理预案、紧急联系人及联系电话。

（6）运维值班表。

图 2-1　上墙制度示例

198. 光伏电站运维服务商一般需要哪些资质？

答： 光伏电站运维服务商一般需要电力设施承装（修、试）许可证，证书分三级、四级、五级，分别对应不同的电压等级；从事光伏电站防雷检测的，需要具备防雷检测资质。此外，还可以向第三方机构申请光伏电站（运维）资质的第三方认证。

第二节　运 维 制 度

199. 建立、健全运维管理制度体系有什么好处？

答： 随着光伏电站的规模化发展，光伏电站的资产管理的重要性越发突出。而电站管理水平的整体提升需要全国范围内的所有运维服务商的共同努力，一个优秀的运维服务商一定是具有一套专业规范的运维管理制度，并在日常的运维工作中将制度落到实处。

（1）光伏电站的运维水平高低在很大程度上影响电站资产的优良，建立规范的、标准化的运维管理制度、运维作业指导书，形成一套完善的运维管理体系，是满足光伏行业运维建设与管理的需要。

（2）面向光伏运维行业，建立科学的、规范的、高效的运维管理体系，是满足光伏电站发展的需要。

（3）在保证电站安全运行的前提下，通过实施标准化的管理体系，能够最大限度地提高电站发电量，最大限度减少电站资产流失，最终实现对光伏电站"可知、可测、可控"的智能化运维，从而保障电站收益最大化。

200. 光伏电站运维有哪些管理制度？

答：不同的光伏电站运营服务商，其运维管理制度体系会有些差异，一般来说会包括以下几点内容。

（1）管理制度类。人员管理（站内人员、外来人员）、值班管理、交接班管理、设备管理（巡回检查、缺陷管理、故障管理、台账管理、倒闸操作、应急预案）、调度联系管理、备品备件管理、工器具管理、安全管理、工作票和操作票（两票）管理、档案资料及合同管理、车辆管理、监控中心管理、技术改造管理、数据报表管理、运行分析管理、电力交易管理、培训管理等。

（2）运维作业指导书。日常运维作业规范、设备巡检标准化指导书、设备运行规程、设备检修规程、安全工作规程等。

由于光伏电站类型多样，具体应根据站上的实际情况编写，在上述基础上新增或删除。例如，电站需要进行交接验收的，新增交接验收标准；电站需要接入集控中心的，新增集控中心的问题处理及管理规定。

201. 运营总部对光伏电站的考核指标有哪些？

答：光伏电站的绩效指标管理一般是通过上网电量、结算电量、运维成本费用、设备故障率、弃光限电率、安全事故率等方面进行综合考核。对于电量指标，一般集团公司会给电站下发年度、季度和月度电量指标。

202. 何谓光伏电站的精细化管理？

答：精细化管理就是将日常运营管理中的事项做到明确化、具体化；日常运营管理工作从细节入手，使得规章和流程更细致，更具操作性和可执行，保障设备良好的运行工况，减少故障率，确保检修效率，缩短检修时间，减少维护成本，提高设备可利用率。

精细化管理需要管理者统筹规划好任务和流程，设置更细化的目标以及目标的完成时限，实施精确决策、精确计划、精确控制和精确考核。比如，将系统繁琐的工作细分为多个小项，认真分析每个员工的特点和优点，以此进行任务的分配，并设置工作完成时限，每名员工每周完成一个小项，遇到问题及时处理，共同解决。

203. 何谓光伏电站的标准化管理？

答：光伏电站的标准化管理是对运维的每一个环节按标准进行操作。例如：

（1）运维体系。结合电站的实际和人员配备情况，制定合理的分工和科学的运维制度，如生产运行制度、安全管理制度和设备运行规程；建立隐患管控制度，确保不同等级的隐患整改责任到人、措施细化到点，每月检查和统计隐患闭环整改情况。

（2）设备管理。按照设备检修标准化作业和检修规程，制定检修作业指导书，以图文并茂的方式说明工器具准备、危险分析以及控制措施、检修作业步骤，指导现场作业的标准化、流程化；对于缺陷标准化管理，统计分析历史发生的缺陷，按缺陷属性、缺陷现象、原因和处理措施，建设缺陷标准库。

（3）日常管理。加强班组建设和管理的标准化。依据标准开展两票管理、缺陷管理、值班管理和技术监督管理等工作；日常运行报表按统一的格式和要求进行填写及上报。

204. 何谓光伏电站的 7S 管理？

答：7S 现场管理模式经实践证明是一种先进、实用性强的现场管理系统方法，包括整理、整顿、清扫、清洁、素养培训、安全管理、速度七个部分。例如：

（1）在会议室悬挂醒目的安全宣传标语，在办公室、控制室粘贴规范的作业指导，在卫生间、厨房做好环保、节约用电、安全的小提示，在生产设备区做好安全识别和警告。

（2）结合电力生产特点，规范生产流程，从日常工作记录、工作票的书写细节到电气倒闸操作、设备检修流程和质量要求，都要做到精益求精。

（3）做到检查监督到位，结合电站特点制定安全检查表，大到定期的安全检查和隐患排查，小到灭火器、消防器材的检查，做到不留漏洞、不留死角。

（4）及时发现隐患或缺陷，第一时间到现场检查、消缺；及时向上汇报设备故障情况，及时组织人员进行修理；及时做好台账记录等，提高生产效率。

205. 安全标准化管理可从哪些方面开展？

答： 光伏电站的安全管理始终是第一位，可从以下几个方面开展：

（1）各电站的负责人、值班人员、安全员等要考取当地电网要求的证书。

（2）对于三种人（工作票签发人、工作负责人、工作票许可人）、驾驶员、独立巡检人等进行培训考试，合格后方能上岗。

（3）完善安全工器具、消防器具、安全标识；完善器材登记管理流程。

（4）完善安全生产制度和应急预案，每季度进行一次应急演练。

（5）根据季节特点，开展安全活动，例如典型的两个季节，春季和秋季都适宜开展安全大检查。

（6）加强外来入场作业（清洗、除草和除雪等）安全工作。

（7）定检预试做好安全交底工作。制定安全协议或基础表单，根据实际情况进行辨识和交底。

（8）加强设备安全隐患排查、重大危险源识别。

（9）对巡检使用的车辆定期做好维护保养。

206. 定期运维工作主要包括哪些方面？

答： 光伏电站的定期工作包括但不限于：

（1）定期对组件、汇流箱、逆变器、箱式变压器等关键设备进行维护保养。定期进行夜间巡检。

（2）定期对电站人员进行技术培训，提高运维人员的技术水平。

（3）定期进行站内卫生清扫（高压室、二次室、主控室、厂区、宿舍、厨房）等。

（4）定期进行安全大检查、专项检查工作。

（5）定期进行设备检测、预防性试验、工器具校验。

（6）定期进行验电器测试，预防验电功能失效。

（7）定期运行 SVG，防止光伏进线无功倒吸。

第三节　人员管理和工作标准

207. 不同类型及不同规模光伏电站的运维人员一般如何配置？

答： 运维人员的配置取决于电站类型、电站规模、运维模式、巡检模式、运维成本等，由于每家公司的人员配比不同，因此没有统一的标准。表 2-1 为不同类型及不同规模光伏电站的运维人员配置参考表，其中电站文员、财务人员等一般不配置，可在区域中心配置，保安仅限新疆等有特殊安保要求的地区。

表 2-1　不同类型及不同规模光伏电站的运维人员配置参考表

安装容量 P（MW）	站长（人）	平坦（荒漠电站）		复杂电站（山地、渔光）	
		标准配置（人）	下限（人）	标准配置（人）	下限（人）
$P<10$	1	2	2	2	2
$P=10$	1	4	3	5	4
$10<P<40$	1	5	3	6	4

续表

安装容量 P（MW）	站长（人）	平坦（荒漠电站）		复杂电站（山地、渔光）	
		标准配置（人）	下限（人）	标准配置（人）	下限（人）
P＝40	1	6	3	6	4
40＜P＜100	1	7	4	7	5
P≥100	1	10	8	12	10

208. 人员组织架构一般是什么样的？

答：一般来说，光伏电站设置站长 1 人、主管 1 人、值班员若干、厨师 1 人，安全员由站长或主管兼任。可采取运检一体方式轮值倒班，确保电站值班、巡视、故障处理、运营数据统计、地方电力营销、电网调度沟通等工作都有分配。图 2-2 为某 20MW 光伏电站组织架构图。

该电站设厂长 1 人，主要负责电站的整体管理工作；高级运维员 1 人，负责安全生产、运维检修工作；中级运维员 4 人。站内共 5 人运维人员，分 2 个班，均按照上 20 天、休 10 天轮休制，每次休息 1 班。

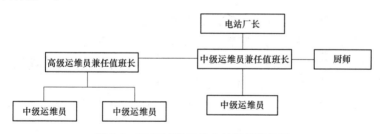

图 2-2 某 20MW 光伏电站组织架构图

209. 人员值班方式是什么样的？

答：电站人员主要根据现场实际情况，结合人员技术水平相互搭配，采用 24h 值班模式，工作时间人员始终驻扎电站以保障设备可靠运行，实行人员交接班轮换制度，确保人员能够得到更好的休息。原则上当值值班员每值最少 2 人，其中主值（值班长）1 人、副值（值班员）1 人。主值负责当值全面工作，副值配合主值工作。

例如：

（1）某 30MW 山地光伏电站在编人员为 7 人，包括站长 1 人、运维班长 1 人、运维员 4 人、厨师 1 人，运维人员包括站长在内分为三个班组，实行上 10 天休 5 天工作制，两个班组在岗，轮休另一个班组。

（2）某 102MW 地面电站在编人员 11 人，包括站长 1 人、安全员 1 人、技术员 1 人、运维班长 2 人、运维员 4 人、厨师 1 人、司机 1 人。运维人员包括值班长在内分为两个班组，实行上 4 天休 2 天工作制，一个班组在岗，轮休另一个班组。

上述安排主要是根据电站实际情况、人员数量而定，并非一成不变。

210. 运维人员需要参与哪些培训？

答：运维人员可参加安全教育培训、高低压设备知识培训、设备操作培训、一般事故应急培训、7S 培训、绩效考核培训、设备维护保养培训、继电保护培训、电站交易培训等。

211. 运维人员必须持有的证书有哪些？

答：一般常见的有特种作业高压电工证（应急管理局要求）、调度员证（电力调度中心要求），还有安全员证（应急管理局要求）、登高证（分布式电站需要持有）等。

根据国务院 2017 年 9 月 22 日《国务院关于取消一批行政许可事项的决定》（国发〔2017〕46 号）文的颁布，《电工进网作业许可证》（包含电工证）已取消，现以考取《特种作业操作证（电工）》为准。

电站人员特种作业操作证一般需要人手一证；调度员证要保证电站每个班组至少有一名接令人员，建议具备条件的运维人员都应考取该证。

212. 什么是特种作业操作证（电工）？

答：特种作业操作证（电工）是指在用户的受电装置或者送

电装置上，从事电气安装、试验、检修、运行等作业的许可凭证。特种作业证分为低压电工、高压电工、电力电缆、继电保护、电气试验、防爆电气 6 个类别。

213. 特种作业许可证如何获得？

答： 凡进入电网公司进行线路架设、运行、维护、检修等工作（包括光伏发电），必须通过应急管理局（原安监局）组织的相关培训考试，合格后取得特种作业证才能工作。

214. 什么是调度上岗证？

答： 10kV 及以上电压等级的光伏电站（含分布式电站）在签署调度协议后，电站现场的值班人员接受上一级电网调度部门的指令，需要持有调度证。

调度证的取得是通过电网公司内部报名、学习、考试后，成绩合格者才能颁发的证件，发证周期一般在 1 个月左右（区域不同，颁发证书周期有所差异）。

215. 如何按区域划分责任到人？

答： 由于光伏电站设备多、占地面积大、巡检点多的特点，可采取每个子阵固定巡检责任人的方式，由负责人带头进行巡检与维护，确保每个巡检点设备正常运行。这种管理方式也称为"设备责任田制"，属于精细化管理的范畴。

例如，某山地光伏电站在编人员为 7 人，包括站长 1 人、运维班长 1 人、运维员 4 人、厨师 1 人。运维人员包括站长在内分为三个班组，实行上 10 天休 5 天工作制，2 个班组在岗，1 班轮休。根据电站特点每个班组由固定的 2 人组成，分管不同的责任区。表 2-2 为某山地光伏电站的责任区划分。

表 2-2 　　　　　　　某山地光伏电站责任区划分

负责班组	甲班	乙班	丙班
定人	A	B	C

续表

负责班组	甲班	乙班	丙班
定检责任人	D	E	F
责任区	一期：1～4 号区； 二期：9～14 号区	一期：5～8 号区； 二期：5～8 号区	一期：9～14 号区； 二期：1～4 号区

每个班组对责任区内的光伏发电设备负责，掌握设备运行的第一手资料，及时消除安全隐患；对责任区内的卫生负责。

每月进行综合检查，检查结果计入月度绩效考核，直接考核到个人。责任区根据实际情况可进行轮换，例如对于山地电站，考虑到责任区容量大小不一致，可选择三班每季度轮换一次。

216. 按区域划分责任到人的好处是什么？

答：（1）工作任务明确。每个班组员工都有自己的责任区，自己做好自己的分内工作即可，不易出现工作扯皮现象。

（2）责权利清晰。在谁负责的属地出现问题，谁就要接受惩罚，故每名员工工作都会非常认真，将自己负责的区域完成好，出错率就会降低。

（3）减少班组员工之间的矛盾。如果不划分属地，员工的依赖和惰性心理就会表现得比较明显，工作中难免出现互相推诿的情况，甚至造成员工间关系不和谐。划分属地后，即便有事不能完成属地工作，也会主动请求他人帮忙完成，通过互帮互助彼此之间的关系更加融洽。

217. 运维人员的岗位职责一般有哪些？

答：运维人员按照初级、中级或高级运维员进行划分。运维人员主要岗位职责如下：

（1）在安全运行的前提下落实安全措施，排除安全隐患。负责电站生产过程的交接班、巡回检查、倒闸操作、事故处理、设备维修、设备运行状态监督、调整等各项工作。

（2）负责电站生产过程中与电网调度联系、协调工作。

（3）在值班期间，值班员认真填写各种记录，按时抄录各种数据，受理操作票，并办理工作许可手续。

（4）负责电站安全、文明生产工作。

（5）负责电站生活方面的各项工作。

218. 站长对升压站的巡检需要做好哪些管理工作？

答：站长对升压站的巡检管理工作频率为每周一次，具体标准可参考表 2-3。

表 2-3　　　　站长对升压站巡检管理工作的标准

内容	工作标准
SVG	检查电阻、电抗大小，应在正常范围
	检查高低压侧连接处接触情况，应接触良好、无过热现象
	检查各接地连接点的接触情况，应接触良好、无锈蚀
	检查巡检表记录及签名，记录应完整正确
站用变压器、备用变压器	检查站用变压器与备用变压器的声音、油位、温度，应在正常范围
	检查高、低压侧套管及油系统各连接处，应无渗油（干式变压器除外）
	检查高低压侧连接处接触情况，应接触良好、无过热现象
	检查电站电源切换装置，应显示正常
	检查各接地连接点，应接触良好、无锈蚀
	检查巡检表记录，应记录完整正确
高压配电室	检查各保护装置，应正常工作、无告警
	检查保护定值和软硬压板投退情况，应正常
	检查各开关柜工作及指示情况，应无明显的放电声
	检查电缆头连接处，应无灰尘、无过热现象
	检查消防设施，应合格完好
	检查一、二次接线室接线，应接线牢固，各处防火封堵严密
	检查巡检表记录，应记录完整及正确
继保室	检查各保护装置工作情况，应正常无告警
	检查保护定值和软硬压板投退情况，应正常工作
	检查消防设施情况，应合格完好
高压配电室	检查二次线接线，接线应牢固、各处防火封堵严密
	检查蓄电池、UPS电源，应工作正常；同时定期对蓄电池进行充放电，定期测量浮充电流情况
	检查巡检表记录，应记录完整正确

219. 站长对光伏区的巡检需要做好哪些工作？

答： 站长对光伏区巡检工作的标准见表 2-4（以某 20MW 电站为例），其中箱式变压器、逆变器、汇流箱每周检查一次，其余每月检查一次。

表 2-4　　　　站长对光伏区巡检工作的标准

内容	工作标准
箱式变压器	至少确认全站 1/3 的箱式变压器运行情况并记录在巡检表上
	检查箱式变压器周边是否存在火灾隐患，应通风良好，无引火材料等
	确认箱式变压器运行声音，无放电声音、刺耳声音等
	箱式变压器设备周边应无异常气味
	检查箱式变压器油位、油温，应在正常范围内
	检查箱式变压器内部灰尘状况
	检查箱式变压器二次计量、保护、通信、表计，应正常工作
	检查箱式变压器电缆沟，应无积水
	检查外体，相关挂牌、标示应清晰，防火泥封堵完好
	检查现场巡检记录表，记录应完善正确
逆变器	至少确认 10 台逆变器的运行情况，并记录在巡检表上
	检查逆变器风扇运行情况，无异常运行声音
	检查逆变器周边是否存在火灾隐患，应通风良好、无引火材料
	检查逆变器内部，应无灰尘
	检查逆变器监控运行数据，如工作电压、工作电流、发电量、功率曲线等应正常
	检查逆变器电缆沟，应无积水、无异物
	检查逆变器外体应完好，相关挂牌、标示清晰，防火泥封堵完好
	检查现场巡检记录，应完善正确
汇流箱	至少确认 12 台汇流箱的运行情况，并记录在巡检表上
	检查外体，相关挂牌、标示应清晰，防火泥封堵完好
	检查通信模块指示灯、防雷模块、接线端子松脱情况，指示灯应正常，防雷模块颜色应为绿色，接线端子应牢固
	测量汇流箱每串线路电压、电流应正常

续表

内容	工作标准
汇流箱	汇流箱内部应无积灰
	检查巡检记录表记录，应完善正确
组件	至少确认 4 个区的组件运行情况，并记录在巡检表上
	组件表面应无严重灰尘覆盖、鸟粪覆盖等
	不存在影响组件遮挡的树木、杂草
	检查组件压块，不存在压块松脱情况
	检查组件表面钢化玻璃，应无损坏
	组件背面接线盒及 MC4 接头应接合完好
	检查组件边框不存在变形或锈蚀问题
	检查巡检记录表记录完善正确
支架巡检	至少确认 2 个区的支架情况，并记录在巡检表上
	支架不应存在变形及锈蚀现象
	支架接地扁铁接合完好，无锈蚀问题
	支架固定螺栓接合紧固，无锈蚀问题
	巡检记录表的记录应完善正确
基础	至少确认 2 个区的支架基础情况，并记录在巡检表上
	基础无风化和损坏
	巡检记录表的记录应完善正确
电缆巡检	至少确认 2 个区的电缆情况，并记录在巡检表上
	高压电缆表面应无损伤，电缆沟内干净、无杂物及水，电缆应摆放在电缆架上、整齐统一
	光伏区电缆尽量在组件背面、无太阳直射，电缆穿管完整、无损坏
	电缆桥架盖板完好，封堵完好
	巡检记录表的记录应完善、正确

220. 站长对日常报表、工作记录需做好哪些工作？

答：站长对日常报表、工作记录的管理标准可参考表 2-5。

表 2-5 　　　　　 站长对日常报表、工作记录的管理标准

内容	工作标准	频率
运行记录	运行记录包含交接班、故障记录等	每周一次
	描述清楚、内容完整，责任人签字	
	应明确电站设备的运行状态，如发电时间、最大负荷时间、停电时间等	
	包含限电情况及限电损失电量、故障情况及故障损失电量（若有）、环境监测仪数据、未闭环事项追踪记录	
	当天交接班情况	
	运行记录确认签字	
发电日报	对发电量、损失电量、辐照数据、故障描述、天气情况进行详细描述，对于异常数据组织分析	每周一次
巡检记录	检查巡检记录是否清晰完整，巡检问题是否形成追踪机制	每周一次
两票记录	检查两票记录清晰完整，确保实际操作与两票一致	每周一次
备品备件记录	确认电站实际备品备件与记录一致，记录清晰完整	每月一次

221. 站长对日常的培训管理需要做好哪些工作？

答： 站长对日常的培训管理标准可参考表 2-6。

表 2-6 　　　　　 站长对日常培训的管理标准

内容	工作标准	频次
安全培训	组织安全理论及实操培训并考核，形成安全培训记录	每月一次
	定期检查现场运维人员安全操作情况	
技术培训	每月组织一次技术培训，对于电站故障进行分析并培训，并形成记录，确保每个人后续碰到相同问题可以参考	每月一次
	负责联系厂家或总部提供培训教材，定期考核	
其他培训	负责收集培训需求，将需求提交总部，为电站运维人员提供培训机会及条件	每季度一次

222. 站长对故障处理需要做好哪些工作？

答： 作为站长，需要重点关注影响电站整体发电的故障或异常情况，以及超 24h 未处理完成的故障或异常。一般需要做好以

下工作：

（1）故障发生时需要第一时间在现场组织应急措施及制定处理方案。

（2）集中逆变器上一级的及无法处理的异常或故障应及时汇报区域负责人及运维总部，可安排值班人员汇报，要求信息及时准确无误。故障及时追踪，直至故障关闭，并组织人员撰写故障或异常处理的详细分析报告。

（3）通信故障或逆变器以下的故障处理由电站负责人负责追踪处理进展。

223. 站长对电网调度、交易中心等需要做好哪些工作？

答：站长应根据工作需求，定期开展电网调度、交易中心等联系工作。具体标准参考表2-7。

表2-7　　　　站长对电网调度、交易中心的管理标准

内容	工作标准
电网调度	电站负责人依据如下执行电网调度关系管理
	根据电网调度的要求来确定电站的运行方式
	严格执行电网调度命令，执行好工作票、操作票制度，并做好记录
	发现设备故障及时汇报电网调度及公司调度，采取好应急措施
	加强与电力调度、电力营销的沟通交流，确保电站的收益
	定期与电网调度进行联络
政府机关	根据当地政府的要求开展好各项工作
	定期加强与政府机关联络
交易中心	结合各地区及电站的实际情况组织好电量的交易及申报工作
	加强交易中心信息获取，实时了解交易现状
设备供应商	与供应商形成技术交流机制
	多与设备供应商交流，保持良好关系

224. 站长对其他的管理工作需要做好哪些？

答：站长的其他管理工作有周会、月度总结会议、设备及工

器具管理等。周会每周开展一次，其他工作每月开展一次。具体标准参考表 2-8。

表 2-8　　　　　　站长对其他管理工作的管理标准

内容	工作标准
周会	总结一周工作，并安排下周工作，形成会议记录并追踪未闭环项目
月会	对于月度发电情况、故障、运维管理进行总结，并安排下月工作，形成会议记录并追踪未闭环项目
设备管理	要求形成设备台账，并且定期核查更新
设备管理	设备台账包含设备厂家、型号、保险、质保等信息
工器具管理	定期核查工器具是否齐全
工器具管理	定期校验核实安全工器具
电费结算单审核	统计站内用电情况，确定技术合理及费用较低的用电方案
电费结算单审核	确认是否存在力调电费，若有，则需要解决
电费结算单审核	开具电费发票
后勤管理	车辆管理，驾驶员资质、用车记录、车辆维保等
后勤管理	人员餐饮管理、生活物资采购管理、后勤卫生保障管理
后勤管理	人员宿舍、绿化管理
后勤管理	办公室、会议室、空调、取暖器、洗衣机、娱乐设施等配置及管理

225. 运行值班长对报表检查需要做好哪些工作？

答： 运行值班长对报表、工作记录的检查可参考表 2-9。

表 2-9　　　　　运行值班长对报表、工作记录的检查

内容	工作标准	频次
报表	检查发电量日报表数据是否正确	每日发送一次
报表	检查工作日志、报表是否正确	每日发送一次
报表	检查运行日志、报表是否正确	每日发送一次
报表	检查站用电统计报表是否正确	每日发送一次
报表	检查瞬时出力统计报表是否正确	每日发送一次
报表	新增加设备需要更新设备台账记录	每日发送一次

226. 运行值班长对巡检需要做好哪些工作?

答：运行值班长对巡检记录的检查可参考表 2-10。

表 2-10　　　　　运行值班长对巡检记录的检查

内容	工作标准	频次
巡检记录	检查升压站设备巡检记录是否完善正确	每月一次
	检查光伏区巡检记录是否完善正确	
	检查消防设施定检表是否完善正确	
	检查工器具定检表是否完善正确	
	检查夜间闭灯巡检记录是否完善正确	
	检查箱式变压器巡检表是否完善正确	
	巡检记录是否清晰完整，巡检问题是否形成追踪机制	

227. 运行值班长对运行记录需要做好哪些工作?

答：运行值班长对运行记录的检查可参考表 2-11。

表 2-11　　　　　运行值班长对运行记录的检查

内容	工作标准	频次
运行记录	运行记录包含交接班、故障记录等	每日一次
	字迹清楚、内容完整、责任人签字	
	应明确电站设备的运行状态和对应时间，如开始发电的时间、最大负荷时间及数据、停电时间等	
	应包含限电情况（如有）、限电损失发电量、故障情况（如有）、故障损失发电量、环境监测仪数据、未闭环事项追踪记录等	
	当天交接班情况	

228. 运行值班长对备品备件记录需要做好哪些检查工作?

答：运行值班长对备品备件记录的检查可参考表 2-12。

表 2-12　　　　　　运行值班长对备品备件记录的检查

内容	工作标准	频次
备品备件记录	确认电站实际备品备件与记录一致，记录应清晰完整	每月一次
	整理备品库库存、资产、出入库记录	
	物资申报是否符合电站实际需要，申报是否及时	

229. 运行值班长对备品备件的管理需要做好哪些工作？

答： 运行值班长对备品备件的管理要求可参考表 2-13。

表 2-13　　　　　　运行值班长对备品备件的管理要求

内容	工作标准	频次
备品备件管理	掌握备品备件使用情况，备品备件缺少时及时补充	每周一次
	保持备品库卫生，备品备件摆放整齐	
	确认电站实际备品备件与记录一致，记录清晰完整	

230. 运行值班长对安全工器具的管理需要做好哪些工作？

答： 运行值班长对安全工器具（如绝缘手套、验电器、接地线等）的管理要求可参考表 2-14。

表 2-14　　　　　　运行值班长对安全工器具的管理要求

内容	工作标准	频次
安全工器具定期检查	检查绝缘手套外观有无破损、毛刺、裂纹	每月一次，满半年送检（电站负责人）
	检查标签和合格证是否在有效期内	
	检查是否漏气，做充气试验	
	检查外观无破损、无裂纹、破洞	
	查看鞋底是否磨损	
	检查验电器标签、合格证是否齐全，是否在试验合格的有效期内，合格证与试验报告单是否相符（工作触头与绝缘伸缩杆应分别有合格证）	每月一次，满一年送检（电站负责人）
	工作触头的金属部分连接牢固，无放电痕迹，按压试验按钮，有无声光信号，初步检查验电器是否合格	
	绝缘棒的绝缘部分与手持部分之间应用护环隔开	
	检查验电器的绝缘杆表面，应清洁、干燥，无裂纹、破损及放电痕迹等明显缺陷	

续表

内容	工作标准	频次
安全工器具定期检查	检查绝缘拉杆外观是否完好	每月一次，满一年送检（电站负责人）
	检查标签和合格证是否在有效期内	
	检查接地线外观是否完好	每月一次，满5年送检（电站负责人）
	检查软铜线是否断头，螺栓连接处有无松动	
	检查标签和合格证是否在有效期内	
	检查接地线是否有编号	

231. 运行值班长对安全防护工器具的管理需要做好哪些工作？

答：运行值班长对安全防护工器具（如安全帽、安全绳等）的管理要求可参考表 2-15。

表 2-15　　　　运行值班长对安全防护工器具的管理要求

内容	工作标准	频次
安全防护用具定期检查	检查安全帽外观是否破损、开裂	每月一次
	检查帽衬是否符合规定，有无破损	
	检查有无合格证，塑料安全帽最长三年，超过年限需更换	
	检查安全绳是否有切口	
	检查安全防护用具是否有磨损	半年或一年一次
	检查安全防护用具是否因腐烂、发霉或紫外线辐射暴露而变质	

232. 运行值班长对运维工器具的定期检查有哪些？

答：运行值班长对运维工器具的定期检查要求可参考表 2-16。

表 2-16　　　　运行值班长对运维工器具的定期检查要求

内容	工作标准	频次
运维工器具定期检查	检查常用工器具是否完好	交接班交接检查
	检查常用工器具摆放是否整齐、有无缺失	
	检查电子仪表外观有无损坏	
	检查显示装置是否良好	
	检查绝缘护套有无破损	

233. 运行值班长对技术培训需要做好哪些工作？

答：运行值班长对技术培训的管理可参考表 2-17。

表 2-17　　　　　运行值班长对技术培训的管理要求

内容	工作标准	频次
安全培训	每周组织安全及理论培训，提升运维人员安全意识	每周一次
技术培训	组织运维基础理论学习及实操培训，提升电站运维水平	每月两次
	对各种类型故障进行分析，确保运维人员能正确处理	
	培训内容形成记录，方便以后查询或学习	

234. 运行值班长对档案资料管理需要做好哪些工作？

答：运行值班长对档案资料管理的要求可参考表 2-18。

表 2-18　　　　　运行值班长对档案资料管理的要求

内容	工作标准	频次
资料档案	检查新设备投运是否合格，设备说明书是否齐全	每月一次
	检查设备台账是否健全	
	检查设备检修记录是否建立，建立跟踪机制	
	检查档案标签是否内容一致	每月一次
	检查档案记录是否齐全	
	检查档案摆放是否整齐	

235. 运行值班长对光伏区的巡检管理需要做好哪些工作？

答：对于箱式变压器和逆变器，每周检查一次；对于汇流箱、支架、基础等，每月检查一次。应将巡检结果记录在巡检记录簿上。运行值班长对于光伏区巡检管理要求可参考站长对于光伏区的巡检工作要求。

236. 运行值班长对晨会、安全例会和交接班需做好哪些工作？

答：运行值班长对晨会、安全例会和交接班工作的标准可参考表 2-19。

表 2-19　运行值班长对晨会、安全例会和交接班工作的标准

内容	工作标准	频次
晨会	回顾昨日工作中发现的问题及处理结果	每日一次
	安排今日工作及注意事项	
安全生产例会	组织召开生产例会，总结一周工作，并安排下周工作，形成会议记录并追踪未闭环项目	每周一次
交接班项目	当值设备的运行状态	交接班日
	当值设备的故障、检修情况	
	当值备品备件、易耗品使用情况	
	当值安全工器具的使用情况	
	厂区卫生清理工作	
	会议记录、两票执行情况	
	其他需要交接事宜	
	接班负责人检查、签字确认后完成交接班工作	

237. 运行值班长对安全培训需要做好哪些工作？

答： 运行值班长对安全培训的要求可参考表 2-20。

表 2-20　　　　运行值班长对安全培训的要求

内容	工作标准	频次
安全培训、考核	各电力企业安全事故回顾	每周一次
	必要的电气知识和业务技能，且按工作性质，熟悉本规程的相关部分，并经考试合格	
	必要的安全生产知识，学会紧急救护法，特别要学会触电急救	
	各类安全制度、规范，如 GB/T 35694—2017《光伏发电站安全规程》	
	新进员工完成三级安全教育，考核合格方可进行工作，安规考试每年一次	

238. 运行值班长对工作票三种人的培训、考核需要做好哪些工作？

答： 运行值班长对工作票的三种人的培训、考核可参考表 2-21。

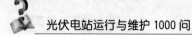

表 2-21　　　　运行值班长对工作票三种人的培训、考核

内容	工作标准	频次
三种人培训、考核	工作票所列安全措施是否正确完备和工作许可人所做的安全措施是否符合现场实际条件，必要时予以补充	每年一次
	工作票中的危险点，交代好安全措施和技术措施	

239. 运行值班长对工作票管理有哪些工作？

答：运行值班长对工作票的管理可参考表 2-22。

表 2-22　　　　　　运行值班长对工作票的管理

内容	工作标准	频次
工作票	根据三种人制度，按工作要求填写	有需求时
	工作票使用统一格式，按顺序编号填写	
	按实际情况提前准备工作票	
	工作票填写字迹工整、清楚，不得涂改	
	工作票编号应根据作业内容和现场实际情况，编制相应的危险点分析及相应措施	
	当值人员接到工作票后，应根据工作任务和现场设施、实际运行情况审核安全措施内容	
	审核完成后应工作票上内容布置安全安全措施，核对完成后方可进行许可手续	
	工作票使用电力专业术语填写	
	操作完成后，应在操作票右上角加盖"已执行"章	

240. 运行值班长对操作票管理需要做好哪些工作？

答：运行值班长对操作票管理需要做好的工作可参考表 2-23。

表 2-23　　　　　　　　运行值班长对操作票管理的要求

内容	工作标准	频次
操作票	操作票由当值运维人员填写	有需求时
	操作票应根据调度或值班负责人下达操作命令填写，必须使用双重名称，要由有接令权的值班人员受令，认真进行复诵，并在运行日志中记录	
	填写完操作票要进行模拟操作	
	操作票因故作废应在"操作任务栏"加盖"作废"章	
	操作票填写要求字迹工整、不得涂改	
	操作票保存期为一年	
	操作票可根据电站设备情况，放置各类典型操作票	
	断路器、隔离开关、接地刀闸、接地线、压板、保护直流、操作直流、信号直流等均应视为独立操作对象，填写时不允许并项	
	操作完成后，应在操作票右上角加盖"已执行"章	

241. 运行值班长对升压站的巡检需要做好哪些工作？

答：具体内容可以参考站长对于升压站的巡检要求和频次。要求一个月对升压站所有设备进行一次详细的巡检工作。

242. 运维员对于监控系统巡屏的具体工作内容和要求有哪些？

答：运维员负责监控系统的巡屏，发现设备异常报警的，到现场确认告警情况，并告知当值值长。

243. 运维员对工作票办理的具体工作内容和要求有哪些？

答：运维员对工作票办理的具体工作内容和要求有：

（1）负责审查工作票所列安全措施是否正确完备，是否符合现场条件，工作票中检修工期是否与批准期限相符。

（2）负责工作票开工许可，正确执行工作票所列的安全措施。

（3）负责检查现场布置的安全措施是否正确、完善，必要时予以补充。

（4）负责检查检修设备有无突然来电的危险。

（5）对工作票所列内容即使存在很小疑问，也必须向工作票签发人询问清楚，必要时应要求做详细补充。

（6）负责办理工作间断、转移手续。

（7）现场检查、调试无异常后办理终结手续。

244. 运维员对运行操作的具体工作内容和要求有哪些？

答：运维员对运行操作的具体工作内容和要求有：

（1）运维员涉及的操作有设备异常及事故处理时的相关操作、设备检修时的配合操作。

操作必须严格执行"三核对"，包括按规定执行操作票上的操作和在计算机上进行的操作，两人进行的操作还需进行唱票复诵和操作监护。

（2）负责逐项填写、审查操作票内容。

（3）负责操作时检查设备状态转换，产生疑问立即停止，询问清楚后再执行操作。

（4）操作票执行完毕后将操作票回传盖章。

245. 运维员对设备巡检的具体要求有哪些？

答：运维员负责在巡检中对发现的重要缺陷进行记录及联系相关人员进行消缺处理。每日三次的巡视时间一般为 08：00、12：00、17：00。

246. 运维员对定期工作的要求有哪些？

答：运维员按定期工作周期安排完成当值定期工作任务，进行定期工作台账录入；及时记录定期工作中发现的缺陷，并告知当班值长联系相关人员进行消缺处理。

247. 运维员对报表及设备运行有哪些要求？

答：每日、月底的抄录关口电量。协助当班值长进行设备运行趋势分析，发现设备异常情况及时告知值长联系处理。

248. 运维员需要做好哪些培训工作?

答：按时完成培训计划和事故预想，做好记录；参加公司及电站组织的集中培训及安全学习，做好记录；按要求按时参加各类竞赛及事故演习活动。

249. 物资管理员的具体工作内容及标准有哪些?

答：物资管理员的具体工作内容及标准可参照表 2-24。

表 2-24 物资管理员工作内容及标准举例

内容	工作标准	频次
生活、办公用品	负责办公、生活用品的采购和仓库保管工作，做好物品出入库的登记	按需
	管理办公财产，合理使用并提高财产的使用效率	
后勤管理	负责管理监督食堂费用支出、流水账，并对餐费做统计及餐费的收纳、保管	每月末
其他	协助厂长处理日常的行政事务工作	
	接受其他临时工作	
环境、生活	负责仓储区域的卫生清理工作	每月末
	负责仓储区域检查、考核工作	
	负责仓储区域卫生检查通报工作	
物资申报	核实备品备件使用情况、站内日常运营所产生的需购物资	每月一次
	填写物资申报单，上报至电站负责人	
备品备件管理	掌握备品备件的使用情况，缺少的及时补齐	每月一次
	保持备品库的卫生，备品备件是否摆放整齐	
	确认电站实际备品备件与记录一致，记录清晰完整	
	整理备品库库存、资产、出入库记录并上报	

250. 对于光伏电站生产设备，安全员的具体工作内容和标准有哪些?

答：对于光伏电站生产设备，安全员的具体工作内容和标准可参考表 2-25。

光伏电站运行与维护 1000 问

表 2-25 安全员对光伏电站生产设备的具体工作内容和标准

内容	工作标准	频次
生产设备	负责"两票三制"管理，消防管理、车辆安全、食品卫生、办公和员工宿舍管理，以及厂区安全等各项安全管理措施的落实	日常
	负责督促站内成员遵守安全规程，正确使用工器具，监督劳保用品、安全工器具的定期检查、保养与维护	
	掌握本站安全生产工作重点防范事项，包括安全设施、易发生事故工序和区域、劳动防护等，对发现的安全问题向运维公司相关职能部门提出改进意见和要求，共同制定相关措施，实施重点管理	
	负责应急救援抢险和恢复生产措施的组织实施	

251. 对于安全教育培训，安全员的具体工作内容和标准有哪些?

答：对于安全教育培训，安全员的工作内容和标准可参考表 2-26。

表 2-26 安全员对安全教育培训的工作内容和标准

内容	工作标准	频次
安全教育培训	在站长统一领导下，组织开展电站安全生产与监督管理工作	每周一次
	负责编制安全生产管理制度与操作规程、应急处置措施，并督促落实	
	负责制订安全教育培训计划，负责对员工进行操作规程、相关规章制度、劳动防护用品以及安全工器具的使用方法、现场处置方案、工作现场的危害因素及防范措施、急救知识和技能进行安全教育和培训	
	积极组织或参加安全教育培训活动	

252. 对于厂区安防巡逻，安全员的具体工作内容和标准有哪些?

答：对于厂区安防巡逻，安全员的具体工作内容和标准参考表 2-27。

表 2-27　　安全员对厂区安防巡逻的具体工作内容和标准

内容	工作标准	频次
厂区安防巡逻制度	对厂区安全进行日常巡逻	每日两次
	对外来人员进行登记，明确来访人员、事件及时间	
	光伏区内日常安全巡逻	
	严格遵守法律法规及厂规制度	
	负责厂区、站内监控视频记录及设备保养维护	
	根据天气及实际生产情况增加夜间安全巡逻	

253. 对于厂区安全用电，安全员的具体工作内容和标准有哪些？

答：对于厂区安全用电，安全员的具体工作内容和标准参考表 2-28。

表 2-28　　安全员对厂区安全用电的具体工作内容和标准

内容	工作标准	频次
生产生活安全用电	检查临时用电是否有漏保装置	每月一次
	检查生活用电是否过载	
	检查宿舍无人时空调是否关闭	

254. 对于厂区消防安全，安全员的具体工作内容和标准有哪些？

答：对于厂区消防安全，安全员的具体工作内容和标准参考表 2-29。

表 2-29　　安全员对厂区消防安全的具体工作内容和标准

内容	工作标准	频次
厂区消防安全制度	做好消防日、周、月巡查、检查工作，并做好记录，在节假日、重大活动前重点检查，发现隐患及时提出改进措施和采取安全防范保障措施，及时消除隐患	日常
	掌握厂区消防器材、消防设施设备分布和配备情况。负责消防器材的维护保养工作，做到配备合理、数量足	

续表

内容	工作标准	频次
厂区消防安全制度	负责开展对员工的安全生产、治安防范、消防安全及管理的培训、宣传和教育工作	日常
	做好消防应急疏散、灭火演习，提高管理处各级员工的消防宣传能力、应急疏散能力和火灾初期的扑救能力	
	检查消防报警装置是否正常，外观是否干净	
	检查消防器材外观是否完好，压力是否正常	
	检查灭火器是否定点定位，有无移动位置	

第四节 资 料 管 理

255. 光伏电站技术资料存档应包括哪些内容？

答：光伏电站需要建立全面完整的文件资料档案，为光伏电站的安全、可靠运行提供强有力的支撑。

根据 DB15/T 1428—2018《大型并网光伏发电站运行维护规程》，涉及光伏电站运维的技术资料包括但不限于：

（1）光伏电站完整的施工图纸，包括纸质版和电子版的设计图和设计变更；以及光伏电站竣工图；光伏设备调试报告；综合应急预案等。

（2）电气设备的产品使用说明书、操作手册和维护手册、出厂合格证、产品认证、试验报告等，其中试验报告包括：①逆变器孤岛保护试验报告、低电压穿越试验报告、电能质量检测报告、逆变器现场调试报告；②光伏支架第三方检测报告、光伏组件第三方检测报告、光伏组件现场调试报告；③汇流箱现场调试报告；④变压器、高压电缆等现场试验报告；⑤土建工程施工所需的检验报告；⑥接地电阻测试报告；⑦防雷检测报告；⑧其他资料。

（3）所有操作开关、旋钮、手柄以及状态和信号指示的说明。

（4）设备运行操作步骤。

（5）设备维护操作规程。

（6）光伏电站故障排除指南和详细的检查步骤。

256. 光伏电站运行记录资料包括哪些？

答：根据 DB15/T 1428—2018《大型并网光伏发电站运行维护规程》，光伏电站运行记录资料包括但不限于：

（1）故障维护记录。应详细记录故障的设备名称、故障描述、发生时间、处理方法、零部件更换记录、维护人员和维护时间等。针对异常及故障处理的记录，报告应以书面或电子文档形式保存，如图 2-3 所示。

图 2-3　文件档案归类存放

（2）日常维护记录。电站各个关键设备的运行状态与运行参数记录。如图 2-4 所示为运维人员记录的不同时间的光伏电站设备运行状态和运行参数记录，包括母线电压、站用变压器电流、直流母线电压和充电电流等。

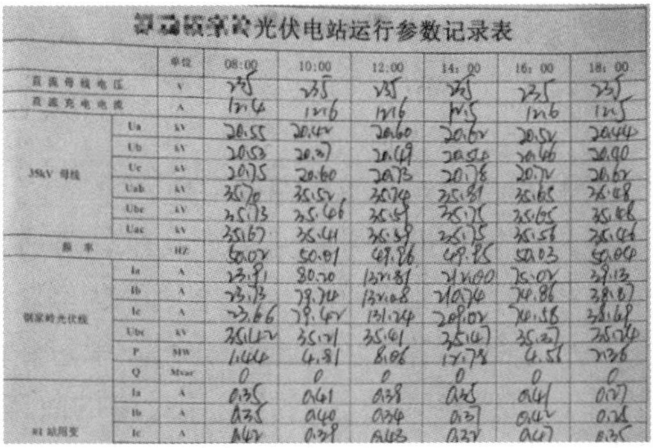

图 2-4　不同时间的光伏电站设备运行状态和运行参数记录

（3）光伏电站巡检和缺陷记录。在现场巡检过程中要全面检查电站各设备的运行情况并测量相关参数，现场巡检发现的缺陷应记录。

（4）其他记录。调度命令记录、交接班记录、班前班后会议记录，设备定期轮换试验记录，事故预想记录，工作票、操作票、光伏区检修单，设备台账、备品备件、工器具台账、物资出入库记录，反事故演习记录，钥匙借用登记记录等。

257. 设备运行台账包括哪些内容？

答：光伏电站的设备运行需要建立健全技术档案资料，资料应包括：

（1）光伏电站所有设备详细信息（型号、名称、厂家、数量、生产日期、投运日期等）。高压设备附产品说明书、保质期、随设备供应的图纸、出厂试验报告、交接试验报告等，并用书面形式或电子文档形式保存，对书面的文件进行归档分类，方便查阅。

（2）设备的运行资料。设备的动态信息数据，如检修、缺陷统计资料和处理记录、设备事故分析报告，含设备故障发生时间、现象、原因、处理措施、恢复时间、造成发电损失情况等。

（3）设备定期检修和预试管理资料。设备大检、预试、消缺记录详细信息（时间、检修、消缺、预试内容），特殊巡检计划（时间、巡检内容）。

（4）备品备件管理资料。备品备件的数量、型号、厂家、使用记录。

258. 故障分析报告和知识库有哪些用处？

答：为了将分散的知识集中化并实现共享，可建立信息系统运维知识库共享平台，存放运维人员在维护中的经验总结、常见故障分析和解决方法等内容，供运维人员相互学习和使用。通过建立运维知识库，根据检索关键字可搜寻对应的故障处理方案，可提高故障处理效率。

第五节 日 常 管 理

259. 运维日常清扫作业的工作要求有哪些?

答:以 20MW 电站为例,运行为倒班制,每班六人,五天一轮换,轮值期间清扫工作如下:

(1)站内卫生日常工作清扫:①主控室每天打扫一遍,地面、桌面、电脑收拾干净,记录、日志等物品摆放整齐;②早晨将电站院内、厨房、宿舍打扫干净;③工器具室内各工器具、柜子摆放整齐、清洁干净;④工作服保持整洁,不得乱放、乱摆、乱挂。

(2)站内卫生每月定期清扫:①清扫各配电室地面、设备柜面、玻璃、过滤网、火灾报警装置等;②主控室各屏、柜内设备应用吹灰器吹出内浮灰(吹灰过程中防止设备零部件吹落或损伤),且保证地面、设备柜面、玻璃、火灾报警装置等干净整洁;③宿舍地面、桌面保持干净,床铺干净整洁,生活用品摆放整齐,卫生间等干净彻底;④厨房、会议室地面、桌面保持干净,陈设物品摆放整齐。

(3)高压室卫生每月定期清扫:①高压室内窗台、地面,各开关柜面,灭火器应清洁,室内常设物品应摆放整齐;②二次设备室内各柜面应清洁干净,禁止在室内堆放杂物。

260. 光伏区设备巡检的运维日常作业要求有哪些?

答:以 20MW 电站为例,运行为倒班制,每班六人,五天一轮换,轮值期间的光伏区日常巡检工作如下:

(1)每班巡检不应少于三次,巡回检查必须由两人共同进行,带上对讲机。平时巡检一人驾车、一人观察电池板表面是否清洁,是否损坏或有其他异常现象,驾车时车速不应过快,以免弹起小石子砸到组件;应随车带万用表、螺钉旋具、测温枪、铁锹等常用工具。

(2)逆变器、汇流箱、箱式变压器巡检。每班轮值期间至少要打开箱式变压器低压室柜门检查一次,查完后要将柜门锁好。应注意设备运行温度是否过高,有无异常声响,接头处有无虚接、过热造成的火花、变色或放电声等；各表计、LED 屏、指示灯是否显示正常，箱顶是否漏雨，电缆沟有无积水等；要对巡检过程中出现的问题及处理方案做好记录。

（3）光伏区四周围栏每班至少全面巡检一次，巡检时带上扳手、钳子、铁丝，发现围栏被打开应及时封闭关紧。

（4）光伏区所有大门平时应上锁。巡检时禁止吸烟，做好防火工作。

（5）发现光伏区内植被遮挡组件时，应组织人员及时清除，此工作可根据光伏区巡检情况、植被长势合理安排，早清除、勤清除。

261. 如何制定合理的运维巡检路线？

答：运维巡检路线可综合考虑以下三方面进行制定：

（1）了解站内所有设备：①详细统计站内所有设备，整理成设备清单；②建立所有设备信息台账；③根据厂家说明书了解设备巡检注意事项，规划不同设备的巡检规范。

（2）了解场地路线：①根据竣工图纸现场核对设备安装位置；②划分巡检区域，路线规划需尽可能合理，避免重复路线。

（3）规划巡检周期：①结合所有设备巡检项目及耗时进行一次全站所有设备预巡视，计算路程耗时；②结合所有工作项，制定巡检路线及巡检方案，尽可能在巡检周期内覆盖所有设备，并需确保巡检质量。

262. 站内电气设备巡检的日常作业要求有哪些？

答：以 20MW 电站为例，运行为倒班制，每班六人，五天一轮换，轮值期间的站内设备巡检工作参考如下：

（1）主控室、配电室内所有电气设备、光伏进线、站用变压器、SVG、变压器每天巡检三次，每班每天应夜间闭灯检查一次。记录按时填写，检查要做到：走到、听到、看到、闻到、摸到（不许触及者除外），检查内容按现场运行规程的规定进行。环境温度较高时，用测温枪测量设备温度，如 SVG 功率柜散热窗温度超过 30℃应启动冷却风机，环境温度较低时停止冷却风机。

（2）主控室值班人员应密切观察后台监控各设备的运行参数，特别是中午负荷较高时应加强巡视，发现问题及时联系光伏区内工作人员处理。

（3）逆变器解列后记录当天的发电量，填报应仔细、认真、及时，保证数据的正确性，值班长负责发送报表，并对当天所有电量报表进行复查和核对，数据异常的应及时查找原因。

263. 运行日志主要包括哪些内容？

答：运行日志记录了电站当班值的主要工作内容，例如当天电站出力、累计电量、故障损失、限电损失、巡检、缺陷和异常情况、重要备件使用情况等。

每日工作结束后应在电站管理系统中记录当日电站运行的情况，纸质运行日志应当妥善保存。

图 2-5 为某光伏电站运行日

图 2-5 某光伏电站运行日志示例

志示例，详细记录了当天天气、值班员名字、特殊运行状况说明、值班记事（包括各个重要时间点做的工作内容及工作票情况）。

264. 电量向上级报送注意哪些问题？

答：对于"总部—区域—电站"三级管理模式的，电站值班长应每天向区域或总部报送当天的发电情况，并在每月的月末向区域或总部报送当月电量信息。

每月累计电量数据应与运行日志记录的保持一致，每月累计故障损失电量应与设备故障电量损失统计值保持一致，电量数据表编写完成后应由站长复核，然后报送总部，报送格式应符合总部管理要求，数据做到真实准确。

对于代理运维模式的，应按照业主的要求进行汇报。

265. 光伏电站的日报表一般包括哪些内容?

答：不同的运维公司对于日报表的填报内容和格式有相应的规定，没有统一的标准。

光伏电站的日报表一般包括并网发电容量、环境监测仪数据，如天气状况、辐照量、环境温度、风速等；当天上网电量（前一天表码、当天表码、关口计量表倍率以及计算后的当天上网电量）、逆变器出口总电量、损失电量（故障损失、限电损失、停电检修损失）、备用变压器电量、下网电量、综合厂用电量、故障描述、制表人等。

266. 光伏区的消缺流程是什么样的?

答：值班人员应对自己所管辖的设备进行巡视检查，及时发现异常情况，对已发现的设备缺陷，在力所能及的范围内做到及时、正确地处理。

在后台监盘或日常巡检中发现的不能就地处理的缺陷问题，涉及在光伏区进行的逆变器及以下的操作、检修等工作，均需先填写《光伏区工作检修单》，填写工作任务、需要停电的设备、工作内容和注意事项，待运维人员在现场完成消缺任务后，工作负责人需先确认工作完成情况，然后在缺陷记录单上和检修单上签字闭环，光伏区的消缺工作检修单需要归档存放。登记缺陷示例如图 2-6 所示。

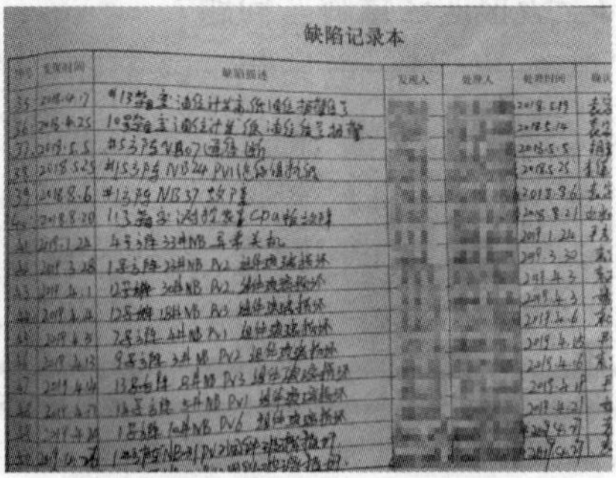

图 2-6　登记缺陷示例

267. 每日班前会包括哪些内容?

答:光伏电站班前会召开时间一般为电站白班上班后,班前会时间控制在 15~20min,遇有特殊情况,可适当延长会议时间。班前会由电站站长或运维主管主持召开,所有当班的运维人员、生产辅助人员必须按规定时间准时就位。主要内容如下:

(1)总结、分析昨日及近期运维巡视、检修、值班、发电量等情况。通报近期电站运维生产工作情况,如发现的问题、解决的方法、预防的措施、将要开展的工作等。

(2)表扬近期的好人好事或工作表现优异的员工;批评工作的过失、不足,或表现不好的员工,杜绝不好现象再次发生。

(3)安排当天的巡视、检修、倒闸操作、值班监控等工作,需明确具体的工作任务量。

(4)针对电站近期情况及工作安排,开展安全教育,分析电站整体安全形势,明确工作危险点、安全注意事项、安全技术措施及要求。

(5)利用班前会适当地开展培训工作。如,优化工作方法,提升工作技能及效率。

(6)宣传、贯彻、学习下发的通知、要求、会议纪要等文件资料。

(7)参会人员对运维工作的开展提出合理化建议。

268. 日常调度工作中有哪些需要注意的问题?

答:值班员在接到值班调度的命令后应重复命令,核对无误后方可执行。接受命令以及与调度的谈话应全部录音,并对值班调度员的调度命令做书面记录(加减出力和调整电压命令除外)。

值班员接受调度命令后应迅速执行,不得延误,并及时向调度如实汇报执行情况。如果认为该命令不正确,应向电网值班调度员报告,由电网值班调度员决定原调度命令是否执行,但若执行该项命令将威胁人身、设备安全或直接造成停电事故(事故处理要求停电者除外),则必须拒绝执行,并将拒绝执行命令的理由立即报告电网值班调度员和本单位直接领导人，并做好记录。

受令人若无故拖延执行调度的命令，则未执行命令的值班员和允许不执行该命令的领导均应负责。

调度管辖范围内的设备，未经当班调度员的许可，任何人不得改变设备状态，但对人身或设备安全有威胁者除外。按现场规程紧急停用的设备，在停用之后应立即报告电网值班调度员。

电网调度管辖范围外设备的操作，如对系统运行方式有重大影响，或是在进行这种操作前必须了解系统运行方式时，应得到电网值班调度员的许可后才能进行操作。

当电网运行设备发生异常或故障情况时，光伏电站运行值班员应立即向值班调度员汇报情况。

269. 对于交接人员，如何做好日常的交接班工作？

答：对于交接人员，应做好以下工作：

（1）交班前，值班负责人应组织全体人员进行本班工作小结，提前检查各项记录是否及时登记，并将交接班事项填写在运行日志上。

（2）整理好各种报表记录，做好调度台及室内整洁卫生工作。

（3）对照生产计划，检查本班所执行的各项任务完成情况。

（4）交代本班的发电量、设备运行情况；交代倒闸操作、故障处理、设备检修、操作票、工作票以及需要由下一班继续完成的工作和注意事项。

（5）交代本班上级调度通信、录音、实时自动化装置等情况。

（6）上级的指示、通知以及有关文件执行情况。

270. 对于接班人员，如何做好日常的交接班工作？

答：对于接班人员，应做好以下工作：

（1）提前 20min 到岗，准备交接工作。

（2）详细阅览运行日记和交接班记录。

（3）了解当时系统运行方式及各主要设备运行情况。

（4）了解当时系统发电量情况。

（5）了解倒闸操作、事故处理、设备检修、操作票、工作票、检修计划执行情况。

（6）了解本值应进行的操作，检查运维系统后台显示屏画面与现场是否一致。

（7）了解上一班设备事故及异常情况、设备缺陷及事故措施。

（8）了解调度通信、录音、实时自动化装置和站内系统"四遥"等情况。

（9）了解上级下达的新指示指令以及有关文件执行情况。

（10）交接班人员按交接班制度交接清楚后，双方应立即在交接班日志上签名，交接班才算完成。

271. 光伏电站在除草过程中如何加强质量和进度管控？

答： 加强质量和进度管控的方式如下：

（1）根据天气情况制订工作计划，按照整体计划层层分解。每日记录除草用工、进度明细，定期汇报，作为除草进度控制的依据。

（2）当实际进度落后于计划进度时，应采取措施加快进度，确保除草任务如期完成。

（3）电站设专人负责监督除草质量、人员安全、除草剂使用情况（若有）等现场管理，按照要求每天到现场检查落实，认真做好除草质量控制。

（4）除草工作应符合国家和地方对草原、林地、环境保护的相关规定，不得破坏保护性草原、草地、林木。

272. 对高压室的钥匙使用和保管有何要求？

答： 电站设备钥匙的安全状态对电站运行安全至关重要，高压室的钥匙至少有三把，由运行人员负责保管，按值移交。一把专供紧急时使用，一把专供运行人员使用，其他的可以借给经批准的高压设备巡视人员和经批准的检修、施工队伍的工作负责人使用，但应登记签名，巡视或当日工作结束后交还。

第六节 备品备件管理

273. 光伏电站的易耗品有哪些？

答： 根据 DB15/T 1428—2018《大型并网光伏发电站运行维护规程》，光伏电站的易耗品有光伏组件、压块、端子排、组件连接器、光伏发电专用熔断器、直流浪涌保护器、交直流熔断器、交流断路器、交流浪涌保护器、逆变器备用元器件、电缆终端等。

随着光伏电站运营时间的增加，设备的故障率随着元器件的磨损、老化等因素而有所提升，易损易耗备品备件在运维成本中所占的比例将逐年增加，光伏电站的易耗品应根据电站的容量大小、实际运行情况来制定库存备件需求。

274. 组件和支架的备品备件有哪些？

答： 组件和支架的备品备件的名称和数量可参考表 2-30，具体根据电站的实际情况来制定。

表 2-30　　　　　组件和支架备品备件名称和数量建议表

名称	备件名称	单位	20MW 以下	20～40MW	40MW 以上
组件	各规格组件	块	20	30	50
	MC4 连接器	套	30	50	50
	接线盒	个	10	15	20
	密封胶	支	1	1	2
支架	各规格支架	套	1	1	2
	中压块	套	35	45	55
	边压块	套	35	45	55
	支架螺栓	套	35	45	55
	管桩	根	4	5	5

275. 智能汇流箱设备的备品备件有哪些？

答： 智能汇流箱的备品备件的名称和数量可参考表 2-31，具体根据电站的实际情况来制定。

表 2-31　　智能汇流箱的备品备件名称和数量建议表

备件名称	单位	20MW 以下	20～40MW	40MW 以上
汇流箱	台	1	2	2
熔断器	个	25	35	45
熔断器底座	个	15	15	25
通信板	块	2	3	6
电源模块	块	2	3	6
防雷器	个	2	3	6
直流断路器	个	1	2	3
旁路二极管	个	10	10	10
数据采集模块	块	3	4	5

276. 逆变器的备品备件有哪些?

答:逆变器的备品备件名称和数量可参考表 2-32,具体根据电站的实际情况来制定。

表 2-32　　逆变器的备品备件名称和数量建议表

备件名称	单位	20MW 以下	20～40MW	40MW 以上
直流断路器	个	1	1	2
交流断路器	个	1	1	1
防雷模块	个	2	2	2
散热风扇电动机	台	2	3	3
交流接触器	个	2	2	2
IGBT 模块	套	3	3	5
交直流电容	套	2	2	2
组串逆变器	台	1	2	根据厂家建议配置

277. 箱式变压器的备品备件有哪些?

答:箱式变压器的备品备件名称和数量可参考表 2-33,具体根据电站的实际情况来制定。

表 2-33 　　　　箱式变压器的备品备件名称和数量建议表

备件名称	单位	20MW 以下	20～40MW	40MW 以上
高压熔断器	套	2	2	4
避雷器	只	2	2	2
低压断路器	台	1	1	1
防雷器	个	1	1	1
断路器指示灯	个	2	2	2
按钮	个	1	1	2
转换开关	个	1	1	2
低压断路器分合闸线圈	个	1	2	2
通信模块	套	1	1	1
变压器渗漏油修复剂	支	1	1	1

278. 高压开关柜的备品备件有哪些?

答: 根据电站容量大小，高压开关柜的备品备件名称和数量参考表 2-34，具体根据电站的实际情况来制定。

表 2-34 　　　　高压开关柜的备品备件的名称和数量建议表

备件名称	单位	20MW 以下	20～40MW	40MW 以上
转换开关	个	1	1	1
限位开关	个	1	1	1
闭锁电磁铁	个	1	1	1
电磁锁	个	1	1	1
分合闸线圈	个	1	1	1
红绿指示灯	个	2	2	2
开关柜智能操控装置	个	1	1	1
开关储能电动机	台	1	1	1
二次交流空气开关（或熔断器）	个	1	1	1
电压互感器柜高压熔断器	个	2	2	3

续表

备件名称	单位	20MW 以下	20~40MW	40MW 以上
电压互感器柜二次空气开关/熔断器	个	1	1	1
避雷器	只	2	2	2
柜内照明灯	只	3	3	3

279. 电缆的备品备件有哪些?

答: 电缆的备品备件根据电缆的截面积和用途,一般有:$4mm^2$ 光伏直流电缆,汇流直流电缆(如 $2×50/70/95mm^2$),组串逆变器输出电缆(如 $3×10mm^2$)、集中逆变器至箱式变压器电缆(如 $3×150mm^2$)。其他如通信电缆、电缆头、防火泥等也需要定额配置。电缆备品备件的名称和数量参考表 2-35。

表 2-35　　　　　　**电缆备品备件的名称和数量建议表**

备件名称	单位	20MW 以下	20~40MW	40MW 以上
直流电缆（$4mm^2$）	m	100	150	150
直流电缆（$2×50/70/95$）	m	75	100	100
低压交流电缆	m	75	100	100
低压动力、照明电缆	m	125	100	100
RS-485 通信线	m	50	50	50
视频线	m	50	50	50
低压交直流电缆铜鼻子	套	常用规格各 2 套	常用规格各 3 套	常用规格各 3 套
高压电缆头	套	各规格电缆头各 2 套	各规格电缆头各 2 套	各规格电缆头各 2 套
高压电缆中间接头	套	各规格各 1 套	各规格各 1 套	各规格各 1 套
接线用螺母螺帽	套	各规格各 5 套	各规格 5 套	各规格各 5 套
防火封堵泥	箱	2	2	2

280. 备品备件的管理内容有哪些?

答: 光伏电站应指定专人管理辖区及电站内的备品备件,包括备品备件分类整理、采购计划编制、储备管理和定期盘点等。

(1) 应根据常用物资的使用情况,制定最高或最低储备定额。

(2) 可建立物资卡,卡片上注明名称、规格、上限数量、下限数量、入库日期、领用日期等,做到账、卡、物一致。

(3) 备品备件应有台账并定期更新。

(4) 备品领用应按要求填写出库单,注明用途、时间及领用人等。

(5) 每月对备品备件进行盘点,定期对备品库的灭火器进行检查,针对高温、高湿天气,使用空调对库房的温湿度进行控制。

281. 备品备件的回收和报废应注意哪些?

答: 备品备件的回收和报废应注意:

(1) 对于设备检修、事故处理等更换下来的设备和零部件,电站运维主管必须进行可利用性、可修复性的鉴定。

(2) 对于可修复的设备或零部件电站需及时修复,修复后入库,作为备品备件使用。

(3) 对于不可修复的设备或零部件,需先入库,并与正常的物资分开放置。

(4) 对于不可修复的设备或零部件经电站站长确认后填设备报废单,并报区域中心审批后履行报废手续。

282. 物资仓库需要做好哪些管理?

答: 物资仓库需要做好以下工作:

(1) 需要定期对库房卫生及工器具进行清理和维护。

(2) 生产物资按照库架标签进行整齐码放;工器具在对应的标签位置进行有序摆放。

(3) 对良品和非良品备件进行分类存放。

(4) 对常用工具和不常用工具进行分区,以方便日常检修和维护的需要。

（5）对资料库的图纸和文件进行整理和分类，建立清单和目录，方便查找。

第七节　工器具管理

283. 运维工器具分为哪几类？

答：运维工器具分为安全工器具及专用工器具。安全工器具包括绝缘安全工器具和一般防护安全工器具。专用工器具包括检测常用工器具及运维常用工器具。

284. 安全工器具清单如何配置？

答：光伏电站的安全工器具根据工作的范围、工作需求配置，表 2-36 为某光伏电站安全工器具配置表，工器具数量具体根据电站的实际情况制定。

表 2-36　　　　　某光伏电站安全工器具配置表

序	设备名称	规格型号	备注
1	绝缘靴	110kV	有 110kV 电压等级电站
2	绝缘靴	35kV	
3	绝缘手套	110kV	有 110kV 电压等级电站
4	绝缘手套	35kV	
5	安全帽	黄色或红色	每人一顶＋备用若干顶
6	携带型短路接地线	35kV（挂母线）	根据电站容量规模
7	携带型短路接地线（加长）	110kV（挂线路）	有 110kV 电压等级电站
8	组合令克棒（防雨式）	110kV 4 节 6m	有 110kV 电压等级电站
9	组合令克棒（防雨式）	35kV 4 节 6m	
10	35kV 验电器	35kV	
11	110kV 验电器	110kV	有 110kV 电压等级电站
12	安全工具柜	AD -11（五组合）	

序	设备名称	规格型号	备注
13	安全遮栏	固定或可伸缩	
14	安全警示带		
15	安全围网		配 4 个 1.2m 不锈钢支架
16	护目眼睛	3M	
17	防毒面具	3M	
18	绝缘二次凳		35kV 配电室、继保室
19	绝缘人字梯	2m	
20	绝缘人字梯	4m	
21	高压、低压绝缘垫	根据盘柜长度设置	安装时配置盘前、盘后
22	手提式灭火器	二氧化碳或干粉灭火器	按照设计配置
23	推车式灭火器	二氧化碳或干粉灭火器	按照设计配置

285. 常用检测工器具包括哪些?

答:光伏电站常用的检测工器具包括测温仪、万用表、钳形电流表、接地电阻测试仪、绝缘电阻表(1000/2500V 电压等级各一块)、红外热成像仪、网线测试仪、镀锌层测厚仪等。

286. 运维专用工器具包括哪些?

答:常见的运维专用工器具包括扳手、螺钉旋具、手锤、钢锯、铁锹、手电钻、冲击钻、角磨机、接线盘、钳子、连接器压线钳、剥线钳、强光手电筒、吹风机、吸尘器、撬棍/撬杠、钢卷尺、游标卡尺、千斤顶等。

287. 对于安全工器具的运维要求有哪些?

答:(1)电站必须使用检验合格的安全工器具,工器具上要有检验部门的检验合格证。

（2）安全工器具应放在专门的工具柜内摆放，使用完毕应放回原位置。

（3）工器具管理员应对所有的安全工器具定期检查，发现受潮或表面损坏、脏污时，应及时处理并送检合格后方可使用。

（4）安全工器具使用前应仔细检查是否损坏、变形、失灵、失效。

（5）安全管理员按照安全工器具试验周期规定，提前安排到具有检验检测工器具资质的相关单位进行工器具试验检测。

（6）安全工器具经试验合格后，试验单位必须对被测设备贴上"试验合格"标签，并出具两份试验检测报告（一份交送检电站，一份由试验部门存档），试验报告应保存两个试验周期。

（7）使用中的或新购置的安全工器具，必须试验合格。禁止使用未经试验及超过试验周期的安全工器具。

288. 专用工器具的使用要求有哪些？

答：（1）电站应建立"专用工器具汇总台账"并注明工具属性（公用、个人）。电站对使用的公用工具建立"公用工具领用记录"并派专人对工具进行管理，保证账、物相符。对电站发放给个人的工器具，必须履行工器具的领用手续。

（2）个人工具由使用人员负责保管、保养，公用工具由电站工器具管理人员负责保管、保养。

（3）定期做好工具的润滑、防腐、卫生及电气部分的维护，始终保持工具良好状态。

第八节　缺陷故障管理

289. 故障缺陷如何进行分类管理？

答：故障缺陷按照影响程度可分为三类。

一类：严重威胁系统主设备及人身安全的重大故障或缺陷。主要有：35kV 及以上电压等级高压母线、线路故障停运；主变压器故障停运；电站直流及 UPS 系统故障失电；消防、监控系统故障失去完整功能；调度通信系统、关口计量表回路故障不能正常运行等。

二类：暂时不影响主设备运行，但对设备安全经济运行或对人身造成一定威胁的重要缺陷或故障，若继续发展，则导致设备停运或损坏。主要有箱式变压器、集中逆变器、站用变压器等故障停运、后台监控系统故障失去部分功能等。

三类：除一、二类缺陷以外的，主要有单台汇流箱故障无输出、单台组串逆变器故障停运、组件方阵存在直流接地、单串组件连接器损坏、组件损毁等；建、构筑物（门窗、给排水、屋顶、地面等）、土建、照明及文明生产类等缺陷或故障。

290. 如何做好故障分析报告？

答：一份完整的故障分析报告包括但不限于以下内容：

（1）故障发生时间、电站状况和设备状况简介。

（2）事故发生前后的电站运行情况。

（3）事故发生经过描述。

（4）故障点查找情况和原因分析。

（5）现场处理情况。

（6）设备及其元器件的损失情况及当天电量预估损失情况。

（7）预防措施和建议。

291. 如何做好缺陷及故障台账的统计工作？

答：应做好光伏设备的缺陷和故障统计，包括设备类型、缺陷或故障明细、发现时间、整改措施、处理情况、处理完结时间、处理时长、损失电量、原因分析和防范措施等。表 2-37 为某光伏电站的月度缺陷、故障统计表。

假如通过光伏电站信息化管理平台，可将上述信息录入，便于对所有电站的缺陷和故障进行集中管理。一方面可以查看每个电站的缺陷故障；另一方面还可以查看同一设备或不同品牌设备在不同电站的发生的缺陷或故障类型，如某类设备发生故障非常频繁，可列入专项整改事项进行重点跟进。

表 2-37　　　某光伏电站月度缺陷、故障统计表

××区域××电站　月缺陷、故障统计表

设备	缺陷、故障	发现时间	整改措施	处理情况	完结时间	损失电量(kWh)	原因分析、防范措施
组件	NB11-1-06PV2组件损坏一块	2016 年 11 月 15 日	已更换组件	运行正常	2016 年 11 月 15 日	2	玻璃碎裂
	NB11-2-04PV1组件损坏一块	2016 年 11 月 15 日	已更换组件	运行正常	2016 年 11 月 15 日	2	玻璃碎裂
	NB13-4-08PV3组件损坏一块	2017 年 4 月 8 日	已更换组件	运行正常	2017 年 4 月 8 日	3	玻璃碎裂
逆变器	NB9-1-01 通信中断	2016 年 3 月 19 日	重新连接通信线	通信正常	2016 年 3 月 21 日	12	通信电缆接错
	NB06-3-05 PV4输入电流越限	2016 年 6 月 30 日	更改逆变器参数	运行正常	2016 年 8 月 31 日	77	PV4 输入电流越限，设置错误
	NB07-4-05 异常关机	2016 年 7 月 3 日	更换逆变器	逆变器运行正常	2016 年 7 月 5 日	365	逆变器内部短路故障

第九节　运维费用管理

292. 组件清洗招标需要注意哪些问题?

答：光伏电站组件清洗招标一般需要注意以下几方面：清洗单位的资质和经营状况、人员资质（如登高证）、历史清洗合同与清洗业绩、有无历史安全事故记录、清洗的设备和清洗方式、清洗安全保障措施、清洗价格等。

293. 光伏电站的运维费用一般包括哪些？

答：光伏电站运维费用包括但不限于：

（1）人员薪酬福利［工资、养老保险、医疗保险、失业保险、工伤保险、生育保险、住房公积金、团队建设费、福利费、差旅费、劳保费（工作服、鞋等）、员工通信费、培训费、团队管理、支持费用］。

（2）生产生活用水用电及网络费用、车辆使用、车辆折旧保险、财产保险费用、土地租赁费（分布式电站为屋顶租赁费）、运维相关税费。

（3）除草费用、清洗组件费用、组件更换费用、高压设备维护费用、备品备件采购费用。

（4）关口计量表校验费用、光伏功率预测系统服务费用、调度数据网维护费用、电网通道维护费用、电网两个细则考核费用。

（5）出线间隔租赁费用、外线租赁费用。

（6）检修预试费用、自动化设备升级改造费、光伏电站技改费等。

（7）安全保卫等费用。

每个电站的实际情况和维护的项目不尽相同，电站侧的运维费用目前一般控制在 0.1～0.5 元/W 不等。

第十节 保 险 理 赔

294. 光伏电站一般会购买哪些保险？

答：由于光伏电站可能会遭受自然灾害的影响，电站投资方通常会考虑购买保险以减小自己的投资风险，保证长期收益。根据投保特性不同，光伏电站的保险一般分为财产类保险、质量保证保险和责任保险等种类，保险机构比较常用的是太平洋保险公司。

至于投保种类，目前大部分光伏电站投保的是财产一切险，其次是机器损坏险。

保险费率通常按照与保险公司的协议进行计算，目前费率通

常在 0.018% 左右，双方也可通过协商进行适度调节。

295. 何谓财产一切险和机器设备损坏险？

答：（1）财产一切险：

1）自然灾害：指雷击、暴雨、洪水、暴风、龙卷风、冰雹、台风、飓风、沙尘暴、暴雪、冰凌、突发性滑坡、崩塌、泥石流、地面突然下陷下沉及其他人力不可抗拒的破坏力强大的自然现象。

2）意外事故：指不可预料的以及被保险人无法控制并造成物质损失的突发性事件，包括火灾和爆炸。

（2）机损险（机器设备损坏险）：工人、技术人员操作错误、缺乏经验、技术不善、疏忽、过失、恶意行为；超负荷、超电压、碰线、电弧、漏电、短路、大气放电、感应电及其他电气原因。

296. 财产一切险与机器设备损坏险的区别是什么？

答：财产一切险针对整个固定资产（包括但不限于设备），机器设备损坏险针对的是设备。财产一切险主要自然灾害或意外事故造成的损失，机器设备损坏险针对的是内因造成的损失（因设计或安装错误、操作失误、碰电、超电压等原因构成突然的、不可预料的意外事故造成的损失）。

297. 光伏电站保险理赔的流程是什么？

答：（1）发生出险事故后，电站除立即组织抢险工作外，还应同时上报相关责任部门，经过指导后，电站开展保险理赔事宜，保险专员负责对接保险公司。

（2）在进行抢险处理时及抢险完成后，电站需收集相关影像材料。在事故处理后，应立即开展设备修复及生产恢复工作。

（3）电站在完成事故抢险工作后，立即联系保险公司进行报案，有效报险时间为发生出险事故后 48h 内，确认理赔处理方式及理赔材料。

（4）若保险公司要求保护现场，电站则需做好事故现场保护工作，待其勘评估，但电站需在事故抢险完成后，开展设备修复、生产恢复的准备工作，比如修复设备的选择、修复供应商的选择、商务流程的开展等，确保修复工作能在保险公司现勘评估后立即开展。对于不需进行现勘的，电站可直接开展事故修复及理赔工作。

（5）电站根据保险公司的理赔材料清单收集整理理赔材料，协调相关责任部门、财务部门配合。

第十一节 技 术 培 训

298. 如何在设备质保期内加强设备消缺经验的积累？

答： 目前大部分光伏电站的运维人员都来自火电、水电等传统电力企业，缺乏光伏电站相关的运行经验，更没有接触过逆变器、4G 无线通信、光伏组件、大数据智能分析系统、SVG 等新型设备和技术，相关设备的消缺经验相对缺乏。

在项目运行初期，电站设备发生故障基本靠设备生产厂家技术人员到站处理，不仅延长了缺陷处理期限，也增加了电量损失，降低了设备的可利用率和运维效率。

为了改变这个情况，避免设备过质保期后由于运维人员经验不足造成缺陷消缺的不及时，影响设备正常投运，电站可以邀请设备厂家技术人员对站内的运维人员开展设备运行、维护、巡视检查和缺陷消除培训。同时电站每月举办一次运行分析例会，对设备故障和处理方法进行探讨，使得运维人员更好地了解设备性能，保障设备及时投运，提高运维人员的综合技能。

299. 如何开展事故预想？

答： 事故预想的题目由值班长根据现场存在的隐患，结合实际天气、设备、人员情况拟定，也可以由各值班人员根据当前情况自行拟定。

（1）事故预想一定要根据现场当日存在的问题拟定，如特殊运行方式、特殊气象条件、设备存在的缺陷、频繁发生的事故异常，与检修有关可能会引发的事故异常等。

（2）事故预想不能照抄他人，要深入思考、突出个人想法，不断提高专业技术水平及事故处理能力。

（3）安全员、运维主管要深入现场，对生产现场出现的重要隐患或疑难问题予以指导，对事故预想的完成情况进行监督检查，安全员应及时制定技术措施，定期进行技术讲课及编制反事故预案等工作。

第三章　设备图解及维护巡检

　　以地面光伏电站为例，它可分为光伏区、升压站、外送线路三大部分。光伏区一般由光伏组件阵列、支架、支架基础、汇流箱、逆变器、箱式变压器、高压汇集线路等组成；升压站一般由主控室、继保室、高压开关室等组成；外送线路由高压输电线路和杆塔组成。本章主要介绍地面光伏电站设备的基础知识、内部结构、维护及巡检要点，用图文并茂的方式进行介绍。

第一节　光伏区设备图解

300. 智能直流汇流箱由哪些元器件组成？

　　答：智能直流汇流箱一般由直流输入端子、直流输出端子、断路器、熔断器（也称保险）、防反二极管（选配）、通信模块、电源模块、避雷器（也称浪涌保护器、防雷器）、接地线、RS-485 通信线、机箱外壳等组成，智能汇流箱内部实景图如图 3-1 所示。

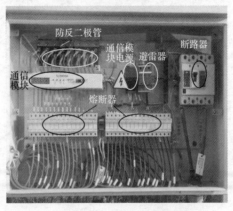

图 3-1　智能汇流箱内部实景图

防反二极管是防止高电压组串对低电压组串逆向送电，但是二极管在使用过程中存在发热现象，需增加散热装置。

通信模块是监测单串工作电流、直流母排电压、浪涌保护器的状态，实现数据通信。

电源模块是向通信模块提供工作电源。

断路器是用于接通或切断组串至逆变器的电流。其电压等级根据组串的电压等级来确定，可承受的电压一般不小于 1000V。熔断器的最小等级可由光伏组件的短路电流计算而得，如果没有特殊要求，建议额定值要满足不小于 1.56 倍的短路电流。

301. 智能直流汇流箱电路原理是什么样的？

答： 图 3-2 为智能汇流箱内部电路原理图。光伏组串发电后以直流形式汇流到汇流箱，图中的 a＋和 b＋、a—和 b—分别是 a、b 两个组串的正负极输入，每一路的正极和负极都有连接熔断器，见图 3-2 中 F1～F4，在 a、b 组串的正极均加入了防反二极管（见图 3-2 中二极管符号），在直流母排汇流后输出。

数据采集通信模块可实现对母排的实时电压、组串电流值数据进行采集，数据上传到后台监控平台，可实现对汇流箱的实时监控。汇流箱的输出端配置防雷器，正极和负极都应具备防雷功能。

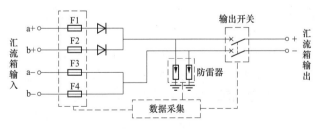

图 3-2　智能汇流箱内部电路原理图

302. 交流汇流箱内部结构是什么样的？

答： 交流汇流箱主要是安装在组串逆变器输出侧和并网点之

间，交流汇流箱内部结构如图 3-3 所示，设备内部有断路器、熔断器、交流防雷器、输入和输出线缆、接地线等，也可以选配智能监控仪表。

作为逆变器输出的断开点，交流汇流箱可提高系统安全性，保护维护人员的安全，便于运维检修。

图 3-3　交流汇流箱内部结构

303. 集中逆变器由哪些组成？

答：集中逆变器一般由功率模组、直流防雷器、直流断路器、数字信号处理（DSP）板、DSP 板转接板、计量板、交流防雷器、交流断路器、交流接触器、直流母线电容、电抗器、交流滤波电容、轴流风机、内供电变压器等组成。

如图 3-4 所示为集中逆变器内部实景图，由逆变器 1 号单元和逆变器 2 号单元构成，除图 3-4 中的标识部分外，主要器件还有智能配电柜、LCD 液晶触摸屏、防雷器、断路器等。

304. 组串逆变器由哪些组成？

答：组串逆变器一般由 IGBT 单元、EMI（滤波模块）单元、电容、直流开关、输出端子等组成。图 3-5 为某品牌组串逆变器外部示例。图 3-6 为组串逆变器原理图。

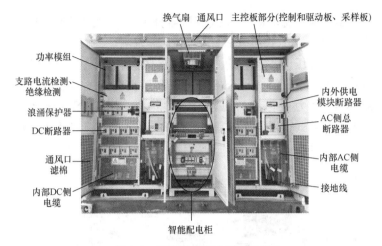

图 3-4 集中逆变器内部实景图

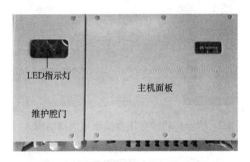

图 3-5 某品牌组串逆变器外部示例

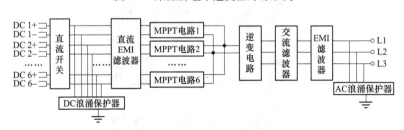

图 3-6 组串逆变器原理图

305. 箱式变压器由哪些组成？

答： 大型地面电站一般配置箱式变压器，将逆变器低压交流

143

电升压至 10kV 或 35kV，箱式变压器分为美式箱式变压器和欧式箱式变压器。以美式组合式箱式变压器为例，一般由设备箱体、低压设备和高压设备等组成。其内部有高压熔断器、高压断路器、低压断路器、空气开关、分接开关、高压负荷开关、油位计、气体继电器、压力真空表、箱式变压器测控装置、UPS 装置及电池等。组合式箱式变压器低压室内部结构（一）、（二）分别如图 3-7 和图 3-8 所示。

图 3-7 组合式箱式变压器低压室内部结构（一）

图 3-8 组合式箱式变压器低压室内部结构（二）

306. 箱式变压器测控装置的用途是什么？

答： 每台箱式变压器的低压开关柜内设置测控装置和相应的光纤连接设备，以便采集箱式变压器内的各种电气量参数和非电气量参数（如变压器油位、油温），以满足综合自动化系统的测控要求。装置通信一般采用标准的 IEC103/104 规约，可兼容不同厂家的综合自动化系统。箱式变压器测控装置示例见图 3-9。

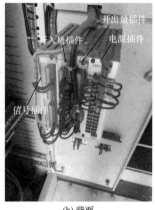

开出量插件
开入量插件 电源插件
信号插件

(a) 正面 　　　　　　　　(b) 背面

图 3-9 箱式变压器测控装置示例

第二节 升压站设备图解

307. 气象站由哪些组成？

答： 气象站俗称环境监测仪，一般由水平面总辐射表、倾斜面辐射表、散射辐射表、直接辐射表、风速传感器、风向传感器、温度计、控制箱等组成，一般安装并固定在主控室楼顶，如图3-10所示。

308. 什么是光伏电站的主控室？

答： 主控室又称为中央控制室，是将光伏电站一次设备、二

风速、风向传感器

遮光环

控制箱

水平面总辐射表

倾斜面辐射表

图 3-10　气象站

次设备的各控制、保护功能，均集中在主控室的各个运行主机内，可通过远程操作，显示各类数据，实现集中控制、远程操作。主控室的各控制保护功能均集中在专用的采集、控制保护柜内，所有的控制、保护、测量、报警等信号均在采集、控制保护柜内处理成数据信号后经光纤总线传输至主控室的监控计算机。光伏电站的主控室如图 3-11 所示。

图 3-11　光伏电站的主控室

309. 光伏电站主控室的作用有哪些？

答：光伏电站主控室的作用有：

（1）用于接受省调和地调的调度指令，比如倒闸操作、限电指令，核对遥测、遥信值，调度临时调令等。

（2）监控汇流箱、逆变器、箱式变压器及各汇集线高压开关、SVG、接地变压器、站用变压器、母线及送出线路的运行状态。

（3）监控并调整 AGC 系统的有功跟踪值，及时调整有功目标值与实际值的偏移量，避免发生电网两个细则考核罚款。

（4）监控光功率预测系统的气象数据、实时上报状态，运维人员若发现未上报可及时处理。

（5）电站安防及视频监控电站的所有区域。

（6）监控电站消防报警系统，主要是火灾烟感报警。

（7）用于办公、对外沟通等。

310. 主控室有哪些设备或设施？

答： 主控室有 SCADA 监控系统后台、电网调度运行管理系统（operation management system，OMS）后台、有功功率控制系统后台、光伏功率预测系统后台、视频监控系统后台、五防系统后台，分别如图 3-12～图 3-17 所示。

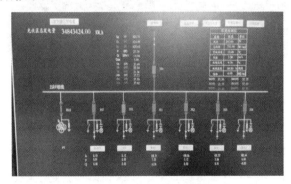

图 3-12　SCADA 监控系统后台

除此之外，主控室还有消防报警装置、灭火器、空调、文件柜、安全帽、应急工器具、打印机、办公电脑、调度录音电话、上墙制度、值班表、主接线图、巡检路线图等。

光伏电站运行与维护 1000 问

图 3-13　OMS 后台

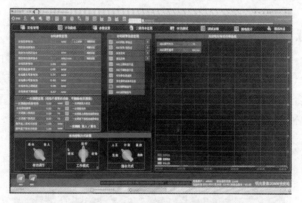

图 3-14　有功功率控制系统后台

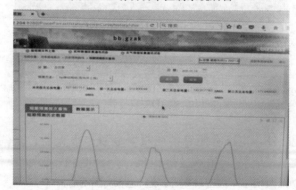

图 3-15　光伏功率预测系统后台

148

图 3-16　视频监控系统后台

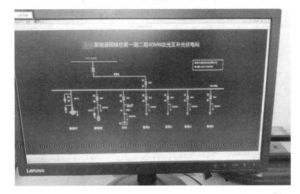

图 3-17　五防系统后台

311. 继保室一般有哪些设备？

答：继保室也称为二次室，主要设备有：①继电保护及安全自动装置（光差保护屏、母线保护屏、电能质量监测屏、故障录波屏、防孤岛保护屏、功率调节屏、光功率预测屏、消弧线圈接地变控制屏、公共测控网络设备屏、GPS 远动通信屏、电能计量及采集屏、同步向量采集屏等）；②交直流一体化系统及 UPS 电源；③站用电源系统；④调度数据网屏；⑤视频监控屏；⑥微机五防系统等。

312. 二次设备的平面图一般是如何分布的？

答：二次设备的平面图一般由电力设计院根据实际情况进行

设计及建设，图 3-18 为某 20MW 地面电站二次设备室的屏位布置图，仅供参考。

远动通信屏	35kV母线保护屏	35kV线路测控保护屏	防孤岛保护屏	公用测控屏	电能量远方终端屏	远方电能量计量屏	电能质量在线监测屏	AGC/AVC系统屏	光功率预测系统屏	视频监控系统屏
备用	备用	备用	备用	备用	备用	UPS电源屏	直流馈电屏	直流充电屏	电池屏	接地变压器及消弧线圈控制屏
调度数据网屏			通信屏			低压配电屏				

图 3-18 某 20MW 地面电站二次设备室的屏位布置图

图 3-19 为某 50MW 地面光伏电站的二次设备布置图。

主变压器测控屏	主变压器保护屏	远动通信屏	公用测控屏	综合配线柜	SDH/PCM屏	实时调度系统屏	地调调度数据网络屏	省调调度数据网络屏	视频监控系统屏
功率预测服务器屏	UPS电源屏	直流馈线屏	直流充电屏	故障解列屏	故障录波屏	电能质量在线监测屏	35kV母线保护屏	110kV线路保护测控屏	电能表屏
备用								AGC/AVC系统屏	
无线通信屏	低压配电屏								

图 3-19 某 50MW 地面光伏电站的二次设备布置图
SDH—光端机；PCM—脉冲调制解调器

313. 高压室有哪些设备或设施？

答： 高压室也叫开关室，由各种高压开关柜组成，包括母线电压互感器柜、接地变压器柜、SVG 柜、光伏进线柜、光伏出线柜等。柜内设备一般包含高压断路器（熔断器）、弹簧操作机构、接地开关、高压避雷器、电压互感器、电流互感器、微机保护装置、各类仪表等。

314. SVG 成套装置由哪些部分组成？

答： SVG 成套装置主要由隔离开关、接地刀闸、高压电缆、户外真空断路器、无感电阻、避雷器、绝缘支撑、电抗器及 SVG 成套装置柜组成。SVG 成套装置、SVG 成套装置柜分别如图 3-20、图 3-21所示。装置柜体内有风机、控制柜、功率柜和隔离开关柜。

图 3-20　SVG 成套装置

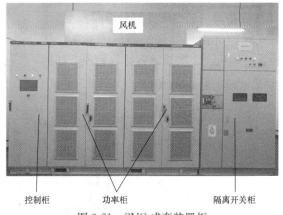

图 3-21　SVG 成套装置柜

315. 光差保护屏由哪些部分组成？

答： 光差保护实际上就是一种差动保护，只不过将两侧的电气量先转换成数字信号后，再通过光纤进行双侧通信，对两侧的电气量进行比较而构成的保护。光差保护屏由保护屏眉、线路保护装置、远方及就地转换开关、手动分合断路器开关、五防锁、打印机、保护硬压板、二次空气开关、线路保护端子排、二次接地铜排等组成，如图 3-22 所示。

图 3-22　光差保护屏

316. 母线保护屏一般由哪些部分组成?

答: 母线保护屏由母线保护装置、二次空气开关、端子排、保护硬压板、打印机、二次接地铜排等组成，如图 3-23 所示。

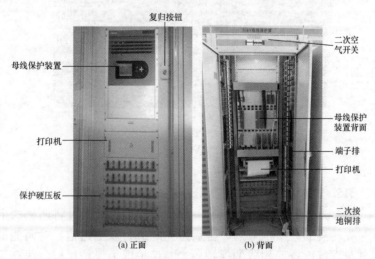

图 3-23　母线保护屏

317. 故障录波屏由哪些部分组成？

答： 故障录波屏如图 3-24 所示，包括测距分析单元、管理单元、变送器单元、显示器和打印机等。

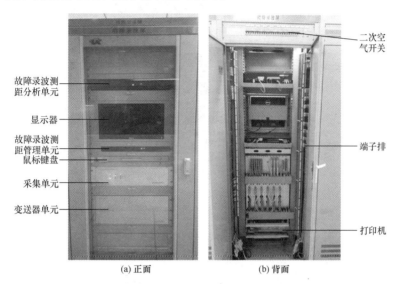

故障录波测距分析单元

显示器

故障录波测距管理单元

鼠标键盘

采集单元

变送器单元

二次空气开关

端子排

打印机

(a) 正面　　　　(b) 背面

图 3-24　故障录波屏

318. 电能表屏由哪些部分组成？

答： 为了满足电力公司对光伏电站上网电量、用网电量信息的采集和结算要求，光伏电站应装设关口电能计量设备，包括关口计量表、电量采集装置。

光伏电站线路侧按关口考核点配置 2 块 0.2S 级双向电能表，至少具备双向有功和四象限无功计量功能、事件记录功能等。

电量采集装置采集光伏电站升压站关口和非关口计量表信息，采用网络方式向省电力公司计量主站传送，同时采集装置与监控系统通信，完成关口计量表电量信息的当地显示、打印和报表等功能。图 3-25 为某电站电能表屏示例。

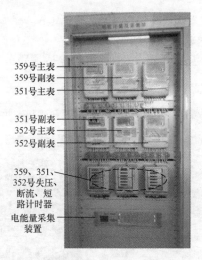

359号主表
359号副表
351号主表

351号副表
352号主表
352号副表

359、351、
352号失压、
断流、短
路计时器

电能量采集
装置

图 3-25　某电站电能表屏示例

319. 电能质量在线监测屏由哪些组成？

答：电能质量在线监测屏主要由监测装置、二次空气开关、端子排、保护硬压板等组成，如图 3-26 所示。

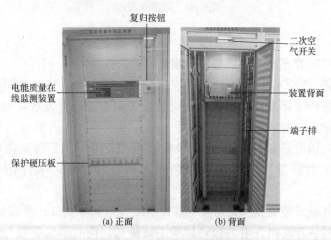

复归按钮

电能质量在
线监测装置

保护硬压板

二次空
气开关

装置背面

端子排

(a) 正面　　　　(b) 背面

图 3-26　电能质量在线监测屏

根据国家电网有限公司 Q/GDW 1617—2015《光伏电站接入电网技术规定》，电能质量在线监测装置主要对线路进行电能质量监测，对光伏电站可能引起的谐波、波形畸变、直流分量、电压偏差、频率、电压不平衡度、电压波动和闪变等进行监测，以保证电力电能质量符合 GB/T 19964—2012《光伏发电站接入电力系统技术规定》的规定，并以网络方式将监测信息发送到省电力公司电能质量监测中心。

320. 公共网络控制屏由哪些组成？

答：公共网络控制屏由综合测控装置、A/B 交换机、投退压板、光纤盒、保护硬压板等组成。公共网络控制屏如图 3-27 所示。

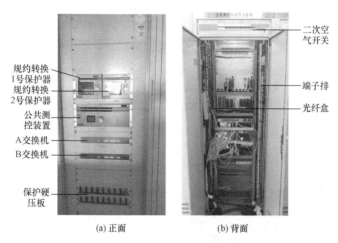

规约转换
1号保护器
规约转换
2号保护器
公共测
控装置
A交换机
B交换机
保护硬
压板

二次空
气开关

端子排

光纤盒

(a) 正面　　　　(b) 背面

图 3-27　公共网络控制屏

321. GPS 远动通信屏由哪些组成？

答：GPS 远动通信屏由同步对时装置、远动机装置主机/备机、二次空气开关、端子排等组成，如图 3-28 所示。

322. 视频监控屏由哪些组成？

答：视频监控屏一般由视频监控主机、显示屏、录像机等组成。在中控室布置视频监控采集传送设备，可实现实时图像的监视、图

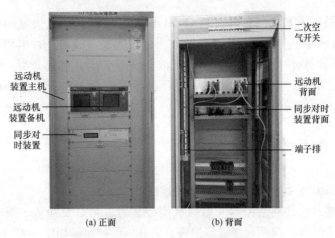

(a) 正面　　　　　　　　　(b) 背面

图 3-28　GPS 远动通信屏

像的远程控制和切换以及录像的存储、备份、检索和回放等功能，能够与光伏电站集中监控系统的告警实现联动，如图3-29所示。

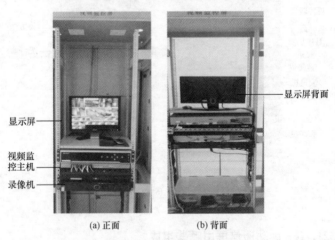

(a) 正面　　　　　　　　　(b) 背面

图 3-29　视频监控屏

323. 调度数据网屏由哪些组成？

答： 根据国家电网有限公司关于印发《国家电网调度数据网第二平面（SGDnet-2）总体技术方案》的通知，光伏电站作为电力调度数据网接入点，按照双平面要求，需要配置 2 套调度数据网接入设备，完成远动实时信息及保护故障等信息的网络传输。根据《电力二次系统安全防护规定》（国家电力监管委员会 5 号令），为保证调度自动化系统实时数据的安全性，在交换机和路由器之间设置 4 台电力专用纵向加密认证装置（一、二平面各 2 台）。

调度数据网屏有地调通信柜、省调通信柜和省调工作票工作站（分别如图 3-30～图 3-32 所示），主要包括纵向加密、反向隔离、路由器、防火墙等。

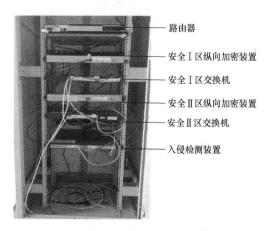

图 3-30　地调通信柜

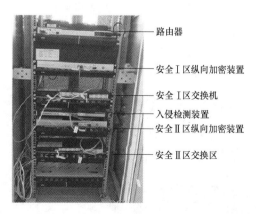

图 3-31　省调通信柜

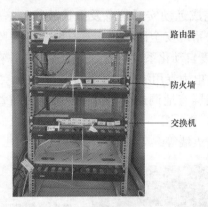

路由器

防火墙

交换机

图 3-32　省调工作票工作站

324. 网络安全监测装置由哪些组成？

答： 网络安全监测装置主要应用于光伏电站的二次安防，可实现对所有监控主机、工作站、网关机及综合应用服务器等主机设备、网络设备和防火墙、纵向加密及横向隔离等安全防护设备网络行为、安全风险的实时监视，对所有设备进行资产管理，并可根据当前网络运行状态动态展示网络拓扑结构，对安全事件进行集中展现、实时告警、量化分析、审计管理和现场溯源，具备检测并抵御各种常见网络攻击及抵御渗透攻击的能力，并可以将站端信息通过调度数据网向内网安全监管平台主站上传，为电力二次系统安全审计评估提供可靠的信息来源和有效的分析手段，对电站监控网络的组网结构和行为安全分析具有积极效果。网络安全监控装置及监控系统实物图如图 3-33 所示。

(a) 网络安全健康装置　　　　(b) 监控系统后台

图 3-33　网络安全监控装置及监控系统实物图

325. 什么是 OMS?

答：OMS 是国家电网有限公司系统数据整合的重要内容，是调度系统专业管理工作的基础平台，光伏电站一般配置 1 套调度生产管理系统（含调度、运行方式、继电保护、通信、自动化、生产管理工作站），用于一、二次设备参数库的录入、调度两票管理、继电保护定值单流程及保护反措等专业管理、检修计划管理、自动化运行报表及检修申请等，实现调度各专业管理。

326. 什么是双细则考核系统?

答：按照电监局《并网发电厂辅助服务管理实施细则》和《发电厂并网运行管理实施细则》的要求，光伏电站配置一套双细则考核管理系统，用于数据申报、考核查询等，实现对并网光伏电站辅助服务和运行管理的考核工作，一般情况配置 2 台 OMS 工作站，1 台双细则考核管理工作站。

327. AGC/AVC 控制屏是什么样的?

答：AGC/AVC 控制屏如图 3-34 所示。在液晶屏上可以实时查看 AGC/AVC 的控制模式，以及电压、有功功率、无功功率等当前及历史数据。

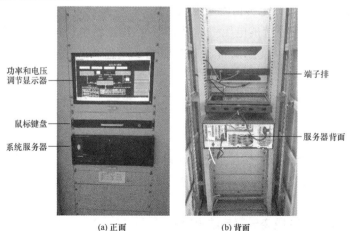

（a）正面　　　　　　　　（b）背面

图 3-34　AGC/AVC 控制屏

328. 光功率预测屏由哪些组成？

答： 光功率预测屏包括光功率预测服务器、天气预报服务器、交换机、反向隔离装置、防火墙、显示器、测控装置等，如图3-35所示。

图 3-35　光功率预测屏

329. 直流充电屏由哪些组成？

答： 直流系统的电压一般是 220V，用于继电保护与自动化装置、远动装置、监控设备、事故照明、断路器控制、中央信号、事故预报、预告信号、光字牌以及站内二次设备的工作电源和操作电源。直流系统由充电设备、免维护铅酸蓄电池组、直流馈线屏、监测装置等组成。

充电柜接入两路交流电源，一路来自直流系统，另一路取自站用低压交流配电柜，由双电源自动切换装置控制，两路电源互为备用。直流充电屏如图 3-36 所示。

330. UPS 逆变电源系统由哪些组成？

答： UPS 逆变电源系统由整流器、逆变器、旁路隔离变压器、

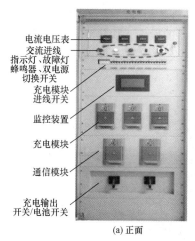

电流电压表
交流进线
指示灯、故障灯
蜂鸣器、双电源
切换开关
充电模块
进线开关
监控装置
充电模块
通信模块
充电输出
开关/电池开关
(a) 正面

蓄电池
总熔断器
(b) 背面

图 3-36 直流充电屏

逆止二极管、静态开关、手动切换开关、同步控制电路、信号及保护回路、直流输入电路、交流输入电路等部分组成。

（1）整流器。其作用是将站用电系统的交流整流后与蓄电池系统的直流并联，为逆变器提供电源。

（2）逆变器。其作用是将整流器输出的直流或来自蓄电池的直流转换成正弦交流，逆变器是 UPS 系统装置中的核心部件。

（3）旁路隔离变压器。其作用是当逆变电路故障时，自动将 UPS 系统负荷切换到旁路回路。

（4）静态开关。其作用是选择来自逆变器的交流电源或旁路交流电源送至 UPS 系统负荷。

（5）手动切换开关。其作用是在维修或有必要时将 UPS 系统的负荷在逆变电路和旁路之间进行手动切换。

（6）信号及保护回路。UPS 系统装置应设置如下故障信号：
①整流器故障；②直流母线电压过高或过低；③旁路电源电压不正常；④逆变器故障；⑤过负荷；⑥电源断开；⑦冷却系统故障。

331. 什么是站用电源系统？

答：站用电源系统是光伏电站的站用交流电源，主要用于自动化设备、直流充电设备、通信设备、站用照明设备、生活用电设备，同时也作为隔离开关及断路器的操作、加热、驱潮电源。

站用电源系统是由站用变压器及站用交流低压（380/400V）系统等设备组成。站用电源系统如图3-37所示。

图 3-37　站用电源系统

332. 高压（110、66kV）变电设备区有哪些设备或设施？

答：高压（110、66kV）变电设备有：高压（110、66kV）断路器、高压隔离开关及接地刀闸、主变压器、母线电压互感器、外线单相电压互感器、避雷针等。

333. 高压断路器、隔离开关及接地刀闸是什么样的？

答：（1）高压断路器。在正常情况下接通和断开电路、在故障情况下能迅速开断故障电流的开关设备。

（2）高压隔离开关。将高压配电装置中需要停电的部分与带电部分可靠隔离，以保证检修工作的安全。隔离开关的触头全部敞露在空气中，具有明显的断开点，隔离开关没有灭弧装置，因此不能用来切断负荷电流或短路电流，否则在高压作用下，断开点将产生强烈电弧，很难自行熄灭。

（3）接地刀闸。对线路进行放电和防止误送电，避免给检修人员带来危险。高压断路器、高压隔离开关及接地刀闸图解如图3-38所示。

隔离开关
避雷器
放电计数器
接地刀闸操动机构

电流互感器

隔离开关
操作机构

断路器
控制箱

断路器

图 3-38 高压断路器、高压隔离开关及接地刀闸图解

另外，许多电站会采用 GIS 组合电气装置，它把断路器、隔离开关、接地刀闸、电流互感器、电压互感器、避雷器、电缆终端按照电气要求组合在一起，并且全部封闭于金属接地压力外壳中，壳体内充入 SF_6 气体，作为绝缘和灭弧介质。

334. 主变压器的组成有哪些？

答： 主变压器是一个单位或变电站中主要用于输变电的总升压变压器，也是变电站的核心部分。电压等级一般都在 35kV 及以上，采用双绕组、油浸式变压器，变压器的容量在一般 10 000kVA 以上，由铁芯、绕组、散热片、储油箱、绝缘套管、冷却器、压力释放器、气体继电器、有载调压装置、油位表、油温表等组成。主变压器的图解（一）、（二）分别如图 3-39、图 3-40 所示。其中油温计含上层油温计、下层油温计、绕组温度计。

335. 高压设备区电压互感器是什么样的？

答： 高压设备区电压互感器分为母线电压互感器和外线单相电压互感器，两者作用各不相同。

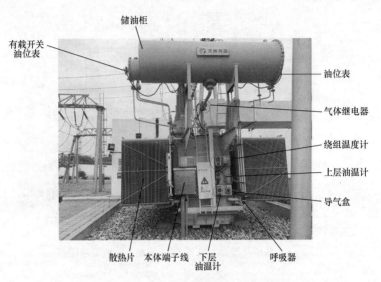

储油柜

有载开关
油位表

油位表

气体继电器

绕组温度计

上层油温计

导气盒

散热片　本体端子线　下层　　　呼吸器
　　　　　　　　油温计

图 3-39　主变压器图解（一）

中性点
接地刀闸

主变压器
高压套管

间隙保护

避雷器

放电计数器

电流互感器

有载调压
开关控制箱

放油阀　　　中性点接地
　　　　　　刀闸控制箱

图 3-40　主变压器图解（二）

（1）母线电压互感器。用于测量变电站主母线的电压，如图 3-41 所示。

（2）外线单相电压互感器。供重合闸检无压、检同期使用，如图 3-42 所示。

图 3-41　母线电压互感器　　　图 3-42　单相电压互感器

336. 光伏电站避雷针的作用是什么?

答： 避雷针的作用是把雷电吸引到避雷针身上并安全地将雷电流引入大地中，从而保护设备。光伏电站装设避雷针时应使所有设备都处于避雷针保护范围之内，如图 3-43 所示。

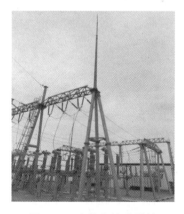

图 3-43　光伏电站避雷针

对于 35kV 电压等级的光伏电站，必须装有独立的避雷针，保护室外设备及架构的安全。独立避雷针及其接地装置与被保护建筑物及电缆等金属物之间的距离不应小于 5m，主接地网与独立避雷针的地下距离不能小于 3m，独立避雷针的独立接地装置的引下线接地电阻不可大于 10Ω，并需满足不发生反击事故的要求。

对于 110kV 及以上的光伏电站，装设避雷针是直击雷防护的主要措施。由于此类电压等级配电装置的绝缘水平较高，可将避雷针直接装设在配电装置的架构上，同时避雷针与主接地网的地下连接点，沿接地体的长度应大于 15m。因此，雷击避雷针所产生的高电位不会造成电气设备的反击事故。

337. 接地变压器兼站用变压器的作用是什么？

答：接地变压器的作用是人为制造一个中性点来连接接地电阻。当系统发生接地故障时，对正序负序电流呈高阻抗，对零序电流呈低阻抗性，使接地保护可靠动作。接地变压器的运行特点是电网正常运行时空载，短路时过载，所以接地变压器可以被当作站用变压器，作为站用电源使用，如图 3-44 所示。

图 3-44　接地变压器兼站用变压器（经小电阻接地）

第三节　送出线路图解

338. 什么是架空电缆线路？

答：电缆线路可分为架空电缆线路和地下电缆线路。地下电缆线路不易受雷击、自然灾害及外力破坏，供电可靠性高，但电缆的制造、施工、事故检查和处理较困难，工程造价也较高，故远距离输电线路多采用架空电缆线路。

架空电缆线路的主要部件有导线和避雷线（架空地线）、铁塔及基础、绝缘子、金具、拉线和接地装置等，如图 3-45 所示。

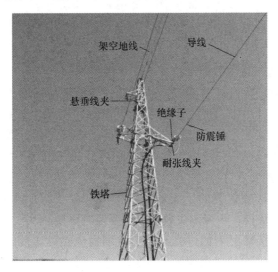

图 3-45 架空电缆线路

第四节 设备维护要点

339. 环境监测仪的维护要点有哪些？

答：（1）安装规范性。环境监测仪一般配备水平面总辐射表、光伏斜面总辐射表、环境温度计、直接辐射表、散射辐照表（含遮光罩）、风速风向仪（由感应器、指示器、记录器等组成）、支架、数据采集装置和通信线缆等。

环境监测仪器可安装在中控室楼顶，安装时用支架固定，布线应整齐，线缆捆扎或穿管敷设。日常维护需配备安全爬梯或扶梯。

散射辐射表、直接辐射表需要正南、正北朝向安装。

直接辐射表的进光光筒的方向应朝上安装。散射辐射表的遮光环阴影需要完全遮住仪器的感应面与玻璃罩。

（2）设备完好性。产品铭牌、标识应字迹清晰、完整和醒目。通信、监控配套齐全，RS-485 通信线地址配置正确。

（3）监控后台可实时显示水平面和光伏斜面辐照度、水平面累计日辐射量、光伏平面累计日辐射量、环境温度、风速、风向等数据，且数据完整、准确。

340. 直接辐射表的维护要点有哪些？

答： 直接辐射表由感应器件、准直光筒、信号输出端及结构部件组成，其中准直光筒由石英入射窗口、内筒、外筒、瞄准器和消杂光阑组成，结构部件包括干燥器、安装结构件等，信号输出端包括接线插座和线缆。参考 GB/T 33706—2017《标准直接辐射表》，维护要点有：

（1）直接辐射表的干燥器应能指示干湿状态，且安装牢固、密封，便于更换，干燥剂失效的，需要及时更换。

（2）直接辐射表的进光筒石英玻璃窗应粘贴牢固、密封，在视野范围内应均匀、透明，无可见气泡、划痕、凝结物和溢胶等问题，如有灰尘、水汽凝结物应及时用软布擦净。

（3）跟踪架要精心使用，切勿碰动进光筒位置，每天检查一次仪器跟踪状况（对光点），遇特殊天气要经常检查。如有较大的降水、雷暴等恶劣天气不能观测时，要及时加保护盖。

341. 散射辐射表的维护要点有哪些？

答：（1）遮光环部件应清洁和丝杆转动灵活，发现丝杆有灰尘或转动不灵活时，尤其是风沙过后，要用汽油或酒精将丝杆擦净。

（2）若较长时间不使用，则应将遮光环取下或用罩盖好，以免丝杆和有关部件锈蚀。

（3）长时间使用遮光环，圈环颜色（外白内黑）褪色或脱落时，应重新上漆。

342. 总辐射表的维护要点有哪些？

答：（1）对于水平总辐射表，需要检查表面是否处于水平；对于光伏平面总辐射表，需要检查是否与光伏方阵的安装角度、朝向一致。

（2）要检查感应面与玻璃罩是否完好。

（3）要检查仪器是否清洁，玻璃罩如有灰尘、露、霜、雾、水、雪和雨水时，应用镜头刷及时清除干净，注意不要划伤或磨损玻璃罩。

（4）干燥器固定应牢固、密封，失效要及时更换。干燥剂失效后的水汽聚集现象如图 3-46 所示。

图 3-46 干燥剂失效后的水汽聚集现象

343. 光伏组件的维护要点有哪些？

答：（1）组件边框铝型材接口处应无明显台阶和缝隙。铝型材与玻璃间缝隙应用硅胶密封，硅胶应涂抹均匀，光滑无毛刺。

（2）组件表面应无污渍、划痕、碰伤、破裂等现象。组件前方无杂草、四周无树木遮挡。

（3）若组件背面是用背板封装的，背板应无发黄、鼓包、气泡、破损、烧穿等现象。

（4）组件铭牌标识清晰、无脱落。

（5）若光伏组件有金属边框，边框必须牢固接地。边框和支架应结合良好，两者之间的接触电阻不应大于 4Ω。

（6）电站应配备红外热成像仪，定期检测光伏组件外表面的温度；组件无阴影遮挡时，当辐照度大于等于 $600\text{W}/\text{m}^2$、风速小于等于 2m/s 的条件下，存在热斑的电池与正常电池的温差应小于 $20\,^{\circ}\text{C}$。

（7）组件接线盒不应存在变形、扭曲、开裂等，旁路二极管无烧损。组件接线盒承接着来自组件的输出能量，建议使用红外热成像仪定期排查，出现高温的应立即处理。

（8）组件之间连线牢固、组串与汇流箱内的连线牢固，无过热及烧损，穿管处光伏直流电缆绝缘应无破损。

（9）同一电流挡或电压挡的电池板安装在同一子串和子阵，不同规格、型号的组件不应在同一子串和子阵中安装。

（10）组件如发生损坏，例如玻璃碎裂、线缆破损、接线盒变形或损坏、背板烧焦等，这些因素均可导致组件发生功能性和安全性的故障，需要更换为同型号的组件。

（11）在更换光伏组件时，必须断开与之相应的汇流箱断路器、支路熔断器及与其相连的光伏组件连接器。

344. 直流汇流箱的维护要点有哪些？

图 3-47　紧固汇流箱接线端子

答：直流汇流箱内主要为数据采集器、浪涌保护器、直流母排、断路器、熔断器、接线端子等。

（1）由于天气及环境温度的变化，汇流箱接线端子可能会出现松动、锈蚀现象，需定期进行检查更换或对螺钉进行紧固，保证设备稳定运行。紧固汇流箱接线端子如图 3-47 所示。

（2）使用红外热成像仪定期排查接线端子的发热情况，出现高温异常的应立即处理。

（3）定期排查熔断器、数据采集模块是否正常。

（4）定期检查各支路电流、电压，在太阳辐射强度基本一致的条件下，测量接入同一个直流汇流箱的各光伏组件串的输入电流，其偏差不应超过 5%。

（5）对于某些山地光伏电站，随着秋季气温降低，内外温差较大，应定期检查汇流箱密封是否严实，防止水汽进入、雨水天渗水，如果发现有较大缝隙，可涂抹密封胶，在箱门连接处加装密封条。汇流箱箱门密封如图 3-48 所示。

图 3-48　汇流箱
箱门密封

345. 光伏专用熔断器的维护要点有哪些？

答：（1）检查熔断器的使用环境温度，过高的环境温度会引起误熔断。

（2）在更换熔断器时，正确安装熔体，避免因机械损伤使熔体截面积变小，引起误熔断。在安装时，确保底座完好，接触良好；安装完通电，可使用红外热成像仪检查熔断器有无过热现象。

（3）在辐照较高的时候，定期使用红外测温枪或红外热成像仪测试熔断器及接触端子的温度，发现异常及时处理。

346. 逆变器的维护要点有哪些？

答：逆变器的结构和机柜本身的制造质量、主电路连接、二次线及电气元件安装等应符合下列要求，发现问题应及时修复：

（1）零部件均应符合技术要求。

（2）箱体表面应光滑平整，无剥落、锈蚀及裂痕等现象；面板应平整，文字和符号、铭牌、警告标识应完整清晰。

（3）箱体安装应牢固平稳，连接构件和连接螺栓不应损坏、松动，焊缝不应开焊、虚焊。

（4）箱体应密封良好，防护等级符合应用要求；箱体内部不应出现锈蚀、积灰等现象。

（5）各元器件应处于正常状态，没有损坏痕迹。

（6）开关操作应灵活可靠；各种连接端子应连接牢靠，没有烧黑、烧熔等损坏痕迹。

（7）各母线及接地线应完好。

（8）逆变器若有熔丝，其规格应符合设计要求，并处于有效状态。

（9）逆变器内浪涌保护器应符合设计要求，并处于有效状态。

（10）对于风冷式散热的逆变器，其风扇能够根据温度自行启动和停止，风扇运行时不应有较大振动及异常噪声，如有异常情况应断电检查。

（11）通信功能、自动开关机、软启动应满足逆变器的技术要求。

347. 高压电缆的维护要点有哪些？

答：（1）对高低压电缆线路，应查看地面是否正常，有无挖掘痕迹。

（2）电缆连接排应连接牢固，无灼烧、无蚀点、无放电痕迹。

（3）高压电缆绝缘挡板无放电痕迹。

（4）电缆头表面应完好无损；三相电缆头无干涉现象，有干涉处应有保护套或绝缘胶皮保护。

（5）电缆头铜鼻应完好并连接牢固，填充物无溢出现象。

（6）电缆接电辫应完好无损并穿过电流互感器。

（7）电缆井内电缆应完好，无破损，在卡口处应有皮垫防护。

（8）电缆井内不应有积水和污物，如有应及时清除。

（9）电缆沟盖板应完好无破损。

（10）电缆警示桩与电缆走向一致，配置齐全，无缺失。

（11）高低压电缆无外露在外。

（12）使用热成像仪检查光伏区电缆沟内电缆有无异常发热现象。

348. 箱式变压器的维护要点有哪些？

答：（1）箱式变压器正常巡视每周一次，巡视检查箱式变压器之前，首先应准备好所需要的工具，例如，红外测温枪、万用表。

（2）若出现箱式变压器开关设备自动跳闸，应检查和分析跳闸原因，待处理完故障并对主要元件（高低压开关、变压器、电容器、电缆、保护装置等）试验正常后方能重新合闸投运。

（3）根据当地供电部门的要求定期进行电气设备预防性试验。

定期对箱式变压器油色谱进行检查；避雷器应在雷雨季节前后进行一次预防性试验。

（4）严禁私自改变各种保护的整定值，必要时可与当地供电部门联系。

（5）严禁带负荷拉、合隔离开关，严禁带地线合闸。

（6）严禁变压器长时间超负荷运行。

（7）凡运行中发现有不明原因的响声、振动、火花、冒烟等不良现象应立即停止运行，查明原因，消除故障并检验系统与元件正常后再投入运行。

349. 站用变压器的维护要点有哪些？

答：（1）本体应完好、清洁、无锈蚀、无变形、无发热。

（2）本体声音应均匀、无异声、无异味。

（3）本体瓷质部分应清洁，无裂纹、放电痕迹及其他异常现象。

（4）站用变压器温度指示应正常。

（5）设备编号、标示齐全、清晰、无损坏，相色标示清晰、无脱落。

（6）基础应无倾斜、下沉。

（7）架构应完好无锈蚀、接地良好。

（8）防误装置锁具应完好、无锈蚀。

（9）设备接线应紧固。

（10）柜体上电流、电压表指示应正常。

（11）通风装置应正常。

（12）通过窥视孔查看变压器的绝缘有无发热、老化现象。

350. 接地变压器及消弧线圈的维护要点有哪些？

答：（1）监视消弧线圈的绝缘电压表、补偿电流表及温度表，指示的数值应在正常范围内，并定时记录；监视中性点位移电压，不应超过规定值。

（2）接地变压器及消弧线圈油位应正常，油色应透明不发黑。

上层油温度不超过 85℃。

（3）各引线应牢固，外壳接地和中性点接地应良好。

（4）正常运行时应无声音，系统出现接地故障时，消弧线圈有"嗡嗡"声，应无杂音。

（5）呼吸器内的吸潮剂不应潮解。

（6）高温严寒时应检查油位、油色是否正常，各接头有无发热、松动现象。

351. 隔离开关的维护要点有哪些？

答：（1）出头及连接点应无过热现象，负荷电流在允许范围内。

（2）绝缘瓷瓶应无破坏和放电现象。

（3）操动机构的部件应无开焊变形或腐蚀现象，销钉、螺栓应紧固。

（4）维修时应用细砂纸打光出头接口，检查其紧密程度并涂凡士油。

（5）分合闸过程中应无卡涩，触头中心要校准，三相应同时接触。

（6）高压隔离开关严禁带负荷分闸，维修时应检查它与断路器的连接装置是否完好。

352. 直流柜/通信柜的维护要点有哪些？

答：（1）柜体安装应牢固，连接构件和螺栓不应损坏、松动，焊缝不应开焊、虚焊。

（2）柜面板文字和符号、铭牌、警告标识、标记应完整清晰。

（3）通信、电源装置等各元器件应处于正常状态，没有报警、故障、损坏情况。

（4）配电柜内熔丝、空气开关等规格应符合设计要求，并处于有效状态。

（5）直流配电柜内各接线端子、电流互感器连接牢固，无发热、烧黑等现象。

（6）各母线及接地线应完好，接线规整，防火泥封堵良好。

353. 接地开关的维护要点有哪些？

答：（1）接地静触头应弹性良好，无氧化、无锈蚀，应定期对接地开关动、静触头进行清洗。

（2）传动机构各连杆和拉杆无变形；各连杆接头螺扣无锈蚀，连接可靠，拉杆应调节灵活，轴承应转动灵活，无锈蚀，无窜动；各紧固件应完整，开口销应齐全，并按其孔径配合。

（3）操动机构分合闸限位装置，位置正确；分、合无卡涩现象。

（4）辅助开关接点接触良好，切换正确。

（5）机构二次接线端子接触良好，无松动。

（6）使用绝缘电阻表测量二次回路绝缘电阻，二次回路绝缘电阻应符合要求。

（7）主隔离开关与接地开关机械联锁可靠，联锁板无变形，间隙应符合技术要求。

354. 蓄电池组的维护要点有哪些？

答：光伏电站直流系统所用的蓄电池一般为阀控密封铅酸锂电池，其维护要点有：

（1）建立蓄电池组设备参数表，包含数量、型号、厂家、运行方式、电池组连接方式等。

（2）定期对运行的蓄电池组进行检查，包含：①清除表面灰尘，检查连接点有无松动、发热和漏液锈蚀的现象；②检查蓄电池外壳有无变形、渗液；③检查电池极柱和安全阀有无渗液；④检查蓄电池浮充电压是否稳定；⑤检查蓄电池本体温度是否过高；⑥定期检查单个蓄电池电压是否在 2.25V 左右；⑦定期对蓄电池组进行充放电试验，检验蓄电池组容量及系统运行稳定性；⑧出现全站停电时，为保证电站直流控制电源及 UPS 电源，应及时采用临时电源对直流系统供电，以防影响蓄电池组放电容量及使用寿命。

（3）应建立直流系统及蓄电池设备台账、日常维护消缺、定检预试及事故处理记录。

（4）每月应进行直流系统及蓄电池的定期检查工作并进行记录。

（5）运维人员一旦发现直流系统及蓄电池存在异常情况或报警，应及时消缺。

355. 光伏电站的外线维护要点有哪些？

答： 光伏电站的外线维护一般委托第三方运维，在合同中约定维护内容，如对线路进行缺陷收集、及时消缺、事故分析、技术档案等。

（1）制订反措计划，定期形成各种技术统计报表，确保线路安全可靠。

（2）日常维护内容包括：①接地电阻测试和接地缺陷处理、绝缘子缺陷处理、跳线缺陷处理、金具缺陷处理。②杆塔上鸟巢及异物的清理、杆塔的倾斜监控及其紧固件的紧固、基面的下沉监控和平整、丢失和有缺陷的配件的更换以及拉线装置缺陷处理。③每月进行一次正常巡视和测温。结合季节和特殊天气进行特殊巡检等。

356. 光伏电站哪些设备需要定期除尘清扫？

答： 定期除尘涉及的主要有高压室、二次室、主控室、箱式变压器、汇流箱、逆变器等。

357. 光伏电站的设备除尘如何进行？

答： 地面电站一般位于戈壁滩，沙尘较多，汇流箱内部需要定期检查除尘。汇流箱内部灰尘如图 3-49 所示。

西北电站所处的区域干旱风沙大，集中逆变器通风滤网及内部屏柜需要定期进行拆卸清扫，电站人员可利用限电时段或晚上不发电时段，待设备停机后进行积灰清理，进而保证发电量不受影响。集中逆变器除尘如图 3-50 所示。

图 3-49　汇流箱内部灰尘　　　　图 3-50　集中逆变器除尘

SVG 的防尘网容易有积灰，对 SVG 功率模块安全运行存在安全隐患，容易造成 SVG 功率模块温度过高，造成设备损坏，需要定期对 SVG 防尘网进行拆除吹灰。SVG 防尘网积灰清扫和更换防尘棉如图 3-51 所示。

图 3-51　SVG 防尘网积灰清扫和更换防尘棉

二次设备由于自身工作特性，在运行过程中产生电位差和静电会吸附大气环境中的灰尘、潮气、盐分、金属尘埃、炭渍等污染物，并形成堆积，影响电气柜内各元件的正常散热，导致温度异常升高，还使得电气柜内各设备更易吸潮，导致绝缘下降，可造成电气柜内各元件接触不良，容易在电路板上形成短路或微电路，造成控制、测控设备信号丢失、失真及设备误动作等事故，这些都将形成更大的安全隐患。为此，需要定期组织运维人员对继保室内二次设备进行清扫。

第五节　设备巡检要求

358. 光伏电站设备巡检可以分为哪几类？

答： 设备巡检可分为日常巡检、特殊巡检和特级巡视。

（1）日常巡检。日常巡检是电站值班员例行工作，按照巡检路线对运行可靠、故障率低且发电故障紧急程度不高，不会直接影响主设备安全运行的设备，进行巡视、检查、抄表等工作。

（2）特殊巡视。特殊巡视的设备对象有：①对稳定运行有较高要求的设备；②有一定的故障率且发生故障时可能直接影响主设备运行安全的设备；③对季节变化有特殊安全要求的，检修试运行和新投运的设备。

（3）特级巡视。特级巡视的设备对象有：①对于有重大隐患及缺陷的设备；②故障扩大可能会引起严重后果的设备，且又暂时不能停运处理及消缺的设备。

359. 光伏电站特殊巡视具体有哪些内容？

答： 如遇大风、大雾、沙尘、冰雹、台风、汛期、雷雨等恶劣天气后，按照日常巡视的要求需要增加一次巡视。天气突变时巡视检查应注意的内容有：

（1）大风时，组件有无剧烈摆动、舞动，有无悬挂物，小心有可能吹到设备上的杂物。

（2）下雪时，检查光伏组件表面有无积雪。气温极低时，应注意结冰情况，设备上的冰条、冰柱应无危及安全运行的可能。

（3）大雨时，应检查生产区的积水情况，应无危及设备安全运行的可能。

（4）高温时，应检查配电房变压器油温是否不大于 70℃，光伏区有无燃烧隐患。

360. 电站巡检中有哪些注意事项？

答：对设备定期巡视检查可随时掌握设备的运行和变化情况，确保设备安全运行。光伏电站巡检包括继保室巡检、升压站巡检、光伏区巡检等。光伏区巡检包括光伏组件巡检、汇流箱巡检、逆变器巡检、箱式变压器巡检等。

巡检的注意事项有：

（1）着装要求。戴安全帽，穿绝缘鞋，着公司工装。

（2）值班人员对设备应做到按时检查，必须按设备的巡视路线执行，防止漏巡，巡视中不得兼做其他工作，遇雷雨时停止巡视。雷雨等恶劣天气过后应第一时间对设备运行状况进行检查。

（3）要遵守《电力安全工作规程》中对高压设备的有关规定，巡视高压设备应有两人同行，一人监护，一人巡视。特殊情况下，经电站负责人许可及经公司关于运维人员单独巡视的考试，合格后可允许单独巡视高压设备。

（4）巡视高压设备时，人体与带电体的安全距离不得小于安全工作规程的规定值，严防因误接近高压设备而触电。进入高压室巡视，应随手将门锁好，防止小动物的进入，做好巡视记录。

（5）根据巡检记录本内容和要求逐项进行巡视检查，对于巡检过程中发现的缺陷，应拍照留存，及时通知运行值班人员记录到缺陷记录。对于能就地整改的，立即进行整改，防止故障扩大。记录填写要认真准确，实事求是，巡视记录要填写巡视时的具体时间。

（6）将无法就地处理的缺陷记录在缺陷记录表上，进行计划消缺，由电站负责人发出闭环工作单，专人跟踪处理，消除后由电站负责人签字，方可闭环，闭环后在缺陷记录表内确认消除。

361. 光伏区的巡检路线图是什么样的？

答：一般巡检路线根据站内实际情况来制定。如图 3-52 所示为某山地光伏电站巡检路线示意图，运维人员从综合楼出发，首先经过 2 号地 10 方阵和 11 方阵巡检，再经过 2 号地 9 和 8 方阵，到 2 号地 4～7 号方阵，再到 2 号地 1 方阵和 1 号地 1 方阵，最后为 2 号地 2 方阵和 3 方阵，完成巡检后返回综合楼。

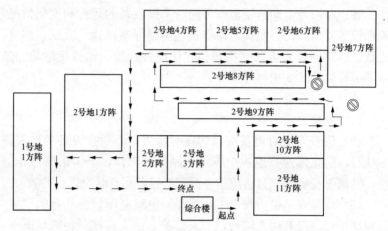

图 3-52　某山地光伏电站巡检路线示意图

362. 升压站的巡检路线图是什么样的？

答： 每个电站的设备类别和布置不同，巡检路线应不尽相同，可参考某 20MW 光伏电站升压站的巡检路线图（见图 3-53），最先

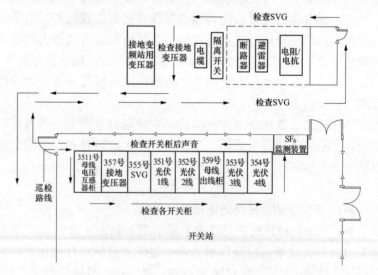

图 3-53　某 20MW 光伏电站升压站巡检路线图

检查各开关柜，再检查 SVG、接地变压器，检查结束后，最后返回中控室。

363. 固定式支架及其基础的巡检有哪些内容？

答：固定式支架及其基础的巡检内容有：

（1）检查光伏方阵是否存在变形、错位和松动等问题。

（2）检查受力构件、连接构件、支架间接地扁铁，不应损坏、松动、生锈，焊接不应开焊，如图 3-54 所示。

图 3-54 检查支架构件连接处质量

（3）检查支架金属材料的防腐层有无剥落、锈蚀现象。

（4）检查支架接地是否连接可靠，是否出现锈蚀、松动。光伏方阵是否可靠接地，其各点接地电阻不应大 4Ω。检查支架接地可靠性如图 3-55 所示。

图 3-55 检查支架接地可靠性

（5）检查支架基础是否存在混凝土破损、缺失、基础沉降塌陷及基础倾斜的问题。支架基础采取预制基座安装的光伏方阵，预制基座应保持平稳、整齐。检查支架基础如图 3-56 所示。

（6）检查基础金属部件是否锈蚀、损坏。

图 3-56 检查支架基础

364. 跟踪支架的巡检有哪些内容？

答： 跟踪支架的巡检有：

（1）检查跟踪系统的跟踪功能、夜返功能是否正常。

（2）检查跟踪系统的电力线通信（PLC）控制箱密封是否良好，内部工作是否正常。

（3）检查跟踪系统的驱动装置是否正常、减速机外部是否完好、减速箱有无漏油。

（4）检查支架是否牢固、连接处是否松动，转动机械部分是否卡涩等。

365. 气象站的巡检有哪些内容？

答： 气象站的巡检有：

（1）外围检查：检查辐射仪器的角度和方向、遮光环位置（散射辐射仪器）、跟踪角度（直接辐射仪器）。检查辐射表的表面是否洁净，直接辐射表干燥剂是否正常。

（2）通信检查：通信、监控配套（RS-485 通信线地址配置是否正确）。

（3）监控检查：检查气象数据监控系统界面的单位是否准确。

366. 光伏组件的巡检有哪些内容？

答：光伏组件的巡检有：

（1）检查光伏组件采光面是否清洁，有无积灰、积水现象。

（2）检查光伏组件是否有损坏或异常，如遮挡、破损、热斑、栅线消失；检查背板有无划伤、开胶、鼓包、气泡、黄黑斑、破损等。

（3）检查光伏组件的压块有无松动，如图 3-57（a）所示。

（4）检查光伏组件连接器接头有无松动、烧毁和虚接，如图 3-57（b）所示。

(a) 检查组件中压块   (b) 检查连接器接头

图 3-57　检查光伏组件压块和连接器

（5）检查光伏组件接地线有无松动脱落、锈蚀、损坏，如图 3-58（a）所示。

(a) 检查有无脱落、锈蚀、损坏   (b) 检查植被遮挡情况

图 3-58　检查光伏组件接地线和植被遮挡情况

（6）检查光伏组件有无被植被遮挡，如图 3-58（b）所示。

（7）检查接线盒密封是否良好，有无脱落开裂、变形、扭曲、烧毁。

（8）检查光伏组件间导线连接是否可靠、固定到位。检查导线、导线管有无破损。

367. 直流汇流箱的巡检有哪些内容？

答： 直流汇流箱的巡检有：

（1）检查汇流箱表面是否光滑平整，检查汇流箱固定支架是否有松动、损坏。平稳连接构件和连接螺栓有无损坏、松动、生锈、焊缝开焊等问题。检查汇流箱螺栓固定情况如图 3-59 所示。

图 3-59　检查汇流箱螺栓固定情况

（2）检查箱体面板文字和符号、铭牌参数、警告标识是否完整清晰，如图 3-60（a）所示。

（3）检查箱体是否密封良好，内部有无锈蚀、积灰、积露等现象；箱内防火泥封堵是否严密，防水端子是否牢固。

（4）使用万用表、钳形表检测汇流箱内支路电压、电流是否正常，应无低电压、无低电流及接地异常等情况。

（5）检查各种母排端子是否可靠、有无烧黑、烧熔等损坏痕迹，如图 3-60（b）所示。

（6）检查汇流箱内电缆防火泥是否有缺失，如图 3-60（c）所示。

（7）检查熔断器接线有无松动、熔断器有无熔断。

（8）检查防雷模块、二极管、传感器、通信模块等元器件是否正常，其中浪涌保护器正常状态应为绿色，显示红色时为击穿。检查浪涌保护器如图 3-60（d）所示。

（9）检查汇流箱主断路器有无损坏、端子是否正常。

(a) 检查标识

(b) 检查母排端子

(c) 检查防火泥

(d) 检查浪涌保护器

图 3-60　汇流箱相关项目检查

368. 交流汇流箱的巡检及内部检查分别有哪些内容？

答：交流汇流箱的巡检及内部检查分别如图 3-61、图 3-62 所示，具体包括：

（1）检查汇流箱外观有无锈蚀，编号是否清晰。

（2）检查汇流箱接地线是否紧固，有无锈蚀。

（3）检查汇流箱与支架连接是否紧固，有无松动倾斜。

（4）检查汇流箱电缆沟内的沙子是否覆盖电缆。

（5）检查汇流箱门锁是否闭锁。

（6）检查直流断路器是否处于合位、各支路空气开关是否处

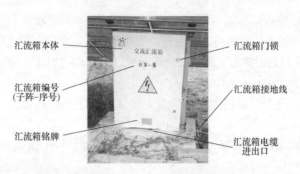

汇流箱本体 —— 汇流箱门锁

汇流箱编号 —— 汇流箱接地线
(子阵–序号)

汇流箱铭牌 —— 汇流箱电缆
进出口

图 3-61 交流汇流箱的巡检

于合位。

（7）定期检查母排螺栓是否紧固，有无松动、发热、烧灼及变色现象。

（8）检查熔断器是否正常、防雷器是否动作失效。

（9）检查汇流箱电缆孔防火泥是否封堵严密。

（10）检查汇流箱进线和出线电缆头是否紧固，有无松动、发热、烧灼、变色现象，检查电缆热缩管有无破损。

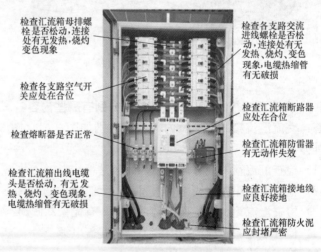

检查汇流箱母排螺栓是否松动，连接处有无发热，烧灼变色现象

检查各支路空气开关应处在合位

检查熔断器是否正常

检查汇流箱出线电缆头是否松动，有无发热、烧灼、变色现象，电缆热缩管有无破损

检查各支路交流进线螺栓是否松动，连接处有无发热、烧灼、变色现象，电缆热缩管有无破损

检查汇流箱断路器应处在合位

检查汇流箱防雷器有无动作失效

检查汇流箱接地线应良好接地

检查汇流箱防火泥应封堵严密

图 3-62 交流汇流箱内部检查

369. 集中逆变器的巡检有哪些内容？

答：逆变器是光伏发电系统中重要的电能转换设备，其寿命和故障直接影响到光伏发电的收益，因此逆变器的维护工作对于逆变器的寿命和故障率有着很大的影响。

（1）检查箱体密封性。箱体内部不应出现锈蚀、积灰、积露等现象。

（2）检查逆变器顶部及四周有无可燃物、易燃物，以及检查其他可能威胁逆变器正常运行的干扰因素。

（3）检查逆变器铭牌、告警标识、标记是否完整清晰。

（4）检查逆变器基座有无锈蚀。

（5）检查逆变器运行有无异常声音、异常振动和异常气味。

（6）检查 LED 液晶显示屏，查看电压、电流、温度等数据是否正常、有无故障，故障灯亮起表示逆变器当前有故障，应当及时查看具体的故障并尽快消除。LED 液晶显示屏的检查如图 3-63 所示。

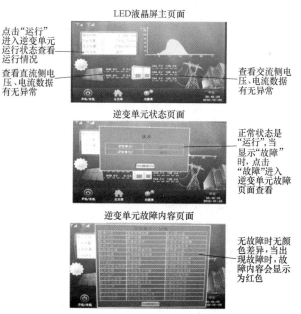

图 3-63　LED 液晶显示屏的检查

（7）检查断路器、接触器、滤波器、电容、电抗等各元件是否正常，有无损坏痕迹。检查电路板以及元器件的积灰情况。检查逆变器各元器件如图 3-64 所示。

（8）检查散热器温度以及灰尘（如必要，须使用压缩空气并打开风机，对模块进行清洁，更换空气过滤网）。

（9）检查逆变器室环境温度是否在正常范围，通风系统是否正常、逆变器房的房顶有无漏水现象。检查逆变器通风设备如图 3-65 所示。

图 3-64　检查逆变器各元器件　　图 3-65　检查逆变器通风设备

（10）检查风扇。正常情况下，逆变器的散热风扇能够根据温度自行启动和停止，如有异常情况应断电检查。风扇开启过程运行声音均匀，无异响，无不正常振动，转速无噪声。闻风扇电动机无异味；用红外测温仪测量风扇电动机运行温度正常；用手放在出风口感受排风量正常。

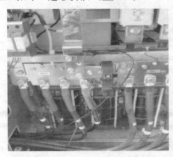

（11）检查各连接端子是否连接可靠、有无烧黑、烧熔等损坏痕迹。检查若发现铜排或者端子有变色现象，使用热成像仪查看是否发热，如果发热严重，表示连接松动造成接触电阻过大，应及时修复。检查逆变器铜排和接线端子体如图 3-66 所示。

图 3-66　检查逆变器铜排和接线端子

（12）检查浪涌保护器是否有效，是否由绿变红（正常的颜色为绿色），若有变红及时更换，更换时注意断电，并用万用表确认。检查浪涌保护器如图 3-67 所示。

（13）检查熔丝右侧红色标识处是否弹起，红色标识和熔丝外表面齐平为正常状态。当红色标识处弹起标识，应当及时更换，更换时确保设备断电，并用万用表确认。检查熔丝如图 3-68 所示。

图 3-67　检查浪涌保护器

图 3-68　检查熔丝

（14）检查进出风网口是否正常，有无积灰、渗漏水、沙尘等情况，若有，对进风口清灰处理。清理时拆掉周边六个螺栓，打开防尘罩，取出滤棉清理。检查进出风网口如图 3-69 所示。

(a) 防尘罩

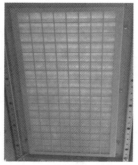
(b) 滤棉

图 3-69　检查进出风网口

370. 组串逆变器的巡检有哪些内容?

答: 组串逆变器的巡检如图 3-70 所示,有:

(1) 检查组串逆变器顶部及四周有无可燃物、易燃物,以及其他可能威胁逆变器正常运行的干扰因素。

(2) 检查逆变器外观有无锈蚀、编号是否清晰。

(3) 检查逆变器状态指示灯,正常运行时直流、交流指示常亮,通信指示灯闪烁,故障灯应熄灭;当出现故障时,故障灯亮红灯。

(4) 检查逆变器直流输入 MC4 插头接触是否良好、防火泥封堵是否严密。

(5) 检查逆变器交流侧电缆波纹管包裹是否良好。

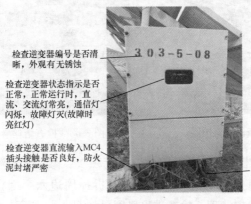

图 3-70 组串逆变器的巡检

(6) 检查逆变器接地线接地是否良好,有无锈蚀。

(7) 检查逆变器与支架连接处是否紧固、螺栓有无松动、逆变器有无倾斜现象。

(8) 检查逆变器散热片有无遮挡、通风是否良好,如图 3-71 (a) 所示。

(9) 检查逆变器输入端子连接器接头正负极是否有松动、虚接、烧糊等现象,如图 3-71 (b) 所示。

(10) 检查各支路连接是否正常,用钳形表检查各支路电流是否正常。

(a) 检查逆变器散热片　　　　　　　(b) 检查输入端子

图 3-71　逆变器散热片和输入端子检查

（11）检查监控后台有无告警、通信是否正常。

（12）检查通信端子。定期打开检修单元对通信端子、交流输出端子进行紧固（见图 3-72），防止通信中断或交直流输出端子松动。

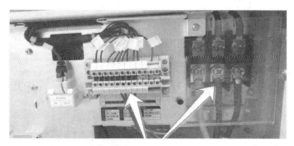

图 3-72　定期紧固通信端子和交流输出端子

371. 箱式变压器的外部巡检有哪些内容？

答： 箱式变压器的外部巡检见图 3-73，有：

（1）箱式变压器外观巡视。检查箱式变压器高、低压侧的箱门密封是否完好无损，内部有无杂物及积灰情况。

（2）检查箱式变压器声音是否正常，正常情况下内部应发出均匀的"嗡嗡声"。

（3）检查箱式变压器外壳接地扁铁是否完好，如图 3-73（a）所示。

（4）检查电缆沟盖板是否完好，如图 3-73（b）所示。

（5）检查箱式变压器外观散热片是否有漏油现象，如图 3-73（c）所示。

 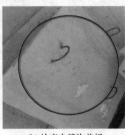 

(a) 检查接地扁铁   (b) 检查电缆沟盖板   (c) 检查散热片

图 3-73　箱式变压器外部巡检

（6）检查箱式变压器放油阀（见图 3-74）是否有漏油现象。

372. 箱式变压器的内部巡检有哪些内容？

答：箱式变压器的内部巡检有：

（1）检查箱式变压器门的接地线是否牢固、有无损坏，如图 3-75 所示。

图 3-74　检查箱式变压器放油阀   图 3-75　检查箱式变压器门接地线

（2）目测高压侧电缆接头是否正常，有无反水、放电痕迹，电缆防火泥是否缺失。

（3）目测高压侧雷击计数器是否正常，有无雷击计数。

（4）目测高压侧绝缘子是否完好、有无裂纹。检查雷击计数器和绝缘子如图3-76所示。

（5）目测低压侧母排是否正常，有无腐蚀和打火现象，如图3-77（a）所示。

（6）检查交换机是否正常，接线是否牢固，如图3-77（b）所示。

图3-76　检查雷击计数器和绝缘子

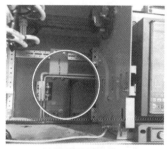

(a)检查低压侧母排

(b)检查交换机接线

图3-77　检查低压侧母排和交换机接线

图3-78　检查端子排接线

（7）检查端子排接线是否牢固、有无松动，如图3-78所示。

（8）检查低压侧断路器接线排端子是否完好。

（9）检查低压侧电缆是否正常，有无损伤，接线是否牢固。

（10）检查低压侧电缆防火泥是否正常，有无缺失。检查接线排、电缆和防火泥如图3-79所示。

（11）检查低压母排是否腐蚀、有无打火痕迹。

图 3-79　检查接线排、电缆和防火泥

（12）检查断路器控制面板是否正常，有无报警，显示是否正常，如图 3-80（a）所示。

（13）检查箱式变压器测控装置是否有报警，查看各项参数是否正常，如图 3-80（b）所示。

(a) 检查断路器控制面板　　　　　(b) 检查箱式变压器测控装置

图 3-80　检查断路器控制面板和测控装置

（14）检查断路器端子排有无松动，有无打火痕迹。

（15）检查各个空气开关是否正常，接线有无松动。

（16）检查箱式变压器油位是否在正常范围内，指针处于绿色区域，如图 3-81（a）所示。

（17）检查油压是否正常［如图 3-81（b）所示］，以及油温传感器是否松动，有无漏油现象。

（18）检查压力释放阀是否正常［如图 3-81（c）所示］，检查气体继电器是否正常。

(a) 油位检查　　　　　　　(b) 油压检查　　　　　　　(c) 压力释放阀检查

图 3-81　检查油位、油压和压力释放阀

（19）检查高压三相熔断器是否正常，如图 3-82（a）所示。

（20）检查 UPS 电源是否正常［如图 3-82（b）所示］；检查蓄电池是否接线牢固，有无漏液和损坏。

(a) 检查高压三相熔断器　　　　　　　(b) 检查 UPS 电源

图 3-82　检查高压三相熔断器和 UPS 电源

373. 主变压器的巡视有哪些内容?

答:主变压器的巡视如图 3-83 所示,有:

(1) 检查变压器的声音是否正常,有无较大振动和杂音。

(2) 检查本体和各散热器有无漏油现象。

(3) 检查储油柜和套管油位是否符合标准,油色是否透明。

(4) 检查绕组、本体上层油温是否在规定范围。

(5) 检查各散热器和冷油器阀门是否正常关闭,呼吸器硅胶有无变质。

(6) 检查气体继电器内有无气体,变压器油箱压力释放器是否完好。

(7) 检查导电部件接触部分是否有明显发热现象。

(8) 检查各冷却风扇(投入使用时)转动是否正常。

(9) 检查变压器室内照明、门窗、门锁以及防火设备是否齐全完整。

(10) 检查支持导电部件的绝缘子、吊瓶是否完整。

(11) 检查有载调压装置油位、油色是否正常。

(12) 检查变压器各保护压板投入是否正确,有无异常信号。

图 3-83　主变压器的巡视

374. 特殊天气对室外变压器应做哪些检查？

答： 特殊天气对室外变压器的检查有：

（1）大风天气时，检查变压器上部引线有无剧烈摆动和松动现象，顶盖和周围有无杂物。

（2）大雪天气时，通过检查套管及引线端子落雪后是否立即融化，以判断是否过热；绝缘子上不应出现易引起闪络的冰柱。

（3）大雾天气时，检查变压器内部有无放电，套管有无破裂及烧伤痕迹。

（4）气温突变时，负荷剧增、剧减时，注意检查变压器油位、油温的变化情况。

（5）雷雨后，检查各绝缘子有无破裂和烧伤痕迹。

375. 继电保护及自动装置运行中的检查项目有哪些？

答： 继电保护及自动装置运行中的检查项目有：

（1）检查保护及自动装置有无过热、异音及异常信号。

（2）检查装置电源指示是否正常。

（3）检查继电器罩壳有无裂纹、玻璃罩上有无水汽。

（4）检查继电器有无动作信号、掉牌及其他异常。

（5）检查装置环境温度是否在 0～40℃。

（6）检查保护及自动装置所属各指示灯燃亮情况及保护压板的投停位置和当时实际运行方式是否相符。

（7）检查保护及自动装置内部表计指示是否正确。

（8）检查保护及自动装置各跳闸压板是否符合投运要求，位置是否正确。

（9）检查各接线端子接线是否良好，有无过热现象；检查各插件插入是否良好并锁紧。

376. 电流互感器在运行中的检查维护项目有哪些？

答： 电流互感器在运行中的检查维护项目有：

（1）检查电流互感器有无过热现象，有无异声及焦臭味。

（2）检查电流互感器的油位是否正常，有无渗、漏油现象；

197

检查瓷质部分是否清洁完整，有无破裂和放电现象。

（3）定期检验电流互感器的绝缘情况；对充油的电流互感器要定期放油，检验油质情况。

（4）检查电流表的三相指示值，应在允许范围内，不允许过负荷运行。

（5）检查二次侧接地线是否良好，应无松动及断裂现象；运行中的电流互感器二次侧不得开路。

377. 母线的巡视有哪些内容？

答： 母线的巡视有：

（1）检查套管及绝缘子是否清洁，有无破损裂纹，有无放电痕迹。

（2）检查各接头或导线之间有无松动而引起的过热现象。

（3）检查充油设备的油面、油温、油色是否正常，有无漏油现象，充胶设备有无漏胶现象，设备外壳是否清洁，有无变形。

（4）大风天气过后，要及时查看裸露母线及套管有无悬挂物。

（5）在系统发生接地故障时，应检查套管和绝缘子有无放电现象，电压互感器和消弧线圈等是否正常。

378. 厂区电缆巡检有哪些内容？

答： 厂区电缆巡检有：

（1）检查厂区内高低压电缆线路，应查看地面是否正常，有无挖掘痕迹。

（2）检查高压柜、箱式变压器内电缆头，检查接地线是否完好，检查桩头有无放电、发热、打火情况。

（3）检查高压柜、箱式变压器、分支箱的门窗是否完好，检查观察口有无破损、开裂、雨天渗漏水现象。

（4）检查电缆井内电缆是否完好，有无破损；确认卡口处有皮垫防护，无发热现象。

（5）检查电缆井内有无积水和污物，若有应及时清除。

（6）检查高低压电缆沟盖板是否完好。

（7）检查高低压警示桩与电缆走向是否一致，是否配置齐全。

379. SVG 高压电缆头的巡检内容哪些？

答：SVG 高压电缆头巡视如图 3-84 所示。检查电缆终端头的伞裙有无裂纹、脏污及闪络现象，有无变形、温度是否过高。使用红外线成像仪定期对电缆头进行测温。

检查电缆头终端的伞裙，
定期对电缆头进行测温

图 3-84　SVG 高压电缆头巡视

380. SVG 的隔离开关巡视有哪些内容？

答：SVG 的隔离开关巡视如图 3-85 所示，内容有：

（1）隔离开关本体应完好，三相触头在合闸时应同期到位，无错位或不同期现象。

（2）检查隔离开关触头是否平整光滑，有无脏污、锈蚀、变形。

（3）检查隔离开关动、静触头间是否接触良好，触头弹簧或弹簧片是否完好，有无变形损坏，有无因接触不良而引起过热发红或局部放电现象。

（4）检查隔离开关各支撑绝缘子是否清洁完好，有无放电闪络和机械损坏。

（5）检查接地刀闸与隔离开关接地闭锁是否正常，接地是否牢固可靠，接地体可见部分是否完好。

三相触头应平滑，无锈蚀

触头触指弹片应完好，无变形及松动现象。隔离开关的触头弹簧在长期运行中可能出现断裂或操作不当导致弹簧片变形

三相触头应无错位，应同期到位；比较三相位置是否一致，当不一致时，在保证安全前提下，允许用绝缘杆进行微调，定期进行红外测温，若有发热现象，则可用绝缘杆轻微调整

检查操作机构五防锁是否锁好

检查接地是否良好

图 3-85　SVG 隔离开关巡视

（6）检查隔离开关底座法兰有无裂纹，法兰螺栓紧固有无松动。

（7）检查装置接地是否良好、有无锈蚀。

381. SVG 的接地刀闸巡视有哪些内容？

答：（1）检查操动机构各部件有无变形、锈蚀和机械损伤，部件之间应连接牢固和无松动脱落现象。SVG 接地刀闸操动机构巡视如图 3-86 所示。

操动机构各部件应无变形、锈蚀和机械损伤，部件之间应连接牢固、无松动和脱落现象

隔离开关扇形挡板与接地刀闸扇形挡板应处于闭锁状态

图 3-86　SVG 接地刀闸操动机构巡视

（2）隔离开关扇形挡板被用来闭锁接地刀闸扇形挡板。接地刀闸扇形挡板与隔离开关扇形挡板应形成闭锁。

（3）检查传动机构各部件有无变形、锈蚀和机械损伤，部件之间是否连接牢固和有无松动脱落现象。SVG 接地刀闸传动机构巡视如图 3-87 所示。

传动机构各部件应无变形、锈蚀和机械损伤，部件之间应连接牢固、无松动和脱落现象

图 3-87　SVG 接地刀闸传动机构巡视

382. SVG 的户外真空断路器巡视有哪些内容？

答： SVG 的户外真空断路器巡视如图 3-88 所示，内容有：

（1）检查断路器上、下瓷套是否清洁，有无裂纹、放电和闪络现象。

（2）检查软连接有无断裂、松动现象。

（3）检查装置接地是否良好、有无锈蚀。

瓷套应清洁，无裂纹放电、闪络等现象

软连接无断裂、松动现象

图 3-88　SVG 的户外真空断路器巡视

383. SVG 的避雷器巡视有哪些内容？

答： SVG 的避雷器巡视如图 3-89 所示，内容有：

（1）检查避雷器引线接头有无松动、发热，以及引线是否有断股和弛度过紧、过松现象。

（2）检查避雷器放电计数器动作是否正确，按照规定及时抄录。

（3）检查避雷器本体有无破损和放电痕迹。

（4）检查避雷器与计数器连接的导线及接地引下线的接地是否良好，有无烧伤痕迹或断股现象。

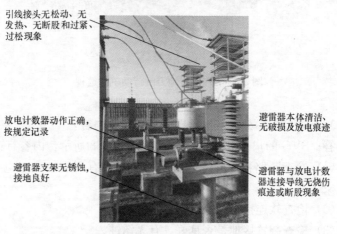

图 3-89　SVG 的避雷器巡视

384. SVG 的充电电阻巡视有哪些内容？

答： 检查充电电阻单元温度是否过高，上下层之间是否存在绝缘放电，是否存在异物及灰尘积累情况。SVG 的充电电阻巡视如图 3-90 所示。

385. SVG 的电抗器巡视有哪些内容？

答： SVG 的电抗器巡视如图 3-91 所示，内容有：

（1）检查电抗器设备编号、标识是否齐全、清晰，有无损坏；

观察电阻上是否存在异物

观察电阻片上灰尘积累情况，严重时应及时进行停电清理

测量电阻单元片的温度是否过高

观察螺栓是否松动

观察电阻单元片上下之间是否绝缘放电

图 3-90 SVG 的充电电阻巡视

引线应压接牢固、接触良好、无发热

电抗器表面涂层无严重变色、龟裂、脱落或爬电痕迹；清洁、无变形、无冒烟

瓷质部分应清洁，无裂纹、机械损伤、放电及其他异常

图 3-91 SVG 的电抗器巡视

相色标识应清晰无脱落。

（2）检查电抗器表面是否清洁，有无裂纹、爬电痕迹及油漆脱落现象。

（3）检查电抗器基础有无倾斜、下沉，接地部分是否完好，是否形成闭合环路等问题。

（4）检查电抗器架构部分是否完好、支撑条有无错位。

（5）检查电抗器支柱绝缘子金属部位有无锈蚀，支架是否牢固，有无倾斜变形及明显污染情况。

光伏电站运行与维护 1000 问

（6）检查电抗器的引线压接是否牢固，接触是否良好，有无发热现象。

（7）检查串联电抗器附近有无磁性杂物存在。

（8）检查电抗器有无异常振动和声响。

386. SVG 装置柜的巡视有哪些内容？

答：SVG 装置柜的巡视如图 3-92 所示，内容有：

（1）检查 SVG 控制柜人机界面是否有告警，检查有功功率、无功功率、功率因数等数值是否在正常范围，各项参数投入是否正确。

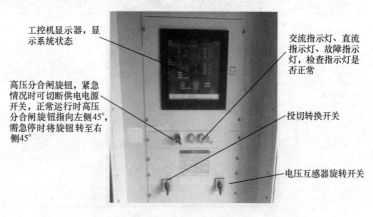

图 3-92　SVG 装置柜的巡视

（2）检查配电柜各支路断路器及接触器工作是否正常。断路器分合闸位置是否正确。SVG 配电柜断路器及端子巡视如图 3-93 所示。

（3）检查变频器及温控一体化装置工作是否正常。

（4）检查 SVG 风扇工作是否正常。

（5）检查功率柜围网清洁程度，应定期进行围网清扫，保证设备进风口无堵塞。

（6）检查高压绝缘套管表面是否清洁，有无裂纹和放电现象。

其他巡视内容：

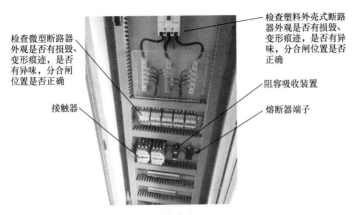

检查微型断路器外观是否有损毁、变形痕迹，是否有异味，分合闸位置是否正确

接触器

检查塑料外壳式断路器外观是否有损毁、变形痕迹，是否有异味，分合闸位置是否正确

阻容吸收装置

熔断器端子

图 3-93　SVG 配电柜断路器及端子巡视

（1）检查围网门锁是否锁好。

（2）检查围网内是否存在过多杂草，应定期安排停电清理。

（3）检查安全警示标志是否悬挂完好。

387. GIS 开关巡视的内容有哪些?

答： GIS 开关巡视如图 3-94 所示，内容有：

GIS法兰连接

GIS开关指示

GIS气体压力表

GIS法兰连接

GIS开关指示

GIS开关指示

GIS基础

GIS基础

图 3-94　GIS 开关巡视

（1）每年进行基础下沉检测，确保无持续下降问题。

（2）检查各气室压力，检查 GIS 配电室内各开关设备压力表压力数值是否在正常值范围内（断路器气室压力值应大于 0.6MPa，其他气室压力值应大于 0.4MPa）。

（3）检查就地控制柜各指示灯指示是否正确。

（4）检查 GIS 开关有无异音。

（5）检查本体接地及跨接接地、接地扁铁有无锈蚀，连接是否可靠。检查各操作连杆有无变形，固定螺栓连接是否良好。GIS 操作连杆和接地检查如图 3-95 所示。

图 3-95　GIS 操作连杆和接地检查

（6）将避雷器动作次数和前次进行比较。GIS 避雷器巡视如图 3-96 所示。

图 3-96　GIS 避雷器巡视

（7）膨胀节螺栓其连接内侧螺母松 2～3 丝，外侧螺母应无松动。

（8）检查各对接法兰面，应完整、无裂纹，法兰处螺栓应无松动、无锈蚀现象、无异常高温点。GIS 法兰连接巡视如图 3-97 所示。

图 3-97　GIS 法兰连接巡视

388. 光伏电站送出线路巡视的内容有哪些？

答： 光伏电站送出线路巡视如图 3-98 所示，内容有：

图 3-98　光伏电站送出线路巡视

（1）检查地基与基面杆塔基础，有无回填土下沉或缺土、水淹、冻胀、堆积杂物等。

（2）查看铁塔是否倾斜或弯曲，各个部件有无变形，铁塔的基础金属构件有无锈蚀，接地线是否完好、有无锈蚀，线路双重名称和标识是否清晰、完好，以及有无鸟窝等。

（3）查看绝缘子的脏污情况，有无损伤、裂纹、闪络放电痕迹；导线有无断股现象，是否有过热、烧灼痕迹，以及是否有树障需要清理。

389. 光差保护屏的巡视检查内容有哪些？

答： 光差保护屏的巡视检查内容有：

（1）检查装置各类指示灯指示是否正常。

（2）检查装置面板显示是否正常，有无故障报文。

（3）检查断路器控制把手"远方""就地"位置；分合指示灯与现场运行情况应一致。

（4）检查继电保护装置压板投退是否正确。

（5）检查保护屏内打印机运行是否正常。

（6）检查保护屏内封堵是否严密，屏内应干净无异物。

（7）检查装置及二次回路各元件接线是否紧固，有无过热、异味、冒烟等现象。

（8）检查保护屏二次电源空气开关是否处于合位。

（9）检查保护屏及各元件标识是否清晰准确。

（10）检查装置外壳有无破损、接点有无抖动、内部有无异常声响。

（11）检查装置定值区位和时钟是否正常。

另外故障录波屏、母线保护屏、消弧线圈接地变压器控制屏、公共测控及网络设备屏、GPS 运动通信屏的巡视内容与此类似，不过多赘述，可参考光差保护屏的巡视检查内容。

390. AGC/AVC 系统的巡视内容有哪些？

答： AGC/AVC 系统的巡视内容有：

（1）检查 AGC/AVC 系统"远方""就地"模式是否正确，是否已按调度要求进行切换。

（2）检查总功能压板的投退状态，检查电压、电流、有功功率、无功功率、功率因数等数据是否在正常范围内。

（3）检查光子牌有无告警信息。

（4）检查功率调节服务器是否处于正常状态。

（5）检查保护屏内是否封堵严密，屏内是否干净无异物。

（6）检查装置及二次回路各元件应接线紧固，无过热、异味、冒烟现象。

（7）检查保护屏二次电源空气开关是否处于正常合位。

391. 光功率预测屏重点巡视内容有哪些？

答： 光功率预测屏重点巡视如图 3-99 所示，内容有：

通过功率预测系统显示器观察光功率预测系统运行是否正常，告警窗口有无告警信息

检查二次回路各元件应接线紧固，标签无缺失，无过热、异味、冒烟现象

功率预测系统交换机网线应插实，信号灯正常

功率预测系统交换机信号灯正常

检查功率预测系统服务器应运行正常

图 3-99　光功率预测屏重点巡视

（1）通过功率预测系统显示器观察功率预测系统运行是否正常，告警窗口有无告警信息。

（2）检查反向隔离、交换机信号指示灯是否正常运行。

（3）检查光功率预测系统天气数据采集是否正常、数据上传是否正常，是否满足调度机构要求。

（4）检查保护屏内封堵是否严密，屏内应干净有无异物。

（5）检查装置及二次回路各元件接线是否紧固，有无过热、异味、冒烟现象。

（6）检查保护屏二次电源空气开关是否处于正常合位。

392. 直流系统的重点巡视内容有哪些？

答： 直流系统的重点巡视如图 3-100 所示，内容有：

（1）检查直流系统绝缘是否良好，有无接地现象。

（2）检查直流盘上各表计指示是否正常，各直流母线电压是否在允许范围内。检查充放电输出电压、电池电压是否在正常值范围。电池柜一般由 104 节单节电池串联而成，浮充电压控制在 234V 左右，其中单节电压为 2.23～2.28V。

（3）检查各熔断器、控制熔断器、指示灯和信号装置是否齐全良好，检查编号及标示是否齐全、清晰。

（4）检查避雷器有无动作及各充电模块进线开关是否处在合位。

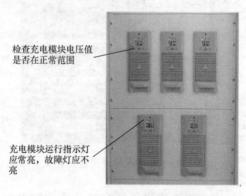

检查充电模块电压值是否在正常范围

充电模块运行指示灯应常亮，故障灯应不亮

图 3-100 直流系统的重点巡视

（5）通过监测装置检查交流进线电压、蓄电池组端电压及单只电池端电压等是否在正常范围。检查蓄电池组电压等参数如图 3-101 所示。

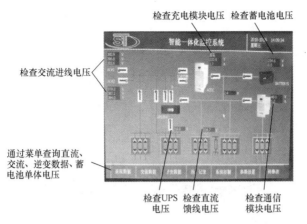

检查充电模块电压　检查蓄电池电压

检查交流进线电压

通过菜单查询直流、
交流、逆变数据、蓄
电池单体电压

检查UPS　检查直流　检查通信
电压　　馈线电压　模块电压

图 3-101　检查蓄电池组电压等参数

（6）检查蓄电池极柱、安全阀等有无渗漏液体，极柱连接间有无杂物充塞。

（7）检查电池本体是否完整，有无倾斜、鼓包、发热，表面是否清洁，蓄电池间距是否符合要求。检查电池本体如图 3-102 所示。

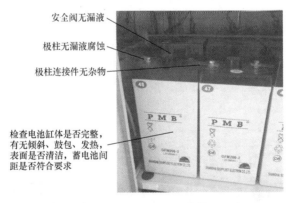

安全阀无漏液

极柱无漏液腐蚀

极柱连接件无杂物

检查电池缸体是否完整，
有无倾斜、鼓包、发热，
表面是否清洁，蓄电池间
距是否符合要求

图 3-102　检查电池本体

（8）检查交流进线自动切换装置试验时能否正确动作。

（9）检查各接头是否紧固、开关合入是否良好，有无过热、冒烟现象及焦煳味。

（10）检查直流馈电柜各支路空气开关、信号灯投入是否正确。

（11）检查 UPS 的运行状态、交直流输入输出数据及各支路空气开关指示灯状态是否正常。UPS 电源柜巡视如图 3-103 所示。

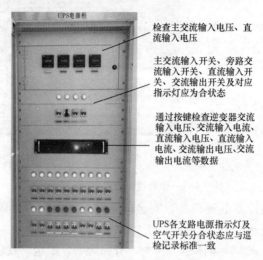

检查主交流输入电压、直流输入电压

主交流输入开关、旁路交流输入开关、直流输入开关、交流输出开关及对应指示灯应为合状态

通过按键检查逆变器交流输入电压、交流输入电流、直流输入电压、直流输入电流、交流输出电压、交流输出电流等数据

UPS各支路电源指示灯及空气开关分合状态应与巡检记录标准一致

图 3-103　UPS 电源柜巡视

393. 站用电源系统重点巡视内容有哪些？

答：（1）检查交流系统运行方式是否正确，进线开关及各支路馈线柜开关运行是否正常、指示灯是否正确。站用电源巡视如图 3-104 所示。

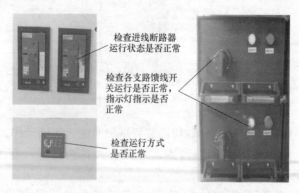

检查进线断路器运行状态是否正常

检查各支路馈线开关运行是否正常，指示灯指示是否正常

检查运行方式是否正常

图 3-104　站用电源巡视

（2）检查母线电压、电流是否正常，检查备用电源自动切换装置能否正确动作，如图 3-105 所示。

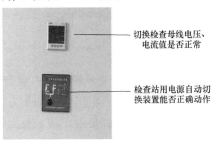

切换检查母线电压、电流值是否正常

检查站用电源自动切换装置能否正确动作

图 3-105 检查母线电压、电流和备用电源自动切换装置

（3）检查连接线连接是否牢固、接触是否良好，各元件、接头及二次回路电缆有无发热现象。

（4）检查设备编号、标示是否齐全、清晰，有无损坏、脱落。

（5）检查电缆封堵是否规范完好，有无破损。

（6）检查站用电源系统母线排热缩管是否良好，有无损坏。

394. 调度数据网的巡视内容有哪些？

答：调度数据网的巡视如图 3-106 所示，内容有：

地调通信柜

检查路由器、交换机、纵向加密、入侵检测装置等设备信号指示灯是否正常

省调工作票工作站

检查路由器、交换机、防火墙等设备信号指示灯是否正常

省调通信柜

检查路由器、交换机、纵向加密、入侵检测装置等设备信号指示灯是否正常

图 3-106 调度数据网的巡视

（1）检查省调、地调调度数据网路由器、交换机、纵向加密、入侵检测装置、网络安全监测装置等设备信号指示是否正常。

（2）检查省调调度数据网工作票工作站路由器、交换机、防火墙装置等设备信号指示是否正常。

395. 视频监控系统及电站防盗系统巡视内容有哪些？

答：（1）检查摄像头固定是否牢固，摄像头方位是否正确。

（2）检查监控设备状态指示灯是否正常，有无告警。

（3）检查视频监控画面是否清晰，切换是否灵活。视频监控系统巡视如图 3-107 所示。

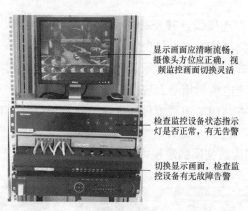

显示画面应清晰流畅，摄像头方位应正确，视频监控画面切换灵活

检查监控设备状态指示灯是否正常，有无告警

切换显示画面，检查监控设备有无故障告警

图 3-107　视频监控系统巡视

（4）检查安防设施控制装置是否正常，有无异常告警信号。

（5）检查电子围栏杆有无断裂倾倒，导线有无断裂。

396. 微机五防系统巡视内容有哪些？

答：微机五防系统巡视如图 3-108 所示，内容有：

（1）检查主机运行是否正常，系统有无异常显示。

（2）检查设备位置与监控系统是否相符合。

（3）检查电脑钥匙是否充满电，显示是否正常。

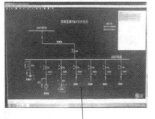

五防系统运行正常，接线图与现场实际相符合

钥匙正常时应充满电，充电应使用专用适配器进线充电，防止对电池钥匙造成损坏

图 3-108　微机五防系统巡视

397. 远动通信屏的巡视内容有哪些？

答：（1）检查装置各类指示灯指示是否正常。

（2）检查装置面板显示是否正常，有无故障报文。

（3）检查同步对时装置有无告警指示。

（4）检查保护屏内是否封堵严密，屏内是否干净无异物。

（5）检查装置及二次回路各元件接线是否紧固，有无过热、异味、冒烟现象。

（6）检查保护屏二次电源空气开关是否处于合位。

398. 安全围网、标识牌的检查有哪些？

答：安全围网、标识牌的检查如图 3-109 所示，内容有：

图 3-109　安全围栏、标识牌的检查

（1）检查安全警告牌、设备标识牌有无破损、脱落、字迹模

215

糊等问题，如若发现及时更换。

（2）检查高压室开关柜遮拦网有无倾斜、破损情况。如若发现损坏及时进行更换。

399. 绝缘安全工器具高压验电器的月检有哪些内容？

答： 安全工具器的规范检查、使用和保管，关系到电力安全生产过程中的人身安全和设备安全。绝缘安全工器具高压验电器的月检如图 3-110 所示，内容包括：

（1）额定电压与被测试设备电压等级一致。

（2）检查工作触头和绝缘棒的标签、合格证是否完善，并在试验合格的有效期内。

（3）通过按压工作触头，发出声光信号，初步检查验电器是否合格。

（4）验电前应先将验电器在相同电压等级的带电设备上验电，确保验电器良好。

（5）绝缘棒外观应无明显缺陷（毛刺、划痕、损伤等），绝缘部分和握手之间应有护环隔开。

400. 绝缘安全工器具绝缘手套的月检有哪些内容？

答： 绝缘安全工器具绝缘手套的月检如图 3-111 所示，内容有：

图 3-110　绝缘安全工器
具高压验电器月检

图 3-111　绝缘安全工器
具绝缘手套月检

（1）检查标签、合格证是否完善，是否在试验合格的有效期内。

（2）检查外观。检查表面是否清洁、有无损伤（裂缝、破洞、毛刺、划痕等）。有污垢和灰尘的应擦拭干净；表面有损伤和烧灼痕迹的不得使用。

（3）进行充气试验。将手套朝手指方向卷曲，观察有无漏气或裂口。

401. 绝缘安全工器具绝缘靴的月检有哪些内容？

答：绝缘安全工器具的月检如图 3-112 所示，内容有：

（1）检查标签、合格证是否完善，是否在试验合格的有效期内。

（2）检查外观。检查表面是否清洁干燥、有无损伤（裂缝、破洞、毛刺、划痕等）。有污垢和灰尘的应擦拭干净；表面有损伤和烧灼痕迹的不得使用。

图 3-112　绝缘安全工器具绝缘靴的月检

（3）检查绝缘靴的使用期限。当绝缘靴底露出黄色面胶（绝缘层）后，就不适合在电气作业中使用。

402. 绝缘安全工器具绝缘棒的月检有哪些内容？

答：绝缘安全工器具绝缘棒的月检内容有：

（1）检查绝缘棒的额定电压，应与所操作设备的电压等级相等或高于所操作设备的电压。

（2）检查标签、合格证是否完善，是否在试验合格的有效期内。

（3）检查外观有无明显缺陷（毛刺、烧灼痕迹、损伤、受潮等），绝缘部分与握手部分之间是否有护环隔开。

（4）检查各连接部分是否牢固可靠（否则操作时可能损坏绝缘棒）。

（5）检查工作触头有无松动、各金属部分有无锈蚀。

（6）检查尾部堵头是否完好。

403. 绝缘安全工器具绝缘梯/凳的月检有哪些内容？

答： 绝缘梯、绝缘凳的月检如图 3-113 所示，内容有：

（1）检查绝缘梯、绝缘凳表面是否清洁，有无破损、断裂、腐蚀、变形、裂缝问题。

（2）检查绝缘梯脚防滑垫有无损坏，有无放置在指定位置。

(a) 绝缘凳   (b) 绝缘梯

图 3-113　绝缘梯和绝缘凳的月检

404. 防护安全工器具的月检有哪些内容？

图 3-114　安全帽的月检

答： 防护安全工器具的月检内容有：

（1）检查安全帽。检查帽衬与帽壳间距是否大于 3cm，帽壳有无裂纹，系带调节是否灵活，帽内报警器报警功能是否正常。安全帽的月检如图 3-114 所示。

（2）检查安全带。检查安全带各组成部分是否完整无裂纹，铆钉有无偏移，织带有无裂纹。检查合格证是否在有效期内，安全带不应超过试验周期。

（3）检查护目镜。检查护目镜有无损坏，镜面有无磨损。

（4）检查接地线。检查塑料护套是否完好，导线有无断股，接地线端部是否接触牢固，卡钳有无松动和损坏，检查合格证是否在有效期内。接地线的检查如图 3-115 所示。

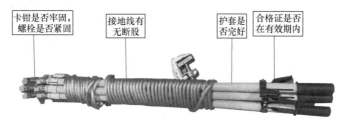

图 3-115　接地线的检查

第六节　设备运行操作及处理

405. 如何查找电流、电压偏低的组串并进行相关操作？

答：（1）通过线上监控平台数据分析，查找输出偏低的支路。在现场用钳形电流表测量支路电流，与监控系统的显示数据做比较，排除由于通信问题造成的数据异常现象。

（2）对于支路电流为零的支路，应先检查支路熔断器是否熔断、组串开路电压是否正常，再检查 MC4 连接器或接线盒是否烧损，对于熔断器、MC4 连接器和接线盒烧损等问题，应及时更换。

（3）对于电压偏低的支路应逐个测量组串组件的开路电压，找出电压偏低的组件并更换。

406. 光伏组串检查需要注意哪些事项？

答：对于集中逆变器，若某个组串发生了故障，找到某支路所在的汇流箱设备，先断开断路器，找到该故障支路后，断开熔断器，熔断器底座下端、断路器下端均有电压，操作时要注意安全。

组串诊断并处理完成后，可重新合上熔断器，最后合上汇流箱的断路器，恢复正常发电。

对于组串逆变器，需要关闭逆变器后进行支路检查。

407. 如何使用蓝牙模块在组串逆变器上查看运行数据？

答： 以华为组串逆变器为例说明：

（1）登录界面。把蓝牙模块插在逆变器的 USB 接口上，通过手机 App 软件 SUN2000 蓝牙配对，成功后登录界面显示为"一般用户界面""高级用户""特殊用户"，一般来说只要进入"高级用户"即可。登录界面如图 3-116 所示。

（2）进入主界面。选择"高级用户"登录进入主界面，可以查看实时功率、日发电量、月发电量、累计发电量，以及其他界面的进入链接。主界面如图 3-117 所示。

图 3-116　登录界面

图 3-117　主界面

（3）告警界面。在主界面点击告警界面链接，进入告警界面，可以查看当前告警和历史告警，方便运维人员快速识别告警，以便于维护。告警界面如图 3-118 所示。

（4）设备监控界面。在主界面点击设备监控界面链接，进入设备监控界面，可以详细地查看逆变器各支路的电流、电压以及电网电压、电流，

图 3-118　告警界面

可以查看逆变器绝缘阻抗的当前和历史值。设备监控界面如图3-119所示。

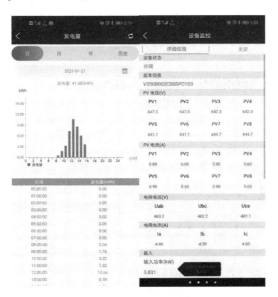

图 3-119　设备监控界面

408. 什么是倒闸操作？

答：当电气设备由一种状态转换到另一种状态或改变电力系统的运行方式时，需要进行一系列的操作，这种操作称为电气设备的倒闸操作。

409. 电气设备有哪几种状态？

答：电气设备状态有以下几种：

（1）运行状态。设备的断路器及隔离开关都在合闸位置，将电源至受电端间的电路接通（包括辅助设备，如电压互感器、避雷器等）。

（2）热备用状态。设备的断路器在断开位置，而隔离开关在合闸位置，断路器一经合闸，电路即接通转为"运行状态"。

（3）冷备用状态。设备的断路器及隔离开关均在断开位置。

其显著特点是该设备与其他带电部分之间有明显的断开点。

（4）检修状态。设备的断路器及隔离开关均已断开，检修设备两侧装设了保护接地线（或合上了接地隔离开关），并悬挂了工作标识牌，安装了临时遮栏等。

410. 电气倒闸操作中有哪些内容？

答： 电气倒闸操作的内容有：

（1）拉开或合上断路器和隔离开关。

（2）拉开或合上接地刀闸（拆除或挂上接地线）。

（3）装上或取下某控制回路、合闸回路、电压互感器回路的熔断器。

（4）投入或停用某些继电保护和自动装置及改变其整定值。

（5）改变变压器或消弧线圈的分接头。

411. 倒闸操作的基本原则是什么？

答： 倒闸操作的基本原则是：

（1）在拉、合闸时，必须用断路器接通或断开回路的负荷电流及短路电流，绝对禁止用隔离开关接通或切断回路负荷电流。

（2）线路停送电操作：①线路送电时，应从电源侧进行，检查断路器在断开位置后，先合上母线侧隔离开关，再合上线路侧（负荷侧）隔离开关，最后合上断路器。②线路停电时，应从负荷侧进行，拉开断路器后，检查断路器确在断开位置，然后拉开负荷侧隔离开关，最后拉开母线侧隔离开关。③较长线路的停、送电，应防止电压产生过大波动。

（3）变压器操作：①对于变压器送电，送电前应将变压器中性点接地，送电先合电源侧断路器，后合负荷侧断路器。②对于变压器停电，停电前将变压器中性点及消弧线圈倒至运行变压器。停电先拉负荷侧断路器，后拉电源侧断路器（停电前变压器中性点也应接地）。③不准用隔离开关对变压器进行冲击。运行中切换变压器中性点接地隔离开关时，应先合后拉。

（4）倒母线操作：①用母联断路器向备用母线充电完好后，取下母联断路器的操作熔断器，保证两组母线在倒闸操作过程中保持并列。②逐一合上备用母线侧的隔离开关，并检查均在合位。③逐一拉开工作母线侧的隔离开关，并检查均在开位；但也可以合一个隔离开关，拉一个隔离开关，完成一组电气设备的倒闸操作任务。

（5）消弧线圈操作：①拉、合消弧线圈的隔离开关前，必须检查系统确无接地故障，防止带接地电流拉、合消弧线圈的隔离开关。②消弧线圈在两台变压器中性点之间切换时应先拉后合，即任何时间不得将两台变压器中性点并列使用消弧线圈。

（6）断路器操作：①断路器合闸前，应检查继电保护、自动装置已按规定投入；断路器合闸后，应确认三相均已接通。②当断路器使用自动重合闸装置时，应按现场规程规定考虑其遮断容量；当断路器切断故障电流的次数小于规定值一次时，应停用自动重合闸。

412. 倒闸操作的装拆接地线操作技术要求有哪些？

答：装设接地线之前必须认真检查该设备是否确无电压，处于冷备用状态。在验明设备确无电压后，应立即装设接地线（或合上接地隔离开关）。装设接地线必须先接接地端，后接导体端，且接触良好。拆接地线的顺序与装接地线的顺序相反。

413. 逆变器的使用需要注意哪些事项？

答：逆变器的使用需要注意：

（1）严格按照逆变器的使用维护说明书要求进行设备的连接和安装。在安装时，应认真检查以下内容：线径是否符合要求；各部件及端子在运输中是否松动；绝缘处是否绝缘良好；系统的接地是否符合规定。

（2）应严格按照说明书的规定操作使用。尤其是在开机前要注意输入电压是否正常；在操作时要注意开关机的顺序是否正确，各表计和指示灯的指示是否正常。

（3）逆变器一般均有过电流、过电压、过热等自动保护，出现这些问题时，无须人工停机，一般自动保护的保护点在出厂时已设定好，无须再行调整。

（4）逆变器机柜内有高压，操作人员一般不得打开柜门，柜门平时应上锁。

（5）在室温超过 30℃时，应采取散热降温措施，以防止设备发生故障。

414. 光伏电站通信中断，出现电网故障应如何处理？

答：（1）电站母线故障全停或母线失压时，应尽快将故障点隔离。

（2）当电网频率异常时，各电站按照频率异常处理规定执行，并注意线路输送功率不得超过稳定限额。

（3）电网电压异常时，应及时调整电压，视电压情况投切无功补偿设备。

（4）下级调度及电站在通信恢复后，应立即向上级调度补报在通信中断期间一切应汇报的事项。

415. 箱式变压器密封胶垫大量漏油该如何处理？

答：（1）将箱式变压器所带的逆变器全部停机。

（2）断开箱式变压器低压侧的总断路器。

（3）断开箱式变压器高压侧的负荷开关。

（4）更换油位计、低压导电杆、压力释放阀等密封胶垫，若更换密封垫需要打开箱式变压器顶盖，则需要将汇集线转检修后，对箱式变压器做好安措后方可开展工作。

（5）更换完毕后，对箱式变压器进行补油，使其达到正常的油位。

（6）补油后静置 12h 以后，恢复箱式变压器运行。

416. 户内电压互感器熔丝检查更换步骤有哪些？

答：（1）停用可能会误动的保护及自动装置，先退出主变压器低压侧复压闭锁元件，取下低压熔断器。

（2）拉开电压互感器隔离开关，做好安全措施。

（3）检查电压互感器外部有无故障。

（4）电容式电压互感器隔离后，做放电处理。

（5）戴好护目眼镜和绝缘手套，站在绝缘垫或绝缘台上。

（6）装卸熔丝，必要时使用绝缘夹钳。

417. 消弧线圈的运行方式有哪些要求？

答：为了使消弧线圈能够运行在最佳状态，以达到良好的补偿效果，一般有如下运行规定：

（1）为了避免因线路跳闸后发生串联谐振，消弧线圈应采用过补偿方式。当补偿设备的容量不足时，可采用欠补偿的运行方式，脱谐度采用 10%，一般电流为 5～10A。

（2）消弧线圈在运行过程中，如果发现内部有异常声响及放电声、套管严重破损或闪络、气体保护动作等异常现象时，首先将接地的线路停电，然后停用消弧线圈，进行检查试验。

（3）消弧线圈动作或发生异常现象时，应对动作时间，中性点电压、电流，相对地电压等进行记录，并及时报告调度员。

418. SVG 故障信息的查询方法是什么？

答：SVG 故障停机时，按如下方法进行故障查询：

（1）通过控制柜工控机显示屏上所显示的故障信息确认故障原因和故障单元。

（2）通过调阅"历史记录"可了解 SVG 停机前后的单元实际电压及状态。

（3）查看 SVG 故障时的故障录波文件。

419. 光伏电站在什么情况下需要进行负荷转移？

答：（1）光伏区逆变器故障停机或个别逆变器存在高峰限负荷。

（2）箱式变压器故障，修复时间长（长达一周以上）。由于备件采购周期长，对电站的发电量带来较大损失。

（3）出现其他情况需要进行负荷转移的。

420. 光伏电站负荷转移需要考虑哪些问题？

答：需要保证受转移设备有足够的输入接口及超配容量，光伏区有备用电缆。

（1）对于组串逆变器，若条件具备，则可将故障设备所接的组串转移到就近逆变器的空余输入端子。

（2）对于有直流配电柜的集中逆变器，并接方式为故障逆变器的直流配电柜母线接到相邻正常逆变器的直流配电柜母线，根据所需负荷选择并入的电缆数量。

（3）对于没有直流配电柜的集中逆变器，可根据逆变器下口的备用断路器数量并入。

（4）电缆长度根据逆变器房尺寸和电缆沟确定，原则上负荷应该转移到同一逆变房。特殊情况下，比如两台逆变器同时出现故障，或箱式变压器有故障，就近转移到其他区域。

421. 保护压板投、退一般原则有哪些？

答：保护压板投、退一般原则有：

（1）保护投入时，应先投入功能压板，后投入出口压板。

（2）保护退出时，应先退出出口压板，后退出功能压板。

（3）若要退出装置的一部分功能，则打开保护相应的功能压板，有单独出口压板时，还应打开相应的出口压板。

（4）不允许用改变控制字的方式来改变保护的投、退状态。

保护压板如图 3-120 所示。

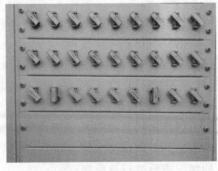

图 3-120　保护压板

422. 组串逆变器输入端的连接器接头更换的步骤有哪些？

答：组串逆变器输入端的连接器接头更换的步骤如下：

（1）准备好相关工具（如图 3-121 所示），关闭逆变器，确认逆变器交流侧铭牌并断开交流侧开关，在面板上确认逆变器已断电。

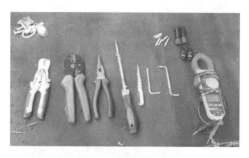

图 3-121　相关工具

（2）断开逆变器故障连接器插头与组件侧的连接。

（3）验明逆变器本体交流侧无电压。

（4）拆除逆变器前板端子排及相关连线。逆变器前板拆除如图 3-122 所示。

（5）拆除逆变器下口所有连接器插头。

（6）拆除逆变器滤波板，放置好拆除的零部件。

（7）拆除逆变器面板连接器插头。

（8）逆变器面板连接器插头与组件侧连接器插头制作安装完成。

（9）逆变器前面板安装恢复。

（10）连接器插头恢复。

（11）逆变器交流侧送电和逆变器开机，进行电流确认。逆变器交流侧汇流箱送电如图 3-123 所示。

423. 站用电源切换如何操作？

答：某光伏电站站用电系统电源来自 35kV 1 号站用变压器或

图 3-122　逆变器前板拆除

图 3-123　逆变器交流侧汇流箱送电

农网 10kV 2 号站用变压器。在切换电源时应注意：

（1）若由 35kV 1 号站用变压器代替农网 10kV 2 号站用变压器运行，必须先断开农网 10kV 2 号站用变压器低压侧开关，然后断开农网 10kV 2 号站用变压器高压侧跌落熔断器，待农网 10kV 2 号站用变压器退出运行后，再分别合上 35kV 1 号站用变压器高压侧和低压侧开关。

（2）若由农网 10kV 2 号站用变压器代替 35kV 1 号站用变压器运行，必须先分别断开 35kV 1 号站用变压器低压侧和高压侧开关，待 35kV 1 号站用变压器退出运行后，先合上农电 10kV 2 号站用变压器高压侧跌落熔断器，再合上农电 10kV 2 号站用变压器低压侧开关。

第四章 设备缺陷和故障处理

第一节 光 伏 组 件

424. 光伏组件现场安装的问题有哪些?

答: 光伏组件安装是工程量较大、出现问题较多的环节。现以电站的几个典型案例加以说明。

(1) 光伏电站设计者一般根据地形或屋面图纸做阵列布置,对于复杂的山地电站,由于测绘图纸往往不能充分反映完整的地形地貌,设计人员对局部特殊地形往往按常规方案设计。另外考虑到工程造价问题,施工单位一般并没有大量地对场地进行平整,而是经过简单的场地平整、测量放线后进行施工。由于场地局部安装地点结构差异,光伏电站在施工过程中很难与设计图纸完全吻合。

如图 4-1 (a) 所示,山体坡度差异较大,造成部分支架单元上的组件最低点离地面过近。

(a) 组件离地面较近   (b) 前后间距不足

图 4-1 组件现场方阵问题

如图 4-1 (b) 所示,不同的坡面由于坡角不同,前后间距应有所差别,如果阵列间距过小,当太阳高度角较小时,前排阵列会挡住后排阵列。

（2）组件安装位置不当。由于设计者未对山地光伏区域进行光照和阴影分析，组件若安装在山谷中，中间低、四周高，四周的山头对阵列产生严重的阴影遮挡。组件安装在山坳中如图 4-2 所示。

图 4-2　组件安装在山坳中

某屋顶企业附近有严重的铁粉污染，如图 4-3（a）所示屋顶上的组件表面积满了铁锈。如图 4-3（b）所示是分布式电站组件安装位置不当，屋顶附属设施对阵列产生了严重的阴影遮挡。

(a)组件表面积满铁锈　　　　(b)安全位置不当，阴影遮挡

图 4-3　组件安装位置不当

（3）由于坡面的高低起伏，山地电站相邻支架距离不足，造成组件左右遮挡。

（4）组串布线问题：组件输出电缆弯曲半径过大，未放余量，很容易对电缆造成机械损坏。

组件安装不规范如图 4-4 所示。

(a) 组件左右遮挡   (b) 接线盒输出线缆不规范安装

图 4-4 组件安装不规范

425. 光伏组件失效有哪些特征?

答：光伏组件常见的缺陷有电池隐裂与碎裂、玻璃碎裂、材料变色、背板开裂与划伤、接线盒失效、蜗牛纹、电势诱导衰减、材料分层、边框划伤等。大部分缺陷可以从字面意思上进行理解。

426. 什么是组件蜗牛纹? 产生的原因可能有哪些?

答：组件蜗牛纹（见图 4-5）又称闪电纹，表现在组件表面的栅线氧化。依据 Richter 等相关研究，蜗牛纹的发生与组件选用材质的水汽透过率有很大关系，双玻组件钢化玻璃的阻水性较好，水汽透过率较低，水汽一般都是经过组件边沿侵入组件内部；对于背板型组件，若

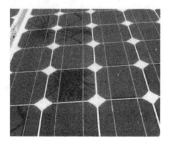

图 4-5 组件蜗牛纹

背板水汽透过率较高，水汽则从背面侵入组件内部。水汽的入侵加速了封装材料的水解和栅线的腐蚀，同时出现蜗牛纹的组件与电池片的隐裂的产生密不可分。

427. 光伏组件隐裂有哪些特征?

答：组件的隐裂是电池片中出现的细小裂纹，一般肉眼不可

见。隐裂根据形状可分为树状裂纹、斜裂纹、平行于主栅线、垂直于主栅线和贯穿电池片裂纹等。

对于常规栅线类电池，电池片产生的电流主要依靠表面的主栅线和垂直于主栅线的细栅收集，细栅断裂将导致电流无法收集到主栅，因此对电池片功能影响最大的是平行于主栅线的隐裂。根据相关研究，50％的失效片来自平行于主栅线的隐裂；45°斜裂纹的效率损失是平行于主栅损失的 1/4，垂直于主栅的裂纹对组件的效率影响较小。

428. 组件玻璃碎裂的原因和危害是什么？

答：光伏组件表面钢化玻璃碎裂，以碎裂点为中心向四周辐射，裂纹呈现放射状，如图 4-6 所示。组件玻璃碎裂的原因有：

（1）施工因素。施工因素包括：①搬运光伏组件过程中，组件表面意外碰到尖锐物体；②电站建设期施工安装不规范；③清洗过程中，清洗人员随意踩踏组件，如图 4-7 所示。

图 4-6　组件玻璃碎裂　　　　图 4-7　清洗人员踩踏组件

（2）环境因素。在山地电站和荒漠电站出现较多，具体如下：①山地电站由于地势复杂，山体有落石掉落，砸到组件玻璃上。②山地电站部分土地性质偏松软，支架基础下沉，造成支架变形，组件受到应力作用，边框挤压引起玻璃碎裂。③有沙尘暴气候的地方，如果整个支架基础或压块不是特别牢固，组件容易被掀起，掉落后导致整块玻璃碎裂。

（3）组件因素。钢化玻璃有一定的自爆率，如果玻璃存在质量缺陷，如结石、杂质、气泡等，缺陷处是钢化玻璃的薄弱点，也是应力集中处，容易导致玻璃产生自爆；另外，组件内部如果存在热斑现象，局部温度较高，玻璃也可能会发生自爆。

组件玻璃碎裂的危害：玻璃碎裂以后，光伏组件的安全防护性能降低，水汽、湿气、雨水容易进入，造成内部短路，严重影响电站的安全运行。

429. 光伏组件背板缺陷有哪些？

答：光伏组件背板起到绝缘和隔离水汽的作用，常见的缺陷有划伤、鼓包、脱层、凹坑、起泡等，这些缺陷都会影响组件的寿命。背板划伤存在一定的漏电风险，凹坑、脱层等影响组件的外观、电性能及可靠性。

如图 4-8 为某电站发生火灾后引起的组件背板缺陷，火势较猛或灼烧时间长时，组件背板会出现扭曲形变，冷却后形成鼓包、裂痕，直接破坏了组件的外部结构，视同报废，建议立即更换。

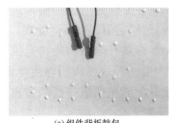 

(a) 组件背板鼓包　　　　　　　(b) 组件背板裂痕

图 4-8　某电站发生火灾后引起的组件背板缺陷

430. 组件的接线盒可能存在哪些缺陷？

答：组件接线盒的缺陷有接线盒盖掉落、烧毁、二极管失效等问题。如图 4-9（a）所示，对于接线盒盖子掉落的，检查密封圈是否老化，如已经发生老化，购买密封圈，并重新盖上盒盖，并检查是否紧固。如图 4-9（b）所示为接线盒烧毁，造成该问题的原因有：①接线盒自身质量问题，内部温度较高，引起烧毁；②焊接式接线盒的引出线虚焊，导致焊接点温度过高。

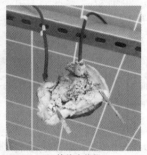

(a) 接线盒盖子掉落　　　　　　(b) 接线盒烧毁

图 4-9　组件接线盒缺陷

431. 光伏组件旁路二极管的击穿原因有哪些?

答: 光伏组件旁路二极管的击穿原因有:

(1) 感应雷导致反向击穿。雷击主要有直击雷、感应雷,直击雷是指建筑物、设备及送电线缆等被雷直接击中。感应雷是由设备附近遭遇雷击时的电磁场而引发的。雷击的电能在空间传播,雷电涌(受雷电影响,瞬间产生的过电压和过电流)侵入送电线和通信线等,电气设备被加载大大超过额定值的电压而受损。

目前市场上的光伏组件接线盒尚不具有防雷功能,光伏电站的防雷措施主要集中在汇流箱、逆变器、箱式变压器等主要设备,而缺乏光伏组件级的防雷措施和设备,当光伏组件遭遇雷击,接线盒中二极管将直接短路、开路以及粉末化。

(2) 组件装配工艺缺陷。常规光伏组件在其生产工艺的接线盒安装环节,特别是引出线焊接型灌胶式接线盒,需要先焊接组件引出线,再灌注密封胶,光伏组件自叠层工艺后,穿过背板引出 4 根引出线,引出线分别与接线盒的 4 个焊接点进行固定,常规接线盒实景图和 4 个焊接点位置如图 4-10 所示。其中焊接对于接线盒的可靠性至关重要,根据组件生产作业指导书,组件引出线焊接需无虚焊、脱焊等问题,有效焊接面积需要不小于 75%,焊接锡膏冷却固化后还需要用螺钉旋具轻微上挑以检查焊接牢固性。

焊接不良主要表现在两个方面:一是焊接锡膏的用量偏少;

234

二是焊接手法不当，如引出线偏离焊接位置或引出线与接线盒连接电极的接触面积过少，这两个原因容易导致虚焊，导致接触点的接触电阻过大，在后期运行过程中易引起焊接点持续发热，长此以往，易导致引出线与接线盒电极脱落，间接引起接线盒烧毁或导致二极管在高温下失效。

图 4-10　常规接线盒实景图和 4 个焊接点位置

（3）二极管的热击穿。旁路二极管因电池遮挡被正向导通时所流过的电流过大或反向截止时的反向漏电流过大，会引起二极管温度升高。温度超过二极管的结温后，容易导致击穿，另外如果接线盒散热性较差，易导致接线盒出现鼓包，甚至烧毁。

被击穿的二极管在发热的同时有可能带动接线盒内部环境温度升高和其他二极管漏电流上升。二极管的反向漏电流随温度的上升而增加，温度每升高 10℃，反向漏电流升高 1 倍。反向漏电流大与高温特性差的二极管就会失效。

二极管的塑料封装材料是高分子物质，在高温状态下高分子材料发生碳化而爆裂。贴片式二极管散热面积大，可以快速将热量传递给对应的连接铜片，铜片将热量传递给旁边二极管最终导致其热击穿。因此当接线盒内有一只二极管击穿失效，它就有可能影响附近二极管的正常工作。

（4）接线盒自身原因。目前市场上常见的二极管的正向电压一般在 0.4～0.5V，有的公司可以把该电压值控制在 0.4～0.45V，如果彼此的散热条件相同，那么正向压较低的二极管发热量较小，温度也会更低一些。

据相关实验数据表明，二极管发热测试温度往往会达到

150℃，接线盒在这样的高温作用下，往往出现盒体软化变形、结构失效等情况，造成连接线接触不良、打火等隐患。因此光伏接线盒在结温不超过允许的极限结温之外，还需要考虑接线盒的热承受能力，以接线盒材料 PPO 为例，盒体的热变形温度一般为 135℃左右，而散热不良的接线盒，二极管的管壳温度会达到 170℃左右，这种情况下，接线盒的可靠性是无法得到保障的。

目前组件往往采用 24 片以下的电池并联一个旁路二极管，并考虑到一定的设计余量，要求旁路二极管的反向耐压必须大于 30V，但是二极管的反向耐压值随着温度的升高而大幅下降，这里的温度不仅有环境温度，还有组件发热以及接线盒内其他二极管的发热。因此光伏接线盒必须要达到相关规定的发热测试要求，以及二极管高温下的反向耐压和反向漏电流指标。

432. 光伏组件出现哪些问题需要更换？

答：光伏组件常见问题及原因、危害如表 4-1 所示。光伏组件出现表 4-1 中列出的常见问题时需被更换。

表 4-1　　　　　　　光伏组件常见问题及原因、危害

序号	常见问题	原因	危害
1	电池栅线严重氧化或腐蚀	封装材料在恶劣的环境中发生老化，材料之间的黏合力降低造成分层，使得氧气侵入，与电池栅线发生化学反应	严重影响输出功率
2	封装材料失效	EVA 在阳光照射和一定环境温度下老化分解，电池与 EVA、EVA 与玻璃之间分层；背板材料分层、剥离甚至开裂	组件破损
3	组件玻璃破损	外力作用或热斑灼烧	组件破损

433. 光伏组件零星更换需要注意哪些问题？

答："零星更换"主要发生在某组串上存在需要更换的低功率或破损组件的数量较少的情况下，一般使用同型号、同功率挡位的新组件或电站上拆卸下来的可用备件直接替换。

由于旧组件会存在一定的功率衰减，工作电流、工作电压比

额定值均有所降低，并网发电运行年限较长的电站，功率衰减越严重，因此当新、旧组件串联在一起，新组件可能会被降额使用。

更换的注意事项如下：

（1）优先使用从电站上批量拆卸下来的正常可用的组件。如果组件厂家不一致，至少需要保证电性能参数电流、电压的一致性。

（2）若备品备件数量不足或市场上已无供应，为了不影响发电，可使用高功率组件降额使用。

434. 光伏组件的接地线缺陷有哪些？

答：光伏组件与组件之间的接地应可靠连接，接地缺陷的表现有：接地线固定螺栓锈蚀（见图 4-11），接地线脱落、漏连接（见图 4-12）。

435. 为避免雷击对组件影响，需要做好哪些工作？

答：为避免雷击对组件的影响，需做好的工作有：

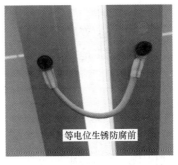

图 4-11　接地线固定螺栓锈蚀

（1）对于山地电站，山地顶、高凸位置建议安装避雷针或类似引雷装置，让光伏组件在直击雷保护角的范围内。

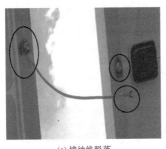
(a) 接地线脱落

(b) 漏连接

图 4-12　接地线脱落和漏连接

（2）一般来说，组件铝边框与镀锌支架或铝合金支架都做了镀层处理，仅仅通过压块的压接满足不了接地要求，在这些位置必须建立等电位连接，可以采用 $4mm^2$ 的黄绿双色接地线将组件的接地孔连接到支架上。

（3）组件框架与支架可靠连接后，需保证与接地网可靠连接。一般使用接地扁钢，并按标准要求执行：接地支线一般使用 $40mm \times 4mm$ 的热镀锌扁钢，埋地深度不小于 0.5m；接地干线一般使用 $60mm \times 6mm$ 的热镀锌扁钢，埋地深度不小于 0.7m。

（4）RS-485 信号线屏蔽层双端接地（可以增强端口防护能力，改善损坏率），同时信号线全程埋地或者使用走线桥，走线桥尽量远离交流电源线。

（5）排查逆变器接地线是否连接正常，并与接地网可靠连接。

（6）排查接地端子是否锈蚀、松动。

（7）交流汇流箱应配置不小于 20kA 的防雷器。

436. 什么是 PID 组件？

答：以常规 P 型硅太阳能电池为例，PID 是在太阳能电站运行过程中，因晶硅组件负极和边框玻璃之间存在负电压，引起正离子在电池片表面聚集，从而对 PN 结产生影响，导致电性能衰减现象，大量研究表明，高温、高湿、高盐碱和沿海地区，组件易受到环境因素影响而产生 PID 现象。这种现象在 10 年前比较普遍，但近几年随着组件抗 PID 技术的发展和成熟，目前光伏组件一般具有抗 PID 性能或已实现零 PID。

437. PID 组件的快速检测方法是什么？

答：如果电站中出现了 PID 组件，各个组串都有可能发生，其衰减程度也不尽相同，但随着时间的推移，轻微 PID 组件的衰减程度会逐渐增加，同时 PID 组件由于内部电池片的严重失配，存在较大的热斑隐患。对于 PID 衰减严重的组件可通过测试开路电压进行检验，而轻微 PID 的组件还需要在低辐照下检测，下面列举了在电站现场快速检测 PID 组件的方法。

（1）便携式 $I\text{-}U$ 测试法。晶硅组件发生 PID 后，其 $I\text{-}U$ 曲线

形状会出现异常，电性能参数表现为并联电阻 R_{sh}、填充因子 FF 和开路电压 U_{oc} 的降低。PID 衰减后的 I-U 曲线如图 4-13 所示。PID 越严重，其曲线移动的趋势就如图 4-13 箭头所示。而对于轻微 PID 组件，其 I-U 曲线的异常特征不太明显，还需结合下面的方法（开路电压法、电致发光测试法）进行综合分析。

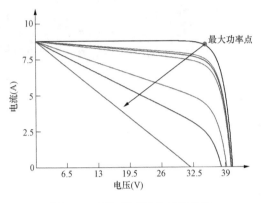

图 4-13　PID 衰减后的 I-U 曲线

（2）开路电压测试法。由于 PID 组件电性能参数有一个明显特征，即并联电阻值 R_{sh} 下降明显，甚至低到个位数，正常组件的 R_{sh} 值一般在几百兆欧以上。并联电阻值的大小对组件的弱光效应有较大的影响。R_{sh} 值较低，在辐照度较高时，开路电压值和正常组件差异会较小，所以难以辨别；而在低辐照度下，R_{sh} 值较低的组件，开路电压值会随着辐照的降低而出现大幅下降。因此开路电压法测试需要选择低辐照时间，便于和正常组件进行明显区分。特别对于 PID 衰减不明显的组件（功率衰减不大于 10%），通过 I-U 测试难以判断的情况下，可以用该法进行判断。

（3）便携式电致发光（EL）测试法。需要使用便携式 EL 设备，PID 组件在 EL 下的明显特征为边框四周电池片发黑。如果 PID 越严重，那么发黑的区域会增多，一般从边框四周开始，逐渐蔓延到组件中间区域。不同 PID 衰减程度对应的 EL 照片如图 4-14 所示。

结合上述三种方法，在电站现场可以实施的排查流程如下：

（1）在低辐照情况下（建议辐照度低于 $400\mathrm{W/m^2}$），通过监控

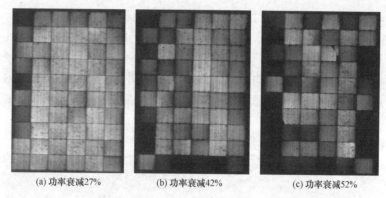

(a) 功率衰减27%　　　　(b) 功率衰减42%　　　　(c) 功率衰减52%

图 4-14　不同 PID 衰减程度对应的 EL 照片

数据或现场测试，对每个汇流箱侧的每一路的组串开路电压进行测试，查找低电压组串。

（2）对于低电压组串，一般 PID 问题容易发生在组串的负极侧，如 20 块组件一串的，要重点测试负极侧第一块到第十块。

（3）若存在非 PID 引起的低电压组件，可能为其他原因造成，如旁路二极管失效、电池片失效等，对于此类低电压组件可优先通过 I-U 曲线或利用 PID 组件的弱光效应进行测试排除，若仍无法诊断，再利用 EL 测试手段。

438. 组件下边缘产生泥带缺陷的原因是什么？

答：边框型光伏组件的下边缘产生泥带的原因是组件的安装角度较小，降雨量较小（<10mm），带有灰尘的灰水会沿组件玻璃向低处流动，组件边框比玻璃高出 1～2mm，有部分灰水无法越过边框而在边框处堆积，被晒干或风干后，灰尘就会结在表面形成泥带。由于泥带和玻璃表面又形成高度差，在下次清洗时积水区域会更大，脏污区域会不断变大，泥带的厚度不断增加。

439. 组件下边缘泥带堆积的危害是什么？

答：组件边框处的泥带形成后，不仅减少了辐射吸收量，同时在泥带处还易形成热斑，镀膜玻璃的减反膜易受损等，导致组件局部区域老化加速，进而降低了光伏组件的发电量。具体表现在：

（1）组件下沿泥带遮挡了一部分入射光线，该区域电池输出电流下降，从而影响了整块组件，进而影响整个串联阵列的发电量。

（2）由于组件下沿泥带遮挡入射光，该区域的电池电流明显小于其他非泥带区域，引起热斑效应，而热斑效应轻则影响电池寿命，重则造成局部温度过高并最终导致火灾。

（3）对于组件正面玻璃采用减反镀膜玻璃的，由于泥带引起的热斑效应使得玻璃温度升高，同时泥带中的杂质和玻璃中的钠盐在高温下对镀膜形成损伤，肉眼会看到无法消除的"彩虹纹"，即便将泥带冲洗干净，该区域的入射光透射率也会下降。此外，对顽固的泥带进行冲刷可能会对减反射膜造成机械性损伤。光伏组件彩虹纹缺陷如图 4-15 所示。

图 4-15 光伏组件彩虹纹缺陷

440. 泥带对组件功率的影响有多大？

答： 为了客观评价泥带遮挡对组件输出功率的影响，使用 IV-400 便携式仪器测试清洗前后的组件 STC 功率值，每个样品组件测试三次。清洗前后的组件 STC 如图 4-16 所示。

如图 4-16（a）所示，样品组件下方泥带导致单片遮挡面积约占整片电池的 50%。

（1）初始测试，平均功率记为 P_0。

（2）只清洗组件下边沿积灰带，检测组件的输出功率，测试三次，平均功率记为 P_1。

（3）清除组件正面所有灰尘，测试功率三次，平均功率记为 P_2。

(a) 积灰和泥带　　　(b) 清除泥带后　　　(c) 整块清洁后

图 4-16　清洗前后的组件 STC

将测试功率修正到 STC 条件，未清洗泥带前的 STC 修正功率为 197.56W。清除泥带后功率提升至 210.32W，整块组件表面清洗干净后功率为 226.75W。

可计算得到泥带对功率的影响：$(197.56-210.32)/210.32\times100\%=-6.067\%$。

整面灰尘对功率的影响：$(197.56-226.75)/226.75\times100\%=-12.873\%$。

441. 对于组件泥带缺陷，有效的整改方法有哪些？

答： 对于存量光伏电站，组件泥带缺陷的整改方法有：

（1）增大安装倾角。此方法可以让组件下沿不易积水，然而在彩钢瓦分布式电站上较难实现。因为当增大角度以后，前后排的阵列需要留有一定的间距以免带来遮挡，组件可安装面积的减少，造成了电站安装容量的下降。

（2）在边框上开槽。边框开槽理论上可以解决一部分问题，不能彻底解决泥带堆积。另外开槽后影响到边框的强度，对整个组件的设计和封装带来更高的要求。对于存量电站，此方法也是不切实际的。

242

（3）导水排尘器。光伏组件导水排尘器安装在组件边框处，通过高分子材料的亲水性基团，破坏积水区表面的水面张力，将下沿边框处的灰水在水积聚的过程中及时地引导其翻越边框而流出，从源头上（在积水形成阶段）解决了组件下沿边框处的积水积尘问题。综合考虑各解决方案，导水排尘器是目前较为有效的技改产品。导水排尘器安装实例（箭头指示处为安装位置）如图4-17所示。

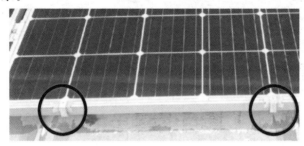

图 4-17 导水排尘器安装实例（画圈处指示处为安装位置）

第二节 环境监测仪

442. 环境监测仪器安装的常见问题有哪些？

答：气象辐射数据是数据分析的基础。加强辐射观测仪器的技术维护和管理比较重要，现列举常见问题进行说明。环境监测仪安装问题如图4-18所示。

（1）环境监测仪存在不规范安装、布线杂乱等问题。如图4-18（a）所示，环境监测仪的安装固定非常简陋，不应该使用砖头堆砌固定。

（2）辐射表的安装朝向问题。如图4-18（b）所示，某光伏电站的辐射表与光伏组件的朝向不一致，难以准确地评估电站组件所接收的辐射量。

（3）环境监测仪的安装位置不合理，部分时段存在阴影遮挡。

（4）辐射表安装在中控室楼顶，但未安装爬梯，导致后期维护存在问题。

(a) 安装不规范   (b) 方向错误

图 4-18　环境监测仪安装问题

第三节　支架与基础

443. 光伏区支架的常见缺陷有哪些？

答：光伏区支架的常见缺陷主要有：①支架材料表面镀锌层不达标；②檩条锈蚀严重；③支架后立柱严重变形；④支架镀锌层破坏严重；⑤其他缺陷。光伏区支架的常见缺陷如图 4-19 所示。这些缺陷主要是由于支架自身质量缺陷、施工不规范等原因引起的。

(a) 镀锌层不达标   (b) 螺栓未拧紧

图 4-19　光伏区支架的常见缺陷（一）

(c) 立柱变形　　　　　　　　(d) 镀锌层破坏

图 4-19　光伏区支架的常见缺陷（二）

444. 光伏支架缺陷的常见处理措施有哪些？

答：支架作为组件的支撑装置至关重要，为使得组件在全生命周期均可正常发电，支架的常见问题就必须及时处理。具体措施有：

（1）支架变形或倾斜。建议对此类支架进行更换或加固，防止大风天气下支架倾倒。

（2）焊点防锈层脱落，焊点生锈。建议对此类支架进行除锈处理，并重新喷涂防锈漆。

（3）跟踪系统机械结构等问题。跟踪支架系统一般包含动力部分、减速箱部分、转动部分。当减速箱损坏、转动部分脱扣后，在大风天气下易导致安装部位松动，建议定期组织人员对机械结构以及电气部分进行排查，发现问题应立即处理。

445. 光伏区组件压块的常见缺陷有哪些？

答：光伏组件与支架的连接方式主要有两种，一是通过螺栓将组件的边框与支架固定；二是通过 π 型压块将组件压在支架上。压块紧固不当如图 4-20 所示。

如果压块安装不当，存在松动现象，易引起组件脱落，存在安全隐患。如图 4-20（a）所示压块未摆正或尺寸偏小，无法有效固定相邻两块组件的边框。如图 4-20（b）所示存在两处不足，一为支架导轨长度偏短，边压块离支架边缘较近；二为压块尺寸不足，导致螺栓倾斜度偏大，实际上压块并未固定住组件的边框。

(a)压块歪斜　　　　　　　　(b)压块尺寸不足

图 4-20　压块紧固不当

446. 光伏区支架接地的常见缺陷有哪些?

答: 光伏区支架接地的常见缺陷有:

（1）部分光伏电站的光伏支架只有一点接地，没有使用两点接地方式。根据相关要求，每排光伏支架两端的接地引下线采用热镀锌扁钢，沿立柱引下线与主地网可靠焊接，每排光伏支架至少有两点引出。

（2）光伏支架接地的扁铁搭接面积部分不足。按 GB 50169《电气装置安装工程接地装置施工及验收规范》要求，搭接面积至少是扁铁宽度的两倍。

（3）接地扁铁焊接处未做防腐处理，没有刷黄绿漆。

（4）接地扁铁埋深不足，导致裸露在地表。接地扁铁问题如图 4-21 所示。

(a)扁铁锈蚀 　　　　　　　(b)扁铁外露

图 4-21　接地扁铁问题

447. 平单轴跟踪支架的电动机故障的原因有哪些?

答: 如图 4-22 所示,平单轴跟踪支架由于电动机故障,造成跟踪角度不一致。电动机故障的可能原因有:

(1) 由于轴承内没有添加润滑油,转动运行卡涩。

(2) 由于电动机密封不良,内部有灰尘、渗水、锈蚀等现象。

(3) 渗入电动机内部的积水无法排出,特别是西北地区,冬季温度较低,内部结冰易卡入齿轮。

(4) 控制箱中的接触器线圈断电后不能释放,始终控制电动机旋转,导致电动机烧坏。主要原因如下:①由于频繁撞击,铁芯磁极面变形,线圈断电后,铁芯上产生较大的剩磁;②控制接线盒防尘等级低,铁芯磁极面上的脏污和粉尘较多;③动触头弹簧压力减小。

图 4-22　平单轴跟踪角度不一致

448. 平单轴跟踪支架的电动机故障的措施有哪些？

答：清除内部铁锈灰尘，用高气压注油设备在电动机内部的轴承和齿轮处添加润滑油，润滑油添加完成后检查密封口，必要时更换密封垫圈；检查接触器，对辅助触点收放卡涩的接触器进行更换。

449. 光伏电站螺栓安装有哪些注意事项？

答：螺栓与螺母连接是工程中最常见、最不起眼的部分，但是并不代表这部分不重要，在光伏电站施工过程中很可能会忽略这一块。

螺栓与螺母紧固过程中弹垫与平垫的使用要求有：

（1）弹簧垫圈位置在螺母后面。弹簧垫圈的作用是在拧紧螺母以后给螺母一个弹力，抵紧螺母，增大螺母和螺栓之间的摩擦力，使其不易脱落。

（2）螺栓头和螺母下面应放置平垫圈。其作用是增大承压面积。螺栓头和螺母侧应分别放置平垫圈，螺栓头侧放置的平垫圈一般不应多于 2 个，螺母侧放置的平垫圈一般不应多于 1 个。平垫圈放多了不仅浪费，而且容易造成松动。如图 4-23 所示为一些错误示例及正确安装方法。

  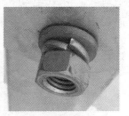

(a) 弹簧垫圈和平垫圈位置相反　　(b) 平垫圈过多　　　　　(c) 正确安装

图 4-23　错误示例及正确安装方法

450. 支架基础如何做好防腐防锈工作？

答：光伏电站的支架和构件、螺栓、埋件等均采用热镀锌工艺进行防腐。对于锈蚀问题，参照 GB/T 8923.1—2011《涂覆涂料前钢材表面处理　表面清洁度的目视评定　第 1 部分：未涂覆过的钢材表面和全面清除原有涂层后的钢材表面的锈蚀等级和处理等级》，根据锈蚀程度，分两个层次解决：

（1）锈蚀较为严重。锈蚀较为严重的螺栓、金具、夹件等连接和固定设备，如因为锈蚀导致其强度受损，直接更换。

（2）表面锈蚀。对于表面锈蚀的部件，按照防腐工艺要求进行防腐处理。

支架螺栓刷防锈漆后的情景如图 4-24 所示。

图 4-24　支架螺栓刷防锈漆后的情景

451. 光伏电站的桩基有哪些缺陷？

答： 光伏电站桩基具体有以下几方面缺陷：

（1）现场桩基大小尺寸不一，配重不足及配重不均匀［见图 4-25（a）］。

(a) 配重不足　　　　　　　　(b) 桩基下沉

图 4-25　桩基缺陷（一）

（2）现场桩基被雨水冲刷，水土流失严重，桩基裸露下沉 ［见图 4-25（b）］。

（3）桩基存在蜂窝现象［见图 4-26（a）］。

（4）桩基及预埋件不满足设计要求，以至于支架底座紧固不到位［见图 4-26（b）］。

(a) 蜂窝现象　　　　　　　(b) 紧固不到位

图 4-26　桩基缺陷（二）

（5）桩基表面风化严重［见图 4-27（a）］。

（6）桩基基础未夯实［见图 4-27（b）］。

(a) 表面风化　　　　　　　(b) 基础未夯实

图 4-27　桩基缺陷（三）

452. 光伏电站的桩基缺陷有哪些整改措施?

答:建议整改措施如下:

(1)增加预制块的体积及质量,增强组件方阵的稳固性及抗风抗压性能。

(2)按设计要求对电站的排水系统进行施工。

(3)对桩基的蜂窝、麻面进行修复,对支架底座进行加固,确保不影响电站使用寿命。

(4)对问题桩基表面进行釉面处理,增加桩基的耐久度。

453. 山地电站桥架的安全隐患有哪些?

答:对于山地光伏电站,若方阵建设在较陡峭的山坡上,电缆桥架顺着山势地形敷设,桥架倾斜度最大可大于 20°以上,因为桥架内电缆距离长、质量大,若使用的电缆为非铠甲电缆(抗拉强度较低),电缆受重力惯性影响,顺着电缆桥架下滑,另外桥架基础还会受山水冲刷而倒塌损毁,会加剧电缆及桥架的整体下滑趋势。如果长时间受力,容易导致交流电缆损毁和电缆接头松动,易造成通信线脱落、通信中断等风险。山地电站桥架的安全隐患如图 4-28 所示。

(a) 桥架下滑错位   (b) 电缆绑紧问题

图 4-28 山地电站桥架的安全隐患

454. 山地电站桥架安全隐患的巡检和防治措施有哪些?

答:定期对电缆桥架进行巡检,检查有无盖板被风吹掉、电缆桥架有无错位。定期对逆变器电缆进行检查，检查电缆有无受力破损。

针对电缆桥架基础破损倒塌导致桥架电缆整体下移现象，由于电缆距离长、数量多、质量大、施工工程量较大，可以找第三方施工人员进行重新制作、修整，为不影响发电及生产安全，建议在设备解列后施工。

（1）首先重新修复，制作桥架基础（应在相应位置增加基础），完善基础稳定性。

（2）基础上摆正桥架后，对所有电缆进行上移复位整改，并对桥架与基础加固。

（3）对桥架盖板进行捆扎加固，加强抗风性、防范小动物进入。如图 4-29 所示光伏区电缆桥架存在间隙，容易进入小动物，现场工作人员对电缆桥架进行封堵。

图 4-29 桥架封堵

455. 山地电站迎风口位置支架的预防措施有哪些？

答： 山地电站受地形影响，风口位置风速远大于平均风速，在遇到大风天气尤其是北风，组件背面为迎风面，由于支架横梁强度不够、压块螺栓紧固不到位、压块与组件边框接触面积不足等问题，组件将存在大面积被吹落的风险。现场预控措施：

（1）定期对风口组件、支架进行巡检，每年雨季、大风天气来临前对压块紧固程度、支架螺栓紧固程度进行检验；大风天气过后，立即开展风口组件巡查工作，检查有无被风吹落的组件、压块有无松动现象。迎风口位置组件检查如图4-30所示。

（2）对于安装于风口的组件，需要定期请检测机构对支架进行拉力检验，对压块强度、接触面抽检。检测不合格的进行加固、更换，并建议在风口处更换接触面积更大、强度更好的压块。

（3）如果多次出现光伏组件被吹翻的情况，建议直接将被吹翻组件拆除，不在风口位置再次回装，改为相邻安全位置重新安装。

(a)组件背面检查　　　　　　(b)组件正面检查

图4-30　迎风口位置组件检查

第四节　汇　流　箱

456. 汇流箱标识缺失如何整改？

答： 汇流箱标识缺失会给故障查找和定位带来不便，如图4-31（a）所示，汇流箱没有标识，仅用记号笔在外壳上书写，不

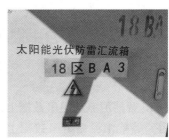

(a)标识缺失　　　　　　(b)标识完整

图4-31　汇流箱标识

利于运维管理。如图 4-31（b）所示的汇流箱外壳标识完整，有喷涂编号 18 区 BA3 及编号卡。

457. 汇流箱熔断器烧毁的常见原因有哪些？

答：汇流箱熔断器烧毁的常见原因有：

（1）熔断器性能下降。昼夜温差大，每天一次的高低温循环会加速熔断器的热疲劳效应，降低熔断器的通流能力，从而缩短了寿命。

（2）熔断器安装紧固问题，存在接触不良。

（3）受到运行环境的温度变化和运行时间的影响，支路接线出现松动。

（4）熔断器选型过小，光伏组串电流较大时，造成熔断器频频烧毁。部分熔断器在熔断时会出现喷弧现象，电弧温度非常高，会使相邻的塑料元件、线缆绝缘皮、线缆绝缘护套等着火。如图 4-32 所示为熔断器发热使得熔断器外壳烧毁现象。

（5）在直流电缆发生短路时，线路上出现大电流，熔断器出于保护会发生熔断。

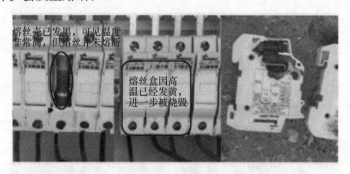

图 4-32　熔断器发热使得熔断器外壳烧毁

458. 智能汇流箱组串数据上传异常的可能原因有哪些？

答：智能汇流箱组串数据上传异常问题虽然不会直接影响发电量，但无法监测到光伏电站每一路的发电情况，会影响故障组串的查找，间接地影响发电量。

例如，某电站 20MW 共 320 台汇流箱，其中近 50 台汇流箱存在通信异常。运维人员通过对现场汇流箱通信模块、通信供电电源、通信线等进行了反复检查、拆换试验，发现除一部分通信模块存在故障外，绝大多数是由于支路采集互感器松动、虚焊导致数据上传存在问题。

经分析主要原因有以下两点：①通信模块生产过程中存在虚焊，在电站长期运行后问题集中暴露。②施工安装人员在紧固端子螺栓过程中，互感器未紧固到位，存在松动。

针对汇流箱模块存在虚焊的情况，需要对虚焊、松动的互感器用电烙铁进行焊接处理。

459. 后台监盘显示汇流箱部分支路电流为 0A 的原因有哪些？

答：部分支路电流为零，故障原因通常有以下四种情况：

（1）支路光伏组件出现接线头烧毁，成为支路回路的断开点。

（2）支路中光伏组件有接线盒烧毁，成为支路回路的断开点。

（3）支路中正极或负极熔断器烧毁。

（4）支路测控模块通信异常。

460. 后台监盘显示汇流箱部分支路电流偏低的原因有哪些？

答：支路电流偏低的原因通常有三种情况：

（1）该支路光伏组件出现破损或旁路二极管被导通。

（2）支路光伏组件存在遮挡问题。

（3）支路测控模块通信异常导致显示错误。

461. 后台监测的组串电压、电流数据异常的原因有哪些？

答：数据异常的具体表现为后台监测的电流为零或电压、电流均为零，但实测电压、电流均正常，这种情况可能是由于通信主板的采样模块损坏造成，需要更换通信主板。

根据现场运维人员反馈，通信电源熔断器熔断、通信电源模块损坏、通信主板的损坏大多发生于雷雨天气后，雷击过电压或雷电感应过电压造成元器件损坏。

462. 直流汇流箱通信故障有哪些原因？

答：直流汇流箱通信故障一般包括三种情况：通信时有时无、通信一直中断、监测数据异常。

（1）通信时有时无。由于受到高频干扰、共模干扰、电磁干扰等信号而造成的。目前解决此类故障的方法是将通信线的屏蔽层接地，以降低电磁干扰影响。如果内外屏蔽层作为一层采用单点接地，无法充分发挥双重屏蔽层抗干扰的优势，在电磁干扰较大时可能会出现故障。

另外，在某些山地光伏建设项目，受到地形地貌和成本的影响，通信线路在敷设中与发电汇集线路同槽并行敷设。发电汇集线路的电流和电压随着光强的变化波动较大时，线路周围会产生较大的磁场变化，而通信线路信号电压为 5V，容易受到外来磁电干扰导致通信信号出现偏差，进而产生误码，导致通信数据异常。

根据 GB 50311—2016《综合布线工程规范》要求，通信电缆与其平行敷设动力电缆间距应满足要求，避免实际运行中对通信产生干扰。

（2）通信一直中断，具体内容包括：①通信线断开。②通信装置参数设置错误，主要包含电站地址设置错误、电站波特率设置错误、通信模式设置错误。③通信主板损坏、通信电源模块损坏。④通信电缆接线错误，主要包括 A、B 屏蔽层线接反、电缆虚接、通信管理机内实际接线与通信装置回路不对应。

（3）监测数据异常。通信主板采集模块损坏，导致后台显示的组串电流、电压很小或为零，而实际运行正常。

463. 后台测控平台显示某汇流箱无通信如何排查？

答：（1）到现场进行检查，首先要检查汇流箱 IP 地址是否错误。

（2）若 IP 地址正确，则要检查汇流箱通信线缆接触是否良好。

（3）若通信线缆接触良好，则要检查汇流箱的电源模块是否正常。

（4）若电源模块正常，则要检查汇流箱断路器是否出现故障。

464. 在调试直流汇流箱的 RS-485 通信时应注意什么？

答：（1）硬件问题。确保线路不短路，不断路，确保 RS-232 转 RS-485 转出来的接口线序正常。

（2）系统问题。波特率配置、通信协议、地址位应正确。

（3）保存好规约转化器的原始文本，调试失败后可及时恢复。

465. 直流汇流箱组串接地故障可能有哪些原因？

答：（1）粗放式的施工方法导致直流电缆破皮，长时间的风吹和潮湿的天气导致电缆与金属支架接触。

（2）鼠兔等啮齿类动物的啃咬，导致线缆绝缘皮破损。

（3）线缆挤压磨损引起接地故障。

（4）接线松动、脱落引起接地故障。

（5）误接线引起的接地故障。

466. 直流汇流箱防雷模块失效怎么处理？

答：观察防雷模块的状态、接线是否牢靠。如果接触良好，颜色由绿色变为红色，可判断为防雷模块失效（见图 4-33），应马上更换。

图 4-33　防雷模块失效

467. 汇流箱烧毁的原因有哪些?

答: (1) 光伏组串与汇流箱内的接线不牢固,运行过程中接触不良,引起拉弧,高温下熔断器底座融掉后引起短路。

(2) 接线错误。光伏组串接入汇流箱时,施工人员没正确分辨正负极,把某组串正极与其他组串负极接在一起,引起短路。

(3) 电源模块发生内部故障,导致拉弧。

(4) 断路器相间隔极未安装,或断路器与外壳过近,飞弧距离不够。

(5) 汇流箱下部的防水端子松动,引起线缆松脱,造成拉弧烧毁端子。

第五节 逆 变 器

468. 逆变器的维护检修需要注意哪些事项?

答: 应严格按照逆变器维护手册的规定步骤进行,内容如下:

(1) 应定期检查逆变器各部分的接线是否牢固,有无松动现象,尤其应认真检查散热风扇(若有)、功率模块、输入端子、输出端子以及接地等。

(2) 一旦报警停机,不准马上开机,应查明原因,并视故障情况判断是否可以开机检查。

(3) 操作人员应进行专业培训,在发生故障时,能够明确故障原因,了解故障地点,并能够对故障进行维修处理。如发生不易排除的故障或故障的原因不清,应做好事故详细记录,并及时通知逆变器生产厂家给予解决。

(4) 对于逆变器经常出现故障的部件要留有足够的备件,与厂家沟通排查易损部件损坏的原因,以及是否可通过技术手段对其进行改进。

469. 逆变器过温故障怎么处理?

答: 逆变器会同时检测模块温度、散热器温度、电抗器温度、环境温度,在液晶屏上只显示某一个或者几个温度,并且以最高温度进行过温故障判定。

一旦逆变器报了过温故障，可以从以下几个方面进行排查：

（1）首先检查外部环境，是否存在影响逆变器散热的不利因素，查看逆变器的散热片是否被堵住、逆变器顶部是否有遮阳设施。如果没有遮阳棚，可以考虑安装，避免阳光直射，减少过温停机的风险。

（2）查看逆变器电缆进出线孔的防火泥是否封堵，一方面是防止小动物进入，防止水汽进去；另一方面更有利于散热。

（3）检查散热风机是否正常，如有异常，应及时停机处理。

（4）检查风扇继电器、控制接触器是否损坏，如有损坏应及时更换。

（5）检查防尘网是否堵塞，如有应及时清理，或更换防尘网。

（6）检查逆变器的排线是否松动，所有的逆变器采样都是模拟信号，都是需要经过采样线传输，如排线松动，可能导致逆变器采样信息不稳定，可能过高、过低，包括电压、电流数据也是如此，尤其是某些机型，排线松动导致的过温故障非常频繁。

（7）与逆变器温度控制有一定的关系，可与设备厂家沟通，考虑现场实际运行环境，适当提升滤波器板过温停机的温度限值，减少此类故障的发生。

470. 逆变器直流过电压故障如何排查及解决？

答：（1）检查阵列的组串配置是否异常，冬季要考虑组件的温度特性，若组件串联数过多，可重新调整组串连接，降低光伏阵列电压。

（2）检查直流侧实测电压是否与系统监测的电压相同。

（3）检查逆变器主控制板、转接板或检测板相关的电流采样通道、电压采样通道及驱动线的排线连接是否正常。

471. 逆变器电网过/欠电压故障的原因有哪些？

答：GB/T 19939—2005《光伏系统并网技术要求》规定，交流输出侧欠电压与过电压保护范围是额定电压的 $85\%\sim110\%$，当超过这个标准时，逆变器要停止运行。单相并网的额定电压为 230V，当电网电压低于 195.5V 或者高于 253V 时，逆变器原则上要停机；三相并网的电压为 400V 的，当电网电压低于 340V 或者高于 440V 时，逆变器原则上要停机。

逆变器检测到实际电网电压超出设定的保护值时，逆变器将自动脱开，进入故障停机状态；当电网电压恢复正常值后，逆变器故障消除。

原因：实际电网电压过高或过低，存在一定波动；若并网交流侧电压浮动不大，则可考虑是由于逆变器交流电压采样电路损坏导致的。

472. 逆变器电网过/欠电压故障的排查方向有哪些？

答：（1）出现电网过/欠电压时，首先检查实际电压是否和液晶显示相等，以及检查逆变器设定保护值，确认保护值是否符合要求。

（2）出现电网过/欠电压时，检查输出线径是否过细、交流开关接触是否不良或者损坏、输出端子是否松动、逆变器电压采样电路是否损坏等。

473. 逆变器风扇故障的原因有哪些？

答：逆变器内部温度过高时，风扇可以起到降温作用。一般情况下，当内部温度达到 75℃时，将触发高温告警，逆变器启动风扇降温。

原因：①风扇本身故障；②风扇供电异常；③控制回路异常；④节点检测通道损坏。

图 4-34 为逆变器液晶屏显示的风扇故障等信息。

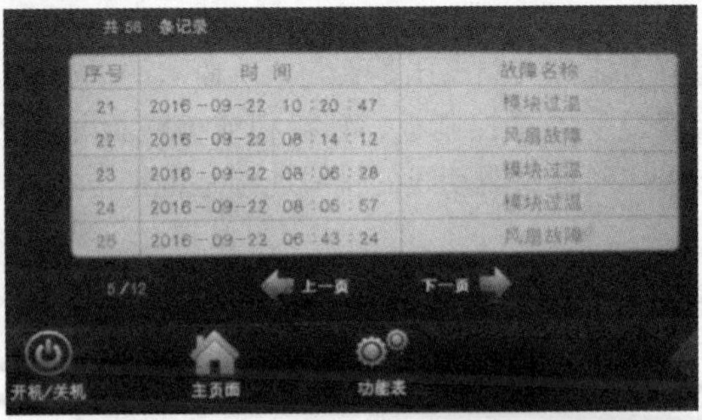

图 4-34　逆变器液晶屏显示的风扇故障等信息

474. 逆变器电容故障的原因有哪些？

答：逆变器的直流母线处有储能滤波环节，采用大容量的电解电容。直流侧电容主要作用是缓冲电网与负载的能量交换，吸收纹波电流，稳定母线电压，抑制负载突变造成的直流母线电压大幅度波动，使系统输出更加稳定。当电容的纹波电流波动过大，超过电容的承受能力时，造成电容温度过高，电容器燃烧，沿着电容器的电源线，使直流侧母线铜排烧毁、风扇和转换模块烧黑。如图 4-35 所示为集中逆变器电容烧毁照片。

图 4-35 集中逆变器电容烧毁照片

475. 逆变器电容故障的排查措施有哪些？

答：排查措施有：

（1）按时巡检逆变器，检查空气过滤器是否存在堵塞现象。

（2）若有风扇，则检查风扇工作是否正常，保证机体内部散热良好。

（3）检查温度测量装置是否正常，建议使用导热硅胶垫将电容器固定在电路板上，并保持逆变器室通风通畅。

（4）定期对逆变器的内部及逆变器室进行清扫、吹灰工作。

476. 逆变器漏电流故障的原因有哪些？

答：故障原因有：

（1）漏电流采样通道故障。

（2）逆变器对地绝缘及接地问题。

477. 逆变器漏电流故障的措施有哪些？

答：处理措施有：

（1）检查漏电流采样设备通道，包括漏电流传感器。

（2）检查现场逆变器绝缘及接地情况。

478. 逆变器孤岛故障的原因有哪些？

答：故障原因有：

（1）逆变器、变压器等内部电路存在断路情况。

（2）电网电压存在异常。

（3）电网电压采样通道异常。

（4）转接板故障，转接板负责将所有采集的信号传送到数字信号处理芯片。

（5）现场逆变器对应的箱式变压器低压侧断路器跳闸。

（6）其他原因。

479. 逆变器孤岛故障的措施有哪些？

答：处理措施有：

（1）检查各个开关是否处于合位，同时对逆变器、变压器两侧输入输出电压进行实地测量。

（2）结合故障录波数据和操作屏幕历史故障记录，判断电网是否出现异常。

（3）确认逆变器采样线、主控制板和转接板或检测板是否正常。

480. 因逆变器接触器无法吸合造成停机故障如何处理？

答：在逆变器并网过程中，接触器无法正常吸合，造成机器处于停机状态。

处理方法建议如下：

（1）断开交、直流开关，待完全放电后，查看交流主接触器外观是否有明显异常，并检查接触器线包以及触点接线是否紧固，触点是否有黏连的情况。

（2）断开交流开关，仅上直流电：①将 PD 板与辅助接触器供电端子短接，强制给辅助接触器供电。如果辅助接触器没有吸合或吸合后电压未送到主接触器线包，表明辅助接触器或连接线可能存在断路，需要重点检查辅助线连接，必要时可更换备件进行验证。②如果主接触器能够吸合，测试主接触线包电压是否变化，若电压逐渐减小，直到接触器跳开，则更换电源盒并重新测试，如果问题没有再次出现，说明电源盒有故障；反之，接触器本体存在问题。③如果主接触器线包已经有电压，但不能正常吸合，说明接触器本体存在问题。

481. 逆变器绝缘电阻低故障的原因和措施有哪些？

答：为防止人体同时接触面板带电部分和大地造成电击危险，并网之前光伏逆变器会检测绝缘电阻，当绝缘电阻降低时，光伏逆变器将自动启动保护并停止工作。

当后台发现逆变器出现报警，显示"绝缘阻抗低"，导致逆变器无法正常开机，这种情况一般都是线路出现接地故障。具体措施如下：

（1）可利用逆变器开机检测绝缘阻抗的功能进行排除。例如一台 20kW 逆变器接入 4 路，每一路光伏组串对地都有一个绝缘电阻，4 路就相当于 4 个电阻并联，把逆变器输入侧的组串全部拔下，然后依次接上，可排查到问题组串，然后重点检查故障组串的直流接头是否有浸水、与支架短接情况。

（2）用绝缘电阻表逐串测量光伏组串正负极对地绝缘电阻，阻抗需要大于逆变器绝缘阻抗的阈值要求。

组件接线裸露部分与支架接触导致绝缘性能降低，逆变器出现告警，逆变器绝缘阻抗低告警和原因如图 4-36 所示。

告警列表 (2)

⚠ **绝缘阻抗低**
产生时间: 2019-08-06 08:47:40
告警级别: **重要**

⚠ **残余电流异常**
产生时间: 2019-08-06 08:14:38
告警级别: **重要**

(a) 逆变器告警列表　　　　　(b) 接线裸露部分与导轨接触 (原因)

图 4-36　逆变器绝缘阻抗低告警和原因

在日常运维中，应做到以下几点：

（1）定期检查线缆情况，确保线缆表面无破损。

（2）做好现场防护工作，防止小动物对设备及其附件造成损坏。

（3）保持现场环境干净、整洁，避免因积水、潮湿导致绝缘阻抗异常。

482. 集中逆变器直流接地故障怎么处理？

答：当集中逆变器发生直流接地故障报警时，应按照以下步骤进行排查：

（1）查看逆变器报警信号，确认逆变器"PV 接地故障"告警，并记录。

（2）依次排查汇流箱，找出有接地故障的汇流箱。

（3）断开接地汇流箱的断路器及各个支路熔断器，测量各支路的开路电压，找出接地的支路并断开该支路。

（4）恢复该汇流箱其他支路的并网运行。

（5）找出该汇流箱接地支路的接地点，消除接地故障，恢复支路并网运行。

483. 集中逆变器报 PDP 故障如何分析处理？

答：PDP 故障报警为驱动回路故障，驱动回路包括主控制板、转接板或检测板、光纤转换板、光纤、IGBT 驱动板、IGBT 等，出现故障后，可排查的故障点有：

（1）尝试将逆变器重启，观察是否能恢复运行。

（2）检查 IGBT 是否异常。

（3）尝试更换 IGBT 驱动板，观察是否能恢复运行。

（4）检查转接板、检测板是否异常。

（5）检查主控制板 CPU 是否异常。

（6）检查光纤转换板和光纤是否异常。

（7）检查直流总霍尔传感器是否异常。

484. 逆变器无法正常并网应怎么处理？

答：逆变器在并网前应做相关实验，一方面确定各项技术指标符合出厂规定，另一方面对产品本身的性能做出判定。

逆变器并网后无功率输出，此时可按以下步骤进行检查：①检查液晶面板是否有故障，如有故障需及时修复。②若液晶面板无故障，则对逆变器输入端的电压进行检查，如电压值正常，且逆变器仍然无法正常启机并网，需要联系逆变器厂家进行故障处理。

485. 组串逆变器电网电压异常告警如何处理？

答：某光伏电站组串逆变器告警信息显示"电网电压异常"，处理方法如下：

（1）当某几台逆变器同时出现电网电压异常的告警时，需要确定故障是否由并网点电压过高导致。如果连接同一箱式变压器的其余逆变器均稳定工作，那么将问题锁定在出现告警的逆变器。

（2）若发现因逆变器交流侧线缆过长造成逆变器交流侧电压抬升过高，如果不便变更逆变器的搭接位置，可以尝试修改过压保护参数。

486. 组串逆变器光伏组串接反有哪几种情况？

答：组串逆变器光伏组串接反主要有以下几种情况：

（1）同一路 MPPT 中，接入的两串均反接。

（2）同一路 MPPT 中，接入的两串，一串正确、一串反向。

（3）同一路 MPPT 中，只接一串且反向。

487. 逆变器组串反向故障的措施有哪些？

答： 当逆变器检测到组串反向后，逆变器会自动与电网脱开，进入故障模式。相关措施有：

（1）检查直流正负极接线。判断确定有反接组串后，建议在弱光或无光照时插拔组串端子，避免在强光下插拔组串端子产生拉弧而损坏端子。

（2）若正负接线正确，检查直流电压、电流的采样是否正常。

488. 逆变器通信中断的原因有哪些？

答： 逆变器通信中断会导致无法监视、控制、实时调整出力，影响 AGC 整体调节性能，且无法及时发现逆变器故障，设备处于带风险运行状态。逆变器通信中断的可能原因有：

（1）逆变器通信端子 RS-485 接线松动。

（2）箱式变压器测控通信板故障。

（3）RS-485 通信线破裂、接地、受干扰。

（4）厂区光纤破损，传输通道中断。

489. 逆变器通信中断的处理措施有哪些？

答： 逆变器通信中断的处理措施有：

（1）检查后台监控汇流箱通信是否正常，如汇流箱通信正常，排除光纤通道、箱式变压器测控本体问题。

（2）现场核查逆变器 RS-485 接线端子，排除 RS-485 接线问题。

（3）核查逆变器 RS-485 通信线电压，如电压是正常的，排除线路破损、接地等问题。

490. 组串逆变器 RS-485 通信接线错误怎么处理？

答： 某光伏电站 11 台逆变器采用 1 根 RS-485 通信线串联，7

台正常通信，4 台通信异常。数据采集器 RS-485 端口无故障，排查 RS-485 线接线口，发现连接第 4 台的 RS-485 通信线出线的正负极之间连接错误，相序接反，此项目的通信线以白色表示正极，蓝色表示负极。正确连接 RS-485 通信线后，再次重新搜索、调试，11 台逆变器通信全部正常。RS-485 错误与正确连接方式分别如图 4-37、图 4-38 所示。

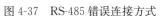

图 4-37　RS-485 错误连接方式　　　图 4-38　RS-485 正确连接方式

当逆变器采用 RS-485 通信线通信出现故障时，一般为设备通信端口或者通信线的问题，排查方法有测量端口电压、测量通信线的通断，或者使用专业软件进行抓包处理等方法。

组串逆变器 RS-485 通信接口 PIN 脚编号如图 4-39 所示。

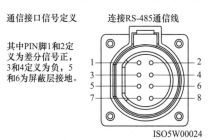

图 4-39　组串逆变器 RS-485 通信接口 PIN 脚编号

491. 集中逆变器 IGBT 炸毁的原因可能有哪些？

答：集中逆变器 IGBT 炸毁的原因可能有：

（1）过电流损坏。过电流导致 IGBT 达到退饱和态，从而造成 IGBT 超过允许结温而失效。

（2）过电压损坏。当 IGBT 集电极和发射极所承受的反向电压超过额定值后，造成 IGBT 工作在安全工作区域外，从而导致 IGBT 阻断层失去阻断能力，造成失效损毁。

（3）当 IGBT 结温超过所允许的结温后，也会出现失效现象。

492. 冬季温度低，逆变器不并网发电的可能原因是什么？

答：冬季某光伏项目逆变器显示待机，且无故障告警，逆变器的并网时间较晚。出现该问题的原因可能由于组件的串联数量较多、低温下电压较高引起。经检查，光伏组件的串联数为 22 块，环境温度 30℃ 时，开路电压基本在 889V；当环境温度在 -10℃ 时，开路电压则达到了 1008V，比 30℃ 时高了接近 120V，逆变器的 MPPT 追踪范围在 160～950V，组串电压不在逆变器的 MPPT 追踪范围，故逆变器无法完成并网，而当光伏组串电压低于 950V 时，MPPT 开始追踪，逆变器开始并网发电。故在北方冬夏季节温差大的地区，一定要考虑到组件的温度特性，否则可能会出现因现场温度低而造成逆变器并网晚的问题。

493. 光伏阵列组串电压偏低，如何排查故障？

答：（1）设计排查。排查逆变器各组串接入组件数量和组件规格是否一致。

（2）逆变器排查。排查有无异常告警，同时现场测量组串的开路电压，发现仍有异常组串的，通过组串交叉测试，找到问题组件。

（3）组件外部排查。排查有无接线故障、破碎、变形等问题；有无灰尘、阴影遮挡或接线盒故障等问题。

（4）查询故障出现时的天气状况，如出现雷雨天气，判断光伏区有无雷击点。

494. 逆变器硬件异常现象、处理方法是什么？

答：异常现象：①逆变器正常运行时，模块温度异常。②逆变器非并网状态下，检测到直流组串存在电流。

处理办法：①检查逆变器模块温度采样，排查功率模块温度采样线是否断裂；排查采样端子是否紧固；检查 PD 板、PA 板、PA 与 PD 板的连接是否正常。②检查直流电流采样通道，测量直流电压，检查系统内部直流侧是否存在短路；检查直流电流采样线是否断裂，连接是否牢固。

495. 组串逆变器更换或安装注意事项是什么？

答：以组串逆变器为例，光伏逆变器安装有以下基本要求：

安全勘察：

（1）确保逆变器安装环境通风良好，散热片无遮挡；安装地点通风较好，保持干燥，环境温度保证在一定范围内（－25～＋60℃）。当周围温度保持在 45℃ 以下时，逆变器处于最佳工作状态，运行寿命最长。

（2）逆变器周围应保持 50cm 的距离，距离地面要高于 60cm。

（3）有良好的接地点，做好线缆路径规划，交直流线缆与通信线缆分开敷设。

注意事项：

（1）当组串逆变器安装在支架上，确认支架的承载能力。

（2）逆变器安装周围具备阻燃隔离措施。

（3）若有固定的水泥墙面，应将逆变器安装在水泥墙面上，确保逆变器安装垂直或向后倾斜不超过 15°。

（4）检查逆变器悬挂附件完好度，水平安装紧固。

（5）若逆变器暴露在太阳下，则需要架设遮阳棚，避免阳光直射、雨淋、积雪，影响使用寿命。

电气安装：

（1）禁止阴雨、潮湿天气打开逆变器主舱门。

（2）逆变器机箱外壳使用铜芯线缆连接至可靠接地点。

（3）应使用与逆变器同品牌的直流线缆连接器插头，便于后续的质保。

（4）制作交直流连接头，注意避免出现线缆损伤，规格应符合国家标准。

（5）直流线缆插头连接前应清理完灰尘，插入后应使用专用扳手加固、确认。

（6）逆变器安装完成启动前，应使用万用表检测交直流两端电压，确认符合逆变器启动标准。

496. 逆变器维修更换后的检查内容有哪些？

答：（1）检查逆变器柜体安装是否牢固、接地是否可靠、各接线端子接线是否紧固，有无松动现象。

（2）逆变器正常并网后，应无异音、异味。逆变器通信正常。逆变器各运行参数正常，用蓝牙模块查看有无报警参数。逆变器柜内通风装置运行应正常。

（3）天气炎热时或逆变器高峰负荷期间，检查逆变器室内温度、各断路器温度是否有过高现象。

（4）高峰负荷时，需要对逆变器，以及箱式变压器电压、电流、功率等数值进行比对。

（5）定期检查逆变器各部分的接线是否牢固，有无松动现象；重点检查风扇、功率模块、各端子排有无烧损或发热现象。

497. 逆变器输入接头发热缺陷的原因是什么？

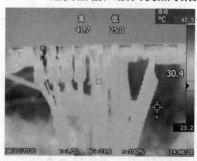

图 4-40 逆变器输入端子红外成像

答：运维人员巡检时发现输入接头顶口烧坏、插头松动、螺纹烧化掉落等问题，使用红外热成像仪检测逆变器连接器插头的发热情况（逆变器输入端红外成像见图 4-40）。经排查，发热的原因可能是施工方安装接线时未按照逆变器技术指导手册进行压接及接线，母头公芯压接随意，接触不良造成压接口发热，造成压连接器插头卡扣融化，因其所带 $4mm^2$ 线重力作用造成发热点扩大并向上移动，最后发展为螺纹烧化掉落。

498. 组串逆变器的地埋输入线缆为什么要预留一定长度?

答: 光伏组串至组串逆变器的电缆预留一定的长度,不仅考虑后期的维护检修,还要考虑地面的下沉等因素。某些地面电站或山地电站逆变器光伏线缆预留长度不足,如图 4-41 所示。

图 4-41 逆变器光伏线缆长度预留较短

地面下沉后,光伏电缆和连接器端子之间存在一定的拉力,容易导致公母头接触不良,引起发热。若线缆长度不足,建议将逆变器高度适当下降。

第六节 变 压 器

499. 箱式变压器哪些故障比较常见?

答: 根据多座光伏电站箱式变压器运行数据的调研结果,从箱式变压器发生故障次数来看,箱式变压器漏油、高压熔断器故障为高发类型。从损失电量来看,损失电量占比最多的为高压熔断器故障,约占箱式变压器总故障损失的 45%;绕组故障约占箱式变压器总故障的 30%。箱式变压器漏油损失电量约占箱式变压器总故障的 4%。一般情况下,气温升高以后,箱式变压器故障率上升,尤其体现在箱式变压器漏油故障的发生。

500. 箱式变压器故障停运,重点检查哪些内容?

答: (1)若箱式变压器存在故障停运,应重点检查其高压熔断器是否熔断、负荷开关是否跳闸，并通过万用表测量通断情况以明确状态。

（2）熔断器和负荷开关是否存在发热、腐蚀、灼伤等异常情况。

（3）检查变压器本体油位、压力、温度等，检查有无漏油、压力释放、瓦斯动作、温度异常等情况。

（4）若箱式变压器本体元器件动作，可使用万用表测量接点，以判定是否异常。同时使用万用表、绝缘电阻表初步检查箱式变压器的直流电阻和绝缘情况。

501. 处理变压器故障前，需要先了解哪些情况？

答：（1）变压器故障处理前，需要了解系统的运行方式、负荷状态、故障箱式变压器及其所在的汇集线的运行电压、电流、功率等情况。

（2）了解当地电网电压、电流波动情况，以及变压器的上层油温及电压情况。

（3）事故发生时的天气情况。

（4）近期的设备操作、检修情况。

（5）保护动作和事故现象情况，包含故障箱式变压器的编号、故障发生时间、故障发生地点。

502. 变压器渗漏油的位置有哪些？

答：变压器渗漏油部位主要分布在变压器油箱各类零部件的连接处，如变压器套管、气体继电器、油位指示器、散热片阀门、有载开关、温度表、高压熔断器等含密封件处。变压器油箱、散热片焊缝渗漏油也时有发生。

503. 变压器渗漏油的原因有哪些？

答：变压器渗漏油的原因一般和零部件制作质量、运行环境、安装质量、运行年限等都有一定的关系。例如：

（1）密封胶件老化、龟裂、变形。漏油95％以上是由于密封胶件引起的。密封胶件质量的好坏取决于它的耐油性能，耐油性能较差的，老化速度较快，昼夜温差大及年降雨量大的地方，箱式变压器密封垫处在高温、高湿环境，极易引起密封件老化、龟裂、变质、变形，以至失效，造成变压器渗漏油。如图4-42所示为高压套管密封圈老化引起的渗油。

渗油点

图4-42 高压套管密封圈老化引起的渗油

（2）安装方法不当。法兰连接处不平，安装时密封垫四周不均匀受力；法兰接头变形错位，使密封垫一侧受力偏大，一侧受力偏小，受力偏小的一侧密封垫因压缩量不足容易引起渗漏，此现象多发生在散热器与本体连接处；密封垫安装时，由于电缆的拉力、人为紧固等使其自由紧固件压力不足或过大，压缩量不足时，变压器运行温度升高、油变稀，造成变压器渗油；压缩量偏大，密封垫变形严重。

（3）变压器的制造质量。变压器的焊点多、焊缝长，而油浸式变压器是以钢板焊接壳体为基础的多种焊接和连接的集合体。变压器在制造过程中，油箱焊点多、焊缝长等都会影响焊接质量，造成气孔、砂眼、虚焊、脱焊现象，从而使变压器渗漏油。

变压器另一个经常发生渗漏的部位在板式蝶阀处，早期的变压器，使用的普通板式蝶阀连接面比较粗糙、单薄，单层密封，属淘汰产品，易引起变压器渗漏油。

504. 怎样检查及处理变压器渗油？

答：举例说明常见部位渗油的处理方法：

（1）对于箱式变压器本体存在砂眼导致渗油，将砂眼打磨完成后，先将砂眼灌铅，然后再进行焊接，可有效降低故障复发概率。

（2）对于蝶阀与连接法兰渗油，检查密封垫圈是否放正，压缩量是否合适，螺栓是否均匀紧固。

（3）对于散热片排气孔是否渗油，检查排气孔螺帽的紧固是否到位，密封圈是否变形、破损。更换排气孔密封圈时应注意螺帽不得旋出，避免绝缘油漏出。

505. 变压器漏油的备品备件管理措施有哪些？

答： 变压器漏油的备品备件防范措施有：

（1）电站应根据箱式变压器运行情况，适当备用不同规格的耐高温、耐油性能良好的密封垫（一般选择邵氏硬度在 70~80 度的丁腈橡胶），站内应备好库存，并密封存放在阴凉处，确保故障时能及时进行更换，缩短故障处置时间。

（2）由于箱式变压器渗油的原因主要集中在箱式变压器本体补焊点、高压套管密封垫裂缝处、插入式熔断器、注放油阀、油位计及低压铜排引出部位等，电站应常备箱式变压器密封胶、高分子复合材料修补剂等，以备站内日常处理箱式变压器轻微渗漏问题。

（3）对于光伏区箱式变压器停电处理故障时，为了防止在检修注油、更换高压套管过程中没有电源的问题，电站应常备手动注油器和小型发电机。

506. 变压器漏油的技术防范措施有哪些？

答： 变压器漏油的技术防范措施有：

（1）在箱式变压器重新注油之前，应首先进行绝缘油过滤、取油试验、绝缘测量，对于重新安装的高压电缆必须做耐压试验，一切正常后才可以送电投入运行。

（2）对于高压套管密封圈问题，若箱式变压器均在保修期内，要求厂家整体更换高压套管，同时要求厂家出具高压套管密封圈合格试验报告。

（3）箱式变压器故障需要更换密封垫时，两面涂抹密封胶，待密封胶干燥一段时间，待溶剂挥发后，找平结合面后连接紧固，封垫压缩量一般为其厚度的 1/3 左右。

（4）隔离故障箱式变压器，并接电缆头时，三相间保持足够的安全距离，电缆头进行绝缘包扎后要缠绕防水胶带。

（5）箱式变压器故障处理后初次送电，人员与箱式变压器应保持足够安全距离，低压侧断开后，对高压侧进行冲击实验。

507. 变压器漏油的运行管理防范措施有哪些？

答：变压器漏油的运行管理防范措施有：

（1）制定设备特巡制度，按照设备分工，落实设备主体责任人，对箱式变压器本体焊接处及高压套管对接处、绝缘子、高低压套管、插入式熔断器、注放油阀及油位计处进行特殊巡视，确保无漏油现象。

（2）所有柜门日常关闭上锁，并对柜体进行全面封堵。

（3）对备用油样要加强管理，备用油样应存放室内，避免日光暴晒及水汽进入，加油、补油时需要保证注油设备及吸、注油管清洁干净等。

（4）制定好故障台账，持续跟踪设备运行状况，确保隐患彻底治理，杜绝事故重复发生。

508. 变压器熔断器故障的原因有哪些？

答：以某光伏电站后台出现"过电流Ⅰ段保护动作"为例说明可能出现的原因，箱式变压器出现保护动作停机。运维人员对三相高压熔断器解体，发现三相熔断器灼伤严重，熔断器金属触头部分有明显放电烧灼痕迹，经测量均已烧损，箱式变压器油流出。变压器熔断器烧毁现象如图 4-43 所示。

图 4-43　变压器熔断器烧毁现象

原因排查：

（1）过电压因素。高压熔断器熔断前，运维人员未进行相关倒闸操作，光伏阵列未并网，箱式变压器负荷极低，由此可排除由于系统内部过电压或者大气过电压造成的熔断器熔断。

（2）熔断器选型。现场熔断器型号为 XRNT215.5kV/175A，箱式变压器高压侧的额定电流为 54.99A，根据要求，熔断器的额定电流为变压器额定电流的 1.1～1.4 倍，即 54.99 × 1.4 = 76.99（A），且型号应选择为 T 型，由此判断技术参数符合要求。

（3）熔断器缺陷。经检查，高压限流熔断器底座为金属触头，柔性不足，易发生形变，造成熔断器底座接触不良，因累积性拉弧放电，相间绝缘降低，造成汇集线路相间短路，线路瞬时过电流，可引起汇集线路过电流保护动作。

电流通过熔断器时产生大量热量，正常运行时产生的热量积聚在熔断器圆干筒内，并通过对流散发到箱式变压器内变压器油中。由于熔断器底座累积性放电，导致熔断器圆干筒内的温度无法快速下降，熔管熔体为低熔点银合金材料，高温下会瞬间熔断。

509. 变压器熔断器故障的技术防范措施有哪些？

答：（1）储备一定数量的熔断器，确保故障时能及时进行更换。

（2）更换插入式熔断器时必须将熔断器卡紧，上好熔断器后，熔座必须推到位。当一相或二相熔断器熔断时，需三相同时更换。

（3）更换插入式熔断器之前，检查箱体内是否有电弧放电声音。

（4）检查箱体是否鼓起或者有油渗漏或溢出的痕迹。

（5）检查卸压装置附近的箱体是否存在油渗漏、溢出的痕迹或炭黑的污迹。若出现上述情况，则不可使用插入式熔断器接通或断开变压器，否则可能会导致火灾或人员伤亡。

（6）在插入式熔断器更换操作之前必须释放变压器的压力。

（7）仔细检查熔断器管，确保黄铜件的任何部位没有腐蚀。

（8）对于投运时间超过三年的油浸式箱式变压器，对其油样进行化验，可采取滚动式抽样法，在三年内全部化验完毕。

510. 变压器熔断器故障的管理组织措施有哪些?

答:（1）电站应及时联系厂家到站检测、消缺，电站应整理箱式变压器合同资料，对设备厂家响应迟缓的，按相关条文进行约束。

（2）加强后台监控及现场巡检力度，对现场同一生产批次的箱式变压器进行全面普查，对有异味、异常声音的做到每日后台一巡查、每月现场一维护，前后仔细对比，定时分析，综合判断，尽可能将故障隐患提前消除。

（3）站内利用故障处理机会，加强对运维人员技术操作培训，使运维人员掌握插入式熔断器更换技巧和经验。

511. 箱式变压器超温跳闸报警的原因有哪些?

答:某光伏电站箱式变压器出现"超温跳闸"保护动作，断路器跳闸。故障原因排查分析如下:

（1）箱式变压器实际油温不正常，超过告警值。至现场观察温湿度控制器所测量到的温度值，如出现无规律跳变情况，可基本判断箱式变压器本体运行无异常。

（2）温控器二次输入或者温度传感器等故障。现场可对温度传感器进行检查，检查温度传感器内油位是否正常，温度传感器测温数据如果无异常，可能不是引起温度跳变的原因。

（3）后台监控。根据现场二次接线和通信网络，就地测温装置检测到温度后以干接点的方式接入箱式变压器测控装置，按照 IEC 60870-5-103 或 IEC 60870-5-104 传输协议及保护设备信息接口配套标准上传后台，如果是间歇性的无规律跳变，可基本排除是后台问题。

（4）端子松动问题。经过排查，该电站出现故障的原因是接线端子与测温装置端子的压接出现松动或压接线皮现象，导致测量电阻波动或不准，使温度测量失常，从而导致后台不断报警。

512. 箱式变压器测控装置故障的防范措施有哪些?

答:为防止箱式变压器低压侧开关误动，厂家对箱式变压器配置过电流速断保护、短路短延时、过载长延时、接地电流保护等，并设定了对应的整定值。在电站运维过程中的防范措施有：

（1）对站内箱式变压器低压侧开关整定值进行排查，确保保护正常投入。

（2）利用巡检机会，巡视各端子是否有松动、发热现象，对于接线杂乱的进行绑扎固定。

（3）在设备定检预试过程中，按照规范要求对二次接线进行绝缘遥测、卫生清扫、紧固检查，另有盐碱等腐蚀性气体的地区要检查端子的腐蚀程度。

513. 箱式变压器油位偏低的原因是什么？

答：箱式变压器油位偏低的可能原因有：

（1）环境温度剧烈变化，箱式变压器无储油柜调节油位，受热胀冷缩影响，造成油位偏低。

（2）箱式变压器本体存在漏油、渗油情况。

（3）浮球进油、传动机构故障、表计故障。

514. 箱式变压器油位偏低的危害是什么？

答：变压器油主要用于维持变压器绝缘和冷却效果，如果变压器的油位持续下降，可能造成如下危害：

（1）油位偏低造成绝缘水平下降，冷却效果降低。

（2）造成负荷开关灭弧效果降低，油质劣化。

（3）造成变压器器身（本体）易暴露于空气中，引起器身元器件的腐蚀和受潮。

（4）油位过低可能会导致变压器轻、重瓦斯告警或跳闸。

515. 箱式变压器油位偏低的处理方法是什么？

答：（1）通过放气阀调节箱式变压器内部压力，观察油位计的油位变化能否恢复。

（2）在不同的环境温度下，观察油位计是否是假油位。

（3）若真实油位异常，通过注油孔注入适量的合格油品以恢复至正常油位。

516. 导致变压器温度异常的原因有哪些?

答: 导致变压器温度异常的原因有:

(1) 内部故障。比如绕组匝间短路或者层间短路、线圈对外层放电、内部引线接头发热、铁芯多点接地导致涡流增大过热、零序不平衡电流等都会引起变压器温度异常,同时还会伴随气体或保护动作告警。

(2) 冷却器异常运行。冷却器不正常运行或者发生故障,比如油泵停运、风扇损坏、散热管道堵塞、散热器阀门未打开等都会导致冷却效果不良,从而引起油温升高。

(3) 温度指示器有误差或者失灵,温度传感器故障等,都会造成变压器温度误告警,应定期检测且及时更换。

517. 主变压器的常见故障有哪些?

答: 主变压器异响;油温异常;主变压器绝缘瓷瓶放电;主变压器漏油;主变压器老化、绝缘强度下降。

518. 变压器在什么情况下应紧急拉闸停用?

答: 变压器有下列情况之一,立即停运:

(1) 抢救触电人员时,必须立即停电。

(2) 变压器内部有强烈不均匀的噪声或爆炸声。

(3) 正常负荷和冷却条件下,变压器温度异常升高超过极限值不断上升,并经检查证明温度表指示正确。

(4) 储油柜或安全气道防爆压力释放器喷油。

(5) 严重漏油导致实际油面低于允许限度以下。

(6) 油色变坏、油内出现炭质等。

(7) 套管有严重破损和放电闪络现象。

(8) 变压器冒烟着火时。

(9) 发生危及变压器安全的故障而变压器有关保护拒动时。

(10) 变压器接线端子熔化。

519. 变压器着火后怎样处理?

答: (1) 断开变压器各侧断路器和隔离开关,厂用变压器故障时可切换为备用变压器运行。

(2) 停用冷却装置。

(3) 若变压器油溢出并在顶盖上着火,应打开变压器底部的油门放油,使油位低于着火处,可用四氟化碳、二氧化碳灭火器灭火。

(4) 若着火可能引起油系统爆炸,应把油放干净,放出的油着火时,禁止用水灭火;但若变压器内部故障引起着火时,禁止放油,以防变压器发生爆炸。

(5) 为防止火灾蔓延,应及时采取措施,隔离着火变压器和相邻的设备,若相邻设备受火灾威胁或有碍于救火时,应将其停电。

520. 变压器运行中遇到三相电压不平衡现象如何处理?

答: 如果三相电压不平衡时,应先检查三相负荷情况。对于 D/Y 接线的三相变压器,若三相电压不平衡,电压超过 5% 则可能是变压器有匝间短路,需停电处理。对于 Y/Y 接线的变压器,在轻负荷时允许三相对地电压相差 10%;在重负荷的情况下要求三相电压平衡。

521. 箱式变压器低压侧框架式断路器故障跳闸后如何排查?

答: 框架式断路器跳闸是光伏电站发生频次较高的故障之一,相关的排查思路如下:

(1) 现场直观排查。现场人员可以通过眼观、鼻嗅、手触等感官手段,排查设备是否存在发热、变色、冒烟、油渍、元器件动作等异常现象。具体包括:①各类指示灯、表计是否有异常现象。②断路器本体脱扣是否弹出动作。③油温计显示或箱式变压器本体是否有高温或超高温情况发生。④电缆、母排、连接端子等位置是否存在过热变色、放电灼伤、短路熔融等现象。⑤箱式变压器本体是否有较严重的漏油情况。⑥气体继电器、压力释放阀等直接跳闸的元器件是否动作。

(2) 排查断路器智能保护器故障记录。断路器本身保护跳闸后,智能保护器会保存最近一次的故障记录并弹出红色脱扣按钮可以根据故障记录（如短路、过载、接地、缺相等）对断路器相关设备状态开展有针对性的检查。

（3）排查箱式变压器测控装置记录。对于电站箱式变压器测控装置，厂家设计有电量保护和非电量保护，可以针对测控装置的动作历史记录检查相应的设备。

第七节 电缆与连接

522. 光伏电站组串接线有哪些缺陷？

答： 光伏电站组串接线的常见缺陷有：

（1）电缆标识不清。如图 4-44 所示为某西北光伏项目的组串接线情况，直流线缆正负极均用黑色线缆，但是没有任何的标识进行编号，不便区分正负极。如图 4-45 所示为正确示例。

图 4-44 西北光伏项目的组串接线情况

图 4-45 正确示例

（2）交流电缆剥皮过长（如图 4-46 所示），剥去钢铠后内部黑绝缘皮只需剥 5.5cm 左右。

图 4-46　交流电缆剥皮过长

如图 4-47 所示为交流电缆剥皮过长，露铜太多，绝缘皮只需剥 1～1.2cm。

图 4-47　电缆露铜过多

（3）直流端子铜芯没有压紧，易脱落，运行期间有烧直流端子的风险。直流端子压接不当如图 4-48 所示。

图 4-48　直流端子压接不当

（4）直流端子接到逆变器的位置和编号不对应。端子编号错误如图 4-49 所示。

图 4-49　端子编号错误

（5）支路接线虚接。除了接线端子未紧固到位造成虚接，随着季节的变化，电缆也会出现热胀冷缩现象，也会造成电缆虚接，因此建议在运维中定期对接线进行重新紧固。

523. 光伏电站组串布线有哪些缺陷？

答：不规范的布线（见图 4-50），会导致连接器与线缆之间产生应力，长期运行过程中，容易引起连接器接触不良或者密封失效。常用的解决办法是加长接线，确保接线盒进出线或组串逆变器直流电缆不过于弯曲或受压。

图 4-50　不规范布线

图 4-51 和图 4-52 分别是线缆杂乱，以及 MC4 连接器直接放置在彩钢瓦上且未加阻燃套管，MC4 连接器易被雨水浸泡。

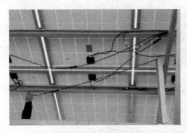

图 4-51　线缆杂乱　　　　图 4-52　MC4 连接器直接放置
　　　　　　　　　　　　　　　　　在彩钢瓦上且未加阻燃套管

524. 不同品牌的连接器互插会带来什么问题？

答：直流连接器的质量直接关系着光伏发电系统的发电效率和运营成本。在光伏电站项目中，1MW 光伏系统需要约 4000 套直流连接器，数量较大。

不同品牌的连接器在规格、尺寸和公差等方面存在差异，无法保证 100％匹配。倘若强行互插，会导致温升、接触电阻增高和 IP 等级无法保证的问题，第三方检测机构都出过书面声明，不支持不同厂家连接器互插应用。互插后的连接器通过电流后有明显的热效应，连接器温度升高，塑料老化加速甚至着火。连接器端子高温如图 4-53（a）所示。例如某项目使用非原装直流连接器将组串接入逆变器，导致逆变器在运行过程中直流端子老化着火。连接器端子烧毁如图 4-53（b）所示。

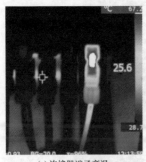

(a) 连接器端子高温　　　　　　　(b) 连接器端子烧毁

图 4-53　连接器端子烧毁问题

525. 光伏连接器不规范的压接会带来什么问题？

答：连接器的压接质量对于使用非常重要，需要使用专业的压接工具，如果直接使用非专业工具进行压接，易出现电缆铜丝弯折、部分铜丝未压接到位等不良问题，导致端子的插针与电缆的连接不可靠，间接造成接触电阻大，连接处温度容易升高，导致连接器失效。压接不规范导致的连接器烧毁如图 4-54 所示。

图 4-54 压接不规范导致的连接器烧毁

526. 光伏连接器正确的连接方式是什么？

答：需要按照厂商安装说明，使用专业的安装工器具，如剥线钳、压线钳等。剥线要求导体无划伤、无缺口。压接时需要把电缆线压入金属端子。常用的安装工器具如图 4-55 所示。

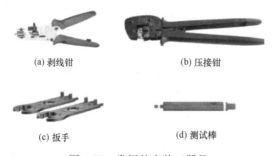

(a) 剥线钳   (b) 压接钳

(c) 扳手   (d) 测试棒

图 4-55 常用的安装工器具

安装图解如图 4-56 所示。

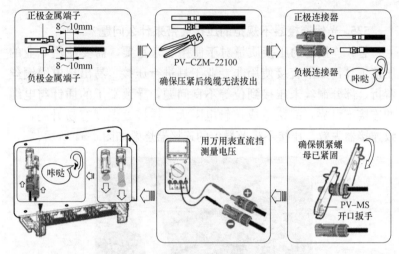

正极金属端子
8～10mm
8～10mm
负极金属端子

PV-CZM-22100
确保压紧后线缆无法拔出

正极连接器
负极连接器
咔哒

咔哒

用万用表直流挡测量电压

确保锁紧螺母已紧固
PV-MS 开口扳手

图 4-56　安装图解

图 4-57　连接器连接未到位

公接头和母接头对接时，如果没有听到"咔"的一声，则说明没有可靠连接。连接器连接未到位如图 4-57 所示。不可靠的连接可能会导致以下问题：①组串开路，组串无电流输入逆变器。②接触电阻大，通过电流后发热，容易导致端子烧毁。

527. 光伏连接器悬空会带来什么影响？

答：对于连接器长期悬空的，受风力影响导致摇晃，在与背板或支架碰撞的过程中，易引起壳体损伤。若前期插合不紧密，极易引起连接器断开脱落，因此建议将连接器固定在支架上。

528. 光伏连接器布置在槽钢内的不足之处有哪些？

答：有些光伏电站会将组件输出线缆和连接器放置在支架槽

钢内,如图 4-58 所示。这存在一些不足之处,首先,在运营维护时,线缆和连接器取出较难。其次,倘若槽钢漏水口堵塞,下雨时就会积水,如果个别光伏连接器密封不严或密封圈损坏,水会流入连接器内部与电缆芯线接触,如果电缆芯线通过水与金属支架接通,由于支架通过接地扁铁与接地网连接,将会造成组串接地故障。

图 4-58 组件输出线缆和连接器被布置在支架槽钢内

529. 连接器密封垫丢失会带来什么影响?

答:曾有施工人员遇到不能正常连接的连接器接头,将连接器的红色密封垫取出直接对接,这样操作有可能造成连接器受潮,引起绝缘性能下降。无密封垫圈、有密封垫圈情况分别如图 4-59 和图 4-60 所示。

图 4-59 无密封垫圈

图 4-60 有密封垫圈

530. 光伏直流电缆发生接地故障的原因是什么？

答： 光伏直流电缆发生接地故障主要是电缆绝缘因外力破坏后，电缆芯线与大地接触而造成的，主要有以下三种：

（1）机械或利器损伤电缆。这种情况主要是在电站基建施工中由于机械碾压或铁锹等利器铲割使得电缆绝缘损伤，埋下故障隐患。电缆在长期运行中，薄弱部位的绝缘失效或地埋部分长期受潮，易产生接地故障。

（2）中间接头处理不当。在基建过程中，为了节省电缆，常常会利用剩余的多节电缆连接起来作为完整电缆使用，这种处理方法造成接地故障的原因有两点：①连接时电缆芯线缠绕不紧密，致使连接处长期发热甚至起弧，最终破坏绝缘层发生接地故障。②绝缘防护用的 PVC 胶带不符合防水要求，或缠绕过松，所以当土层过于潮湿时，湿气通过 PVC 胶带侵入芯线，导致接地故障发生。

（3）造成绝缘皮损伤的其他原因。如绝缘材料本身缺陷、绝缘层长期受到化学腐蚀、绝缘老化等。

531. 如何快速寻找光伏组件接地故障？

答： 以直流汇流箱内某支路接地故障为例说明，该汇流箱每个组串由 22 块组件串联，正常情况下的开路电压为 700V 以上。

（1）用万用表分别对断开的支路正、负极进线端的对地电压进行测量。正常情况下，正、负极进线端对地电压绝对值应在 300～380V。如果某个组串对地电压不平衡，一端为 0V 或接近 0V，而另一端超过 600V，且在测量过程中电压维持不变，则可以判定该组串输出至汇流箱的电缆出现接地故障。

（2）若测量的正、负极进线端的对地电压，绝对值都大于 0V，但是两者的电压绝对值差异较大，则可以判断组串内的某组件连接线与支架连通或组件连接器与支架连通。

如果组串的第 3 块组件发生接地故障，测量正、负极进线端的对地电压，对地电压绝对值都大于 0V，例如测得正极对地电压绝对值 100V，B 点对地电压绝对值为 625V，由 $100/[(100+625)/22]\approx3$ 可基本能够判定接地故障点在第 3 块组件附近。

532. 电缆线路常见故障和处理措施有哪些？

答：（1）电缆头制作工艺不良，中间接头铜线包覆不完整、电缆头处有水汽进入。电缆中间接头存在施工质量问题，导致电缆长期放电现象，从而引发接地故障。

（2）外力损伤。在电缆的保管、运输、敷设和运行过程中都可能遭受外力损伤。如图 4-61 所示为电缆槽切割面未做保护措施，导致电缆损伤。

(a) 电缆槽切割面未做保护措施   (b) 交流电缆破损

图 4-61 电缆槽切割面未做保护措施导致的电缆损伤

（3）山地光伏电站，采用桥架敷设电缆，桥架基础受山水冲刷倒塌损毁，导致桥架电缆整体下移。易造成交流电缆损毁和电缆接头松动，通信线脱落、通信中断等风险。

处理办法：上述（1）～（3）问题往往占电缆事故的 50%。为避免这类事故，除加强电缆保管、运输、敷设等各环节的工作质量外，更重要的是严格执行动土制度。

（4）保护层腐蚀。地下杂散电流的电化腐蚀或非中性土壤的化学腐蚀使电缆保护层失效，失去绝缘保护。

处理办法：在杂散电流密集区安装排流设备；当电缆线路上的局部土壤含有损害电缆铅包的化学物质时，应将这段电缆安装于保护管内，并用中性土壤作为电缆的衬垫及覆盖，还应在电缆上涂沥青。

533. 光伏电站现场电缆故障处理方法是什么？

答：（1）首先依据地面上电缆标识牌及电缆标志桩确定接地电缆走向及电缆沟位置。

（2）查看电缆沟附近是否有大型车辆经常通行的道路或有较大石块回填的位置，若有，则优先对此地方进行开挖，查看是否有外观破皮的电缆并进行处理。

（3）若故障电缆长度过长，可对电缆沟中间位置进行开挖，并将电缆从中间截断，分别利用绝缘电阻表测量单相对地绝缘电阻。

（4）依据以上方法测出最终故障点，最后选择更换电缆或制作电缆中间接头，排除缺陷。

534. 箱式变压器高压线路电缆故障或中间接头损伤的故障处理方法是什么？

答：（1）当箱式变压器高压线路电缆破皮或中间接头损伤，需对相应高压开关柜进行停电操作，做好安全措施。

（2）排除电缆终端接头原因，进一步查看电缆井内中间接头是否出现问题。

（3）将箱式变压器处电缆终端接头分段隔离，逐段进行绝缘测试，缩小故障点范围，降低故障排查难度。

（4）绝缘测试结束后，可根据测试结果确定电缆故障点，并依据电缆标示桩沿电缆沟进行挖掘，排查是否有外观损伤情况，重点对过施工道路的电缆沟进行排查。

（5）发现电缆外表面破皮接地情况，可联系专业电工重新制作中间接头。制作完成后，首先测量电缆绝缘电阻，绝缘电阻达到标准要求后再次对电缆中间接头进行耐压试验，确保无问题后将电缆沟回填。

（6）送电时需注意核查电缆三相相序，防止相序错误。

535. 高压电缆运行维护的注意事项有哪些？

答：（1）建议选用知名电缆终端厂家的产品。

（2）要对高压电缆的走向、敷设环境进行检查，对于可能引起故障的因素（如转角处电缆受力情况、电缆浸泡等），要积极规避风险。

（3）电缆在敷设及制作中，要留有足够的余量。

（4）对于高压电缆终端、中间接头要定期开展热成像、测温、巡检，及时发现隐患苗头，提早制定方案处理。

（5）要做好站内电缆终端头、中间头制作技术人员的培养，对关键的制作节点、工艺要点开展内部专项培训，利用故障抢修组织人员进行观摩、学习，提高现场人员的技术水平和工作效率。

536. 电缆终端击穿的原因有哪些？

答：引起电缆终端击穿的主要原因有：

（1）负荷过大，导致电缆头发热引起绝缘材料老化、变形等。

（2）超过其绝缘性能的过电压，如浪涌、雷击等。

（3）外力导致受损，如下垂重力、弯折。

（4）环境因素，如高温、高湿。

（5）产品质量原因，如结构设计、部件、材料性能。

（6）施工质量原因，如现场安装工艺和制作水平。

537. 电缆接头和终端头的设计应满足哪些要求？

答：电缆接头和终端头的设计，应满足下列要求：

（1）耐压强度高、导体连接好。耐压水平必须不低于完整电缆的电气强度；导体连接处的接触电阻要小而稳定，其温升不能高于完整电缆芯导体的温升。

（2）机械强度大、介质损失小。机械强度必须适应各种运行条件，介质损失在运行温度范围内不能有过大的变化。

（3）结构简单、密封性强，便于加工制作和现场施工。

第八节　高压电气开关

538. 集电线路断路器故障跳闸后的排查思路有哪些?

答: (1) 现场直观排查。运维人员可以通过眼观、鼻嗅等感官手段及测温枪测温方式排查高压开关柜、高压电缆、箱式变压器等设备,从而判断是否存在发热、变色、冒烟、油渍、元器件动作等异常现象。

(2) 检查各保护装置和安全自动装置故障记录。集电线路断路器故障跳闸后,应检查与集电线路断路器相关的综合保护装置、母差保护装置、故障解列装置、故障录波装置等。一般情况下总有一个或多个装置伴随启动,检查对应启动的装置,调取其历史记录进行故障分析。

(3) 对集电线路高压电缆和箱式变压器进行摇测绝缘。根据报文和录波情况对高压电缆和箱式变压器进行针对性检查,因为箱式变压器并接于集电线电缆,需要考虑箱式变压器负荷开关的位置状态。

排查项目包含但不仅限于上述内容。电站还应结合历史运行经验,参考原有故障情况,针对各自设备实际状态,综合开展故障后的排查工作。同时保留必要的影像资料,以方便后期对故障的分析处理。

539. 开关事故跳闸后检查的内容有哪些?

答: 开关事故跳闸后检查的内容如下:

(1) 开关保护装置的动作情况。

(2) 开关有无冒烟和焦臭味。

(3) 各部件有无变形,连接处有无松动和过热。

(4) 瓷件部分有无破损、裂纹,位置有无移动。

540. 35kV 开关柜穿墙套管有放电声音怎么处理?

答: (1) 待逆变器解网之后,做好安全措施,从柜顶上打开顶盖，仔细查看放电痕迹及等电位接地线的安装方式。

（2）如果放电严重，需更换套管。如果放电不严重，查看等电位屏蔽线是否安装合适，等电位屏蔽线应紧贴35kV母线，不应随意放置，另一头接等电位环，并且把放电痕迹处理掉再送电，再观察放电声音是否减小。

541. 35kV开关柜上高压触头盒坏了怎么更换？

答：（1）首先应确定更换时需要使用到的工器具，做好更换前的准备工作。开取工作票，做好停电措施，将高压断路器小车拉出开关柜并进行验电，验明无电压后，打开开关柜后门，同时拆除高压柜顶部防护盖板。

（2）将固定触头盒的螺钉及触头盒内的静触头拆卸并妥善存放。从高压柜顶部进入母排室，将母排连接拆除，由于触头盒边框是相互扣压组装，需要从最外侧一个依次拆卸，回装的顺序与拆卸顺序相反。回装时注意各螺钉孔，先将触头盒安装固定好后，安装母排，再安装固定静触头。

（3）最后检查各部件回装情况，无误后安装柜顶防护盖板。再次检查安装情况，无误后使用干净的抹布对触头盒进行清洁处理，并使用高压绝缘电阻表对母排及触头盒摇测绝缘，然后对触头盒做耐压试验，检查无误后进行送电试验。

（4）更换的重点在于做好各项安全措施，防止触电事故发生，防止砸伤事故。拆卸及安装时注意顺序，安装尺寸要对照，螺钉紧固度适中，不可过紧，以防螺钉断裂及丝孔损坏。同时要对更换好的触头盒做彻底的清洁及检查，防止工具和螺钉掉落其中。最后要严格按照试验规程对其进行绝缘耐压试验，测试触头的各项性能。

542. 高压柜有放电声音怎么进行排查处理？

答：（1）保持安全距离，仔细听高压柜的放电声音，初步判断放电点。

（2）通过观察口检查是否有电弧或是电晕现象。

（3）在合适的时间进行停电检修，观察开关柜有无明显放电痕迹。

（4）若是后柜门电缆头处有放电痕迹，则对电缆头进行检查，必要时更换电缆头。若是断路器动静接头处有放电现象，则对动静接头进行清洁。若是断路器室与母线室之间有放电现象，必要时可以装设屏蔽式套管。若是断路器真空套管对绝缘外壳放电，则对断路器进行清洁，若断路器严重放电，需要对断路器进行耐压试验，达到标准后方能使用。

（5）在全部检查之后，对断路器或电缆头进行清洁工作，若空气潮湿，可用大型风扇或是吹风机对开关柜进行吹风，驱散潮湿空气。

（6）全部工作结束后，恢复开关柜，送电后再持续观察，确认放电声音是否消失。

543. 如何防止电压互感器一、二次侧的高压熔断器损坏？

答：（1）改变 X_C/X_L（容抗/感抗）的比值，如使用电容式电压互感器或在母线上接入一定大小的电容器，使 $X_C/X_L < 0.01$ 来避免谐振。

（2）电压互感器开口三角绕组两端连接一适当数值的阻尼电阻 R（约为几十欧）。

（3）通过改变操作顺序来避免谐振电压的产生。

第九节　SVG

544. SVG 运行中常见的异常现象及处理方法是什么？

答： SVG 运行中常见的异常现象和处理方法参考表 4-2 所示。

表 4-2　　　　　　　　　SVG 的异常和处理方法

序号	异常现象	处理方法
1	SVG 无法工作	检查充电接触器是否吸合、控制柜电源是否正常、连接电缆及螺钉是否松动
2	SVG 运行中停机	检查网侧是否停电，控制柜中电源是否正常
		控制柜中各电路板输出信号是否正常

续表

序号	异常现象	处理方法
3	功率单元无法工作	检查功率单元控制电源是否正常，控制柜中发出的驱动信号是否正常
4	功率单元板上的指示灯全灭	检查功率单元控制电源、功率单元板是否正常
5	工业控制机显示器不显示或显示异常	检查控制机中电源是否正常、显示器驱动板是否正常
6	功率单元光纤通信故障	检查功率单元控制电源是否正常、功率单元以及控制柜的光纤连接头是否脱落、光纤是否折断

545. SVG 在运行中常见的故障及处理方法是什么?

答：SVG 在运行中常见的故障和处理方法可参考表 4-3。

表 4-3　　　　SVG 在运行中常见的故障和处理方法

序号	故障类型	可能原因	处理办法
1	过电流保护	电流传感器动作异常	按复位按钮解除此保护，检测电流传感器及其供电电源是否正常
		参数设置不正确	重新设定电流基准值和保护定值
2	电网电压异常保护	电压传感器工作异常	按复位按钮解除此保护，检测电压传感器及其供电电源是否正常
		参数设置不正确	重新设定电流基准值和保护定值
3	功率单元故障	功率单元故障	按复位按钮解除此保护，重新启动
4	功率单元欠压保护	电网电压负向波动超过允许值	观察电网电压显示值是否过低
		功率单元控制板出现故障	将功率单元板拆下，检查欠压电路
5	功率单元过电压保护	电网电压正向波动超过允许值	观察电网电压显示值是否过高
		功率单元控制板出现故障	将功率单元控制板拆下，检查过压电路

续表

序号	故障类型	可能原因	处理办法
6	功率单元超温保护	环境温度过高	降低环境温度
		风道堵塞	清理风道
		风扇损坏	检查风扇
		散热器损坏	检查散热器是否损坏
		功率单元控制板出现故障	将功率单元控制板拆下，检查超温电路
		温度开关损坏	检测温度开关
7	IGBT 短路保护	IGBT 损坏	将功率单元拆下，检查 IGBT
		功率单元控制板损坏	将功率单元拆下，检查功率单元控制板
8	通信故障	光纤未插牢固	检查故障处光纤，并重新插接故障光纤
		光纤折断	更换故障光纤
		光纤接头损坏	更换故障光纤接头
		控制装置光模块损坏	更换光模块

第十节　二次回路及装置

546. 简述 RS-485 通信问题的查找办法。

答： RS-485 通信问题可按下面步骤查找：

（1）总线中单个故障。查找其工作电源及本体故障。

（2）总线中前段故障。检查故障分割点前方电压是否在正常范围内，再检查故障点后方线路问题，若前方电压不正常则初步判定为多个故障，逐段查找即可。

（3）总线末端故障。检查其终端电压是否在正常范围内，再检查终端设备接口及设备本体问题，若电压不正常则可按照第二条查找。

（4）干扰故障。检查屏蔽层连接是否良好，或排除干扰源进行修复。

547. 非电量保护的常见缺陷有哪些？

答： 非电量保护的常见缺陷有：①参与非电量保护的二次接线未接入，控制字未投入。②保护软压板和控制字投入错误。

以站用变压器（一般为干式变压器）为例，就地温控箱的"超温跳闸"接点未经二次线缆接入保护装置的"326"端子（超高温跳闸开路），且保护装置内也未投入相应的"超温跳闸"保护控制字。

电气二次回路若没有接入，以站用变压器缓慢温升引起的超温故障为例，由于变压器绝缘等级和耐热温度限制，如果在电量保护上没有反映出来，高压断路器就无法断开，无法起到保护作用。需要将就地温控箱内的超温跳闸接点接入保护装置，同时只有控制字、软压板状态、硬压板状态均为"1"时，投入相应的超温跳闸保护元件，完成"与"的逻辑，才能达到有效的二次保护。

电站人员在问题排查过程中，需结合电气规范、图纸、设备说明书等对二次接线、软压板、控制字等进行具体的检查。

第十一节 综合自动化系统

548. "两个细则"对资源数据质量的要求有哪些？

答： 气象资源数据如风速、风向、辐照度、气温、湿度等，是光伏场站生产运行管理、发电出力预测的基础，数据的质量将直接或间接影响场站的考核以及调度的规划运行。

（1）"两个细则"中关于资源数据质量考核的相关要求主要是资源数据的可用率和上传率。省调定期发布所有接入场站测光资源数据的统计结果并将其纳入调度考核系统，数据质量的合格率一般要求达到 95%～99%。数据质量不达标的电站，将面临考核罚款。

（2）对于功率预测服务来说，资源数据质量的相关性指标包括数据越限、数据跳变、数据死值、数据逻辑错误、数据缺失五大类。

越限和跳变数据属于严重错误的数据，如果不能识别修正会对功率预测建模产生很大影响，导致优化出的统计模型不合理，影响了超短期预测精度，进一步影响了日内现货交易报量的准确性。如果站内的样板机故障，没有合理的替代数据，也会影响测光法理论功率计算的精度。

现场运维人员应实时监管，保障基础数据正常上传，对环境监测仪等采集设备进行定期检查和维护，确保设备运行状态良好。定期检查辐照仪与集控中心的通信传输设备，避免因故障导致数据中断。

549. 影响光功率预测的主要因素有哪些?

答： 目前存量光伏电站对于光功率预测主要存在下面问题：

（1）气象设备问题。光伏电站的环境监测仪设备老化、维护不足，数据不合格等。

（2）上传通道异常，上传率考核多，申请免考核困难。

（3）系统对时问题。主站、预测服务器时间不一致，造成考核参考数据不一致，严重影响了精度统计结果。

（4）数据回传问题。二次安防造成数据采集困难，不利于系统维护和模型优化。

（5）电站运行管理反馈不及时，如限电、维修检修等，造成预测精度差。

（6）功率预测系统模型建立未结合电站实际情况、设计方案进行修正，功率预测算法存在漏洞。

（7）地形地貌等因素影响数值天气预报数据及预测准确性。

（8）功率预测服务器设备老化，接收及预测数据会有中断的情况。

（9）组件清洗不及时，杂草遮挡等造成组件出力降低，影响功率预测计算。

550. 环境监测仪的常见问题有哪些?

答：环境监测仪的常见问题有:

(1) 环境监测仪选址不当,无法代表整个光伏场区的辐照度情况;

(2) 大型光伏电站测点设置偏少;

(3) 辐照仪器安装水平度或倾角存在一定偏差;

(4) 采集传感器老化、故障、脏污,需要维护或更换;

(5) 设备供电及数据通道故障造成数据采集缺失;

(6) 测光设备,例如直接辐照仪、追日跟踪器故障。

551. 光功率预测关于数据越限是什么?

答：数据越限是电站上传的数据明显超过正常数值范围,比如风速达到上百米每秒。各气象参数应有合理限值,上传数据不应超过该限值。数据的上限和下限见表4-4。

表 4-4   数据的上限和下限

序号	气象要素	下限	上限
1	总辐照度	0	$1500W/m^2$
2	直接辐照度	0	$1374W/m^2$
3	散射辐照度	0	$800W/m^2$
4	环境温度	$-80℃$	$60℃$
5	相对湿度	0	100%
6	气压	300hPa	1100hPa

552. 光功率预测关于数据跳变是什么?

答：数据跳变是在一般气象条件下,一段时间内的数值变化不在合理范围,出现大的波动。例如环境温度不太可能在1min内变化超过10℃,一般风速、气压等数据容易出现跳变现象。

553. 光功率预测关于数据死值是什么?

答：数据死值是电站上传的数据长时间不变化(一般是

30min）。各气象采集值应按正常的实际气象环境进行变化，不能长时间保持恒定值。

554. 光功率预测关于数据逻辑错误是什么？

答：数据逻辑错误是同一时刻采集的不同气象参数间未满足一定的关联关系。光伏电站常见的逻辑错误是同一时刻采集的总辐照度、直接辐照度、散射辐照度三个值不满足正常的比例关系。

555. 光功率预测关于数据缺失是什么？

答：数据缺失是因电站设备采集通道问题，或因调度的远动通道通信中断问题，导致部分时刻的测光数据没有上传，上报的数据在某些时段内有丢值的情况。

556. 光功率数据上传失败如何处理？

答：（1）登录光功率预测系统后台，在"上报管理"→"上报历史"，查看当天的短期、超短期、逆变器信息、气象数据是否全部上报，其中短期数据一天一次，超短期数据 15min 一次，逆变器信息及气象数据 5min 一次。"已上报待确认""上报失败"等均为未成功上报。光功率预测数据上传情况查看界面如图 4-62 所示。

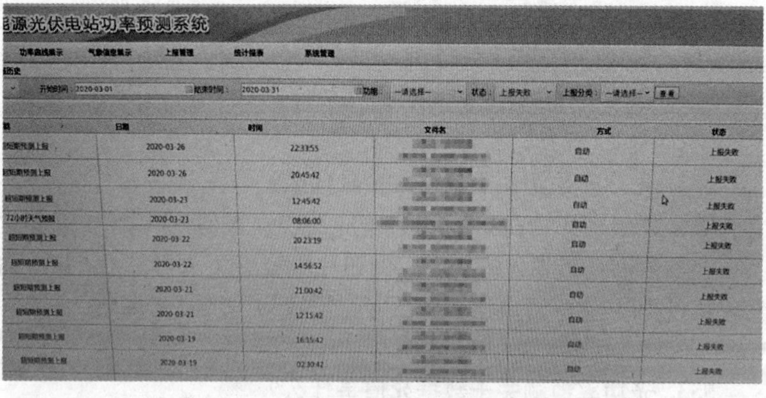

![光功率预测数据上传情况查看界面]

图 4-62 光功率预测数据上传情况查看界面

（2）发现未上报的数据应及时通过"上报管理"→"手动上报"进行补报，一般只能手动上报今日的数据。

（3）对于功率预测工作站的巡视应早、中、晚三次，避免因上报失败造成的考核。同时可在两个细则考核中查看电站短期预测及超短期预测的往日上报率。

557. 对于省调光功率准确率免考核，主要是哪些情况？

答：（1）调度机构 AGC 自动控制光伏发电出力期间，光伏出力受限时段内，系统自动免考核。

（2）因电网一、二次设备检修、故障、光伏电站一次调频、次同步振荡、AVC 等试验要求，由调度机构下令退出 AGC、进行人工控制发电出力期间的。

（3）由于电网一、二次设备非计划检修、故障、停运造成的考核。

（4）光伏电站根据实际需要更换功率预测系统，视为计划性工作的，提前报备调度机构后，许可备案后的予以免除（三年内仅免除一次更换功率预测系统期间的考核），免考核时长不超过三个月。

（5）因违反调度纪律、二次安防等问题被调度机构采取控制措施导致全场停止发电的光伏电站，应立即联系调度机构确定全停时段，并及时修正光功率预测系统参数，合理上报后续光功率预测数据。

558. 关于光功率预测系统，日常运维应注意哪些问题？

答：（1）光功率预测系统的投退应严格按照调度的要求进行，不得擅自投退。

（2）加强光功率预测硬件设备的巡检，包括功率预测服务器、天气预报服务器、反向隔离和防火墙等，并在值班日志中记录巡检情况。

（3）应每日核查功率预测服务器上报情况，确保功率预测系统及时上报调度。

（4）应每日核查短期预测、超短期预测的数据的生成情况。

（5）应每日核查实际功率、气象数据的采集情况。

（6）应每日核查光功率预测系统中有无告警。

（7）应定期核查气象服务器是否正常连接互联网。

（8）应定期对环境监测的辐照仪、温湿度传感器、风速风向仪进行维护。

（9）定期查看调度管理系统或能监局公布的考核数据，即两个细则考核结果，总结分析站内光功率预测系统存在的问题。

（10）应根据电站实际情况，及时更新开机容量。

559. 光伏电站运行中和 AGC 有关的运行缺陷有哪些？

答： 以新疆某光伏电站 AGC 控制问题进行说明，该电站实时出力超过目标出力 1MW 并持续 10min，被调度拉停。

经分析，主要原因有以下几点：

（1）当电站出现限电时，AGC 系统控制异常，随机将一部分逆变器负荷降低至最小负荷运行，而另一部分逆变器在满发状态，调节速度慢，控制效果不够精准。

（2）逆变器最小运行负荷为 30kW，如 AGC 下发低于 30kW 指令时，逆变器将直接停机。为配合逆变器的特性，AGC 系统中设置了单台逆变器有功调节下限 30kW。电站共有 80 台集中逆变器，AGC 最小调节死区为 2.4MW，调度下发值低于死区值时，AGC 系统不再调节。

（3）值班人员判断失误处置不当。值班人员发现超发后，通过手动设置指令和手动关停逆变器来降低负荷，控制效果不理想。且根据电站经验，主观认为几分钟后调度指令就会恢复正常，未果断处理，造成超发 1MW 负荷持续 10min，最终被调度拉停。

560. 通信设备时间不一致问题，如何处理？

答： 监控后台服务器、保护及安全自动装置、通信设备等时间不一致的问题经常发生。为了确保电站设备准确记录运行工况，方便历史追溯和事故数据处理分析，提高数据分析和事故处理能力，需要对上述各设备对时功能进行核对，存在问题的及时处理消缺。具体如下：

（1）检查对时设备运行是否正常，有无告警情况，各 GPS、北斗、运行、故障、分对时、秒对时、扩展板等指示灯有无异常，时间是否准确（可以网络时间作为参考）。

（2）检查 GPS、北斗的信号接收器安装是否牢固，安装位置是否合理，信号数据线接线是否规范，对时装置接至各设备的对时电缆接线有无遗漏、松动、脱落和屏蔽不良等情况。

（3）检查各设备、服务器等对时功能是否启用、对时回路有无问题。

561. 时钟同步装置无法接受同步卫星信号如何处理？

答：某电站对时设备与卫星失步，无法接受卫星同步时间信号；使用本地时钟与设备对时，电站设备无法获取准确时间，运行过程中生成记录与实际时间不符；电站设备向调度上报的数据存在偏差，无法满足主站要求。

出现上述问题的原因如下：①对时蘑菇头存在故障，不能接收卫星信号，见图 4-63；②同轴电缆磨损或与蘑菇头连接处松动；③同轴电缆与避雷器接触不良。

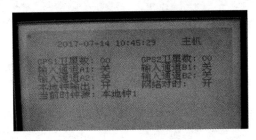

图 4-63 无法接收卫星信号

处理方法：①更换对时蘑菇头；②使用万用表测试同轴电缆的导通情况，紧固与蘑菇头的连接点；③重新紧固同轴电缆与避雷器的连接点。

第五章　安全管理和预防措施

第一节　自然灾害和事故

562. 影响光伏电站的自然灾害有哪些？

答： 自然灾害有火灾、暴雨、沙尘暴、泥石流、台风和雷击等，不同类型的光伏电站可能面临不同的自然灾害（见图 5-1），具体内容如下：

(a) 火灾　　　　　　　　　　(b) 洪水

(c) 沙尘暴　　　　　　　　　(d) 泥石流

图 5-1　自然灾害

（1）火灾：易发生于山地电站、农光互补电站、屋顶分布式电站。

（2）暴雨、洪水：易发生于中东部地面电站、西北地面电站。

（3）沙尘暴：西北地面电站较为常见。

（4）泥石流：山地电站特别是山高坡陡、山体滑坡、塌方隐患较多，在遭受连续降雨的情况下，易出现塌方滑坡事故。

（5）台风：沿海地区的分布式电站。

（6）雷击：山地电站、分布式电站。

563. 分布式电站发生火灾可能有哪些原因？

答： 光伏电站设备多、直流电压较高，存在较多火灾隐患点，一旦发生火灾事故，可能会对电站发电设备、建筑物以及建筑内人员造成重大伤害。

引起分布式光伏电站火灾事故的因素主要有：

（1）组件热斑。热斑效应可能导致组件局部温度高达100℃以上，造成焊点熔化、封装材料融化、背板烧蚀，甚至引起火灾。

（2）MC4连接器故障。连接器质量差、互插、不规范安装都可能引起接触电阻过大，从而造成过热烧毁。

（3）线缆虚接。光伏电站中线缆连接点众多，不可靠的连接一方面可能会引起接触电阻过大，造成过热烧毁；另一方面，在较高直流电压下，线缆虚接容易产生直流拉弧。

（4）电缆套管。电缆套管为非阻燃型的，易被引燃。

（5）绝缘失效。连接器未固定，直接置于彩钢瓦屋面，长期受雨水侵蚀，引起绝缘不良，造成短路；线缆未加套管，而是直接置于彩钢瓦屋面上，易受到高温影响而缩短寿命；线缆受到磨损、腐蚀、损坏以及长期暴晒易降低绝缘性能，造成正负极电缆出现短路、拉弧，导致火灾发生。

（6）人员误操作、工作疏忽。在光伏电站直流侧相关设备中，只有直流断路器或直流开关具有灭弧功能，在断路器闭合情况下，直接插拔连接器或熔断器，可能会造成拉弧；日常消缺工作中，检查项目不够细致，导致一些隐患点未及时处理。

（7）设备设施陈旧。屋顶电缆槽盒受阳光暴晒，槽盒盖破损、损坏，致使槽盒内易积尘、积水、散热不良及绝缘不良，引发火灾事故。

(8) 安全违章作业。光伏区屋顶作业应禁止使用打火机、火柴及其他产生明火的作业，动火作业要开取动火票，并准备灭火器、灭火毯等设施器具且全程有人监护，焊接、切割等作业要做好防火花掉落措施，屋顶作业全程禁止吸烟。

564. 哪些人为因素会带来安全事故?

答: (1) 由于人员思想不重视，容易导致误操作，比如在施工安装的时候，随意去触碰接线头，还有不按照规范要求进行断电和恢复用电，带电插拔连接器等。

(2) 没有做好防护措施，造成人员跌落、磕碰和砸伤，在电站相关设备检修和检测的时候，需穿绝缘鞋并戴绝缘手套等，做好充分的个人防护准备。

565. 雷击对光伏电站有哪些危害?

答: 光伏电站组件安装在房顶、山地，高度较高，易遭受雷击，此外逆变器、箱式变压器的配套设备数量多，并且输电线路长，容易遭受雷电感应和雷电波的侵袭。

雷击对光伏电站的危害有:

(1) 对光伏组件的损害。

(2) 对保护器件的损害。对浪涌保护器破坏性冲击，造成功能失效，如未及时发现，将无法保护设备。对组件的旁路二极管造成破坏，雷击的过电流极易损坏旁路二极管，导致组件的保护功能损坏。

(3) 对电气设备的损害。雷击会造成瞬间过电压或过电流，对逆变器、汇流箱等设备破坏性冲击，导致元器件无法正常工作。

(4) 对厂区监控的损害。雷击造成汇流箱、逆变器、通信设备的损坏，导致光伏区处于无人监控状态，造成故障得不到及时处理，也导致实际负荷无法得到有效控制。

566. 雷电中的直击雷有哪些危害?

答: 直击雷对光伏电站的危害主要体现在架空线路、升压站、电站中较高的建筑物，雷电如果直接落于架空线，会产生非常大的过电压及过电流。同时，雷电电流会通过输电线路流向各类一次设备，产生的高温、冲击会对设备设施造成极大的破坏，而光伏组件通常高度不高，被直击雷击中的概率较低。

567. 雷电波入侵是通过哪种方式影响光伏设备的？

答： 当直击雷或感应雷在架空线路、电力设备上产生雷击电流时，雷击电流会沿着电缆线路扩散，侵入并危及室内的电子设备及自动化控制系统。二次设备相对一次设备更加脆弱，一旦发生雷电波入侵，对电子设备来说是灾难性的。

568. 感应雷是如何影响光伏设备的？

答： 相比直击雷，感应雷显得更加隐蔽，但其危害却比直击雷更加可怕，当雷电落于光伏电站附近的建筑物或地面时，周围发电设备接地部分的电势将会上升。感应电势会在设备上产生浪涌电压。当雷击发生在架空线路上方时，架空线路在雷电磁场的作用下会感应出很高的过电压，产生自由电荷流向线路的两端，对一次设备直接造成危害。当雷击发生在光伏组件区域附近时，电磁脉冲会在光伏组件、逆变器等设备上产生浪涌过电压，损坏电气设备。

第二节 危险源辨识和管理

569. 光伏连接器的隐患和防范措施有哪些？

答： 光伏连接器插头过热导致电缆烧毁事件是普遍存在的问题，严重影响到电站正常生产，为减少低效、降低火灾风险、增加发电量，电站应对连接组件、汇流箱、逆变器设备之间的连接器插头进行专项排查。

（1）电站人员应使用手持式点温枪或红外热成像仪垂直并尽量靠近设备进行检测。

（2）地面电站根据实际装机容量，按照比例制订抽查计划，抽查区域应重点针对低效区域、火灾易发区域、故障多发区域、雷击多发区域和老化设备。

（3）分布式电站因通风不便，环境温度较高，且部分厂房内可能存放易燃易爆物品，火灾隐患较大。分布式电站装机容量较小，可加大抽查比例。

（4）温度检测时间尽量选在光照充足，辐照值不小于 400W/m² 的时间段。

（5）因点温枪测试精度较低，测试温度值存在一定偏差，应使用比较法进行检测。应以 1h 为一个时间段，在每个时间段测量一整串组件的连接器插头和接线盒温度数据，去除温度异常数值后，取其平均值作为该时间段的标准值。

（6）在同一时间段中，若相同设备温度值超过标准值 5℃ 或超过 70℃，应再次测量，若数值无误，需在指定表格中记录该设备具体位置及温度，以便后续的隐患处理。

（7）对温度高于 70℃ 的连接器插头，建议更换。若温度高于 110℃，则应立即更换。若超过平均值 5℃，则建议监视运行。

（8）抽查区域合格率低于 90％ 的电站，应制订针对不合格设备的全站检查计划。

570. 光伏设备的危险源如何管理？

答：（1）电站人员应组织对生产系统和作业活动中的各种危险、有害因素可能产生的后果进行全面辨识。

（2）电站应对使用新材料、新工艺、新设备以及设备、系统技术改造可能产生的后果进行危害辨识。

（3）电站应当按规定对重大危险源登记建档，定期检查、检测。

（4）电站应将本站重大危险源的名称、地点、性质和可能造成的危害及有关安全措施、应急救援预案报有关部门备案。

571. 逆变器的危险源有哪些？

答：逆变器的危险源有：

（1）逆变器状态指示灯损坏。

（2）逆变器编号标识模糊。

（3）逆变器接地线脱落。

（4）逆变器周围存在杂草。

（5）逆变器电缆孔洞封堵不严。

（6）逆变器 MC4 插接头松动。

572. 箱式变压器的危险源有哪些？

答：（1）电缆孔洞封堵不严，基础内积水，造成电缆绝缘强度降低。

（2）周围存在杂草。

（3）柜体变形、锈蚀、漏水。

（4）油温过高。

（5）油箱渗油、漏油。

573. 主变压器的危险源有哪些？

答：主变压器的危险源有：

（1）主变压器周围未加安全围网。

（2）主变压器引出线绝缘电杆上的爬梯未上锁。

（3）主变压器严重漏油。

574. 主变压器的危险源控制措施有哪些？

答：（1）主变压器周围应装设安全围网，避免无关人员进入造成触电事故，避免小动物攀爬主变压器误碰线路造成跳闸事故。

（2）主变压器引出线绝缘电杆上的爬梯应上锁，避免无关人员攀爬，以免造成人身伤亡事故。

（3）对漏油点进行封堵，以免发生油位低现象造成油温加剧升温，以及气体保护误动造成跳闸事故。

575. 电缆的危险源有哪些？

答：电缆的危险源有：

光伏电站运行与维护 1000 问

（1）电缆绝缘损坏造成短路。

（2）电缆入口处没有用防火堵料严密封堵。

（3）电缆发热。

（4）电缆接头处未封闭。

576. 电缆的危险源控制措施有哪些？

答：（1）定期对电缆通道、电缆沟、电缆桥架和电缆竖井等进行卫生清扫，保证电缆沟无积水，并清除各种杂物。

（2）电缆廊道、电缆沟、电缆桥架和电竖井每隔 60m 设置防火隔断，凡穿越隔板、楼板和电缆沟道而进入控制室、电缆夹层、控制柜及仪表盘、保护盘等处的电缆孔、洞、竖井和进入油区的电缆入口处必须用防火泥封堵严密，电缆沟盖板用阻燃材料且盖严。

（3）加强对电缆沟的巡视检查，检查通风是否顺畅，以及电缆是否发热。

577. GIS 系统的危险源有哪些？

答： GIS 系统的危险源有：

（1）断路器气室 SF_6 气体大量泄漏，运维员没有发现压力报警，最后导致断路器闭锁，继续泄漏造成三相短路，开关闭锁无法操作导致爆炸。

（2）开关控制箱门没有锁，导致无关人员误操作。

578. GIS 系统的危险源控制措施有哪些？

答：（1）每天查看各气室 SF_6 气体压力表，紧固螺帽，定期使用 SF_6 气体检测仪器检测是否有漏气点。

（2）运维员要掌握隔离开关气室、电压互感器气室压力的参数。若发生轻微泄漏，先采取堵漏措施，堵漏后立即补充气体。若发生严重泄漏，采取停电处理，对泄漏断路器必须用氮气置换 SF_6 气体，确认断路器本体无 SF_6 气体方可进行解体工作。

（3）开关控制箱门应该紧闭上锁，并在门上贴有"止步，高压危险"的标识牌，避免无关人员靠近，甚至误操作。

579. 架空线工作的危险源有哪些?

答：架空线工作的危险源有：

（1）架空线触电。

（2）空中作业抛扔工具材料。

（3）登高作业未采取安全措施，导致高空坠落等。

580. 架空线工作的危险源应对措施有哪些?

答：架空线工作的危险源应对措施有：

（1）施工期先停电、验电和接地。

（2）用绳索或手接手传递工具材料。

（3）登高作业要有可靠的脚手架，并系安全带，戴安全帽，一人操作，一人监护。

（4）作业时站在安全地点。

（5）紧线后及时取下紧线器手柄。

581. 电气设备检修的危险源有哪些?

答：电气设备检修的危险源有：

（1）误登、误碰带电设备。

（2）误入带电间隔。

（3）检修人员随意解除防护闭锁。

（4）带电装设接地线。

（5）交流低压、直流短路而导致电弧灼伤。

（6）搬运长物触电。

（7）隔离开关跌落电弧伤人。

582. 电气设备检修的危险源应对措施有哪些?

答：电气设备检修的危险源应对措施有：

（1）开工前严格进行三交代，明确工作任务、工作地点和安全措施。

(2) 严格履行验电和接地手续。

(3) 工作地点必须装设安全围栏，文字朝内，悬挂"止步，高压危险"警示牌。

(4) 相邻带电设备悬挂"止步，高压危险"警示牌。

(5) 设专人监护，随时纠正违规动作，督促保持安全距离。

583. 雷雨天、雾天电气设备巡视的危险源有哪些？

答：危险源有：

(1) 避雷针落雷，反击伤人。

(2) 避雷器爆炸伤人。

(3) 室外端子箱、气体继电器进雨水。

(4) 突发性设备雾闪，接地伤人。

(5) 空气绝缘水平降低，发生放电。

(6) 能见度低，误入非安全区域内。

584. 雷雨天、雾天电气设备巡视的应对措施有哪些？

答：(1) 穿试验合格的绝缘靴，远离避雷针 5m 以上。

(2) 戴好安全帽，不靠近避雷器，检查动作值。

(3) 端子箱、机构箱门关紧，气体继电器防雨罩完好。

(4) 穿绝缘靴巡视。

(5) 室外布置安全措施或设备巡视时，严禁扬手。

585. 暴雨、山体滑坡和泥石流的危险因素有哪些？

答：(1) 光伏组件被暴风吹落。

(2) 山体滑坡、泥石流冲坏支架基础，淹没箱式变压器。

(3) 光伏区巡检时，突然遇到山体滑坡和泥石流。

(4) 暴雨天气升压站外洪沟发生堵塞，洪水冲进升压站内。

586. 暴雨、山体滑坡和泥石流的应对措施有哪些？

答：(1) 巡视光伏场区时，发现光伏组件压块松动的、支架基础松动的应及时加固。

（2）暴雨天气最好不进行巡视工作，可能存在山体滑坡、泥石流风险。

（3）暴雨过后，应检查土地松软情况，避免造成滑坡风险。

（4）对于洪沟堵塞风险，日常保持排水沟畅通，定期清理杂质。

587. 输电线路的树障砍伐的风险源有哪些？

答：（1）攀爬树木滑跌、高处坠落。

（2）树木和树枝倒落砸伤。

（3）树枝碰线触电风险。

588. 输电线路的树障砍伐的风险应对措施有哪些？

答：（1）攀爬树木穿软底工作鞋。

（2）使用梯子有专人扶持，上树时不得攀抓脆弱、枯死或老枝，不应攀爬已经被锯过而未完全折断的枝干。

（3）砍树操作必须使用安全带。

（4）树木倒落方向不得有人逗留，树下设专人监护。

（5）在线路带电时，砍伐靠近带电导线树木，工作负责人必须在工作开始前说明线路有电，人员不得攀爬。

（6）工作负责人应查看树枝生长方向，目测树枝与带电导线间距离和现场风力大小、风向；砍树必须用绳索将被砍伐树木拉向与导线相反方向，控制树枝导向，树枝不得接触导线。

（7）风力大于5级不得砍伐树木，小于5级时每砍一棵树必须用绳索控制倒向。

589. 山地电站光伏区巡检被动物咬伤的应对措施有哪些？

答：夏季光伏区蛇类动物较多，杂草旺盛，巡检时要多注意周围环境，最好穿透气的高筒靴，一是防止闷热、中暑；二是避免被蛇咬伤，或用棍子敲打植物来驱赶，并随身携带防暑、防蛇应急药物。

590. 蓄电池的风险预控措施有哪些？

答：（1）安装前检查蓄电池外观，有破裂或者漏液的电池不能使用，否则有火灾隐患。蓄电池组外观如图 5-2 所示。

图 5-2 蓄电池组外观

（2）安装时要避免野蛮装卸、过度振动或摇晃电池。

（3）搬运时不得在极柱端子处用力。

（4）安装时使用的金属工器具应经绝缘处理后才能使用，电池上面严禁放置金属工具，应认真核对极性，避免电池正负极短接，否则有爆炸、火灾或造成人员伤害的危险。

（5）按照电池商标面标注的扭矩数值拧紧电池螺栓。扭力不足、螺栓未拧紧，会造成连接处发热及引起火灾的危险；扭力过度会造成端子变形，影响端子密封结构，造成漏液隐患。

（6）蓄电池个数发生变化时，应调整充电装置和蓄电池管理单元相应参数。

（7）异常蓄电池组退出运行，在直流系统倒闸操作前后，应检查直流系统运行工况是否正常。

第三节 安全防范措施

591. 什么是两措计划？

答：两措计划是指反事故措施计划与安全技术劳动保护措施

314

计划（简称反事故措施计划、安全措施计划），反措计划应根据上级颁发的反事故技术措施、需要消除的重大缺陷、提高设备可靠性的技术改进措施，以及本企业事故防范对策进行编制。

592. 常见的安全标识牌有哪些？

答： 安全标志、设备标识是安全管理工作的一项重要工作。标识牌的使用是为了有效传递安全信息，可以提醒人们前面有危险，起到警示作用，减少不安全事件发生，对于人身安全也可以起到安全和保护的作用。

如表 5-1 所示为某 20MW 光伏电站的标识牌配置表，标识牌的种类有 20 种之多，具体还需要根据电站的实际情况配置。

表 5-1　　　　某 20MW 光伏电站的标识牌配置表

序号	名称	配置数量参考
1	在此工作	2
2	禁止合闸，有人工作	12
3	禁止分闸	4
4	止步，高压危险	18
5	高压危险，禁止攀爬	8
6	灭火器	3
7	禁止吸烟	5
8	禁止合闸	5
9	禁止攀登	1
10	禁止烟火	8
11	当心触电	5
12	当心落物	4
13	禁止跨越	6
14	禁止靠近	3
15	必须佩戴安全帽	8
16	必须穿绝缘鞋	8
17	必须戴安全手套	8

续表

序号	名称	配置数量参考
18	紧急出口	5
19	小心台阶	5
20	注意高空坠物	5
21	机房重地，闲人免进	5

593. 常见的标识牌悬挂位置如何规定？

答：常见的安全标识牌及悬挂位置示例分别如图 5-3、图 5-4 所示。

图 5-3　安全标识牌

图 5-4　安全标识牌悬挂位置示例

"禁止合闸，有人工作"标识牌悬挂在一经合闸即可送电到施工设备的断路器（开关）和隔离开关（刀闸）操作把手上。

"在此工作"标识牌悬挂在室内、室外工作地点或施工设备上。

"止步，高压危险"标识牌悬挂在施工地点临近带电设备的遮栏上、室外工作地点的围栏上、禁止通行的过道上、室外架构上、工作地点临近带电设备的横梁上。

"从此上下"标识牌悬挂在工作人员上下的铁架、梯子上。

"禁止攀登，高压危险"标识牌悬挂在工作人员上下的铁架上、在高压配电装置构架的爬梯上、变压器与电抗器等设备的爬梯上。

594. 如何做好安全标识的维护工作？

答：光伏区标识检查主要是围绕箱式变压器、逆变器、汇流箱、组串安全标识开展。场区围栏贴标识牌如图5-5所示。

图 5-5 场区围栏贴标识牌

（1）光伏区有些标识由于风吹日晒造成模糊不清，个别标识牌脱落，需要对老化、脱落标志、标识进行更换。

（2）标识存在的粘贴不全、信息错误等，需要根据实际情况进行整改。

595. 直击雷的防范措施有哪些？

答：直击雷对光伏电站的影响最大，其防范措施一般是通过避雷针、避雷带等接闪装置接引雷电，由引下线将雷电电流传到接地网，进而将雷电的能量释放在大地上，防止对设备造成损坏。具体的实施主要有以下几种方式：

（1）首先，输电线路应在电缆上空安装避雷线，防止雷电直击输电线路。此外，有升压站或较高建筑物的场站应该架设避雷针，低处的建筑物屋顶也应该加装避雷带。

（2）光伏组件虽然处于较低的位置，但是应按照国家规范采取一定的防范措施。采用避雷针最大的缺陷就是对阵列的阴影遮蔽，对于一般地区的地面光伏电站，可不在光伏阵列区域大量设置避雷针，直接利用组件氧化铝合金边框作为接闪装置、钢结构支架及其他金属材料的等电位连接，与主接地网连成一体，直击雷往往会打到铝合金边框，然后经接地网散流。

根据 GB 50057—2010《建筑物防雷设计规范》中 6.3.3 的规定，等电位连接网络主要有两种结构，即 S 型星形结构和 M 型网形结构，S 型和 M 型等电位连接方式如图 5-6 所示。一般对于大型地面光伏电站应采用 M 型网络结构，即连接设备的多点接地方式。

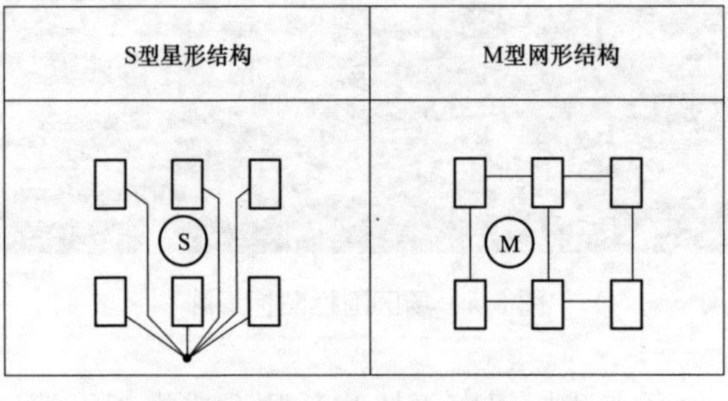

S型星形结构	M型网形结构
Ⓢ	Ⓜ

图 5-6　S 型和 M 型等电位连接方式

（3）通信线缆的屏蔽层需要可靠接地。

（4）主接地网和汇流箱等设备的接地导线，确保地网可靠，且设备连接地网的阻抗均小于 4Ω，较大的接地电阻会在雷电电流通过时产生巨大的热量，存在熔断接地线的风险，因此必须保障电缆及接地网的阻值。

（5）此外，临近防雷系统引下线的电力电缆应具备屏蔽层，屏蔽层应直接接入接地系统，防止雷电电流流过引下线时在周边电缆上产生感应电流。

596. 电力设备的鼠害防治措施有哪些?

答： 光伏电力设备，包括输电线路、箱式变压器等设备多建在郊外，是鼠类频繁活动的场所，且设备电缆沟内冬暖夏凉，为鼠害提供了"理想"的栖息地。

鼠害对电力设备的影响，不单单会咬断、咬伤线缆，其排泄物特别是尿液呈黏性，与灰尘黏连在电力箱式变压器二次接线端子处，极易造成二次接线短路，导致设备跳闸故障。

鼠害影响如此之大，需要加强防治措施，具体内容如下：

（1）电力设备场所落实防小动物安全措施。站内配电室、无功补偿装置室等通风百叶窗应加装防鼠隔网。各设备室房间门，应加装防鼠挡板，高度一般为 500mm。防止小动物溜进设备场所，电缆沟槽应设置防火封堵措施，既可以防火，也可以防止小动物进入电缆沟槽内。所有门窗应开闭完好，平时应将各配电室、值班室及其他门窗关闭好。逆变器底部封堵防火泥如图 5-7 所示。

图 5-7　逆变器底部封堵防火泥

（2）孔洞封堵。对配电柜及有电缆穿过的孔洞，采取封堵措施（使用防火板或防火涂料封堵），防止老鼠进入配电室或设备间隔。

（3）捕鼠或灭鼠装置。配电室、电缆层等应放置捕捉老鼠的器具，如鼠夹、黏鼠纸，且定期放鼠药，并设置防老鼠设施的示意图。此外，黏鼠板也是一种常见的捕鼠工具，通常是硬纸板上置有强力黏性胶水，将黏鼠板放置在电力箱式变压器高、低压室和变压器室的柜体和地面上等老鼠的必经之地。

在场内放置鼠药灭鼠或采用超声波灭鼠设备进行驱赶。超声波驱鼠器装置所产生的超声波能够在 50m 的范围内有效刺激并使得鼠类感到威胁和不安，能够有效地创造鼠类等无法生存的环境，迫使它们自动迁移，不在防治区范围内繁殖生长。

（4）清理杂草。对厂区的杂草进行清理，防止小动物借助杂草攀爬到设备上损坏设备。

（5）使用电子清洗剂。用电子清洗剂喷洒在电力箱式变压器的高、低压柜的二次接线上，清除接线及端子处的灰尘，避免与老鼠尿液形成短路。

鼠害防治工作需要长期坚持，结合电力设备运行特点和鼠害防治措施，采取以上一种或几种措施的组合，可大大降低鼠害对电力设备的影响。

597. 抢救触电者脱离电源时应注意的事项有哪些？

答：（1）救护人员不得采用金属和其他潮湿的物品作为救护工具。

（2）未采取任何绝缘措施，救护人员不得直接触及触电者的皮肤或潮湿衣服。

（3）在使触电者脱离电源的过程中，救护人员最好用一只手操作，以防自身触电。

（4）当触电者站立或位于高处时，应采取措施防止触电者脱离电源后摔跌。

（5）夜晚发生触电事故时，应考虑切断电源后的临时照明，以便于救护。

598. 光伏电站应备的防火设施和器材有哪些？

答：光伏电站现场应配备的防火设施主要包括：

（1）火灾报警系统、自动灭火系统等自动防火装置。

（2）灭火器、消防栓、消防沙等消防器材。

（3）防毒面具、正压式呼吸器、急救药品等安全防护用品。

（4）应急照明装备。

（5）通信工具及有关通信录。

599. 光伏电站消防工器具有哪些?

答：消防工器具有灭火器、消防沙箱、消防铁锹等，如表 5-2 所示为某 20MW 光伏电站的消防工器具配置表。

表 5-2　　　　　某 20MW 光伏电站的消防工器具配置表

序号	器材类型	数量
1	推车式干粉灭火器	1
2	手提式干粉灭火器	20
3	手提式二氧化碳灭火器	7
4	消防沙箱	1
5	消防铁锹	2
6	消防桶	1
7	消防斧	1
8	消防帽	2
9	消防手套	2

消防工器具如图 5-8 所示。

(a) 推车式干粉灭火器　　　　(b) 消防沙箱　　　　(c) 消防铲

图 5-8　消防工器具

600. 光伏电站不同位置的消防器材一般如何配置？

答：某 40MW 光伏电站消防器材的配置表见表 5-3。

表 5-3　　　　某 40MW 光伏电站消防器材配置表

序号	位置	消防器材名称	数量
1	控制室	手提式型干粉灭火器	2
2	35kV 配电室	推车式干粉灭火器	3
		手提式型干粉灭火器	4
3	SVG 室	手提式型干粉灭火器	2
4	SVG 变压器	推车式干粉灭火器	2
		手提式型干粉灭火器	4
5	主变压器	推车式干粉灭火器	2
6	GIS 开关	推车式干粉灭火器	2
7	控制室	手提式型干粉灭火器	2
8	保卫室	手提式型干粉灭火器	6
9	备品间	手提式型干粉灭火器	2
10	厨房	手提式型干粉灭火器	1
11	升压站	消防沙箱	2
		消防铲	4

601. 分布式电站的火灾防范措施有哪些？

答：（1）加强对发电数据的运行分析，监盘时不定时地查看每一串电压、电流数值，数值差异较大时，要找出原因，及时消除缺陷。

（2）日常检查屋顶光伏组件是否清洁，有无杂物，组件表面有无油污、污渍等，直流汇流箱内端子接头有无虚接、有无发热，设备外壳接地线是否良好，有无锈蚀、断裂。

（3）加强屋面光伏组件、汇流箱的红外测温工作。设备红外测温如图 5-9 所示。重点对电缆汇集及接头处进行测温，防止出现火灾事故；防止光伏组件出现严重的热斑现象，对于严重的热斑组件要及时进行监测和安全性评估，必要时予以更换。

图 5-9　设备红外测温

（4）更换光伏电站组件、汇流箱内部部件、逆变器内部部件或阵列断电检测时，应按规范操作，避免人为误操作。

（5）分布式电站多采用无人值守、每月定巡模式，在雷暴及其他异常天气前后，开展特巡工作，必要时增加检查次数；每次大风、暴雨前应检查并固定好光伏组件区域的飘移物和临时建筑，防止物品被吹起造成设备损坏；恶劣天气过后应及时检查。

（6）定期检查电气设备保护回路是否正确投入、室内的通风是否完好，电气设备的各部温度、声音是否正常。按照规定定期对电气设备进行清灰、检查、校验和检修。

（7）电缆槽盒内电缆要有序排放，并做好通风散热措施。对于内部有接头的部位，尽量放置电缆上层，便于日常检查检测。

（8）为减少意外火灾事故造成的损失，在电缆桥架的十字、T字处、电缆槽盒放置阻火包，电缆沟设置防火墙，穿墙电缆要涂刷防火涂料，所有的孔洞要通过防火泥进行封堵。

（9）屋顶电站消防器材设施应配备齐全，屋顶生产区入口处张贴平面图，明确指示器材存放位置。消防器材每月检查一次，消防及行走通道保持畅通，电站现场应配备灭火器和应急照明装备。现场灭火器应每月检查一次。

（10）消防通道的检查。对屋顶分布式电站，要对消防通道进行规划，检查是否有可燃、易燃杂物堆放，要时刻保持通道安全、畅通，确保消防器材合格可用、逃生线路布置合理，应达到紧急情况下火灾扑救及人员逃生等要求。

602. 光伏电站对于火灾的防范措施有哪些？

答： 光伏电站防火工作是重中之重，线缆及组件背板、荒草等都是可燃物，燃烧后具有火势发展快、面积大、不易灭等特点。

火灾防范的相关措施具体有：

（1）规范消防器材，定期对其检查。

定期检查消防器材是否完好可用，损坏、遗失、缺位的尽快补齐，保证火情发生后器材能够正常使用。

定期检查灭火器是否铅封完好、压力表指针是否在绿色区域范围内、喷嘴是否通畅、零部件是否完好等。

定期检查消防栓、消防水带和消防枪是否配备齐全，消防栓水压是否正常。灭火器、打火鞭、水等消防设施应配置齐全，并且放置到易起火、着火的地方，容易着火的地方设立安全警示牌。消防通道、逃生通道要保持畅通，禁止堆放杂物。

（2）提高现场人员的防火救护能力。电站的每个成员无论何时应都有防范意识。应定期开展防火应急演练，模拟在突发火灾情况下人员对初期火情的扑救、灭火器材的使用、人员的逃生救护、站内设备的紧急处理及操作。

（3）电缆及电缆沟防火封堵。

为减缓和阻止火灾的蔓延，各站穿墙电缆孔洞、电缆沟等消防封堵应完好，及时修复失效、缺漏的防火包、防火堵料及防火墙。

电缆沟内禁止存放易燃、可燃及助燃物品。

光伏区要建防火隔离带（挖防火沟等），防止烧荒蔓延至光伏区域内。

（4）现场防火隐患危险点的排查和整治。

加大现场巡视和隐患排查力度，对箱式变压器、逆变器、汇流箱、电缆桥架等电气设备周边的杂草或其他易燃、可燃物做到及时清理，彻底消除火灾隐患。

对光伏厂区的每个角落实现全面视频监控，避免存在监控盲区。

重点监控设备的运行状态，尤其在高负荷时段，监控设备温度，防止因设备过电流、过热导致的意外火灾事故；并定期检查各部件并保养、更换，防止温度过高引发的火灾。

在清明节到来前做好火灾的应急预案，并派专人值守易着火的地方，加强现场监控，避免祭祀、烧荒等引发的火灾。如图 5-10 所示为某光伏电站未加强监控，导致光伏区盲点位置出现燃烧现象。

图 5-10　某光伏电站未加强监控，光伏区盲点位置出现燃烧现象

（5）防火宣传工作。加强电站内外的防火宣传工作，增强员工及周边民众的防火意识。在冬春季节防止农民烧荒，应提前和附近村委会及百姓及时沟通，告知烧荒后果，并组建消防联防队，出现火灾时第一时间灭火。

（6）运维人员在火灾高发季节应不定时巡检及夜巡。

603. 地面电站对于火灾的灭火方式是什么？

答： 当火灾发生后首先判断火灾是来自光伏场区外还是场区内，对于场区内的，即使是多小的火，应立即灭掉；对于区外的，观察火势、风向、燃烧速度、远近，如影响电站应立即灭掉，如不影响，应派人专人看守，直至完全熄灭。

电站内发生火灾后不必惊慌，应冷静处置，判断火势大小，火势较大时，应立即停电，避免带电燃烧。

电站内发生火灾后、停电过程中，立即组织人员并报警，停

光伏电站运行与维护 1000 问

电完毕后，用灭火器、消防鼓风机、湿拖把等灭火工具进行灭火，在灭火过程中一定要注意人身安全。

604. 光伏电站的防洪标准是什么?

答：根据 GB 50797—2012《光伏发电站设计规范》对光伏电站防洪设计的要求，按不同规划容量，光伏发电站的防洪等级和防洪标准应符合不同标准的规定，防洪标准如表 5-4 所示。

表 5-4　　　　　　　　　防洪标准

防洪等级	规划容量（MW）	防洪标准（重现期）
Ⅰ	>500	≥100 年一遇的高水（潮）位
Ⅱ	20~500	≥50 年一遇的高水（潮）位
Ⅲ	<30	≥30 年一遇的高水（潮）位

605. 洪水风险的防范措施有哪些?

答：（1）要充分考虑当地最大降水量、积水深度、洪水水位和排水条件等，这些因素将直接影响光伏系统的支架、支架基础和电气设备。

（2）增设排水系统等防护系统。强降水对电站的影响主要是雨水浸泡，地面电站、渔光互补电站及水面电站都应根据所在地的气象和水文条件设置相应的排水设施，或者在强降水来临之前增设临时排水设施。

（3）应对厂区排水沟、沉砂池、过水涵管进行检查，重点检查排水沟及沉砂池内部有无杂物和淤泥造成的过水涵管淤堵，对影响排水能力的区域进行清理和除淤，确保畅通。

（4）针对汛期来临、水量变大的情况，应对所有电缆井内部及外部封堵情况进行检查。

（5）准备防洪防汛相关物资，如表 5-5 所示某光伏电站的防洪物资表。

326

表 5-5   某光伏电站的防洪防汛物资表

序号	项目	数量	单位
1	塑料布	100	袋
2	雨靴	—	双
3	输水管	30	m
4	汽油抽水泵	1	台
5	雨衣	—	套
6	强光手电	3	把
7	急救箱	1	个

606. 光伏区组件防洪重点考虑哪些问题？

答：根据 GB 50797—2012《光伏发电站设计规范》的要求，光伏方阵内光伏组串的最低点与地面的距离不宜小于 300mm，并应考虑以下几个因素：①当地的最大积雪深度；②当地的洪水水位；③当地的植被高度。

光伏区组件防洪重点应考虑：①避免组件支架基础长期处于因雨水冲刷裸露或塌陷的地表；②避免组件区域积水而导致组件、汇流箱等电气设备出现安全事故；③整个场区的雨水汇集区域，可按照随坡就势原则设置浆砌石排水沟或混凝土排水沟，将场区内雨水集中后引流至场区外部，以防止地表土壤或植被被雨水冲刷。光伏区内排水沟示意图、山地电站排洪沟示意图分别如图 5-11 和图 5-12 所示。

图 5-11 光伏区内排水沟示意图

图 5-12　山地电站排洪沟示意图

607. 光伏区箱式变压器、逆变器防洪重点考虑哪些问题?

答: 山地光伏电站地形复杂,考虑到集电线路压降、线损等原因,部分箱式变压器、逆变器基础可能会位于高边坡或低洼区域。

(1) 针对高边坡区域,建议采用浆砌石砌筑挡土墙,以降低边坡被雨水冲刷的风险。

(2) 对于低洼区域而言,由于长期积水会导致箱式变压器、逆变器基础内积水,严重时会产生电气安全事故,这种情况可考虑在箱式变压器、逆变器基础周围设置排水沟,将积水散排至其他区域。

608. 光伏电站防洪应急预案应包括哪些?

答: (1) 应急方案包括防汛组织机构、制度和人员职责、应急措施和相应的培训要求、实施过程的安全及其他特殊要求、上下级联系方式等。

(2) 对有淹没危险及容易受冲刷地段的通信设备和光伏设施,应制定相应的监视和应急抢险方案。

(3) 电站成立应急组织机构,如应急抢险组、医疗救护组、安全保卫组、后勤保障组。

(4) 电站与地方政府应急救援管理部门和电力公司应急处理指挥部门以及防汛、水文和气象部门保持沟通,了解灾害和事故发展趋势，掌握气象、水文情况；组织或授权实施灾后的现场恢复、事故和损失的调查和处理。

（5）每年至少进行一次应急管理培训，培训内容应包括本单位的应急预案体系构成、应急小组成员及职责、应急程序、应急物资储备等。

（6）定期开展防洪、防汛演练，成立应急人员小组，确定各个人员的分工和职责。

609. 常见安全工器具的试验标准和周期是怎样的？

答：根据国家电网有限公司相关电力安全工作规程，常见安全工器具的试验标准和周期见表5-6。

表 5-6 常见安全工器具的试验标准和周期

序号	名称	电压等级（kV）	试验电压（kV）	周期
1	绝缘棒、带电作业工具	10/35/110/220/500	45/95/220/440/580	1年
2	验电器	低压/10/35/110/220/500	4/45/95/220/440/580	1年
3	遮蔽罩	10/35	30/80	1年
4	绝缘手套	低压/高压/带电作业	2.5/8/20	半年
5	绝缘靴	低压/10/20/带电作业	2.5/15/25/15	半年
6	绝缘梯		95	1年
7	接地线	10/35/110/220/500	45/95/220/440/580	变电用4年/线路用2年
8	安全带（腰绳）	安全性能试验拉力为2205N		1年
9	安全帽	冲击力小于49 009N；泄漏电流不大于1.2mA		抽检

610. 站用变压器和农网变压器故障时，如何做好应急电源措施？

答： 在正常运行中，直流系统供给全站控制、信号、操作等，220V 直流电源的负载一般在几安培左右（各电站略有不同），UPS 系统供给全站 AGC/AVC 系统、光功率系统、监控后台、调度通信等，220V 电压的交流电源在十几安培左右（各电站略有不同），总的负载在 4.4kVA、20A 左右。

直流系统和 UPS 系统的交流电源均取自单一站用母线。直流充电电源是三相三线 380V，UPS 交流电源是单相 220V。一旦站用母线失电，此直流系统和 UPS 系统（逆变模式下）的负载将全部由 200Ah 的铅酸蓄电池供电，理论支撑时间为 10h 左右，仅靠一组蓄电池维系支撑。

当站用变压器和农网变压器故障时，考虑到光伏电站发电系统仍然在运行，可以采用箱式变压器内部的小型控制变压器给站用母线反送电的模式，供给直流充电机电源，由直流充电机和蓄电池组并联供给直流系统和 UPS 系统（逆变模式下）。

另外，当站用变压器和农网变压器同时故障时，站用母线失电后，应立即将站用变压器和农网变压器低压侧进线开关全部断开并闭锁，断开站用母线所带无关负载，仅带直流充电屏负载，电缆 N 线接至母线 N 排，投入控制变压器的空气开关和站用电侧紧急备用开关，通过控制变压器经母排给直流充电屏供电。

第四节　设备安全操作

611. 装设接地线的基本要求是什么？

答：（1）当验明设备确已无电压后，应立即将检修设备接地，并使三相短路。这是保护工作人员在工作地点防止突然来电的安全措施，同时设备断开部分的剩余电荷可因接地而放尽。

（2）装设接地线必须由两人进行，若为单人值班，只允许使用接地刀闸接地，或使用绝缘棒合接地刀闸。

（3）装设接地线必须先接接地端，后接导体端，且必须接触良好。拆接地线的顺序与此相反，装/拆接地线均应使用绝缘棒并戴绝缘手套。

612. 倒闸操作可分为哪几类？

答：倒闸操作可分为就地操作、遥控操作、程序操作，其中就地操作按执行操作的人员又可分为如下三类：

（1）由两人进行同一项操作的监护操作，其要求为：监护操作时，由对设备较为熟悉者监护；对特别重要和复杂的倒闸操作，则由熟练的运行人员操作，运行值班负责人监护。

（2）由一人完成的单项操作，其要求为：单人值班操作时，运行人员根据发令人用电话传达的操作指令填用操作票，并复诵无误后方可操作；对实行单人操作的设备、项目及运行人员需经设备运行管理单位批准，且人员应通过专项考核。

（3）由检修人员完成的操作，其要求为：经设备运行管理单位考试合格、批准的检修人员，可进行 110kV 及以下的电气设备由热备用至检修或由检修至热备用的监护操作，监护人应是同一单位的检修人员或设备运行人员。

613. 验电操作的具体注意事项有哪些？

答：（1）高压验电时，操作人员必须戴绝缘手套，穿绝缘鞋。

（2）验电时，必须使用电压等级合适、试验合格的验电器。

（3）雨天室外验电时，禁止使用普通（不防水）的验电器或绝缘杆，以免其受潮闪络或沿面放电，引起人身触电。

（4）验电前，先在有电的设备上检查验电器，应确认验电器良好。

（5）在停电设备的各侧（如断路器的两侧，变压器的高、中、低三侧等）即需要短路接地的部位，分相进行验电。

614. 检修作业结束后的"两清四查"是什么？

答：两清：①清点工具、配件，并将其妥善保管；②清理现场，对设备遮盖加封。四查：①检查现场有无遗留火种；②检查沟、坑、孔、洞盖板，以及围栏是否齐全；③检查设备门、窗、线缆封堵是否良好；④检查检修电源是否断开。

第五节　安全大检查和安全运行

615. 安全检查的方式有哪些？

答： 对于安全检查，需成立安全检查小组，由值班长及相关值班人员组成，站长担任组长。

安全检查包括当值班组例行周检查和月度检查、专项安全检查、春秋季季节性安全大检查、节前安全大检查等。

安全检查必须边查边整改，对有条件整改的项目应及时整改，对暂时没有条件的应制订计划，并做到四定原则，即定项目、定人员、定时间、定措施。

616. 光伏电站节前安全生产自查工作有哪些？

答： 为确保光伏电站节假日期间的安全稳定运行，应开展节前自查工作，具体内容如下：

（1）重点检查电站安全生产情况，检查安全生产风险分级管控的开展情况及重大、特大事故的防范措施的落实情况。

（2）检查消防安全情况，光伏电站生产防火区的措施落实情况，屋顶光伏项目消防设备设施的配置情况，以及生产厂区、宿舍、办公区防火和安全用电情况。

（3）检查交通安全情况，检查后勤车辆管理、车辆运行、保养记录、驾驶人员安全教育及管理情况。雨雪冰冻天气尽量减少车辆出行，如必须外出，需做好车辆防滑工作。

（4）节假日生产值班安排情况。

（5）供电保障情况，一旦出现厂用电全停，应有突发性应急方案。

（6）根据各省规定，检查站内 SVG 工况及其运行情况，保障进相运行工作。

617. 月度消防安全检查都检查哪些内容？

答：月度消防安全检查是为了保障生产生活安全，有效防止火灾发生和迅速扑灭火灾，最大限度减少单位和员工生命财产损失，是日常生产的基础保证。

对于站内的消防设施、消防器材，如火灾报警装置、安全疏散指示牌、安全出口指示牌、应急照明灯、灭火器、消防沙箱、消防铲、消防斧等，都要做到每月定期检查，要确保消防检查落到实处，保证安全工作万无一失。

618. 为什么需要定期对接线端子进行测温？

答：光伏电流通过输送线缆进行传输，经过接线端子时，端子与线缆存在接触电阻以及端子本身的欧姆电阻，由于焦耳效应，必然会引起发热。

如果端子与线缆连接紧固，正常工作情况下，端子的温升基本正常。有些光伏电站线缆与端子连接松动、材料老化，使得接触电阻增大，导致在大电流工作时出现异常温升，如果不及时处理，持续发热可能会引起火灾，因此有必要对重点部位或薄弱区域的端子温度进行监测。

在运营管理中，一般使用手持红外热成像仪遥测温度，根据测试的温度值来判断端子是否过热，并进一步排查过热的原因。

619. 火灾报警装置检查哪些内容？

答：火灾报警装置检查如图 5-13 所示。每个电站的火灾报警装置配置都不一定相同，这里仅以图 5-13 中设备为例说明。

每月定期检查火灾自动报警系统、报警按钮、指示灯及报警控制线路是否正常。

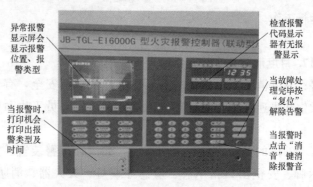

异常报警显示屏会显示报警位置、报警类型

检查报警代码显示器有无报警显示

当报警时，打印机会打印出报警类型及时间

当故障处理完毕按"复位"解除告警

当报警时点击"消音"键消除报警音

图 5-13　火灾报警装置检查

620. 消防设施检查有哪些内容?

答: (1) 检查消防安全疏散指示牌和安全出口指示牌完好情况，有无脱落破损，是否在常亮状态。

(2) 检查应急照明灯、停电试验应急灯是否正常启动。应急照明检查如图 5-14 所示。

(3) 检查常闭式防火门是否处于关闭状态，防火卷帘门下是否堆放物品影响使用。

(4) 检查重点防火部位责任标志牌有无脱落。

图 5-14　应急照明检查

621. 对消防器材的一般检查内容有哪些?

答: (1) 检查消防器材是否完好，检查灭火器是否在指定位置，查看灭火器检查表，判断器材是否在有效日期内。灭火器检查如图 5-15 所示。

(2) 检查灭火器是否清洁、干燥，无锈蚀、无损坏，具体检查步骤如下:

1) 查看压力表，指针在绿色区域为有效压力，压力值在 1.2～1.4 为最佳压力值。指针在红色区域表示压力过低，则无法正常使用，指针在黄色区域表示压力过高，则存在爆裂危险。

(a) 灭火器外观检查　　　　　　　(b) 灭火器有效期检查

图 5-15　灭火器检查

2）检查压把、保险销、塑料封条（铅封）。压把外观应正常，无变形、生锈。保险销应无生锈、封条完整。

3）检查皮管有无龟裂破损。皮管如有龟裂破损，在使用时会从破损处溢出。

4）检查罐体有无锈蚀，合格证标签是否完整，瓶体有无钢印，底部有无锈迹。

（3）检查消防铲、消防斧是否在指定位置，数量是否正确。

（4）做好月度消防安全检查工作，并做好记录。

622. 光伏区围栏需要做好哪些检查？

答： 因夏季暴雨引起洪水，易冲毁厂区部分道路及围栏。围栏受损后，存在外来人员进入场区的安全风险，需要定期检查围栏，围栏受损后需及时进行加固。围栏检查如图 5-16 所示。

图 5-16　围栏检查

623. 夏季高温，光伏电站的运维工作需要注意哪些？

答： 由于盛夏高温季节，电站作业环境恶劣，易出现作业人员中暑、高温灼伤等现象。同时此阶段也是设备故障的高发期，相关安全注意事项如下：

（1）确保现场作业人员安全作业。室外温度超过 37℃ 时，要合理调整工作时间，避开高温作业时段，尽量不安排露天的长时间作业。在作业地、休息室等场所要配备常用的防暑降温用品、药品。室外作业现场要做好避暑措施。

（2）保障设备安全稳定运行。加大对变压器负荷、温度，电流互感器、电压互感器的监控，查找存在的安全隐患；检查配电房内的逆变器、电缆等设备运行情况；强化配电房值班员值守纪律，设置专人负责高温负荷信息汇报工作，发现问题及时报告。

重点做好高温季节设备测温工作，比平时要增加检测频次，对电缆接头、母排连接部位、断路器（隔离开关）触头、电缆屏蔽层接地线引出部位等使用热成像测温仪进行测温，并做好对比。

电缆进出孔洞使用防火泥封堵；电缆进出端部粉刷防火涂料，厚度按材料确定，粉刷要均匀，同一区域粉刷要平齐。

624. 冬季光伏电站的高压设备的运维工作需要注意哪些？

答： 为了保障光伏电站设备运行稳定及日常生活的正常进行，需要做好防寒、防冻工作。

（1）变压器、电容器、六氟化硫断路器等高压设备，在气温发生剧烈变化时，体积会发生很大改变，在冬季气温骤降时，可能会造成这些设备的油位、气体压力低于运行要求，从而发生变压器瓦斯保护误动作、开关拒动等情况，引发事故。同样，气温的变化易使充油设备的密封胶垫加速老化破裂，可能会发生渗漏油、漏气等情况。因此，应加强设备检查，及时发现问题，并及早处理。

（2）检查箱式变压器及开关柜等加热设备投运后是否正常运行。检查继保室内温湿度，对继保室内的温度进行记录，控制温度变化范围，确保设备正常运行。

（3）加强室外设备卫生检查，防止设备发生污闪。

秋冬季节，天气变化较大，昼夜温差加剧，水汽容易凝结形成大雾、霜。如果绝缘子表面较脏，就会增加泄漏电流，导致绝缘子绝缘性能下降，严重时造成闪络放电。因此，需加强室外高压绝缘子的巡视工作，定期开展夜巡，必要时进行清洁工作。

625. 冬季光伏电站的低压设备的运维工作需要注意哪些？

答：冬季严寒，需要加强对室外汇流箱、逆变器房的检查。

汇流箱内外的温差较大，容易结露，极易发生短路事故。冬季大风天气较多，尤其是西北地区，应加强检查汇流箱、逆变器房门是否关严，螺栓是否齐全、紧固，避免风沙进入，导致电气元件过热烧毁事故的发生。

需要采取以下措施加以防范：①结合现场温度情况，可投入汇流箱的加热器，如无加热装置，可采用其他保温方式，防止凝露情况的发生；②入冬前对汇流箱、逆变器的密封胶垫进行检查，确保箱柜体密封；③风沙较大的地区，需要做好逆变器室的防沙工作，并且需要保证设备冷却系统的正常工作。

626. 冬季光伏电站的配电房继保室的运维工作需要注意哪些？

答：冬季气温逐渐降低，老鼠等小动物开始向屋内转移。应通过提前做好配电房、继保室防小动物进入工作，检查修理防鼠挡板，封堵电缆出入口，出入配电房、继保室随手关门，投放黏鼠板等，以防止因小动物原因造成设备故障。

627. 冬季光伏电站的防火工作需要注意哪些？

答：秋冬季节，天干物燥，电站应加强火灾防范，具体注意事项如下：

（1）加强场内电气设备的电缆、接线、接头等重点部位的巡查，谨防恶劣天气下老化、短路、放电等现象的发生。

（2）加强现场消防器材管理，不得随意变更位置，设施不得乱动乱放。

（3）光伏厂区、设备间严禁抽烟。

（4）检查并保障食堂炊具、电器用品、电源和液化气的安全使用。加强电站里住宿用的电器的使用及安全管理。

628. 冬季光伏电站的日常生活需要注意哪些？

答：对生活用水及给排水管道进行保温处理。对卫生间及室外进出水井道进行防寒防冻措施，防止管道冻裂造成系统无法运行，影响到日常生活及生产。确保车辆在冬季行驶正常，检查车辆防冻液，加注冬季防冻玻璃水。

629. 大风天气，光伏电站的运维工作需要注意哪些？

答：（1）做好特殊天气预防措施，及时了解天气状况。加强防风、防沙尘意识，对风沙伤害事故要做到提前预防。

（2）加强对高空设备的检查。确认场站所属区域的设备运行状态，检查综合楼、开关室楼顶杂物，避免大风期间将杂物刮下，造成人员及设备伤害。需加强对室外架空线路的巡检，检查线路是否有异物悬挂，在可能摆动较大的区段采取加装相间间隔棒的措施，防止异物悬挂及线路摆动引起相间短路，造成线路事故。

（3）提前购置足够数量的应急救援器材、个人防护用具、应急车辆、对讲机，并与当地医疗、消防部门保持密切联络。

（4）制订组件螺栓紧固的滚动计划，并将此项工作落实到日常巡检中。

（5）电站应储备支架底座、支架导轨、组件压块、配套的螺栓螺帽、MC4 连接器插头等备品备件；同时准备成套内六角、剥线钳、活动扳手等维修工具。

（6）重点区域应加强螺栓紧固，春季、秋季大风来临之前制订专项抽检计划，根据螺栓滚动检修的执行情况和日常巡视时的实际松动情况，确定螺栓的抽检紧固比例。由于人工操作因个人力道不同，松紧程度不一，施工时需采用专业的电动力矩扳手。关于螺栓紧固，图 5-17 和图 5-18 分别列举了常见的螺栓紧固缺陷示例和正确示例。

(a) 支架螺栓安装　　　　　　(b) 其他设备的螺栓安装

图 5-17　常见的螺栓紧固缺陷示例

(a) 支架螺栓安装　　　　　　(b) 组件压块螺栓安装

图 5-18　常见的螺栓紧固正确示例

630. 组件清洗工作的安全管理注意事项有哪些？

答：光伏组件清洗工作应由清洗专业人员担任，受托方必须遵守委托方的相关安全管理制度，提交组件清洗工作方案和作业风险管控表单，并经委托方审批合格，组件清洗工作安全管理注意事项一般包括但不限于以下内容。

（1）工作人员职责及分工、安全保障措施、质量保证措施、工作进度计划等。组件清洗工作开始前，由委托方组织受托方清洗工作人员进行现场安全交底和安全检查，内容包括：正常作业通道、设备带电部分、组件禁止踩踏部分、围栏以及其他安全注意事项；组件清洗过程中，受托方在每个作业点必须配备 1 名专门的安全监护人员。清洗过程中，监护人员不得参与清洗工作。

（2）组件清洗工作人员必须按规定着装，正确穿戴安全帽、安全带、塑胶手套、绝缘胶鞋等安全防护用具。

（3）进行组件清洗前，应考察监控记录中是否有电量输出异常的记载，分析是否可能因漏电引起，并需要检查组件的连接线和相关元器件有无破损、黏连，在清洗前还需要用试电笔对组件的铝边框、支架、钢化玻璃表面进行测试，以排除漏电隐患，确保人身安全。

（4）光伏组件铝框及光伏支架有许多锋利尖角，因此进行组件清洁的人员应穿着相应防护服装并佩戴帽子以避免人员的剐蹭，应禁止在衣服上或工具上出现钩子、带子、线头等容易引起牵绊的部件。

（5）禁止踩踏光伏组件玻璃、支架导轨、电缆桥架等光伏系统设备或通过其他方式借力于组件和支架。

（6）严禁使用硬质或尖锐工具或腐蚀性溶剂及碱性有机溶剂擦拭组件，禁止将清洗水喷射到组件接线盒、电缆桥架、汇流箱等设备；清洁时使用高压水枪的，要控制好水压，避免对组件造成隐裂。

（7）大风、大雨、雷雨或大雪等恶劣气象条件下严禁清洗光伏组件。

（8）冬季清洁应避免冲洗，以防止气温过低而结冰。同理，夏季炎热时段，组件表面温度较高，也不要直接用冷水冲洗。

（9）人员清洁时，禁止站立在距离屋顶边缘不足 1m 的地方进行作业，不准将工具及杂物向下投掷，在作业完成后统一带回。

631. 彩钢瓦分布式电站组件检修时如何不伤害组件?

答: 彩钢瓦分布式电站在日常检修时，涉及方阵内部组件检测和更换的，可使用专业的组件维护架子，如图 5-19 为某公司研制的分布式光伏电站专用的运维架子。这种架子的优点在于人员踩踏支架时的外力会传递至光伏组件的边框上，故在此过程中不会对电池板的表面产生外力，从而能够避免对组件的表面产生应力损伤。

图 5-19　某公司研制的分布式光伏电站专用的运维架子

632. 分布式电站防止高空坠落需要做好哪些安全工作?

答:(1)在彩钢瓦屋面主要的运维通道和爬梯位置处,可安装格栅板等,便于运维人员行走,避免频繁踩踏屋面。运维人员在彩钢瓦上行走时,注意不要踩到采光带上。警示标志的设置如图 5-20 所示。

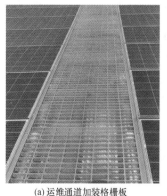

(a)运维通道加装格栅板　　　　(b)安全警示语

图 5-20　警示标志的设置

(2)光伏屋顶光伏区入口处可张贴工作区域平面图,并明确标注安全作业范围和行走通道。

(3)通往屋顶光伏区的爬梯、通道,要设置明显的警示标志,

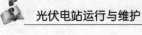

非生产工作人员禁止攀爬，定期对爬梯及登高设施的安全情况进行检查，彩钢瓦屋顶采光带可喷涂"禁止踩踏"标识。

（4）进入生产厂区，所有人员要使用合格的劳保用品，正确佩戴安全帽、工作服、工作鞋，上下攀爬要系好安全带，安全带要"高挂低用"，并系在安全牢固的部位。

（5）定期对安全用具、器具进行检查、危险源辨识，制作现场危险源辨识对照表。

第六章　远程运维平台

633. 如何理解光伏电站监控系统？

答：光伏电站监控系统通过现场光伏区子系统、传输系统和后台监控系统三部分完成对光伏电站的监视、信息处理和控制过程。

以"机场塔台调度"为例，首先塔台与飞机通过无线电波保持连接，塔台要不间断地获取所有飞机的位置，飞机同时也要与塔台保持通信的连接，以接收实时的空中管制或者调度。每个光伏区的子系统可以理解成一个单独的飞机，各个子系统的采集单元通过光纤、光缆或者网线将数据传到后台的数据网中，后台监控系统可以看作机场塔台，后台监控系统实时获取每个子光伏系统的信息，并对光伏系统进行数据的采集、分析处理、安全运行的调控，保证光伏系统的稳定、安全运行，这就是光伏电站监控系统简单的执行过程。

634. 光伏电站监控系统主要采集哪些信息？

答：采集的数据主要分为遥测、遥信、遥控、遥脉数据。在电力系统中，常见的遥测数据主要包括电压、电流、功率、温度等；遥信数据主要有开关的位置信息、设备告警信息、保护信息等；遥控主要是通过后台系统在电脑上控制开关、断路器的分与合；遥脉数据主要是一些电量数据、电能表的正反向有功无功等。

光伏电站配置数据采集装置，可采集光伏方阵逆变器、升压站监控、有功无功电压控制、功率预测、保护及故障录波和电能量计量等信息。数据采集系统统一定义电站设备测点命名和编码规则，统一定义光伏方阵逆变器、升压站的通信规约，完成不同协议类型的数据转换。主要采集信息如下。

（1）逆变器数据。输入/输出侧的总输入开关、模块运行状态、运行告警等遥信信息。电压、电流、功率、机内温度等遥测信息。对组件、汇流箱等远程集中监测，包括支路电压、电流。

（2）升压站数据。通过远动管理装置采集升压站运行数据，包括遥控、遥测、遥信和遥脉数据，以及保护子站数据等。

（3）箱式变压器数据。箱式变压器属于一次高压设备，与监控系统的数据采集及传输通过箱式变压器测控模块，并依托特定的通信协议来实现。其主要采集箱式变压器实时运行数据和状态数据。

（4）功率控制系统（AGC/AVC）。调节状态和数值、有功和无功调节计划曲线、有功和无功调节出力曲线，以及实时调节目标等。

（5）电量。数据采集系统通过远动机或电能量计量装置采集数据，包括正反向有功和无功电能表底值、负荷曲线、表计状态信息。

635. 什么是远程集中运维平台？

答： 远程集中运维平台（也有称为远程集控平台）是基于大数据架构的光伏数据采集、存储和分析，包括本地部署的采集系统、基于 Web 端的线上实时监控系统、运维生产管理系统、大数据分析、手机 App 运维管理等。通俗地理解，远程光伏平台是将本地后台监控系统搬到了网页上，且加入了强大的数据存储、分析功能、智能告警、资产管理等功能，为电站管理提供全面的数据统计和各类报表。

远程集中运维平台主要实现的是对站内升压站及光伏区关键设备，如组件、汇流箱、逆变器、箱式变压器的监控数据进行采集并上传信息。通过将数据集中上传至远端，业主可以实现对各个不同地理位置的光伏电站进行集中化的监控和数据分析，实时精准把控数据，大大提高了统一管控性。

636. 远程集中运维平台与数控采集与监控系统在应用上有什么区别?

答:大型地面电站站内有运维人员驻守,一般就地安装一套监控系统,用来监控站内箱式变压器、逆变器、汇流箱、各个支路的运行情况。

作为电站运维服务商,管理的电站规模一般在几百兆瓦甚至吉瓦级以上,且分布在全国各个地区,为了管理分布在全国各地的光伏电站,一般需要安装光伏电站远程集中运维平台,集监测系统和生产运行分析系统为一体。总部人员不需要亲自到电站,就可以远程对电站实时的发电数据进行监测,并可以通过对各个电站的生产运行指标的分析比较来初步判断电站的运行管理情况。

分布式电站现场一般不需要有人驻守,因此需要使用远程运维系统实现集中把控。

637. 远程集中运维平台有哪些特点?

答:光伏电站远程集中运维平台的基础功能是监控,这个目前所有平台都能满足,除此以外,还有其他的特点,例如:

(1)手机端的移动式运维,电站每日上报的电量、完成情况以及集团层面的统计,在 Web、手机 App 均可呈现,无需人工统计;另外,电站重要级别的告警可以主动推送,有视频监控的电站也可以通过手机查看电站的实时情况。

(2)平台的主动分析功能,通过离散率功能模块,可筛选出落后逆变器或者组串发电单元,精确定位;通过大数据分析,结合气象站数据或系统效率,给出组件最佳清洗建议。

(3)告警的有效性,通过告警的自定义功能,过滤掉大批量无效、重复告警信息,根据用户的需求,主动定义需要推送或者报出的告警信息,保证了告警的准确、有效。

(4)告警的主动推送,因为很多分布式光伏电站是无人值守的,电站故障停电或者外线停电,都没法及时发现,会造成不小的损失。通过配置外线告警信息,如果发生停电情况,Web 端会有重要级别的告警信息推送,同时手机端及时推送故障信息,这样就不需要靠人一直盯着电脑，只有带着手机就行。另外，开关站内的故障信息、箱式变压器侧的故障信息也可以推送到手机，支持自定义推送。

638. 远程集中运维平台在日常运维中有哪些常见应用？

答：远程集中运维平台的功能较多，日常运维中的常用功能有：

（1）通过后台监控可以实时查看逆变器单元的出力情况，观察在不限电的情况下逆变器的功率差异性。

（2）通过查看组串的工作电流、电压值重点排查电压异常、电流偏低或电流为 0A 的组串。

（3）通过离散率分析结果可查看离散率在 10% 以上的组串单元。

（4）通过告警信息查看异常报警单元。

（5）通过系统效率降低趋势查看灰尘对发电量带来的影响，制订清洗计划。

639. 光伏电站的通信数据流向是什么样的？

答：（1）升压站的各测控、保护装置设备采用网络方式把数据传输到站控层交换机。

（2）直流屏、UPS、电能采集器等设备的通信数据经过通信管理机传输到站控层交换机。

（3）光伏区汇流箱、逆变器、箱式变压器设备通过通信管理机传输到环网交换机，经光纤传输到站控层交换机。

（4）后台监控系统从站控层交换机获取数据并实时展示和存储，远动机从站控层获取数据并实时上传到调度中心。

（5）光功率预测系统、AGC 系统、AVC 系统均通过远动系统获取站内设备数据。

640. 远程集中运维平台如何实现数据的呈现？

答：（1）第一步，后台厂家或者光伏区厂家提供转发点表（所谓的点表，就是所有的数据按照固定的顺序排列好，在一张或者多张表格中呈现）。

（2）第二步，远程集中运维平台根据点表在数据库中进行配置，第一步与第二步可以理解为一面镜子的投射，数据是一一对应的。

（3）第三步，现场设备调试，要实现数据的传输，需在现场加装对应的存储设备、转发设备以及网络安全设备（存储设备负责现场数据的存储，便于历史数据的查找；转发设备负责数据转发，网络安全设备负责搭建本地网络安全通道，保证数据传输的安全性）。

（4）第四步，数据联调，即比对本地数据、转发设备数据、远程集中运维平台数据的一致性。

641. 远程集中运维平台对数据质量的要求有哪些？

答： 光伏电站监控数据由于传输距离远、传输的数据类型多，特别是数据在采集与传输的过程中由于采集设备、通信设备、环境因素等客观原因及人为主观原因，监测系统中的数据可能存在缺数、死数、越限、零值、其他异常等问题，基础数据的不准确导致在进行大数据分析过程中出现了错误的结果，导致难以从后台远程监控判断设备故障，从而失去了远程运维的意义。

目前尚没有统一的数据标准和数据质量控制规范。通常，光伏电站的数据管理涉及数据采集、存储、管理、计算、使用等环节。在管理环节，需采用合理的数据治理方法对原始数据进行分析，包括准确性、完整性、规范性检验等，并对错误的数据进行修补或纠正。如果数据质量的问题是由于设备引起的，还需要对其采集设备或通信设备进行整改，保证设备运行数据采集精度。

642. 为什么关口计量表电量与逆变器显示电量不一致？

答： 关口计量表电流互感器的采集精度较高，一般要达到 0.2S 级，误差为 $\pm 0.2\%$，电量数据较为准确；而逆变器电流传感器的精度约为 $\pm 0.5\%$，交流侧电量准确性比关口计量表要低一些。

关口计量表与逆变器之间存在一定的线路和设备损耗，因此，逆变器的发电量会大于关口计量表的电量。例如，逆变器本身发电量是 1000kWh，但是关口计量表上显示的电量可能只有 975kWh。

643. 光伏区的数据能否直接连接外网？

答：光伏区的数据不能直接暴露于外网（即通常所说的公网），如果需要将数据传输出去，必须要经过认证合格的隔离与加密装置以及 VPN 专线，才能将站内数据传输到对应的站点。

以电脑安装杀毒软件为例，如果没有安全软件，电子设备近乎"裸奔"，存在极大的安全隐患。电力设施重要性不言而喻，故光伏电站更不能将数据"裸露"于公共网络，需要加装严苛的防护设施。

644. 远程集中运维平台的断点续传功能是什么？

答：对断点续传的理解可以分为两部分：一部分是断点，一部分是续传。

断点的由来是在数据传输过程中，当某个时间点，由于网络原因或者电站内安全设备故障，导致数据传输中断，此时传输中断的时间点就是断点。

续传就是当网络或者安全装置恢复正常后，断点的数据会继续上传到光伏集控云平台，保证数据不丢失。

断点续传功能的前提是本地存储设备或者本地转发服务器运行正常。否则，数据无法存储下来，就不能实现数据的续传。

645. 远程集中运维平台的数据上送会有延时吗？

答：光伏远程集中运维平台的数据上送会有延时，延时的长短存在一定差异性。关于平台数据采集，数据源都是在本地，本地的数据采集，各个厂家大同小异，一般都是实时的，因为本地的通信协议基本上是 Modbus 或者 104 协议，数据上送的机制是变位上送和总召，但是本地数据上送到云平台会有一定的延时，从而对数据的实时性造成一定的影响，主要影响因素是网络的稳定性、云平台底层架构的选择以及大数据处理服务器的投入量。

首先，网络的不稳定会造成数据的延时存在一定的不可控性。

其次，不同平台的底层架构存在一定的差异，底层架构的不同以及数据服务器的投入量的多少，直接影响数据处理、分析的速率，从而对数据实时性有一定的影响。

646. 远程集中运维平台的数据上送对流量卡的要求是什么？

答： 对于通过无线方案接入的远程运维平台，不同的电站类型，数据传输所需的流量也不同，在保证经济性的前提下，需要选择合适的流量套餐，满足数据的日常传输需求。通过调研，一般 5MW 的电站，一个月 1.5G 流量，实际使用流量约 1G；1MW 的电站，大约需要 500M 的流量。流量跟数据发送频率、数据压缩程度，以及远程管理交互频率、周边的信号强度有一定关系。信号差，数据传输会不停地重试，耗费一定流量。

647. 监控系统是如何监测高电压与大电流的？

答： 生活中使用的电都是 220V，但是电在传输过程中均以高压的形式传输，通过变电站进行升压送出，再经过变电站进行降压，直至送到千家万户。但是，在变电站中是如何对高压电进行监测？

在变电站中有两类设备，分别叫电压互感器、电流互感器，高电压经过电压互感器一般被降成 100V，进入采集装置，大电流经过电流互感器一般被降成 5A 或者 1A 进入采集装置，采集装置把采集的电压与电流送到后台监控系统，从而实现对高电压和大电流的监测。

648. IEC103/104 规约与 Modbus 协议的区别是什么？

答： 对于规模较大的光伏电站，光伏区与升压站之间的通信通常采用基于 Modbus 协议的 485 串口通信或者 IEC103 通信。光伏电站与调度之间的通信，通常采用标准的 IEC104 协议。另外，光伏电站数据传输给各大集控平台，通常也是采用 IEC104 协议。

对于低压并网、户用、扶贫等风险系数低的电站，即逆变器直接并网，通常采用 Modbus 串口通信，通过采集器或者工控机，数据经公网上传到光伏远程集控平台。

649. 光伏电站 RS-485 通信接线方式有哪几种？

答： RS-485 通信接线方式主要有手拉手、星型、分叉连接等方式。一般采用较多的是手拉手接线方式，可以采用 RJ45 接口或者端子排接口进行连接。

650. 光纤环网有哪些接线方式？

答： 为了保证光纤通信的可靠性（某个设备故障时，不影响其他设备的通信传输），一般都要进行光纤环网通信。对于地面光伏电站项目，大部分的光伏区通信设置都是采用光纤环网方式，实现的方式一般为光缆直接环网。下面就以华为数采光纤环网的场景进行介绍。

光缆直接环网是连接不同设备间的光缆是直接成环的，每根光缆内只需要两芯光纤。该方式的优点是可靠性最高，即使某根光缆断开，依然不影响通信可靠性。

光纤环网示意图如图 6-1 所示，光缆放置方式：升压站交换机—数采 1—数采 2—数采 3—数采 4—升压站交换机。这种光缆环网方案，数采的光纤接线比较简单，直接把两芯光纤插入数采光模块中的发送端口 TX 和接收端口 RX。

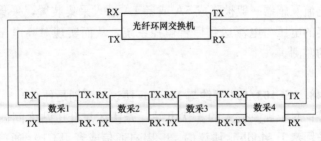

图 6-1　光纤环网示意图

651. 光伏电站光伏区通信异常的原因有哪些?

答: 通信异常的原因有:

(1) 逆变器通信异常。逆变器通信接口通信线松动、同品牌逆变器更换后通信参数未同步更新、逆变器更换品牌后后台通信点表的规约未同步、通信传输距离过长、通信线手拉手接头处包裹不严导致雨水渗入、周围环境存在电磁场干扰等。

(2) 整个方阵通信异常。一般是箱式变压器测控装置异常,会导致整个光伏区的逆变器及箱式变压器数据异常;方阵通信光纤受损;方阵光电转换器异常等。

652. 平台上有哪些常见的告警信息?

答: 不同的平台厂家对于告警信息的定义不同,某品牌集中运维平台对汇流箱、逆变器和变压器的告警定义如下。

直流智能汇流箱的告警信息有:××支路断开、××支路电流为 0A、电压为 0V 等。

组串逆变器的告警信息有:组串反向、IGBT 故障、绝缘阻抗低、孤岛保护、温度过高、电网电压异常、通信中断、直流电路异常、浪涌保护器故障、电网频率异常、接地异常等。

箱式变压器的告警信息有:重瓦斯、油位低、超温、熔断器熔断、油温高低、轻瓦斯等。

653. 平台出现容量错误的原因是什么?

答: 某分布式电站接入远程集控平台,组串逆变器的容量与实际容量不一致,导致平台自动计算的逆变器发电小时数偏低或偏高。

原因如下:①电站接入时,未认真核对图纸和实际组串的位置,造成容量输入错误;②电站技术优化后或日常运维中,组串容量更新后,后台未手动同步。

654. 平台出现容量错误的解决措施是什么?

答: (1) 制定电站组串容量拓扑表(包括组件型号、额定功率、组件数量、组串容量；汇流箱组串容量；逆变器直流侧额定容量），作为参考。

（2）后台的组串编号、额定容量需与实际一一对应。

（3）日常组件更换，若更换后的组件额定功率与原来的旧组件不同，需要更新后台对应组串的额定容量。

655. 太阳辐射监测仪的数据可能会存在哪些问题？

答：目前光伏电站所使用的太阳辐射监测仪一般为热电型，热电型辐射仪一般为两层玻璃罩结构，玻璃罩内部有黑色感应面与热电堆等感应器件。由于玻璃罩暴露在空气当中，容易受到灰尘堆积，因此需要运维人员定期查看和维护。如果长期不维护，玻璃罩表面堆积灰尘，那么辐射数据会不准确。另外，由于仪器本身都有一定的误差，环境监测仪器需要定期到专业的计量机构校核，如果不及时校核，数据的稳定性和准确性都会受到影响。

如图 6-2 所示为江苏江阴地区的某月份的光伏平面实时辐照度，部分数据达到了 1000W/m² 以上，与实际偏差较大，需要重新校准辐照仪。

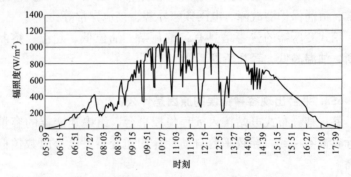

图 6-2　江苏江阴地区的某月份的光伏平面实时辐照度

656. 后台气象站数据不准确如何处理？

答：（1）检查气象站仪器的零配件是否出现故障，必要时对零配件进行更换。若气象站仪器本身质量问题，则联系厂家对其进行更换。

（2）观察气象站的安装位置是否合理，周围环境是否存在不利因素，比如阴影遮挡、粉尘污染等。

（3）检查辐照仪的校准记录，若已经过了有效期，需对辐照仪重新进行校对。

657. 组串电流离散率可以分为几个等级？

答：根据相关文献和 GB 50794—2012《光伏发电站施工规范》，除了特殊情况，组串电流离散率取值范围可分为如下 4 个等级：若组串电流离散率取值范围在 0～5%，说明支路电流运行稳定。若组串电流离散率取值在 5%～10%，说明支路电流运行情况良好。若组串电流离散率取值在 10%～20%，说明支路电流运行情况有待提高。若支路电流离散率超过 20%，说明支路电流运行情况较差，影响电站发电量，必须进行整改。

658. 组串电流离散率低，组串一定就没有问题吗？

答：不一定。例如某逆变器直流侧的输入组串有 6 串，如果该 6 串的组串电流均较低，那么计算后的组串离散率可能在 5% 以下。当然，逆变器所接的各个支路同时存在电流偏低及数值一致性较好的情况较少出现。

659. 不同电流差异值下的组串离散率是如何表现的？

答：不同电流差值下的离散率如图 6-3 所示，假设某组串逆变器的组串支路在不同辐照度下的组串电流正常值分别为 4、5、6、7、8、10A。而其中一低效组串的电流值与正常组串相比，电流偏低，其差值分别是 0.5、1、1.5、2、2.5A 时，可计算得到对应的组串电流离散率。

从图 6-3 中曲线可知，当该低效组串的电流值与正常组串的电流相差为 1.5A，当差值不变的情况下，离散率随着正常组串电流值的升高而降低，分别是 23.1%、17.6%、14.3%、12%、10.3%。

假设正常组串电流为 10A，当低效组串的电流与正常组串电流的差值从 2.5A 下降到 0.5A 时，离散率从 14.3% 下降到 2.6%，组串之间的电流差异越小，离散率越低。

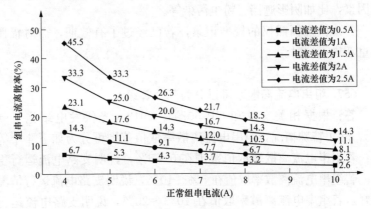

图 6-3　不同电流差值下的离散率

660. 山地光伏电站组串离散率有哪些特点？

答：（1）山地光伏电站由于地势复杂，组件布置的安装朝向或倾角会有多种，不同坡面的光伏组件所接收的辐射量不同，可能造成接入同一组串逆变器的各个支路电流值存在差异。

（2）山地光伏电站由于地面起伏，存在高低落差，部分区域方阵前后间距可能设计不足，特别是到了冬季，前排对后排的阴影遮挡现象会比较严重。山地光伏电站前后阵列的阴影遮挡如图6-4所示。

图 6-4　山地光伏电站前后阵列的阴影遮挡

由于光伏组件的工作电流基本上和太阳辐射呈线性关系，组串中的某些组件一旦发生了局部阴影遮挡，工作电流可能会明显

354

降低，由于木桶效应，整个组串的实际运行电流会下降，因此接
入同一台逆变器的各组串的电流离散率也会变大。

图 6-5 为某组串逆变器电流离散率在一天不同时刻的变化，在
早上和傍晚时段，太阳高度角较低，组件被遮挡后，组串的电流
严重下降，电流离散率达 40％左右。到了 11∶00～14∶00 时段，
太阳高度角较高，方阵前后没有受到阴影遮挡，各组串电流恢复
正常，电流离散率也恢复正常，该值在 5％以下。

运营管理平台对组串电流的离散率一般是按天计算，对每个
时段的离散率进行加权平均。从运维数据分析层面，由于客观因
素的存在，安装朝向和安装倾角差异越大，离散率被外界因素干
扰的程度就越大，因此对于山地电站仅靠离散率就无法有效地鉴
别出低效组串，从而给运维人员排查低效组串带来困难。

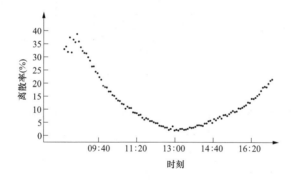

图 6-5　某组串逆变器电流离散率在一天不同时刻的变化（2018 年 3 月 14 日）

基于山地电站的特殊情况，如上文所描述的组串安装不一致、
前后左右间距不足或其他非组串本身因素带来的离散率异常问题
在运维中较为常见，在运营管理平台上可完善离散率计算机制，
提高离散率分析的准确性，尽量减少因客观因素带来的离散率偏
高告警数量，从而减少运维的工作量。

由于早晚时刻的数据偏差大，可舍弃。这样做是基于以下考
虑：如果某个组串是低效的，一般情况下全天各个时刻这种状态
都不会改变，因此不会存在较大的波动性。如发生阴影遮挡的组
串，早上与傍晚时段的离散率偏高，而中午时段正常，那么可使

用中午时段的离散率值进行加权计算则更准确些。

661. 举例说明如何利用组串电流瞬时离散率查找缺陷单元。

答： 某光伏电站监控运营平台可以计算组串实时的电流离散率，如图 6-6 为某山地电站 2021 年 4 月 22 日 12∶10 的所有逆变器的组串电流离散率，发现组串离散率偏高的逆变器数量有 78 台，占逆变器总台数的 6.5%。

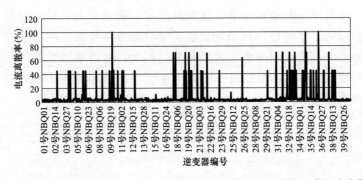

图 6-6 某山地电站 2021 年 4 月 22 日 12∶10 的所有逆变器的组串电流离散率

通过对异常离散率的逆变器单元组串电流进行排查，发现电流离散率的异常主要是由支路电流为 0A 引起的。异常离散率对应逆变器单元的后台支路电流如表 6-1 所示。在排查时需要注意确认逆变器直流输入端电流为 0A 的组串是否接入。如果已经接入，排查对应组串支路的各组件连接及组串与汇流箱的连接是否存在断开点。

表 6-1 　　　异常离散率对应逆变器单元的后台支路电流

逆变器编号	第一路直流输入电流（A）	第二路直流输入电流（A）	第三路直流输入电流（A）	第四路直流输入电流（A）	第五路直流输入电流（A）	第六路直流输入电流/A
36 号 NBQ21	0 -	6.5	6.5	0	6.9	0
34 号 NBQ30	6.9	7	7	0	0	0
10 号 NBQ03	6.8	7.1	7.3	0	0	0
21 号 NBQ02	6.7	6.7	6.6	0	6.7	0
32 号 NBQ01	6.7	6.2	6.9	0	6.9	0

续表

逆变器编号	第一路直流输入电流（A）	第二路直流输入电流（A）	第三路直流输入电流（A）	第四路直流输入电流（A）	第五路直流输入电流（A）	第六路直流输入电流（A）
22 号 NBQ10	6.5	6.7	6.6	6.8	0	6.9
32 号 NBQ02	0	6.7	6.7	7	6.9	0
35 号 NBQ04	0	0	7	7.1	6.7	6.5
33 号 NBQ19	6.6	6.8	7.1	7.1	0	0
38 号 NBQ05	6.6	0	7.1	6.9	7.1	0
18 号 NBQ07	6.9	6.9	7.2	0	7.1	0
26 号 NBQ25	6.7	6.7	6.8	7	0.4	0.6
17 号 NBQ30	0	7	7	7.2	7.1	0
32 号 NBQ28	6.9	7.1	7.2	7.1	0	0
19 号 NBQ16	0	0	7.4	7.2	7.3	7.1
19 号 NBQ30	0	0	7.5	7.3	7.2	7.1

662. 山地光伏电站组串朝向不同，组串电流曲线差异原因是什么？

答：某山地光伏电站逆变器接入 6 个组串，其中组串 1 号的朝向为正南偏西，组串 2 号的朝向为正南偏东，其余组串朝南。冬天晴天时，在不同时段的工作电流如图 6-7 所示。

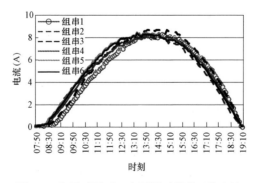

图 6-7 冬天晴天时，在不同时段的工作电流

上午时刻太阳位于东南方向，组串 1 号接收到的辐射量相对较少，该组串的工作电流相对较低；而下午时刻太阳位于西南方向，该组串正好迎着太阳，所以接收到的辐射量会比上午高一些，工作电流也相对较高；从图 6-7 中可以看到组串 1 号的电流曲线相比其他组串有一定的偏移。

663. 逆变器直流侧超配会导致逆变器出力曲线削峰吗？

答：当逆变器直流侧光伏容量升高后，光伏阵列的功率和电流都会有一定的增加，特别是早晚时段，因为太阳辐照度较低，容配比的增加带来的发电功率增益是非常明显的。在中午时段，容配比过高时，直流侧的最大输出功率可能会超过逆变器的最大允许输入功率，由此出现削峰现象，也就是所谓的限光（clipping losses）。

例如，图 6-8 为不同辐照条件下不同容配比时的功率输出曲线，当容配比是传统设计的 1 时，不管是晴天高辐照时段还是阴天低辐照时段，光伏出力均在逆变器允许的功率以下，光伏阵列可以满负荷运行，但是当容配比达到 1.4 时，在晴天高辐照时段就容易出现削峰现象，由此带来一定的限光损失。

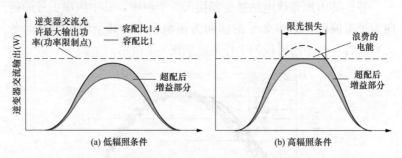

图 6-8　不同辐照条件下不同容配比时的功率输出曲线

664. 弱电网会导致逆变器出力曲线的削峰吗？

答：光伏出力曲线的削峰现象除了弃光（curtailment）和限光（clipping losses）以外，可能还存在逆变器出于自我保护而导致的降额现象。

特别对于送出线路为农网 10kV 线路的光伏电站，由于并网点处于线路末端，电能质量可能较差，频率和电压波动大且波动频繁，且呈现不确定性、不稳定性，尤其在中午发电高峰期，当电网频率了超过逆变器自身设置的保护值时（如一级过频保护点 50.2Hz，二级过频保护点 50.5Hz，一级欠频保护点 49.5Hz，二级欠频保护点 48Hz），逆变器启用自我保护机制，导致限负荷运行，电网的电压波动将直接影响了逆变器的最大功率跟踪计算，功率波形出现削峰现象，同时也导致逆变器的 MPPT 频繁调整。

如图 6-9 所示为某 10MW 光伏电站 2017 年 2 月 23 日的光伏出力与辐照度曲线，当天天气晴天，辐照度曲线较为平滑，在 10：30～13：50 时，辐照度较高，为 850～960W/m² ，此时逆变器频率出现波动，逆变器的交流输出功率出现了一定的降低。依照当时的辐照条件，光伏出力应可以达到 9MW 以上，但实际上光伏出力均低于此值，平均出力在 7.3MW 左右，最小出力仅为 7.2MW。

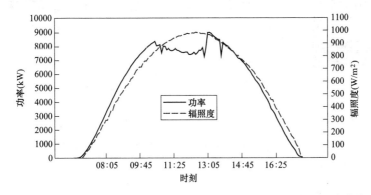

图 6-9　某 10MW 光伏电站 2017 年 2 月 23 日的光伏出力与辐照度曲线

665. 后台监控显示汇流箱部分支路电流为 0A 的处理步骤有哪些？

答：（1）检查现场汇流箱电流实际值是否与系统后台电流值相同，若现场电流值也为 0A，则证明现场支路故障；若不为 0A，则为汇流箱通信故障。

（2）现场电流为 0A，检查汇流箱熔断器是否发生熔断，同时对支路开路电压进行测量，开路电压存在以下三种情况：①当开路电压正常，且熔断器未出现熔断的情况下，检查正负极对地电压是否正常。②当开路电压低于额定电压时，检查光伏组件二极管通断情况（注意测量方向）。③当开路电压为 0V 时，检查直流回路线路，寻找直流线路断开点。

666. 在没有监控运营平台的情况下，如何查看逆变器的发电数据？

答：在没有监控运营平台的情况下，可以通过数据采集器的历史数据查看接入设备的年、月、日发电量数据。下面以华为数据采集器为例进行说明。

（1）首先登录数据采集器后台，导出发电量数据。通过数据采集器 Web 界面导出发电量数据如图 6-10 所示。

图 6-10　通过数据采集器 Web 界面导出发电量数据

然后再点击"存盘"保存导出的发电量数据，如图 6-11 所示。

图 6-11　保存导出的发电量数据

（2）解压导出的数据压缩文件，可以看到后缀是年、月、日和时的四个表格文件。解压发电量数据压缩文件后的四个表格如图 6-12 所示。

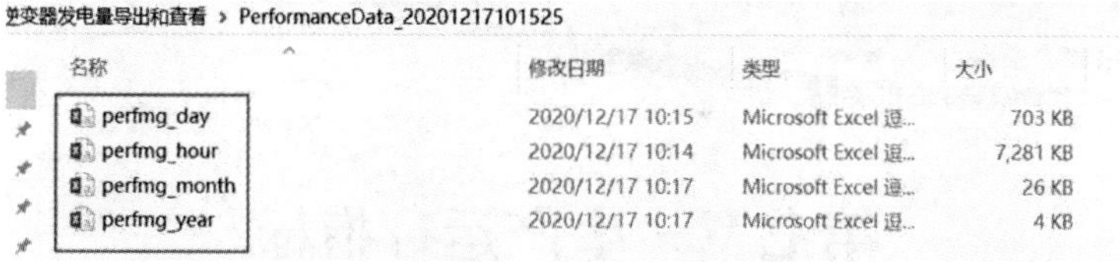

图 6-12　解压发电量数据压缩文件后的四个表格

（3）根据时间颗粒度打开相应的表格。例如要看日发电量则打开“perfmg _ day”文件。同时根据我们的需要对设备和时间进行一个筛选。例如查看 1 台逆变器 2020 年 11 月每天的发电量。则把“设备”筛选为“NB5301”，把“统计开始时间”设置成 2020 年 11 月。通过表格筛选查看发电量数据如图 6-13 所示。

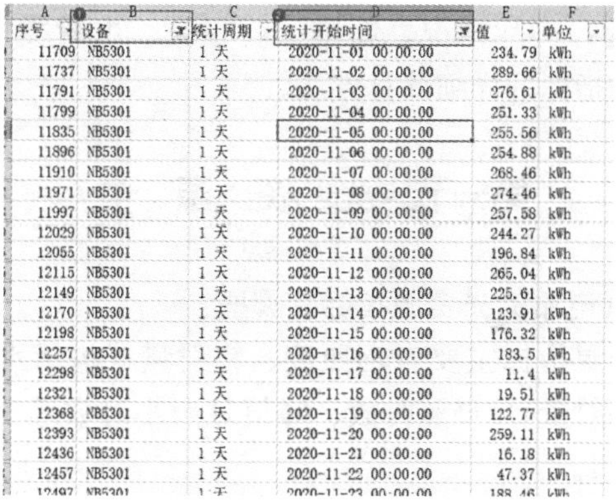

序号	设备	统计周期	统计开始时间	值	单位
11709	NB5301	1 天	2020-11-01 00:00:00	234.79	kWh
11737	NB5301	1 天	2020-11-02 00:00:00	289.66	kWh
11791	NB5301	1 天	2020-11-03 00:00:00	276.61	kWh
11799	NB5301	1 天	2020-11-04 00:00:00	251.33	kWh
11835	NB5301	1 天	2020-11-05 00:00:00	255.56	kWh
11896	NB5301	1 天	2020-11-06 00:00:00	254.88	kWh
11910	NB5301	1 天	2020-11-07 00:00:00	268.46	kWh
11971	NB5301	1 天	2020-11-08 00:00:00	274.46	kWh
11997	NB5301	1 天	2020-11-09 00:00:00	257.58	kWh
12029	NB5301	1 天	2020-11-10 00:00:00	244.27	kWh
12055	NB5301	1 天	2020-11-11 00:00:00	196.84	kWh
12115	NB5301	1 天	2020-11-12 00:00:00	265.04	kWh
12149	NB5301	1 天	2020-11-13 00:00:00	225.61	kWh
12170	NB5301	1 天	2020-11-14 00:00:00	123.91	kWh
12198	NB5301	1 天	2020-11-15 00:00:00	176.32	kWh
12257	NB5301	1 天	2020-11-16 00:00:00	183.5	kWh
12298	NB5301	1 天	2020-11-17 00:00:00	11.4	kWh
12321	NB5301	1 天	2020-11-18 00:00:00	19.51	kWh
12368	NB5301	1 天	2020-11-19 00:00:00	122.77	kWh
12393	NB5301	1 天	2020-11-20 00:00:00	259.11	kWh
12436	NB5301	1 天	2020-11-21 00:00:00	16.18	kWh
12457	NB5301	1 天	2020-11-22 00:00:00	47.37	kWh
12497	NB5301	1 天	2020-11-23 00:00:00	188.46	kWh

图 6-13　通过表格筛选查看发电量数据

同理，查看其他统计时间的发电量数据只需要打开相应的表格，并筛选出相应的设备和时间段即可。

第七章 生产运行指标

 光伏电站因其选址、设备选型、施工质量等原因，单纯通过发电量来衡量运行状态存在一定片面性，同时电站人员的工作成果也需要客观的指标进行评估。因此，光伏电站应引入指标管理，实现管理的规范化和标准化。行业相关组织对光伏电站生产运行指标进行了初步的定义，如常见的有光资源指标、电量指标、能耗指标、设备运行指标等。本章参考相关指标体系，并结合光伏电站的生产运行实际情况，新增了容量类、电量类等相关指标，并给出了各类指标的详细计算方法。

第一节 光 资 源 类

667. 光伏电站的光资源指标有哪些？

 答：光资源指标主要有辐照度、辐射量（包括水平面总辐射和倾斜面总辐射量）、日照时数、峰值日照小时数等。常用的光资源指标见表 7-1。

表 7-1 常用的光资源指标

序号	指标名称	指标用途
1	辐照度	某个时刻的瞬时太阳辐射强弱
2	水平总辐射量	任意时间段内水平面的总辐射量
3	倾斜面辐射量	任意时间段内倾斜面上接收的总辐射量
4	日照时数	任意时间段内光资源的可利用时长
5	峰值日照小时数	任意时间段内标准测试条件下的辐射时长

668. 日照时数与峰值日照小时数有何区别?

答: 日照时数和峰值日照小时数的主要区别如下:

(1) 日照时数。根据相关规定,日照时数为当地直接太阳辐照度超过 $120W/m^2$ 时的所有时间段的总和,单位为小时(h)。

(2) 峰值日照小时数。一段时间内的太阳辐照度的累计总量,换算成标准光强为 $1000W/m^2$ 的光源所持续照射的时长,单位为小时(h)。倾斜面的峰值日照小时数为倾斜面的总辐射量与标准光强的比值。

第二节 容 量 类

669. 什么是备案容量?

答: 备案容量是经发改委立项、电网调度部门批准并网运行并分配发电指标的容量。

670. 什么是安装容量?

答: 根据 NB/T 10394—2020《光伏发电系统效能规范》,安装容量为电站实际安装的光伏组件的额定容量之和。

对于单面组件,是指光伏电站中安装的光伏组件在标准测试条件下测得的峰值功率之和,计量单位是瓦特(W)。

对于双面组件,其正面安装容量是指光伏电站中安装的光伏组件正面标准测试条件下的峰值功率之和,其背面安装容量是指光伏电站中安装的光伏组件背面标准测试条件下峰值功率之和,计量单位均是瓦特;双面组件光伏发电系统的容量主要以正面安装容量为准。

另外行业内经常被提及的"装机容量"是指该系统实际安装的光伏组件的额定功率总和,从名词释义来看,安装容量与装机容量其实是一回事。

安装容量一般小于等于备案容量。有些光伏电站由于非法占用土地或相关手续不合规的,造成批量的组件被拆除,那么此时安装容量将低于备案容量。另外由于前期勘测的不足,部分电站在施工环节，发现实际可利用的场地面积不够，也会造成安装容量低于备案容量。

671. 什么是额定容量？

答：根据 NB/T 10394—2020《光伏发电系统效能规范》，额定容量是指逆变器的额定有功功率之和，即额定容量为交流侧容量，与直流侧的安装容量有一定区别。

672. 什么是并网容量？

答：光伏电站建设后，经电网公司认可的实际并网接入的光伏组件容量之和。若是单个并网点，并网容量为该并网点下实际接入的容量；若是多个并网点，应为所有并网点的并网接入容量之和。

组件安装以后由于一些客观因素导致不能全容量并入电网，而是分批逐步并网，故并网容量和安装容量是有区别的。大多数情况下，并网容量等于安装容量。

部分地区已经出台相关政策，对并网容量进行严格把关，严禁出现私自增容等违约、窃电行为。

673. 什么是发电容量？

答：发电容量是正常工作时的光伏组件容量之和，也是光功率预测的计划开机容量。存在故障的设备例如箱式变压器、逆变器等，导致所接入的组件单元不能发电，那么发电容量应为并网容量减去处于故障的组件容量和检修状态的组件容量。

674. 什么是平均并网容量？

答：对于光伏电站逐步并网发电、组件拆除、组件扩容等因素所导致的并网容量发生变化，在一个自然年度内每个月的并网容量有所差异。

对于自然月而言，月度容量需要考虑每一天的容量是否发生变化，计算结果反映的是该月的平均容量。

对于完整的自然年而言，年度容量是在考虑月度容量变化的基础上进行计算的，计算结果反映了该年度的平均容量。

第三节 电 量 类

675. 什么是计划电量？

答：业主单位（一般指电站持有者）根据一定的测算方法，给运维单位（含第三方运维单位）制定的电量考核指标，一般以一年的结算电量为准，有的还会根据结算电量和送出线路损耗，计算并制定站内关口计量表的计划上网电量，同时对运维单位进行发电量考核。单位：kWh。

676. 什么是理论满发电量？

答：统计周期内，光伏系统的并网发电容量与峰值日照小时数的乘积。

数据来源：并网容量、环境监测仪上组件斜面辐射量数据。

指标用途：用来评估光伏电站组件端理论上的最大发电能力。

单位：kWh。为了数据统计方便，也可使用 MWh 或万度。

677. 什么是逆变器发电量？

答：统计周期内，电站各逆变器出口计量的正向有功电量之和。对于全站而言，逆变器的发电小时数为逆变器出口总发电量除以逆变器直流侧的安装容量。

单位：kWh。

数据来源：逆变器出口发电量、逆变器单元的并网容量。

指标用途：用来评估电站逆变器端的理论发电能力。

678. 什么是上网电量？

答：统计周期内，电站向其出口线路输送的全部正向有功电量，可从电站本侧关口计量表处读取，主表正常时，取主表数据；主表故障时，取副表数据。

上网电量＝（晚上脱网后抄的表码值－前日脱网后抄的表码值）×关口计量表倍率。

单位：kWh。

数据来源：电站出口的关口计量表。

679. 什么是上网小时数？

答：上网小时数是统计周期内的上网电量折算到标称条件下的发电小时数，为上网电量除以逆变器直流侧的并网容量。

某些图书或标准里面会经常使用到"等效利用小时数""上网等价发电时"，其实和上网小时数是同一个指标。另外计算公式里面关于"容量"的选择，在行业内有一些分歧，有使用直流侧的并网容量，也有使用逆变器交流侧的额定容量，容量的选取方式对计算结果会带来一定的影响。

例如某两台 50kW 逆变器，第 1 台并网容量为 55kW，年发电量为 7.15 万 kWh，第 2 台并网容量为 50kW，年发电量为 6.5 万 kWh。根据直流侧并网容量计算，第 1 台和第 2 台的发电小时数为 1300h。按逆变器交流侧容量计算，分别为 1430h 和 1300h，数值差异的原因是第一台逆变器直流侧的超配比例大于第二台。从运维数据分析层面来看，如果使用交流侧容量计算，会使运维人员误以为第 2 台逆变器单元存在发电能力不足的问题。因此编者认为光伏电站对于等效利用小时数的计算建议采用直流侧并网容量。

680. 什么是加权平均上网小时数？

答：统计周期内，对区域各个电站的上网小时数与其并网容量的权重因子的乘积进行求和或者区域各个电站的上网电量总和与总并网发电容量的比值。

一般情况下，年度的平均上网发电小时数为区域各个电站的年度上网电量总和与其总并网容量的比值。

对并网容量发生变化的电站，等效利用小时数等于各个并网容量阶段等效利用小时数之和。

数据来源：上网电量、并网容量、平均并网容量。

指标用途：评估不同区域、运维公司整体电站的月度、年度的平均发电水平。

681. 什么是结算电量？

答：结算电量是指在结算周期内电量结算点的关口计量表计量电量。

单位：kWh。

数据来源：电网结算点（电网侧电能表）。

用途：用于从电网口径评估电站的发电性能；用于电费结算或送出外线损耗计算。

682. 什么是结算小时数？

答：结算小时数是统计周期内的结算电量折算到标称条件下的发电小时数，为结算电量除以逆变器直流侧的并网容量。单位：h。

683. 什么是购网电量？

答：购网电量是指在统计周期内的下网电量和备用变压器电量之和。

单位：kWh。

数据来源：下网电量和备用电源电量。

指标用途：用于综合厂用电量计算。

684. 什么是下网电量？

答：对于地面光伏电站，下网电量是指统计周期内，电网抄表处关口计量表计量的反向有功电量。对于分布式电站，下网电量为接入点的关口计量表计量的反向有功电量。

单位：kWh。

数据来源：关口计量表。

指标用途：用于购网电量的计算。

685. 什么是备用变电量？

答：备用变电量是指统计周期内光伏电站备用变压器消耗的有功电量。

备用变压器是独立于光伏电站出线的，当光伏电站出线停运或站用变压器故障时，给站内生产和生活提供用电。单位：kWh。

686. 什么是应发电量？

答：统计周期内，在一定的辐照条件下，无外部计划限电、无站内设备故障和外部遮挡损失时（包括灰尘遮蔽、草木遮蔽等可以人为消除的遮挡），光伏电站所有设备处于满发状态下的发电量，反映了光伏电站发电单元在最优状态下的发电能力。

应发电量可分为逆变器出口侧应发电量和关口计量表侧应发电量。

统计周期：一般是日、月、季度、年。

单位：kWh。

数据来源：发电量/上网电量、限电损失、故障损失、电网停电损失、其他损失（如遮挡损失）。

指标用途：用于评估电站的发电能力、电站发电考核等。

687. 什么是应发小时数？

答：应发小时数是统计周期内的应发电量折算到标称条件下的发电小时数，为应发电量除以逆变器直流侧的并网容量。

688. 什么是损失电量？

答：损失电量是指光伏电站由于自身和外界因素导致的可以发出但实际未发出的电量。单位：kWh。

损失电量包括限电损失电量、站内故障损失电量、站外停电损失电量以及其他不便分类的损失电量。

损失电量按计算的节点，可分为逆变器出口侧的损失电量和关口计量表出口的损失电量。

689. 什么是损失小时数?

答: 损失小时数是统计周期内的损失电量折算到标称条件下的发电小时数, 为损失电量除以逆变器直流侧的并网容量。

690. 什么是限电损失电量?

答: 限电损失电量是由于当地消纳能力有限、电力输送通道受限或电网安全运行等因素, 而限制光伏电站出力带来的损失电量。该电量不包括光伏电站因设备自身故障原因未能发出的电量。单位: kWh。

691. 什么是故障损失电量?

答: 故障损失电量包含两部分, 具体如下:

(1) 因光伏电站设备的自身故障导致发电单元停运而造成的电量损失。其中故障范围包含光伏区、开关站、升压站、外送线路 (产权归电站所有的情况下)。

(2) 小动物咬断电缆或光纤、恶劣天气预防不妥当、管理失效导致的人为因素等造成的电量损失。

存在弃光限电的电站, 若部分区域存在设备故障且发生在弃光限电时段, 如果实时负荷可转移到其他区域, 在弃光限电时, 损失电量可视为 0kWh。而在非弃光限电时段, 若故障仍未消除, 需要计算该损失电量。

单位: kWh。

数据来源: 样板逆变器发电量、样板逆变器容量、故障区域并网容量。

指标用途: 评估设备的故障损失。

692. 什么是停电损失电量?

答: 停电包括站外因素和站内因素导致的停电, 前者主要由于电网计划性停电、检修或突发故障跳闸使光伏电站陪停; 后者一方面是由于站内自身工作需要 (例如预防性试验) 主动停运;

另一方面是电站未遵守电网调度运行纪律受到调度考核，导致全站停运。由于停电带来的电量损失为停电损失电量，单位：kWh。

693. 什么是弃光限电率？

答：统计周期内，年度或月度弃光限电损失电量占应发电量的比例。

694. 什么是故障损失率？

答：统计周期内，故障损失电量占应发电量的比例。

695. 什么是自发自用率？

答：统计周期内，光伏发电量被企业消纳的部分与光伏发电量的比例。

计算公式：自发自用率＝消纳电量/光伏发电量×100％。

696. 什么是余电上网率？

答：统计周期内，光伏发电量被企业消纳后，多余的电量部分供给到电网。

计算公式：余电上网率＝（光伏发电量－企业消纳电量）/光伏发电量×100％。

由于光伏并网点到电网侧有一段距离，因此余电上网率包含了并网点到电网侧的线损。

第四节　能　耗　类

697. 什么是直接站用电量？

答：直接站用电量也称厂用电量，是在统计周期内站用变压器（指接在站内高压母线上将高压电降压为 400V 后供站内生产和生活用电的变压器）的有功电量，含光伏厂区运维人员日常生活、办公及设备用电。

计算方法：直接站用电量＝备用电源结算电量＋站用变的有

功电量。

单位：kWh。

数据来源：备用电源电量、站用变压器的有功电量。

指标用途：用来说明电站日常生活用电、办公及设备用电情况（非设备运转损耗）。

698. 什么是综合厂用电量？

答：统计周期内，整个电站自用和站内损耗的电量，包括了发电单元、箱式变压器、集电线路、升压站内电气设备（包括主变压器、站用变压器损耗和母线等）和送出线路及涉网设备（无功补偿）等设备的损耗用量。简而言之，该电量包括了电站设备损耗、日常生活用电、站内的线路损耗等。

计算方法：综合厂用电量＝发电量（逆变器出口总电量）－上网电量＋购网电量。

单位：kWh。

指标用途：计算综合厂用电率，评估光伏电站的生产能耗。

699. 什么是综合厂用电费？

答：统计周期内，整个电站自用和站内损耗的综合厂用电量与相应电价的乘积。

单位：元。

指标用途：计算厂用电费，评估光伏电站的生产能耗支出。

700. 什么是直接站用电率？

答：直接站用电率是指在统计周期内，直接站用电量占逆变器总发电量的百分比。

计算方法：直接站用电率＝直接站用电量/逆变器总发电量×100%。

701. 什么是综合厂用电率？

答：综合厂用电率是指在统计周期内，综合厂用电量占逆变器总发电量的百分比。

计算方法：综合厂用电率＝综合厂用电量/逆变器总发电量×100％。

指标用途：综合厂用电率是日常运行管理的考核项目，是衡量电站经济运行水平的重要指标。

综合厂用电率高的电站，在同等发电量条件下场内集电线路线损电量、主变压器及母线损耗电量、无功补偿设备用电量、站用电量都较大，应引起足够的重视与关注。

702. 什么是厂损率？

答：在统计周期内，消耗在光伏电站内输变系统和光伏发电系统自用电的电量占光伏电站逆变器总发电量的百分比。

计算方法：厂损率＝（综合厂用电量－直接站用电量）/逆变器总发电量×100％。

703. 什么是光伏方阵吸收损耗？

答：光伏方阵吸收损耗是指光伏方阵按额定功率转换的直流输出电量（理论发电量）与逆变器输入电量的差值，包括光伏组件设备故障损耗，遮挡损耗，串、并联失配损失，角度损耗，灰尘损耗，直流电缆损耗等。

704. 什么是逆变器损耗？

答：逆变器损耗是指逆变器直流转交流所引起的电量损耗，包括逆变器转换效率损失和 MPPT 最大功率跟踪损失。

705. 什么是集电线路及箱式变压器损耗？

答：在统计周期内，从逆变器交流输出端到支路电能表之间的电量损耗，集电线路及箱式变压器损耗包括逆变器出线损耗、箱式变压器变换损耗和厂内线路损耗等。

706. 什么是升压站损耗？

答：各支路电能表经过升压站到关口计量表之间的损耗，包括主变压器损耗、站用变压器损耗、母线损耗及其他站内线路损耗。

707. 什么是外线损耗？

答：光伏电站的送出线路是并网点至电网公共连接点的输电线路，因此外线损耗是光伏电站并网点到对侧电网结算点的损耗。

708. 什么是外线损耗率？

答：外线损耗率是外线损耗与上网发电量的比值。

计算方法：外线损耗率＝（结算电量－上网电量）/上网电量。当结算关口计量表在站内时，外线损耗率为零。

第五节　设备运行类

709. 什么是最大出力？

答：最大出力指统计周期内光伏电站在站内关口计量表处的最大上网有功功率。

计算方法：记录统计周期内站内关口计量表处上网有功功率的最大值。

710. 什么是负荷率？

答：光伏电站实时出力与并网发电容量的比值，用百分比表示。

711. 什么是逆变器输出功率离散率？

答：逆变器输出功率离散率主要评估光伏电站所有逆变器的整体出力情况，离散率值越小，说明逆变器交流功率曲线越集中，逆变器运行情况越一致、稳定。

计算方法：功率离散率＝逆变器输出功率的标准差/逆变器输出功率的平均值×100％。

712. 什么是逆变器的转换效率？

答：在统计周期内，逆变器将直流电量转换为交流电量的效率，计算公式为：

$$\eta_{\text{inv}} = E_{\text{AC}}/E_{\text{DC}} \times 100\%$$

其中，η_{inv} 为逆变器的转换效率，%；E_{AC} 为逆变器输出电量，kWh；E_{DC} 为逆变器输入电量，kWh。

713. 什么是组串电流离散率？

答： 对于组串而言，组串电流离散率的计算公式为：组串电流离散率＝组串电流的标准差/组串电流的平均值×100%。

在光伏管理系统平台，组串的离散率一般不会呈现每个小时的计算值，而是通过每个时刻离散率的加权平均值来反映当天的离散率情况。

离散率反映了各个组串电流与平均电流的离散程度，理想情况下，若组串的电流都相同，则离散率为 0%，但实际上每一个组串的实时输出电流存在差异，因此离散率不太可能为 0%。

组串电流离散率低，说明组串的电流一致性非常好，也就意味着电流的失配非常小。如果组串的离散率高，说明支路的电流差异很大，原因可能是组串本身低效，也可能是由于环境引起，如部分组件阴影遮挡。

714. 什么是光伏方阵效率？

答： 光伏方阵的能量转换效率，即光伏方阵输出到逆变器的能量（逆变器输入电量）与入射到光伏方阵上的能量（按光伏方阵有效面积计算的倾斜面总辐射量）之比。

光伏方阵效率表示光伏方阵转换能量的能力，数值越高，表示光伏方阵转换能量的能力越强。方阵效率的计算公式为：

$$\eta_{\text{a}} = E_{\text{DC}}/(A \times G) \times 100\%$$

其中，η_{a} 为光伏方阵效率，%；E_{DC} 为逆变器输入电量，kWh；A 为光伏方阵的有效面积，m^2；G 为倾斜面总辐射量，kWh/m^2。

715. 什么是光伏电站的系统效率 PR？

答： 光伏系统效率（performance ratio，PR），中文又称"性

能比"或"能效比",是一个光伏系统评价质量的关键指标,是电站实际发电量与理论发电量的比值,反映整个电站扣除所有损耗后(包括辐照损失、线损、器件损耗、灰尘损失、热损耗等)实际输入到电网电能的一个比例关系。

第六节 发电评价类

716. 设备的故障评估有哪些指标?

答:(1)从发生次数角度:故障频率为故障次数与设备实际开动台数的比值(故障频率=故障停机次数/设备实际开动台数)。

(2)从停机时长角度:故障停机率是指设备故障停机时间与设备应开动时间的比,是考核设备技术状态、故障强度、维修质量和效率一个指标。故障停机率比较能够真实地反映设备状态(设备有效利用率)。

故障停机率反映了运维处理的及时性,停机率高,运维处理的时效性较差,故障处理的时间长,那么影响的电量则较大。

统计周期一般按月统计。

故障停机率=故障停机台时/〔故障停机台时+设备实际开动台时(设备应开动总台时)〕×100%。

式中故障停机台时是指设备自发生故障损坏时起,至修复后重新投入生产上的实际时间。

(3)从电量损失角度:①对于设备本体而言,统计口径为设备端,故障损失率=故障损失电量/设备应发电量×100%。设备应发电量是假设不出故障时的电量,可使用光伏区的对标单元计算。对于光伏电站运营而言,由于发生的故障设备可能多种,如汇流箱侧、逆变器侧、电缆端,如果按设备端的统计口径来计算较为繁杂,故一般都不采用。②对于全站整体而言,统计口径为电站出口关口计量表,一般情况下,统计周期为月、季度、年,故障损失包括了所有的设备,在计算故障损失率较为方便,那么公式为:故障损失率=故障损失电量/应发上网电量×100%,从电量损失角度的统计端口可以是关口计量表侧。

故障损失率间接从财务角度反映故障给业主带来的经济损失，光伏电站业主可根据预期的应发收益来设定本年度的故障损失率指标。

717. 举例说明设备的故障评估指标。

答： 某分布式电站在 2018 年 5 月出现 3 台逆变器故障，示例数据如表 7-2 所示。表 7-2 中列出了 3 台逆变器的故障损失电量（逆变器侧）、逆变器的故障时长等内容，当月全站上网电量 415 363kWh，每台逆变器的当月应发时长为 150h，逆变器至关口计量表的损耗为 3%，可根据上述公式计算得到每台逆变器在当月的故障统计率和故障损失率，那么对于该电站整体而言，3 台逆变器的整体故障停机率和故障损失率（电站关口计量表口径）也可进行计算，分别为 2.4% 和 0.8%。

表 7-2　　　　　　　　　　示例数据

编号	逆变器侧故障损失电量（kWh）	故障时长（h）	故障停机率（%）	故障损失率（%）
逆变器 1	1200	4	2.7	0.3
逆变器 2	1150	3	2.0	0.3
逆变器 3	1300	4	2.7	0.3
当月小计	3650	11	2.4	0.8

718. 什么是发电计划完成率？

答： 统计周期内，实际上网电量占计划上网电量的百分比。

719. 如何计算发电计划完成率？

答： 计算方法：发电计划完成率＝上网电量/计划上网电量×100%。

（1）由于等效利用小时数与容量无关，对并网容量发生变化的单个电站，发电计划完成率应用实际等效利用小时数除以计划等效利用小时数。

（2）若需要计算若干个电站的发电计划整体完成率，应用所有电站的总上网电量除以总计划上网电量。

（3）如果几个电站中存在并网容量发生变化的电站，需要重新计算每个月的计划上网电量，可参考下面的计算方法。

假设统计周期为一个自然月，该月份内电站的并网容量变化了多次，那么计划上网电量＝并网容量1×日计划等效利用小时数×并网容量1运行天数＋并网容量2×日计划等效利用小时数×并网容量2运行天数＋…（根据变更次数叠加即可）；其中日计划等效利用小时数＝统计周期内月计划等效利用小时数/统计周期内月天数。

若原来的计划电量统计周期是跨月的，则不同的月份需分别计算。

720. 什么是设备可利用率?

答：设备可利用率是评估设备发电潜力的一种方法，可利用率计算方式有基于时间和基于发电量的可利用率考核方式。基于时间的可利用率考核是指在一定的考核时间内，设备无故障使用时间占考核时间的百分比。由于电网故障或由于限电调度而被要求停机的不包括在内。

721. 如何计算设备可利用率?

答：从时间角度：

可利用率＝$1-(\sum_{i=0}^{n}$因站内设备故障导致停运的第i台设备并网容量×第i台设备停运小时数)/(光伏电站并网容量×应运行小时数)×100%。

从电量角度：

可利用率＝$1-(\sum_{i=0}^{n}$因站内设备故障导致停运的第i台设备损失电量)/(光伏电站应发电量)×100%。

第七节 相关指标计算方法

722. 如何计算太阳辐射量？

答：太阳辐射数据如表 7-3 所示，从远程集控平台导出某一段辐射数据，时间跨度从 12：00～12：25，辐照度数据的采集间隔为 5min，那么计算 5min 内的辐射量一般采用 5min 起始和结束点辐照度的平均值与时间的积分，可近似看成辐照度与时间所组成的梯形面积。如 12：05～12：10 时段，辐射量 G 可计算为：

$$G = (760 + 600)/2 \times (5/60) = 56.67(\text{Wh/m}^2)$$

表 7-3　　　　　　　　　太阳辐射数据

时刻	辐照度（W）	辐射量（Wh/m²）
12：00	780	
12：05	760	64.17
12：10	600	56.67
12：15	560	48.33
12：20	550	46.25
12：25	650	50.00
小计		265.42

723. 如何计算理论满发电量？

答：（1）对于单面组件发电系统，理论满发电量 E 可按下式计算：

$$E = H_T/G_{STC} \times P_0$$

其中，H_T 为光伏方阵倾斜面总辐射量，kWh/m^2；G_{STC} 为标准辐射强度，1kW/m^2；P_0 为电站并网容量（峰瓦功率），kW。

（2）对于双面组件发电系统，理论满发电量 E 可按下式计算：

$$E = (H_f \times P_{dc,\,f} + H_b \times P_{dc,\,b})/G_{STC}$$

其中，H_f 为光伏方阵正面总辐射量，kWh/m^2；H_b 为光伏方阵背面总辐射量，kWh/m^2；G_{STC} 为标准辐射强度，1kW/m^2；

$P_{\mathrm{dc,f}}$为组件正面并网容量（峰瓦功率），kW；$P_{\mathrm{dc,b}}$为组件背面并网容量（峰瓦功率），kW。

724. 如何计算平均并网容量？

答：计算公式如下：

年度平均并网容量＝全年上网电量/当年月度上网小时数之和。

月度平均并网容量＝当月上网电量/当月日上网小时数之和。

其中月度、日上网小时数按实际的并网容量计算，需要注意的是不能简单地取各个月份的并网容量算术平均值。只有先计算每个月的上网小时数，才能计算年度的平均容量。

725. 举例说明平均并网容量的计算过程。

答：以某光伏电站为例，其 2008 年上网电量与上网小时数如表 7-4 所示。2018 年由于组件部分拆除和恢复等因素，导致全年月度容量不同，平均并网容量计算过程为：

（1）计算全年上网电量：2348.81 万 kWh。

（2）计算每个月的上网小时数：1 月的上网小时数为 146.24×10/19.904＝73.47(h)，其余月份以此类推。

（3）计算全年上网小时数之和：1238.62h。

（4）计算平均并网容量：2348.81×10/1238.62＝18.963(MW)。

表 7-4　　2018 年某光伏电站上网电量与上网小时数

月份	容量（MW）	上网电量（万 kWh）	上网小时数（h）
1 月	19.904	146.24	73.47
2 月	19.904	171.91	86.37
3 月	19.904	228.65	114.88
4 月	18.982	243.47	128.26
5 月	17.725	191.14	107.84
6 月	18.515	228.02	123.15
7 月	18.808	212.86	113.17
8 月	18.852	232.93	123.56

续表

月份	容量（MW）	上网电量（万 kWh）	上网小时数（h）
9 月	18.852	200.68	106.45
10 月	18.852	238.35	126.44
11 月	18.852	137.17	72.76
12 月	18.852	117.39	62.27
全年	18.963	2348.81	1238.62

726. 举例说明加权平均上网小时数的计算过程。

答：新疆区域某 9 个电站的月上网电量和并网容量如表 7-5 所示，总上网电量值为 2461.49 万 kWh，总并网容量为 412.56MW，那么当月新疆区域的加权上网小时数可计算为 59.66h。

表 7-5　　新疆区域某 9 个电站的月上网电量和并网容量

电站	并网容量（MW）	容量权重因子	上网电量（万 kWh）	上网小时数（h）
A	105.00	0.255	476.28	45.25
B	85.26	0.207	380.60	44.64
C	40.05	0.097	264.00	65.91
D	51.69	0.125	350.72	67.86
E	20.09	0.049	171.50	85.35
F	29.95	0.073	252.35	84.25
G	30.04	0.073	264.53	88.06
H	20.19	0.049	137.83	68.28
I	30.04	0.073	163.68	54.50
小计	412.56	1.000	2461.49	59.66

727. 损失电量定义在关口计量表侧和逆变器侧有何不同？

答：国内部分光伏电站在计算限电率、故障率或停电损失率时并不统一，所使用的应发电量、限电损失电量和故障损失电量等有定义在逆变器出口侧，也有定义在关口计量表侧。

由于上网电量取的是光伏电站的关口计量表侧，如果将损失电量也定义在关口计量表侧，在数据分析时特别是将限电损失、故障损失等还原后，便于运维单位统计分析关口计量表侧的应发能力，因此编者建议将损失电量定义在关口计量表侧。

728. 光伏电站的应发电量如何计算？

答：应发电量是光伏电站通过运维管理，当发电的基础设备本体不受外界影响的条件下，能够以最大能力进行发电，以此计算得到的发电量为应发电量。如果将计算口径统一到关口计量表侧，应发电量包括了关口计量表上网电量、弃光限电损失、停电损失、故障损失和其他损失电量。损失电量组成和应发电量对比示意图如图 7-1 所示。

其他损失电量包括但不限于政策原因导致组件拆除、站内计划检修、电站未按期投产、电站检测停机、组件灰尘损失、杂草遮挡等带来的损失电量。

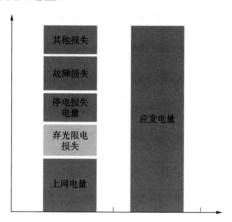

图 7-1 损失电量组成和应发电量对比示意图

729. 什么是样板逆变器？

答：样板逆变器（也称为样板机）用于计算限电损失，电站需要依据逆变器型号和数量选择代表性的样板机，通过建立样板机出力与全站出力的映射模型来获得全站的理论发电功率。

730. 样板逆变器的选择有哪些原则?

答: 根据国家电力调控中心发布的《光伏理论发电功率及受阻电量计算方法》,所有光伏电站样板逆变器的选择,应考虑在不同地理位置的均匀分布,逆变器型号以及电池板类型、材料等均具有代表性。原则上样板逆变器个数不少于电站逆变器总数的5%,不超过10%,对于组串逆变器,应以单个子阵作为一个样板单元,一般以500kW或1MW为单元。

样板机的选择对样板机法计算理论电量尤为重要。在选择样板机时,既不能选择转换效率最高的逆变器,也不能选择转换效率最低的逆变器,只有选择能反映平均值的逆变器作为样板机,才能保证理论电量最接近实际。

731. 如何优化选择光伏电站的样板逆变器?

答: 可以采用平均绝对百分比误差 MAPE(mean absolute percent error)作为样板逆变器的选择指标,假设光伏厂区内共有 n 台逆变器,每台逆变器的日发电小时数记为变量 X,N 代表统计周期内的天数,使用下标分别表示逆变器的编号和日期,例如 X_{21} 可代表为第 2 台逆变器在第 1 天的日发电小时数,可计算每天的逆变器发电小时数平均值 $\overline{X_i}$,见式(7-1):

$$\overline{X_i} = \frac{1}{n}(X_{1i} + X_{2i} + \cdots + X_{ni}) \tag{7-1}$$

第 i 台逆变器的平均绝对百分比误差 $MAPE_i$ 为:

$$MAPE_i = \frac{100}{N}\left(\frac{|X_{i1} - \overline{X_1}|}{\overline{X_1}} + \frac{|X_{i2} - \overline{X_2}|}{\overline{X_2}} + \cdots + \frac{|X_{iN} - \overline{X_N}|}{\overline{X_N}}\right) \tag{7-2}$$

其中,X_{iN} 代表第 i 台逆变器在第 N 天的发电小时数,N 为统计周期总天数,其中逆变器编号 $i=1,2,\cdots,n$。n 为逆变器的总台数。$\overline{X_N}$ 为第 N 天样本数量中所有逆变器的平均发电小时数。

样板逆变器的选择原则:逆变器单元具有代表性;逆变器发电性能长期稳定;平均绝对百分比误差最小。

732. 举例说明样板逆变器的选择方法。

答：（1）样板逆变器的选择。

以新疆某二期 20MW 光伏电站为例，对样板逆变器的选择策略进行阐述。该电站在 2017 年大部分日期都存在限电现象，而当光伏电站出力不受限时，逆变器不参与负荷受限调整，始终保持正常发电状态，为了避免限电对样板逆变器选择带来影响，需要筛选出不受限发的日期，统计天数共 39 天，根据式（7-1）可得到日均发电小时数。统计周期内全站逆变器的日均发电小时数如图 7-2 所示，原则上，样本天数的选择越多越好。

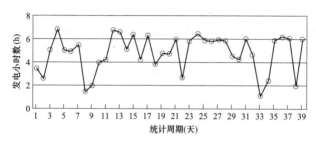

图 7-2　统计周期内全站逆变器的日均发电小时数

利用前面所述计算方法，见式（7-2），可得到各逆变器的 MAPE 值。各个逆变器对应 MAPE 值如图 7-3 所示，其中 15 子阵 1 号逆变器在所有逆变器中 MAPE 值最小，为 1%，其次是 4 子阵 1 号逆变器，可作为该电站的候选样板逆变器。而目前电站所使用的样板逆变器为 5 子阵 2 号逆变器，其 MAPE 值为 1.94%。

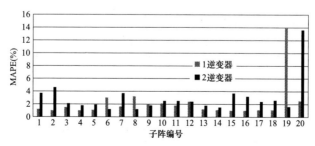

图 7-3　各个逆变器对应 MAPE 值

（2）候选样板逆变器测算效果评估。

为了对候选样板逆变器进行评估，需要考察其作为标杆计算得到的理论发电量与实际发电量的绝对偏差百分比，其偏差百分比越小，说明其在全站的代表性越高。利用平均绝对偏差评估原则对该电站进行分析，评估日期使用 2018 年 5 月逆变器功率不限发的天数。原则上，样本天数的选择越多越好。

两个方案对标如表 7-6 所示，其中方案 1 是基于 5 子阵 2 号逆变器为标杆进行理论发电量测算，方案 2 为使用上述候选标杆 15 子阵 1 号逆变器，将两个方案进行对比。

从数据可知，使用 15 子阵 1 号逆变器进行测算得到的理论发电量与实际逆变器发电量的偏差百分比较小，其平均绝对偏差百分比为 1.0%，而使用 5 子阵 2 号逆变器其平均绝对偏差百分比为 2.3%。因此使用 15 子阵 1 号逆变器作为样板机进行限电损失的测算，可比目前的计算结果提高准确度 1.3%左右。

表 7-6　　　两个方案对标（发电量小数点仅保留 2 位）

日期	逆变器侧总发电量（万 kWh）	方案 1 标杆测算理论发电量（万 kWh）	方案 2 标杆测算理论发电量（万 kWh）	方案 1 偏差百分比绝对值（%）	方案 2 偏差百分比绝对值（%）
5 月 1 日	6.98	7.04	6.91	0.90	1.10
5 月 5 日	5.43	5.73	5.54	5.50	2.00
5 月 6 日	10.8	10.77	10.34	5.80	1.60
5 月 8 日	13.72	13.81	13.76	0.60	0.20
5 月 9 日	10.80	10.28	10.25	1.00	0.70
5 月 11 日	9.96	10.64	10.04	6.80	0.80
5 月 12 日	11.12	11.33	10.95	1.90	1.50
5 月 13 日	3.08	3.16	3.06	2.80	0.60
5 月 14 日	3.96	4.05	3.96	2.10	0.10
5 月 17 日	7.95	8.00	8.03	0.60	0.90
5 月 18 日	8.64	8.79	8.57	1.80	0.80
5 月 21 日	13.73	13.80	13.64	0.60	0.70

日期	逆变器侧总发电量（万 kWh）	方案1标杆测算理论发电量（万 kWh）	方案2标杆测算理论发电量（万 kWh）	方案1偏差百分比绝对值（％）	方案2偏差百分比绝对值（％）
5月22日	13.43	13.50	13.43	0.50	0.00
5月23日	10.37	10.56	10.17	1.90	1.90
5月27日	12.77	12.88	12.75	0.90	0.10
5月28日	8.61	8.71	8.54	1.10	0.80
5月30日	7.90	8.27	7.70	4.70	2.50
5月31日	9.73	9.89	9.89	1.70	1.60
平均偏差值				2.30	1.00

基于上述数据，目前使用的样板逆变器与其他非样板逆变器的发电性能差异约 2.3％，因此存在一定的偏差。如果使用 15 子阵 1 号逆变器，可降低其偏差至 1.0 左右，电站可根据此结果进行合理的调整，降低标杆与非标杆的偏差，提高电站限电损失计算的准确性。

733. 故障损失电量如何估算？

答：以关口计量表出口端进行计算为例，考虑到电站是否存在限电，存在两种计算情形：

（1）无弃光限电时，计算方法如下：

故障损失电量＝故障区域并网容量 P ×（样板逆变器平均发电小时数 h ）×（1－K ）

其中，K 为逆变器出口至关口计量表侧的损耗。

（2）有弃光限电时，计算方法如下：

若电站进行了负荷转移，负荷转移后实际出力仍高于调度下发的计划出力时，先确定当天的非限电时段，然后分别计算样板逆变器在非限电时段的发电小时数，最后再计算故障损失电量。

故障损失电量＝故障区域并网容量 P ×（样板逆变器非限电时段发电小时数 h ）×（1－K ）。

734. 停电损失电量如何估算？

答：以关口计量表出口端计算为例，可用近期的太阳辐射资源数据进行估算，步骤如下：

（1）记录当天停电开始时间和结束时间。

（2）选择近期和停电期间光伏平面总辐射量相差 10% 以内、环境温度相近的日期，筛选出符合条件的天数不少于 5 天。

（3）根据（2）选定的日期，计算样板逆变器日均发电小时数 h。

（4）计算停电损失电量，若全天部分时段停电的，还需要减去当天的正常发电电量，公式为：

$$日损失电量＝并网容量 P ×（样板逆变器日均发电小时数 h）×（1-K）-上网电量$$

其中，K 为逆变器出口至关口计量表侧的损耗。

对于全天停电的，可根据（2）使用被选定日期的光伏电站关口计量表电量的平均值作为日停电损失估算值。

735. 限电损失电量如何估算？

答：根据国家电力调控中心发布的《光伏理论发电功率及受阻电量计算方法》，在现场太阳辐射资源存在较大不确定性的情况下，可选择基于样板逆变器或样板子阵的发电小时数为标杆进行计算，如果辐射资源数据稳定准确，可以基于气象数据外推法进行计算，建议具备条件的电站同时采用两种方法计算。

限电损失可定义在逆变器出口或关口计量表出口端，运维单位可根据实际需要选择对应的计算方法。

736. 使用样板逆变器估算限电损失的公式是什么？

答：限电损失以关口计量表出口端进行计算为例，公式为：

$$E_{loss}＝P_0 × H_0 ×（1-K）-E$$

其中，$K＝$（所有逆变器的发电量之和－关口计量表的上网电量）/所有逆变器的发电量之和；E_{loss} 为弃光损失电量；P_0 为全站并网容量；H_0 为样板逆变器的等效发电小时数，如果是多台样板逆变器，发电小时数取样板逆变器的总发电量与总容量之比；K 为逆变器至关口计量表的损耗；E 为上网电量。

737. 利用样板逆变器估算限电损失的公式如何优化？

答： 上述计算公式未考虑到各逆变器单元发电性能的差异性、组件衰减等情况，必须要剔除其影响，否则限电损失值包括了这部分影响，限电计算值偏高。

优化后的限电损失计算公式为：

$$E_{\text{loss}} = P_0 \times H_0 \times (1 - \gamma) - E$$

其中，$\gamma =$（样板逆变器的发电小时数－上网小时数）/样板逆变器发电小时数；γ 反映了样板逆变器与非样板逆变器在不限电时的发电差异以及全站逆变器出口与电站关口计量表侧损耗。

738. 如何使用辐照数据估算限电损失电量？

答： 除样板机计算法以外，还可以通过辐照数据来估算限电损失。当光伏电站不限电时，通过数据拟合，可发现发电量与辐射量呈现强线性关系（光伏平面的日辐射量见图 7-4），当拟合误差（均方根误差、平均绝对误差）在容许范围内，可据此线性关系、每日的辐照量，拟合出电站的每一天的理论发电量，结合实际发电量数据，可得到每一天的限电损失电量。

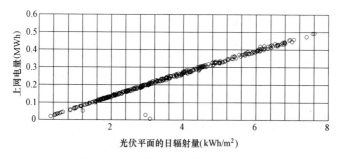

图 7-4　发电量与辐照量的线性关系

739. 光伏电站的系统效率 PR 如何计算？

答：系统效率 PR 又称为能效比，PR 的计算在 GB/T 20513—2006《光伏系统性能监测 测量、数据交换和分析导则》有明确定义：

$$PR = Y_f / Y_r = (E_{out}/P_0)/(H_i/G_{ref})$$

式中 Y_f——光伏产出（final yield），国内的定义是"等效利用小时数"，即以额定功率在统计周期内（一般为 1 年）的发电小时数，数学表达式：$Y_f = E_{out}/P_0$。

Y_r——统计周期内（一般是完整的一年）的峰值日照时数（h），即折算成峰值日照条件下的日照时数。数学表达式：$Y_r = H_i/G_{i,ref}$。

E_{out}——统计周期内的上网电量，kWh。

P_0——全站并网容量（组件额定功率之和），kW。

H_i——光伏方阵面上特定时段内接收到的辐射量，kWh/m^2。

G_{ref}——光强 $1000W/m^2$。

PR 值的计算方式已从很大程度上排除了太阳辐照（包括太阳能资源和组件朝向倾角）对系统输出和效率的影响，因此 PR 值是独立于项目所在地条件，能实现不同设计方案的系统之间、类似设计方案但不同安装地点的系统之间，以及同一系统在不同测试时间的性能对比，是反映光伏发电系统输出性能的重要指标。

740. 如何对 PR 进行温度修正？

答：对 PR 进行短期评估时，由于不同气候区或不同季节的环境温度不同，会影响到 PR 值，从而给电站的 PR 评估带来一定的偏差。根据 NB/T 10394—2020《光伏发电系统效能规范》，可以使用标准能效比 PR_{stc} 计算，以减少季节性的温度影响。

标准能效比是将组件温度修正到标准测试条件（25℃）的能效比。由于修正到 25℃结温会带来较大的修正误差，也可以修正到接近实测结温的同一参考温度。为了进行温度修正，引入温度相对修正系数 C_i：

$$C_i = 1 + \delta_i (T_{\text{cell}, i} - 25℃)$$

$$PR_{\text{stc}} = \frac{E_{\text{out}}}{\sum \dfrac{P_i \cdot C_i \cdot H_i}{G_{\text{ref}}}}$$

其中，C_i 为温度修正系数；δ_i 为组件功率温度系数；下标 i 表示第 i 种组件；$T_{\text{cell},i}$ 为实测评估周期内电池工作时段的平均工作结温；PR_{stc} 为修正后的 PR；E_{out} 为统计周期内的全站上网电量；P_i 为组件并网容量；H_i 为统计周期内光伏方阵接收到的辐射量；G_{ref} 为标准光强。

第八节　数据化运维

741. 数据分析在电站资产管理中的应用场景有哪些?

答：（1）生产运行评估。针对电站运行数据进行分析，从各种生产运行指标评估电站的发电情况，如关键部件性能分析、电站损耗分析；根据灰尘遮蔽率和系统效率等数据，对组件最佳清洗时间点进行优化。持续优化电站的运营管理。另外通过可数据分析发现隐藏问题，指引运维工作的开展，提高电站全生命周期的发电效率和电量产出。

（2）发电量考核。根据历史运行数据及光资源评估结果，制定出合理的发电量考核指标，并根据实际发电量数据、实际与计划偏差值，不断完善发电量计算模型的相关系数。

（3）技术改造评估。例如电站容量扩充、组件替换等，都需要在现有运行数据的基础上进行测算。根据改造前的运行数据，对改造后的发电量、发电收益进行初步分析。

（4）发电后评价。通过数据分析，可对核心关键设备、阵列失配、系统效率等进行分析，对于电站的运行优化、决策分析和设备选型具有重要的指导意义。

（5）资产交易评估。资产交易需要全生命周期的发电量预测，结合电站地理选址、设计排布、设备性能、场区环境、辐照数据、设备公差等因素，通过专业软件建模计算得到未来发电量的理论预期值。由于涉及的环节和因素众多，需要结合现场的实际运行数据进行一定的修正。

（6）检测数据分析。光伏电站核心设备的到场检测、验收检测和后评价检测数据是光伏电站运行分析的重要组成部分。

第八章　能效管理与效率提升

光伏电站建设期一般较短，而运维期长达 25 年及以上，由于光伏电站的收益与发电量密切相关，因此在安全运行的前提下，降低电站设备的故障率，减少站内电量损失，提高电站运维效率并实现电站收益最大化，是光伏电站运维管理的重点工作。

第一节　电站损耗分析

742. 光伏发电系统的常见损耗有哪些？

答：光伏发电系统的常见损耗（或常见发电损失）有：阴影遮挡损失、入射光角度损失、组件温度升高导致的发电损失、组件弱光性能导致的发电损失、串联及并联失配损失、组件表面污秽导致的发电损失、组件衰减导致的发电损失、交直流电缆损耗、逆变器损耗、逆变器出口至并网点损耗（含集电线路损耗、升压站损耗）、系统不可利用率等。

743. 阴影遮挡损失的分类有哪些？

答：阴影遮挡分为两类，一种称为远方遮挡，是距离光伏场地较远（一般是光伏场区距离的 10 倍）的大型遮挡物对光伏方阵造成的遮挡损失，如山脉、高楼等；另一种称为近处遮挡，是光伏方阵附近的物体以及相邻方阵之间的遮挡。

744. 什么是入射光角度损失？

答：光学材料的反射率与入射角、光伏组件的封装玻璃材料有关。光伏玻璃一般是钢化玻璃，由于空气和玻璃的折射率不同，当光线从空气进入玻璃，一部分光线会被玻璃反射回来，其中反

射的量和入射角 i 大小有关，当入射角为 0°时，光线垂直入射玻璃，这时光的透光率最大，反射率最小，随 i 角度逐渐增加，透光率会逐渐减小，而反射率逐渐增大。入射光因反射而导致的辐射损失，称为入射光角度损失，也称为相对透射率损失。光线在组件玻璃面的反射和折射如图 8-1 所示。

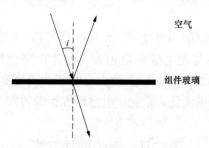

图 8-1　光线在组件玻璃面的反射和折射

对于固定倾角安装的光伏阵列，由于一年四季不同时刻太阳光线入射到光伏组件表面的角度不同，因此会存在一定的相对透射率损失。不同的组件安装角度，损失值也存在差异。

对于使用可调式支架的光伏阵列，由于一年四季的太阳高度角不同，可以通过调节支架的角度达到提高相对透射率的目的。如在夏天将光伏组件的倾角调小，而在冬天将倾角调大，也可以按春、夏、秋、冬四个季节对应的最佳倾角每年调节四次，具体要根据每个月度的太阳辐射量和太阳高度角、人工调节费用及年发电收益进行技术经济分析。

对于跟踪式支架，特别是双轴跟踪，在跟踪器的作用下，由于光线垂直照射在组件表面，相对透射率损失会相对较小。

745. 什么是组件的温升损失？

答：组件实际输出功率与组件的工作呈负相关性，当温度升高时，输出功率下降。由于组件温度升高带来的发电损失一般称为温升损失。组件自身的封装工艺和封装材料、组件安装方式、组件表面是否有附着物、安装所处的周边环境、太阳辐照强度等诸多因素均影响组件的工作温度。

746. 什么是失配导致的发电损失？

答：失配损失主要是由于组件之间的开路电压和短路电流存在的差异、组件串联数量不同或组串到逆变器之间的压降不同等原因造成。失配可以分为串联失配和并联失配。一般情况下，组件与组件之间的串联失配在 0.5%～1.5%。按照规范，组串与逆变器之间的压降一般不大于 2%，组串之间的并联失配一般在 0%～0.5%，总的失配损失一般不超过 2%。

747. 什么是直流汇集电缆损失？

答：直流汇集电缆损失主要包括组件与组件之间电缆线损及组串至汇流箱、汇流箱至逆变器之间的电缆线损。根据电缆清册一般可算出 STC 条件下的线损。参考相关工程数据，在我国北纬 40°附近地区，对于 1MW 规模的光伏发电单元，在 STC 条件下，组件与组件之间的电缆线损及组串至汇流箱、汇流箱至逆变器之间的电缆的线损总和一般在 1.5%左右。

748. 逆变器的损失包括哪些？

答：逆变器损失主要包括逆变器的逆变损失、功率超额损失、输入电压超过最大允许电压所带来的损失、输入电流超过 MPPT 允许的最大电流引起的限流损失、输入电压低于最低允许电压所带来的损失、夜间损耗等。

（1）逆变损失。将直流电转换成交流电过程中的损失，主要是逆变器电力电子器件的热损失和辅助系统耗电损失。

（2）功率超额损失。由于在特定温度下，逆变器的最大出力是确定的，当逆变器试图输出超过最大出力时，被自动限制成按最大出力输出，从而造成功率超额损失。

（3）输入电流超过 MPPT 允许的最大电流引起的限流损失。目前随着组件技术的进步，组件的输出电流较大，逆变器选型需要根据组件型号参数去选择。目前逆变器 MPPT 最大电流有 30、

40A。若使用小电流逆变器匹配大电流组件，可能会导致支路的输出电流超过逆变器允许的最大电流，从而引起限流损失。

（4）输入电压超过最大允许电压损失。逆变器的直流输入侧允许的电压是有范围的，当输入电压过高时逆变器会自动将直流输入回路断开，从而造成该项损失的发生。

（5）输入电压低于最低允许电压损失。当输入电压过低时，逆变器无法工作，从而造成该项损失的发生。

（6）待机损耗。如夜间逆变器处于待机状态，待机状态下逆变器的控制系统和通信模块仍需要供电，由此产生的损耗为待机损耗。

749. 逆变器出口至并网点的损耗包括哪些？

答： 逆变器出口至并网点发电损耗主要包括逆变器出口至并网点之间的单元升压变压器损耗、10kV 或 35kV 集电线路损耗和主变压器损耗等。

750. 什么是组件污秽损失？

答： 组件污秽损失是指由于组件表面上存在污秽造成的发电量损失，该损失与当地的环境污染程度及电站运行管理水平有关。在城市、高速公路等灰尘较多的地方，污秽对发电量的年影响有 4%~6%。组件的清洗频率也影响污秽损失，而清洗频率要根据灰尘累计速度、当地的组件清洗价格、上网电价等数据再经过经济评估后确定。

751. 什么是系统不可利用率？

答： 系统的可靠性主要受到设备的质量、运维水平等影响，逆变器、箱式变压器、汇流箱、电缆接头等设备的可靠性都是系统不可利用率的重要影响因素，不可利用率反映了光伏发电设备全年的不可利用时间占设备应运行时间的百分比。

752. 光伏电站的系统效率计算时段以哪个为准?

答: 光伏发电受到辐照度和环境温度的影响,因此每天每个时刻的系统效率均不尽相同,评估电站的发电水平,单纯某一天或某一个月的系统效率值存在一定的片面性。

由于效率计算公式中的分母为理论发电量,和组件 STC 条件的额定功率有关,理论发电量若未做温度修正,在夏天温度高时,效率计算值会低于实际值,而冬天低温时,计算效率值会高于实际值。对于完整的一年,冬夏两季温度差异带来的季节性偏差可以抵消,所以对系统的效率评估一般采用一年完整的数据进行计算分析,可避免由于温度影响带来的季节性差异。

753. 不同类型光伏电站的系统效率水平一般是多少?

答: 基于光伏电站历史发电数据,不同类型的光伏电站其首年系统效率参考值可参考表 8-1,其中组件为单面发电组件,首年系统效率包含了组件的首年衰减率。对于双面发电组件,系统效率还需要考虑背面的发电增益部分。

表 8-1　　　　首年系统效率参考值(含组件首年衰减率)

序号	电站类型	参考值	简要说明
1	分布式屋顶电站	75%~82%	电站大多分布在工商业厂房,组件顺坡布置,灰尘遮蔽损失较大;混凝土屋面,组件倾角大,系统效率可达 80% 及以上,使用高效组件另论
2	荒漠大型地面电站	≥80%	电站主要分布在西部,土地平整度高,方阵整齐规整,倾角大,受光条件好。存量地面电站平均为 80%,新建地面电站使用高效组件,系统效率可增加至 81%~83%
3	山地型地面电站	75%~78%	由于山地复杂,存在多个坡向和坡度,需使用组串逆变器,以降低失配损失。由于山地草木遮挡严重,遮挡损耗较大,因此系统效率低于荒漠大型地面电站
4	渔光互补型电站	≥80%	电站建立在水面上,受光条件好,效率可参考荒漠大型电站
5	农光互补型电站	≥80%	农光互补支架一般较高,倾角较大,无遮挡

光伏电站运行与维护 1000 问

　　另外山西大同建立了全国首个光伏发电领跑基地综合技术监测平台（大同领跑者基地系统效率参考值见表 8-2），根据 2018 年公开的各地面电站的监测数据，系统效率实测均值为 80.8%，考虑到电站并网运行进入第三年，系统效率有所降低是正常现象，降低幅度在合理范围内（即首年 2.5%，次年不超过 0.7%）。由于近几年组件效率不断提升，因此新并网的国内地面电站首年效率可以按 81%～82%以上考虑。

表 8-2　　　　大同领跑者基地系统效率参考值（2018 年）

序号	项目名称	项目承诺	项目运行实测
1	正泰	82.30%	82.41%
2	同煤	83.11%	82.51%
3	京能	81.00%	80.34%
4	晶澳	81.30%	81.80%
5	国电投	81.00%	81.71%
6	阳光电源	81.00%	82.41%
7	英利	81.30%	79.28%
8	三峡	81.40%	79.91%
9	华电	81.52%	77.38%
10	招商新能源	81.01%	83.41%
11	晶科	81.00%	79.67%
12	中节能	81.00%	78.18%
13	中广核	81.00%	78.48%
	平均	81.38%	80.80%

754. 光伏电站各段损耗一般各占多少?

　　答：光伏电站的损耗主要包括方阵吸收损耗、逆变器损耗、集电线路及箱式变压器损耗、升压站损耗等。一般情况下，光伏方阵的吸收损耗的比例较高，为 15%～30%；逆变器损耗次之，为 1.5%～3%；而集电线路及箱式变压器损耗和升压站损耗相对较小，总共占 1%～2%。

场区高压汇集电缆损失与汇集电压等级有关，根据工程经验，北纬40°附近区域采用35kV汇集电缆时，一般损耗在0.3%左右，采用10kV汇集电缆时损耗在0.8%左右。

主变压器造成的发电量损失为0.5%～1%。

在一级升压的情况下，对于北纬40°附近区域，逆变器出口至并网点的损失在2%～3%比较合适，如果设有升压站，在3%～4%比较合适。

对于已经并网运行满一年的光伏电站，逆变器出口至关口计量表损耗可以根据逆变器累计日发电量与并网点的关口上网电量计算得到。表8-3为2019年不同地区的光伏电站各段损耗值参考。

表8-3   不同地区的光伏电站各段损耗值参考（2019年）

电站区域	光伏方阵	逆变器	集电线路及箱式变压器	升压站	平均效率
新疆	19.40%	1.89%	0.62%	0.83%	77.9%
内蒙古	16.39%	3.30%	1.70%	0.42%	79.1%
青海	15.10%	2.90%	2.20%	0.83%	80.0%
云南	20.30%	1.78%	0.86%	0.42%	77.3%

755. 光伏电站的辐射表数据不准，如何计算系统效率？

答：当前国内大部分光伏电站的辐射表数据偏差大、数据不完整、运维不当、安装不规范、辐射表自身误差大等一系列问题非常突出，由于辐照数据不准确，计算得到的系统效率很难作为评估电站运行好坏的依据，也难以发现潜在的一些运维风险，给电站价值评估、未来发电预测等带来了一定的困难。辐射表的更换需要一定的成本，大批量更换更是一笔不小的费用。

为了克服传统效率计算存在的不确定性，可尝试使用标准组件系统，即在光伏电站安装两块或多块标准组件，定期擦拭灰尘或使用自动清洁装置，保证组件表面干净，并使用精度较高的直流计量仪器记录标准组件的直流发电量，计算得到的发电小时数作为全站组件端的理论发电小时数，可计算得到组件端的理论发电量，实际发电量与理论发电量的比值即为电站

"系统发电效率"。

756. 光伏电站组件连接器自身的损耗有多大?

答: 由于连接器在光伏电站中大量存在,以某项目使用 435W 组件为例,100MW 组件中有 23 万套。按连接器接触电阻约 0.35mΩ 计算,在 STC 额定电流下,可计算所有连接器产生的功率损耗为 5~6kW,与安装容量 100MW 的比值约为 0.006%。

某 100MW 发电项目采用双面组件,年等效发电小时数约 1900h,首年连接器处的电能损耗约 0.9 万~1 万 kWh,25 年累计电能损耗约达到 20 万 kWh 电以上。由此可知,连接器越多,产生的电能损耗越高。

757. 光伏电站中连接器故障带来的影响有多大?

答: 光伏连接器在光伏系统成本中的占比很小,但它却是设备之间成功连接的关键零部件。连接器数量增加后,失效风险点也随之增加,连接器失效不仅会导致发电量损失,还会增加各种运维成本。

在早期光伏项目的建设过程中,因线鼻子压接不规范,插头松动、浸水等原因,连接器故障经常发生。有数据显示"光伏连接器损坏和烧毁"在失效列表中排在第 2 位。曾有某 500MW 光伏电站,电站平均每年连接器插头烧损约为 4000 个(约占总量的 1.8‰),因连接器插头烧损的年损失电量约为 10.25 万 kWh。

758. 山地电站的组件有哪些遮挡问题?

答: (1)组件之间遮挡。光伏组串都安装在统一规格的支架上,组串的角度随着地形的变化而改变,组串之间的间距也是不确定的,导致相互遮挡的情况更容易发生。例如方阵正极侧或负极侧边缘组件对邻近的方阵产生的阴影遮挡以及前排组件对后排组件产生的遮挡。

(2)植被遮挡。山坡存在较多树木、灌木、杂草,方阵设计时没有有效避开,将对组件产生阴影遮挡,由于太阳方位的变化,在不同时段,被遮挡的位置也发生变化。

(3)铁塔、线路遮挡。有些山区电力铁塔、通信塔、通信线路经过光伏区,对组件产生阴影遮挡。

(4)山体遮挡。组件布置在倒阳坡、山坳等,遮挡影响的范围较大。

第(1)类遮挡在电站设计或建设时就已经确定,往往会伴随电站的全生命周期。第(2)类遮挡属于可控因素,通过运维可以很好地解决。第(3)和(4)类属于不可控因素,与电站的选址、设计有关,在前期设计和建设过程中应予以充分考虑和关注。

759. 树木遮挡对方阵带来的发电量损失有多大?

答:某云南光伏电站某组串逆变器的第一支路的西南方向存在树木遮挡,如图 8-2 所示。在冬季晴天的下午时刻,太阳方位在西南方向,该支路被遮挡后组件表面的辐射量降低,不同位置的组件接收到不均匀的辐射量,因此该串组件由于电流失配效应,组串工作电流呈现一定的下降。

图 8-2 山地电站树木遮挡

如图 8-3 所示为树木遮挡对组串电流的影响,越临近傍晚,太阳的高度角越低,对组件产生的遮挡越严重。

经查看后台监测的数据,例如在 16:10,按当时的辐照度和天气,正常组串的工作电流在 6.2A 左右,而第一组串受遮挡后工作电流仅为 2.6A,差值达到了 3.6A。对于上午时段,太阳方位位

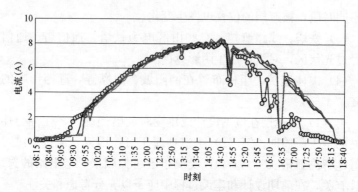

图 8-3　树木遮挡对组串电流的影响

于东南方向，此时树木没有对方阵产生遮挡，组串的输出电流大小正常，各个组串的电流的一致性均非常好，电流离散率均低于 2%。

通过对各个组串分时段的功率值进行时间积分就可估算每个组串的直流日发电量，如图 8-4 所示为冬季晴天时各个组串日发电量对比，第一组串的直流日发电量为 27.45kWh，剩余组串的直流日发电量为 31～32kWh。第一组串日发电量损失总量约 4kWh，约降低 12.5%，这部分损失主要是来自两方面，一是遮挡后组件表面辐射量的降低，二是由于遮挡后组件接收的辐射量不均匀所产生的电流失配损失。

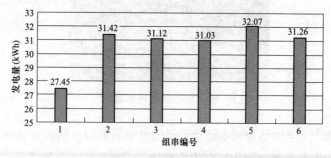

图 8-4　冬季晴天时各个组串日发电量对比

该电站所使用的组件额定功率为 250W，每个组串有 22 块组

件。组串日均发电损失和组件年发电损失计算值如表 8-4 所示，表
8-4 中列出了组串日遮挡损失在 2~6kWh 的情况下，每块组件的
日均损失和年均损失值计算值，比如一个组串的日均发电损失为
4kWh，相当于每块组件的日均发电损失 0.176kWh，每块组件的
年均发电损失为 64.373kWh，遮挡越严重，年发电损失就越大。

表 8-4　　　组串日均发电损失和组件年发电损失计算值

序号	组串日均损失（Wh）	组件日均损失（Wh）	组件年均损失（Wh）
1	2000	90.91	33 181.8
2	3000	132.27	48 278.26
3	4000	176.37	64 373.37
4	5000	220.45	80 464.94
5	6000	264.55	96 560.06

760. 逆变器出口至关口计量表损耗异常的原因有哪些？

答：逆变器交流出口至电站关口计量表的损耗是比较重要的
损耗，如表 8-5 所示为青海某 10MW 光伏电站 2019 年 1~2 月若
干天的电量及损耗表，其中有 5 天的损耗值是在 6% 及以上，最大
的达到了 9% 以上，这些异常的数据，一方面需要站内运维人员检
查输入的原始数据是否存在错误；另一方面需要排查站内的设备
损耗及站用电量是否过高。

表 8-5　　　青海某 10MW 光伏电站电量及损耗表
（2019 年 1~2 月部分数据）

日期	逆变器出口电量（kWh）	关口计量表电量（kWh）	损耗
1 月 26 日	47 201	45 255	4.10%
1 月 27 日	19 874	18 603	6.40%
1 月 28 日	37 245	35 683	4.20%
1 月 29 日	42 626	40 898	4.10%
1 月 30 日	42 740	40 950	4.20%

日期	逆变器出口电量（kWh）	关口计量表电量（kWh）	损耗
1月31日	53 227	51 030	4.10%
2月1日	44 886	40 565	9.60%
2月2日	37 440	35 280	5.80%
2月3日	54 669	52 045	4.80%
2月4日	34 689	32 428	6.50%
2月5日	38 137	36 103	5.30%
2月6日	38 215	35 998	5.80%
2月7日	39 897	37 695	5.50%
2月8日	36 349	34 178	6.00%
2月9日	19 504	17 710	9.20%
2月10日	39 758	37 537	5.60%

表 8-5 中所示电站的损耗明显高于正常值，原因是该电站冬季使用了取暖器设备及空调供暖等，导致站上的用电量增加，而白天的站用电量大部分来自光伏发电。对于运营系统平台，可以设置一定的阈值，如果持续若干天超过 10%，由平台自动发出提醒，提示关注数据的异常。

第二节　发电对标与低效管理

761. 光伏电站对标管理有哪些方法？

答：光伏电站对标一般可从系统效率和上网小时数等方面进行比较。系统效率是评估电站运行水平的关键指标，如果电站的系统效率低于其他光伏电站，说明该电站的运行水平还有待提升，需要加强电站的运维和管理，找出效率偏低的主要原因。

在实际对标工作中，可先将同资源区的电站进行对标分析，再分析站内的各个逆变器单元。

（1）针对同资源区的电站进行对标分析，如图 8-5 为青海共和县 A 电站与同地区的 B 至 K 电站的年上网小时数对比。

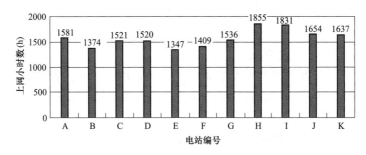

图 8-5　2016 年青海共和县各电站上网小时数对比

（2）站内不同逆变器单元的对标。如图 8-6 所示为河南某电站组串逆变器在 2018 年的年度发电小时数对比，平均值为 1089h，最高值为 1252h，最低值为 747h，最低值与最高值相差 40%，与平均值相差 31%。运维人员需要找到差值较大的逆变器单元，分析逆变器的并网时间、阵列单元的缺陷等影响因素。

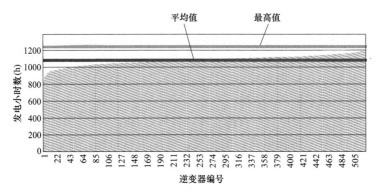

图 8-6　河南某电站组串逆变器年度发电小时数对比（2018 年）

762. 光伏电站运行管理中不被重视的电量损失有哪些？

答：简要列举几点说明：

（1）一般缺陷故障引起的电量损失，这类损失较小，但发生频次较多，例如组件损坏、熔断器熔断、支路接地等。日积月累不亚于电站发生一次较大故障。

（2）较大缺陷故障引起的电量损失，这类损失最大，但发生频次较少，例如电压互感器一、二次侧熔断器熔断、送出电缆击穿、箱式变压器故障等。

（3）未遵守调度规程或通信设备异常引起的电量损失，例如电站 AGC 死机，无法实现功率可控，为了安全起见，全站光伏出力降额运行。

（4）设备性能衰退引起的电量损失，例如逆变器转换效率降低，需要专业机构检测及设备厂家处理。

763. 基准对标管理法如何实现电量损失降低？

答：电站的运维管理的核心是最大限度地提高发电量，并基于降低电站"电量损失"的机制和方法对运维管理体系进行补充和修订。

根据设备运行情况，可采用基准方阵对标法建立评价标准，建立基准发电方阵和理论发电的关系。进一步扩大设备缺陷查找的范围和深度，查找发电系统中的隐蔽性隐患和较大隐患。

所谓基准发电方阵，是指光伏电站运行效率最大、发电量最高、故障率和缺陷率最小的发电单元，可由第三方检测确定发电量和发电效率最高的方阵。

根据光伏发电方阵对标管理，具体思路有：

（1）对汇流箱单支路的电流、电压进行对标，确定支路是否存在缺陷。

（2）对基准方阵逆变器与剩余逆变器的实时功率和实时效率进行对标，判断逆变器是否存在缺陷。

（3）对基准方阵逆变器与剩余逆变器的发电小时数进行对标分析。

（4）将电站的实际发电小时数与相邻电站进行数据对标分析和管理，实现对标的横向和纵向管理。

通过以上思路反复总结分析对标设备运行状况数据，深入分析设备运行对标结果，发现对标单位之间的差距，找出电量损失的原因，解决现场隐患，提高电站运行维护质量。

764. 举例说明逆变器发电小时数对标分析法的应用。

答：光伏电站由于各支路单元的发电特性不一致，那么即使相同装机容量的逆变器单元，其发电量也是不相同的，对标时从落后的逆变器单元着手，进而分析出落后的组串单元，判断出组串单元的发电量降低是由于本身的因素还是外界环境的影响。

（1）如果逆变器单元的直流侧装机容量不同，在对比逆变器单元发电性能时，需要使用发电小时数，避免容量差异带来的问题。先确定好对标的起始时间，统计出每台逆变器实际的组件装机容量，对各逆变器每日的发电情况进行统计，再计算出每台逆变器每千瓦的实际发电量。

（2）一般情况下，电站各台逆变器的发电小时数都会有一定的差异，可将小时数进行排序，也可以结合柱状图，找出落后的单元，分析其与发电最优单元的差距及原因。

如图 8-7 为某 50MW 电站 2019 年 11 月 15 日的逆变器发电量，各个逆变器容量基本相同，但日发电量有高低，最高 2543kWh，最低 1648kWh，相差 895kWh。同一方阵两台逆变器发电量差距超过 30kWh 的共计 6 台。

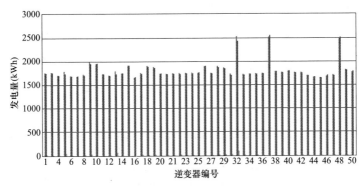

图 8-7 某电站集中逆变器日发电量对比（2019 年 11 月 15 日）

（3）运维人员需要进一步分析原因，如排查逆变器本身性能、组串故障、组串通信异常、接地故障、组件失配及热斑影响等。

在该案例中，经查询运行日志，询问当值值班人员，当日 48 号 B 逆变器运行中出现 IGBT 模块击穿故障造成停机。

通过这种主动开展设备运行状况的发电量评估和对标，查找并处理现场存在的隐患、缺陷，可进一步缩小各台逆变器的发电差距。

765. 举例说明光伏组件低效运行的具体原因。

答：光伏组件低效运行不仅影响发电，严重的将会影响组件寿命。低效原因有外部和内部因素，表 8-6 为光伏组件低效运行的主要因素汇总。有些可以通过人为去改变，有些是先天性无法更改，运维人员做的工作是根据不同的低效类型，使用不同的解决策略，逐步降低低效给电站带来的发电损失。

表 8-6　　　　光伏组件低效运行的主要因素汇总

序号	原因	说明
1	组件本身	材料老化、组件生产工艺不良、运行中接线盒不良、组件玻璃爆裂等引起
2	施工因素	不同品牌、不同功率挡位的组件混装，低功率组件与高功率组件的电性能不匹配产生"木桶效应"，辐照度越高，"木桶效应"越明显
3	施工因素	组件前期施工存在不规范问题，带来隐裂或裂片，使得组件成为低效组件，可能产生热斑，热斑温差较高，会存在安全隐患
4	设计因素	前后左右间距不足产生遮挡，太阳高度角比较低时，特别明显
5	环境因素	组件受到杂草、树木、电线杆等遮挡，遮挡范围随太阳高度角和方位角变化而变化。被遮挡组串的电流偏低，导致组串的离散率偏高。当阴影消失后，组串的运行状态恢复正常
6	设计因素	远方高大山体遮挡，对整个光伏场区产生影响
7	环境因素	组件表面灰尘污渍降低了有效接收的辐射量；组件玻璃表面鸟粪等引起热斑，产生温升损失

序号	原因	说　明
8	朝向和倾角问题	山地光伏电站坡向不同，同一逆变器下的各个组串方位或倾角不一致，如朝向偏东的组串，上午时段组串电流正常，下午时段组串电流偏低
9	多云天气	由于部分组串处于多云遮挡，部分组串无多云遮挡，造成逆变器离散率较高
10	其他	组件未接入等，引起实际发电量偏低

766. 先天性的阵列缺陷表现在哪些方面？对运维有何启示？

答：光伏阵列由于前期设计和施工的不足，存在外部因素导致组串运行在低效状态，具体有：

（1）土地不平整，光伏支架单元存在高低落差，较高支架的单元对相邻的单元带来左右遮挡。

（2）前后间距设计不足，光伏前后阵列产生阴影遮挡。

（3）光伏支架单元面临铁塔、树木的遮挡。某些山地电站选址不当，光伏单元处于山坳之中，面临长期的山体遮挡。

这些问题一时间是难以解决的，可能会长期存在，并且会对支路的电压、电流带来影响；而在后台，运维人员看到的往往只有表面的数值，可能无法和现场的实际情况联系起来，支路本身可能并非存在缺陷，运维人员需要注意做好区分，可在一张表上列出，明确哪些支路是存在先天性问题的，注明存在的问题描述，并放在中控室醒目的位置便于对照。

当然在后台监屏时，如果发现先天性的缺陷支路在同等辐照度和环境温度下，电流或电压比以前有所降低，就需要去现场进行排查。

767. 组件自身原因导致的低效如何处理？

答：（1）对于严重影响某支路发电的组件，经过排查后确认是低效的，即短路电流或STC功率与正常组件相比，差值百分比达到10%以上的，建议立即更换。

（2）对于热斑检测后发现的组件电池片严重发热的，与正常电池片的温度相差 25℃以上的，建议立即更换。

（3）对于组件表面玻璃碎裂、电池片碎裂、背板烧毁、接线盒烧毁等不良组件，建议立即更换。

768. 组件混装引起的低效如何处理？

答：（1）建议更换为同功率挡位和同型号的组件，若无同型号组件，应尽量采用电流接近的组件代替。

（2）若无法整改，可在对应组串的每一块组件上安装组件功率优化器，以减少失配损失。

769. 遮挡引起的低效如何处理？

答：遮挡包括阵列前后遮挡、周边障碍物遮挡、组件表面灰尘遮挡等，不同遮挡类型的处理措施列举如下：

（1）前后左右间距不足产生的遮挡，太阳高度角比较低时，特别明显。

措施：①若上下排组件接线方式为 C 型，可采用组串线路优化，将接线方式更换为一字形。②若逆变器为组串逆变器的，可进一步采取 MPPT 接入优化。查看逆变器输入端的光伏电缆长度是否留有余量，如果有余量，可将低效的组串的接入位置进行变更，统一接入同一个 MPPT。对于组串未接满的组串逆变器而言，要充分利用空余的接线端子。③进一步开启组串逆变器的多峰跟踪模式。

（2）草木遮挡、电线杆遮挡。

措施：定期除草和树木；对于无法清除的树木可采用以下措施：①被遮挡组件加装功率优化器；②开启逆变器多峰跟踪模式；③进行组串 MPPT 接入优化。

（3）远方高大障碍物的遮挡，对整个光伏场区产生影响。

措施：组件移位搬迁，但工程量较大。

（4）组件表面灰尘污渍、鸟粪等。

措施：需要定期清洗组件、清除鸟粪。

770. 组串朝向或倾角不一致引起的低效如何处理？

答：（1）对于使用组串逆变器的光伏电站，可以进行组串 MPPT 接入优化，即将同朝向或朝向接近的组串接入同一个 MPPT。

（2）同时开启逆变器多峰跟踪模式。

第三节 运维类产品应用

771. 什么是光伏组件功率优化器？

答：光伏组件功率优化器是优化光伏组件输出功率的直流设备，与光伏组件进行连接，独立执行最大功率点追踪，可降低组件的失配损失。组件功率优化器一般具有数据采集和通信功能，适合在不同规模的并网光伏发电系统中应用。

772. 光伏组件功率优化器的应用场景有哪些？

答：光伏组件功率优化器主要解决的是组串内部的失配问题，应用场景有：

（1）山地电站：存在被树木、铁塔、杂草等局部遮挡的组件。

（2）分布式电站：组串内存在积灰程度不一致的组件；受建筑物遮挡，局部组件受到影响等。

（3）各组件功率衰减不一致的组串；高低功率组件混装的组串等。

773. 什么是光伏组串功率优化器？

答：光伏组串优化器是以组串级别进行发电优化的设备，一般安装在直流汇流箱旁，与汇流箱内的每一个组串进行连接，实现跟踪每一串的最大工作点，从而避免了组串间的相互干扰，使每一串都在最佳状态工作，可提升整个电站的发电量。

一方面，组串优化器控制组串输出端的电压在同一水平，消除不同电池串电压失配的影响。另一方面，设备具有隔离功能，将电池串间隔离，避免了高电压电池串和低电压电池串之间的相互影响。如图 8-8 所示为宿迁泗阳屋顶光伏电站 10MW 项目现场所安装的上海质卫环保科技有限公司的 S-MPPT 组串优化器现场安装图。

图 8-8　组串优化器现场安装图

774. 组串优化器的应用场景是哪些？

答：组串优化器的应用场景主要是使用集中逆变器的光伏电站，当电池串因组件衰减或其他原因，导致汇流箱内并联的各个电池串的输出电压不一致，低电压组串对逆变器的最大功率点跟踪带来影响，导致正常电池串的最大工作点电压降低，当电压不一致的组串并联在一起时，电池串相互影响，所有电池串都偏离最大工作点工作，产生电压失配现象。集中逆变器组串电压失配原理如图 8-9 所示（其中 P_1 是第一串局部最大功率点功率，P_{max1} 是第一串全局最大功率点功率，U_1 是第一串局部最大功率点电压，U_{max1} 是第一串全局最大功率点电压，其他以此类推）。

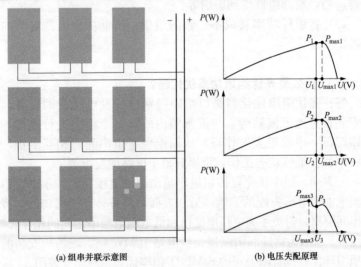

(a) 组串并联示意图　　　　　(b) 电压失配原理

图 8-9　集中逆变器组串电压失配原理

使用组串优化器可以将低电压的组串在输出功率基本不变的情况下，通过电流、电压值的改变，使得电压输出与其他正常电池串保持一致，从而减少电压失配影响。

表 8-7 为某电站逆变器各汇流箱组串支路的开路电压比较，不同的汇流箱组串的开路电压值差异较大，存在较严重的电压衰减问题。例如 101 号汇流箱，组串最低开路电压值为 644V，最高为707V，电压差值达到了 63V。经统计，所有汇流箱的组串数量共计68 串，电压低于 700V 以下的有 19 串，占比为 28.9%。

对于该问题，首先是排查现场光伏组件是否出现严重的衰减或其他质量问题，如有，则建议更换。由于组串的电压差异难以消除，还可以使用组串优化器安装在低电压组串进行优化，从而可减少并联失配损失。

表 8-7　某电站逆变器各汇流箱组串支路的开路电压比较
(10：00—11：00)　　　　　　　　　　V

汇流箱	组串1	组串2	组串3	组串4	组串5	组串6	组串7	组串8	组串9	组串10	平均值	标准差
HL101	707	678	656	701	702	653	701	700	644	695	684	24.0
HL102	717	719	720	721	713	613	643	714			695	42.2
HL103	668	634	721	696	728	592	720	726	717	649	685	47.2
HL104	636	735	662	711	719	720	730	698			701	34.9
HL105	725	643	649	715	698	707	607	713			682	43.1
HL106	723	734	731	727	737	727	719	725			728	5.9
HL107	708	708	708	708	709	710	711	712			709	1.6
HL108	732	728	730	731	726	712	708	722			724	9.0

775. 组串优化器的提升效果有多少？

答：以江苏某分布式电站为例，该电站使用 500kW 集中逆变器，在其中 2 号集中逆变器单元的汇流箱旁安装了 S-MPPT 组串优化器（上海质卫环保科技有限公司提供），具体安装的位置为表8-7 所示的低电压组串。

411

以相邻 1 号 500kW 逆变器的发电量进行对比，对比的时间段为 2019 年 6～8 月。对比结果如表 8-8 所示，安装 S-MPPT 产品的逆变器与未安装的相比，前者发电量在 6、7 月和 8 月分别提升了 3.2%、2.9%、3.3%，效果较为明显。

当然，组串优化器的提升效果与电站的运行时长和组件的衰减程度有关。电站的运行时间越长，组件衰减不均匀程度越大，提升效果会越明显。

表 8-8　　逆变器发电量数据对比　　kWh

逆变器	6 月	7 月	8 月
1 号逆变器（未安装 S-MPPT）	84 146.3	84 386.9	80 491.4
2 号逆变器（安装 S-MPPT）	86 839.0	86 834.1	83 147.6
发电量提升率	3.2%	2.9%	3.3%

776. 组件清扫机器人是如何工作的?

答：光伏组件清扫机器人主要由行走轮、从动轮、直流电动机、清扫毛刷、光伏电池板、蓄电池、蓄电池控制器、电动机驱动器和主控板等组成，机器人依靠毛刷清扫组件表面，实现了无水清扫，同时还可以选配 EL 检测、鸟粪探测等功能。

以直线来回行走的组件清扫机器人为例，其工作原理一般是：

当驱动机启动后，带动机器人清扫螺旋刷棍及毛刷旋转，开始进行清扫。当行走驱动机启动后，行走轮同步旋转，行走轮的轮面与光伏阵列表面接触产生摩擦力，使得光伏清扫机器人沿着光伏阵列表面开始行走移动。组件清扫机器人如图 8-10 所示。

图 8-10　组件清扫机器人

当机器人行至换向位时，滑动换向装置与换向位限位板接触，产生位置信息的变化，控制箱检测到变位信息后，控制行走驱动电动机反向旋转以达到换向目的，换向完成后，机器人将自动反向清扫。当行走至停车位时，滑动换向装置与停车位限位板接触，产生位置信息的变化，控制箱检测到变位信息后，控制行走驱动电动机及清扫驱动电动机停止运行，机器人最终停放在停车位，一次清扫任务结束，等待下次清扫任务。

777. 组件清扫机器人的应用场景有哪些？

答：组件清扫机器人对于组件阵列的规整性要求较高，一般应用在荒漠大型地面电站、分布式电站、农光互补电站、水面光伏电站等。

对于大型地面电站，方阵平整规则，机器人一次性清扫的容量会更多，若现场有条件搭建摆渡车，还可以实现跨排清扫。

分布式电站由于屋顶的复杂性，方阵排布规整性、一致性较差，机器人的设计布置受到一定的制约。对于直线行走方案，单台机器人清扫的容量较小，整站设计的投资金额较高。而跨排式的行走方案对阵列的排布规整性的要求非常高，实现全站跨排式清扫难度较大。一般对于新建电站，如果考虑清扫机器人的方案，建议在阵列布置时就加入清扫机器人的布置和清扫路径的规划。

对于山地光伏电站，由于组件阵列的安装受到地势起伏和坡面朝向的限制，阵列规整性较平地电站要差一些，机器人在此类电站的应用会存在一定困难。

778. 组件清扫机器人应用的挑战有哪些？

答：组件清扫机器人的主要挑战是在复杂地形上的爬坡能力以及相邻支架单元的高低错位给过桥导轨设计带来的困难。

（1）过桥搭接困难。由于相邻组串间距太小，组串之间存在一定的高度差，给导轨架设带来一定难度，在这样的情况下，考虑机器人的正常行走，过桥搭接处机器人会跳过一块组件，引起漏扫，需要人工补扫，如果不清洗，会引起组串的电流失配，产生发电损失。阵列高差及左右间距不足对机器人过桥的影响如图 8-11 所示。

（2）若轨道高于光伏组件，易产生阴影遮挡；机器人长期在过桥处来回行走，行走轮易脱轨。

（3）过桥材料若经过切割，材料表面因破坏易生锈。如果切割后马上喷漆，只能保证短期不生锈，但是后期产生锈斑后就容易落到组件上，下雨后锈水流到组件表面其他部分，干燥后其附着力远大于灰尘，难以清扫。

图 8-11　阵列高差及左右间距不足对机器人过桥的影响

779. 导水排尘器对组件的发电量提升有多大？

答：某分布式光伏电站容量为 3MW，屋顶类型为彩钢瓦，屋顶坡度 5%，组件顺坡布置在屋面南坡，组件的安装角度仅 3°左右，灰尘污垢在组件表面附着后，组件下沿边框处有明显的泥带堆积。为了评估导水排尘器对组件泥带的清除效果，结合历史发电数据，挑选了发电性能较为一致的组串进行试验，试验组 A 组串安装了导水排尘器，试验组 B 组串不安装。导水排尘器为西安金扫把光伏科技有限公司提供，试验对比开始时间为 2019 年 5 月 6 日，实际有效统计天数 207 天。如图 8-12 所示为导水排尘器安装前后的对比情况，由图 8-12 可知，安装导水排尘器以后，组件边沿基本上比较干净，而未装排尘器的组件边沿仍然有泥带堆积。

图 8-13 为安装导水排尘器前后的电流差异百分比〔（组串 A

(a) 未安装导水排尘器　　　　　(b)安装导水排尘器

图 8-12　导水排尘器安装前后对比

电流 － 组串 B 电流）/组串 B 电流]，安装前（5 月 5 日前）电流差异百分比基本在 0.2％左右。而安装后（5 月 6 日～5 月 21 日），电流差异百分比提升到平均 6.5％，最高达到 10％以上。

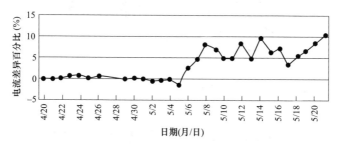

图 8-13　安装导水排尘器前后电流差异百分比

图 8-14 为统计周期内（4 月 20 日至 11 月 21 日）的每天同时刻的最大电流差值，安装排尘器以后，5～11 月电流分别平均提升 0.17A，0.06A，0.07A，0.11A，0.16A，0.25A，0.52A，统计周期内平均提升 0.17A。其中 10～11 月提升最大，最高提升达到了 0.75A。

图 8-15 为 5 月 6 日至 11 月 21 日每天的组串电流提升百分比，5 月和 7 月的平均提升百分比为 4.7％。从 9 月以后平均提升百分比达到了 19％，统计周期内的电流平均提升百分比为 8.9％。

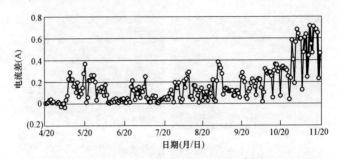

图 8-14　统计周期内的每天同时刻的最大电流差（A）

综上所述，导水排尘器可有效地清除泥带堆积，降低了组件的灰尘损失，对于分布式光伏电站的运维起到了一定的帮助。

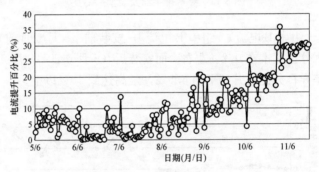

图 8-15　电流提升百分比

780. 为什么导水排尘器安装后电量提升效果不明显的可能原因是什么？

答：这种情况可能发生在组串逆变器上，由于组串逆变器通过电压的调节实现最大功率点跟踪，如果逆变器的其中一串安装导水排尘器，同一个 MPPT 的另一串不安装，由于导水排尘器可以起到去除泥带的作用，提升组件的输出电流与电压，而另一串受到泥带影响，组串表面接收的辐射量及输出性能低于第一串。因此在同一个 MPPT 下，I-U 曲线会出现多个功率峰值点，最大功率点位置发生偏移。由此可见，在安装导水排尘器时，同一个 MPPT 的两个组串都需要安装。

781. PID 组件如何进行修复？

答：对于已产生 PID 问题的组件，可通过在逆变器直流侧组串和大地之间施加电压的方法进行修复，那么聚集在电池片表面的正离子，在正电压的作用下，向远离电池片表面的方向迁移，可恢复 PN 结的功能。图 8-16 为上海质卫环保科技有限公司的PID 修复设备的安装示意图，设备安装在逆变器的直流侧。对于已经出现 PID 问题的电站，可起到修复作用。对于新建光伏电站，还可以起到预防 PID 的作用。

图 8-16 上海质卫环保科技有限公司的 PID 修复设备的安装示意图

经过修复，组件因 PID 效应导致的电池片发黑问题可得到有效处理，修复前后的组件 EL 照片对比如图 8-17 所示。

图 8-17 修复前后的组件 EL 照片对比

782. PID 组件修复需要注意的若干问题有哪些？

答：（1）并非所有的 PID 组件都可以被修复，如果组件经过长时间的 PID 效应，正离子已经迁移到减反射膜和硅片内部，这些组件就很难被修复。在电站并网运行的初期，一旦发生了轻微的 PID 问题，就应该立即对其进行修复和预防，这样才能有效避免 PID 问题的加重。

（2）接地可靠性。PID 组件修复时，组件接地的可靠性至关重要，不然可能导致修复失败。

（3）组串绝缘电阻。需要估算或测试方阵的最小绝缘电阻，并计算需要消耗的功率及输出电流，两者均需在修复设备的允许范围。

783. 使用无人机可以发现电站的哪些问题？

答：通过无人机发现的常见问题，举例如下。

（1）组件电池缺陷。电站现场发现比较多的有电池单点热斑、多点热斑，以及旁路二极管导通等问题。图 8-18（a）为电池单点热斑，图 8-18（b）为多点热斑。电池热斑的数量越多，对系统的发电性能影响就越大，如果不处理，后期可能会发展成更严重的问题。

(a) 电池单点热斑   (b) 多点热斑

图 8-18　单点或多点热斑

如图 8-19 所示为异常发热及二极管导通。

(a) 电池发热异常　(b) 单个旁路二极管导通异常　(c) 双个旁路二极管导通异常

图 8-19　异常发热及二极管导通

（2）杂草等阴影遮挡。通过无人机监测，组件、组串、阵列的阴影遮挡容易识别，遮挡的原因可能是草木、邻近建筑物、前后排阵列，如图 8-20 所示。

图 8-20　杂草遮挡

尽管大部分的遮挡不需要从技术上解决，但是草木遮挡如果不及时去清理，对发电量影响较大。通过定期红外成像和高分辨率无人机可见光照片，可以帮助运维团队更有效地制订除草计划。

（3）碎裂、灰尘、鸟粪等问题。碎裂和灰尘遮蔽可以通过无人机数据收集期间拍摄的可见光图像识别，玻璃碎裂和鸟粪污渍等如图 8-21 所示。这些异常大多与组件安装、维护、恶劣天气等导致玻璃破碎等因素有关。灰尘、鸟粪和其他碎屑污染也会严重影响光伏组件的效率。

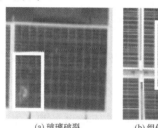

(a) 玻璃破裂　　　　(b) 组件表面鸟粪污渍等

图 8-21　玻璃碎裂和鸟粪污渍等

（4）组串问题。通过无人机可以发现组件脱网、组件漏接、组串极性相反（正负极接反）等问题，如图 8-22 所示。

(a) 组串脱网　　　　(b) 组串漏接　　　　(c) 组串正负极接反

图 8-22　组串问题

图 8-23　跟踪角度偏离

（5）跟踪系统角度偏差。跟踪系统的方阵角度偏差是比较普遍的，如图 8-23 所示为通过无人机巡检发现的平单轴跟踪支架的角度存在异常，与其他支架的角度存在一定偏差。

784. 使用无人机监测光伏组件热斑天气条件是什么？

答：天气是影响无人机飞行质量的重要因素，其中高辐照度是获得高清图像的必要条件，早上、中午和下午阳光辐照度不同，热斑组件的温度差异会比较大。对光伏组件进行巡检的最好时间是在晴朗的天气，比如春节、夏季和早秋，这些季节的辐照相对来说较强，组件的温度相对较高些，那么热斑的现象就容易表现。

根据可再生能源实验室的多年经验，无人机热斑巡检的最佳时间建议在夏季的上午，且天气情况为无风、辐照度不低于 600 W/m^2。

夏季的日照时间较长，如果在第一次飞行中没有能捕捉到理想的图像，还可以重新飞行。另外尽量在无风的情况下进行作业，如果飞行过程中可能遭遇到大风、降雨等情况，不仅会影响着飞行轨道精度，还影响着检测电站照片拍摄效果，甚至可能影响无人机的飞行安全。

785. 如何制定无人机飞行航线？

答：光伏电站在制订巡检计划时，首先要进行巡检前期的准备工作，工作人员应参照现有资料进行现场勘察，确定所要巡检的光伏电站的大小，结合红外热成像仪的拍摄视角及分辨率来确定无人机的飞行高度和红外热成像仪单次拍摄红外图像区域的大小，从而规划、计算并制定无人机的飞行路线及悬停拍照位置；目前光伏电站的巡检路线通常为 S 型和 Z 型，但是实际情况需要根据电站的具体特点分析，依据阵列及地形分布特点有针对性的规划实施。

786. 如何设置好无人机拍摄的相关参数？

答：无人机巡检飞行高度和摄像头视角决定了摄像头工作的视场，影响太阳电池板的成像分辨率和电池板的视场覆盖面积，决定了巡检工作的效率和质量。可调整无人机飞行高度和摄像头倾斜角度，分析对视场成像覆盖影响的测试数据结果。无人机飞行姿势与视场覆盖面积的关系如图 8-24 所示。

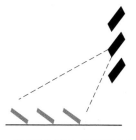

(a) 摄像头方向与地平面垂直　　(b) 摄像头方向与地平面成斜角

图 8-24　无人机飞行姿势与视场覆盖面积的关系

飞行高度增高、倾斜视场角增大可提高视场覆盖的太阳电池板行数，但会降低对太阳电池板的成像分辨率和故障判别质量。在太阳电池板正上方飞行成像分辨率高，可直接确定故障点的GPRS 坐标且定位精度高，便于后续自动识别定位处理，但巡检作业效率较低，适合高精度精细巡检作业。实际作业时需要根据巡检效率和巡检质量的需求综合确定自动飞行高度和倾斜角。

787. 无人机设备如何保养？

答：无人机的所有零部件中，消耗最大的是电池部分，目前大多使用的是锂电池，因为搭载了高分辨率的可见光相机和红外热成像仪，所以在实际情况中会出现续航短的情况，所以要注意电量的使用情况，以免损坏机器。除了要避免错误充电引起的故障、火灾，还需注意在低温及高海拔地区使用时的"保暖"和"热身"工作，提高电池的使用寿命。

无人机作为一个高度集成化的飞行系统，除了按照正确的方式操控和使用，还需要进行日常的维护保养和检查。在光伏电站的日常巡检中，虽然不会要求在降雨环境下进行，但还是会遇到突发降雨的情况，若被雨水淋湿，在使用后需要立刻断电擦干。此外还需要考虑沙尘影响，尤其是用于沙漠光伏电站巡检，在使用后应尽快清理，减少沙尘对电子元件的影响。

788. 红外热成像仪在电站运维有哪些用途？

答：光伏电站运维工作中使用红外热成像仪可进行常规的巡检、故障诊断和故障提前预防，是精细化运维工作的重要组成，使用该仪器可对光伏组件、汇流箱（断路器、熔断器、接线端子）、电力电缆头及连接处（中间接头和终端接头）、隔离开关触点、一次设备（箱式变压器本体、开关本体、电压互感器/电流互感器本体）及连接处、二次端子排及压接点、保护及自动化装置本体、GIS 法兰连接处、架空线路连接处及金具等进行红外测温，通过比对能够快速预判设备及元器件的工作状态以及可能产生的故障。

图 8-25 为对箱式变压器低压侧和继保室端子进行红外测温。测温以后将数据记录在测温统计本上。根据相关规范的允许温升标准进行设备运行状态的判断，参考规范有 GB/T 11022—2020《高压开关设备和控制设备标准的共用技术要求》。

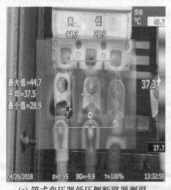 

(a) 箱式变压器低压侧断路器测温   (b) 二次继保室端子红外测温

图 8-25 对箱式变压器低压侧和继保室端子进行红外测温

789. 设备维护测温贴如何使用？

答：在光伏电站设备运行过程中，经常会有一些异常发热的点，由于发热点无法直接用肉眼观察，除了红外热成像仪检测手段，可以尝试使用测温贴，当测温贴的测温部位温度达到或超过额定温度，该部位立即变色，并显示该处的温度。

测温贴超温后颜色变化如下：正常颜色为白色，60℃时由白色变为黄色；70℃时由白色变为绿色；80℃时由白色变为红色；90℃时由白色变为黑色；100℃时由白色变蓝色。

将测温贴贴在箱式变压器低压侧的三相连接母排或其他导线处，可以实现对重点部位的监控。另外，测温贴具有反光显示功能，夜间巡检时，高温异常点很容易发现，可快速找出故障隐患。

790. 什么是感温电缆？有什么用途？

答：感温电缆又称线型感温火灾探测器。感温电缆具有全线连续监测被保护对象温度的能力。感温电缆内有两根弹性钢丝，每根钢丝上包裹一层感温绝缘材料。在正常监测状态下，两根钢丝处于绝缘状态。当环境温度上升到预定的作用温度时，温度敏感材料会断裂，导致两根钢丝之间短路。输入模块检测到短路信号后，系统将触发报警信号。

在感温电缆的实际应用中，将感温电缆沿光伏电站重要设备的表面和接线电缆同步敷设，如组件、汇流箱、逆变器、箱式变压器等。当感温电缆敷设处发生火灾时，温度上升到感温电缆的额定工作温度，通过通信单元向电站监控系统发出报警信号，起到预警作用。

第四节 电站技改优化

791. 光伏电站的技改可以分为哪几类？

答：光伏电站的技改大体上可以分为效益型技改、生产型技改、安全性技改三类。

（1）效益型技改。通过技改提升发电量，如电站增容改造、老旧设备更换（组件、逆变器）、接线方式更改、组串逆变器MPPT接入优化、组件遮挡移位、PID效应抑制装置改造、彩钢瓦屋面降温、导水排尘器应用、组件安装角度调整等。

（2）生产型技改。通过技改提升生产运营管理。如 AGC/AVC 系统升级、光功率预测系统升级、汇流箱通信改造、分布式电站无功补偿改造、监控系统升级技改。

（3）安全性技改。通过技改提升电站安全运行。如设备散热改造、电力监控系统安全防护技改、彩钢瓦锈蚀改造、电缆槽盒改造、光伏区防雷接地等。

792. 光伏组串的 C 型接线方式的弊端和措施是什么？

答：以竖向双排安装方式的光伏阵列为例，支架单元上下两排组件相互连接形成一个回路，即为传统的 C 型接线。C 型接线方式的影响情况如图 8-26 所示。

图 8-26　C 型接线方式的影响情况

该接线方式存在的弊端：下一排光伏组件受到前排的阴影遮挡，由于木桶效应，造成整串的发电能力下降。

在不改变组件安装位置的情况下，可将接线方式改成"一字型"，即相邻的支架上排组件相互串联成一个组串，下排组件连成一个组串，若电站使用组串逆变器的，则建议两个组串分别接入两个不同的 MPPT 输入端子。

793. 地面光伏电站组串接线方式更改的效益如何？

答：某西北光伏电站的组件接线方式是 C 型，由于前后间距不足，前排对后排组件带来遮挡影响，发电损失约 1.65%。将接线方式改成一字型以后，发电提升较为明显，每台逆变器日均提升电量约 2kWh，提升比例 1.5%，电站的逆变器台数 898 台，改造费用约 30 万元，全年提升电量约 65.5 万 kWh，上网电价 0.95元/kWh（其中 0.25 元/kWh 为脱硫煤电价，0.7 元/kWh 为补贴），产生的年发电收益 62.27 万，预计半年左右可收回成本。改造前后阴影遮挡带来的发电损失对比如表 8-9 所示。

表 8-9　　　　改造前后阴影遮挡带来的发电损失对比　　　　kWh

名称	改造前	改造后
实验逆变器	404.11	1532.24
对标逆变器	410.91	1534.65
发电损失降低比例	−1.65%	−0.16%

794. 组件串联数不同是否会影响逆变器的启动时间？

答：组件串联数不同会影响逆变器的启动时间，逆变器早启动、晚待机可以增加逆变器的运行时间，从而可提升电站的发电量。

以内蒙古某集中式 500kW 逆变器为例，其启动功率均设置为 13.11kW，由于组件串联数不同，导致逆变器的开机和待机时间不同，例如 A 逆变器单元的组串为 21 块组件一串，启动时间为 06：20，B 逆变器组件串联数为 20 块，启动时间为 06：45，延迟了 25min。同理，A 逆变器的待机时间比 B 逆变器晚了 25min。逆变器的启动时间和待机时间对比如表 8-10 所示。

表 8-10 逆变器的启动时间和待机时间对比

名称	串联数（块）	启动电压（V）	启动时刻	启动电流（A）	待机时刻
A	21	595	06：20	5.4	18：30
B	20	595	06：45	5.9	18：05

795. 如何延长逆变器的发电时间？

答：由于现场的组件性能、组件串联数量、不同组串的衰减不同、朝向不同、各季节的遮挡程度不同，都会影响逆变器的开机和待机时间。

理论上，为了实现逆变器早并网和晚脱网，首先可以通过尝试调低逆变器的启动电压来实现，注意不能调得太低，以免逆变器早晚不断自动开机和关机，对滤波器、浪涌保护器、接触器和箱式变压器都有损伤。

其次，适当地增加组件的串联数量。例如某光伏电站可采用 20 块或 22 块一串，优先选择 22 块一串，可使得逆变器早并网运行。

796. 如何减少光伏组件的失配损失？

答：（1）首先在安装环节要用同一厂家、同一批次、同一功率挡位的组件，尽可能减少组件差异带来的失配损失。

（2）对于运行年限较长的电站，有可能出现衰减较快的组件，在运维环节，需要定期对组件的电性能或短路电流进行测试，对于电流严重偏低的组件进行更换。

（3）对于未达到更换条件的组件，即还可以正常使用的，为了降低串联失配损失，可将低效组件重新进行 STC 检测，并根据检测电流值进行分档，将挡位一致的组件串联成一串，接入逆变器后，进一步优化 MPPT 接入。

797. 如何减少组串逆变器的 MPPT 跟踪损失？

答：由于光伏组串的电压、组串输出至逆变器直流侧的压降不尽相同,该值的大小会影响逆变器的 MPPT 跟踪。如果压降较大,会造成真实的 MPPT 点发生偏移,造成 MPPT 跟踪损失。

(1)可对同一台逆变器下的各个组串进行电压测试,对电缆的长度进行测量统计,计算每一路的线缆压降。

(2)尽量将组串电压偏差小、电缆长度接近的组串接入同一个 MPPT 端子,可减少 MPPT 跟踪损失。

798. 传统汇流箱如何改造成智能汇流箱?

答:电站的直流汇流箱若没有安装监控模块,对运营管理会带来很大的麻烦,组串的运行状态无法实时监控,间接增加了组串故障率和大量排查检修时间,影响了电站的发电效率。

一般可采用分体式监控模块,在兼容现有通信协议的基础上进行安装,电源模块采用现有光伏组串的电源,通过 DC/DC 电压降压后给监控模块供电。由于传统的江流箱通信模块是一个整体集成的电路板,任意一条通信故障,需要更换整个通信模块,采用分体式模块,遇到有单体模块故障,只需更换单体,无需整体更换,大大降低了运维成本。

799. 如何优化直流汇流箱的安装位置?

答:对于光伏阵列而言,汇流箱的位置影响到组件串至汇流箱以及汇流箱到逆变器的直流电缆用量,一般利用曼哈顿算法及坐标解析法计算光伏组件串至逆变器的电缆用量。综合考虑直流线缆用量、电缆成本、直流线损、发电量及收益等方面进行经济性评估,通过比选后,可得到最佳的安装位置。

800. 夏季光伏电站如何降温?

答:(1)光伏组件和逆变器都要保持通风。一般来说,光伏电站在设计的时候通常会抬高支架(户用瓦屋面光伏电站除外),保证组件前后左右有足够的空间,保证空气的流通,以达到降温的目的,另外组件四周的金属边框也有一定的散热作用。

(2)逆变器需做好遮阳措施。现在市面上的大部分光伏逆变器一般都是 IP65 防护等级，具备一定的防风、防尘、防水等级。但夏天的时候环境温度较高，逆变器内各种元器件在运行过程中，容易产生高温，导致发电效率有所下降，甚至影响元器件的寿命。

因此，逆变器安装时建议安装遮阳棚，以此来降低设备的温度，如图 8-27 所示。另外，逆变器的安装场所也要做好通风，保证空气的对流。

图 8-27　逆变器增加遮阳棚

（3）确保电站周边无杂草、遮挡物。部分电站由于地处偏远，常会被茂盛的杂草、植被所包围，也会影响空气的流动，导致温度过高。另外，杂草、植被、鸟粪等遮挡物对组件形成热斑，从而导致组件局部发热。因此要及时做好电站日常巡查，清除杂草、鸟粪等遮挡物。

（4）禁止在高温时段在组件上洒水降温。有一些电站业主，在夏季时，会往组件上面不断洒水，以此来达到降温效果。虽然在一定程度上给组件降了温，但是存在一定的安全隐患。

801. 彩钢瓦屋顶电站如何降温？

答： 在炎热夏天，当阳光照射彩钢瓦屋面时，由于屋面材料的低反射率使大部分的光热能被屋面吸收，温度可升高到 60℃以上。为了减少热量，可尝试使用反射隔热涂料，涂料能对太阳红外线和紫外线进行高反射，不让太阳的热量在彩钢瓦表面进行累积升温，同时又能自动进行散热降温。反射隔热涂料实施案例如图 8-28 所示。

图 8-28　反射隔热涂料实施案例

802. 老旧逆变器存在哪些问题，如何处理？

答：老旧逆变器存在的问题有：

（1）老机型的逆变器由于备品备件储量少，采购成本较高。

（2）光伏逆变器市场竞争非常激烈，有的逆变器厂家已经破产，没有产品售后。

（3）采购的部分备件与原逆变器技术匹配性并不是特别好，更换后事故时有发生，故障无法根治。

建议处理措施：

（1）改善逆变器的工作环境，降低设备运行的环境温度。

（2）对于已退市的逆变器、故障频发的逆变器进行整机更换；若原逆变器是集中逆变器，则可将汇流箱、集中逆变器更换为组串逆变器。箱式变压器是否更换需要根据实际情况进行评估。

（3）已退运的逆变器可作为正常设备的备件使用。

803. 分布式电站光伏组件存在阴影遮挡，如何进行技术改造？

答：（1）首先需要判断遮挡物是否可以移动或改造，通过 PVsyst 光伏仿真软件模拟原遮挡物对阵列所带来的辐射损失和发电损失，根据现场实际情况，计算遮挡物的可避让区域，再通过移位或安装方式调整等措施来减少阴影遮挡。

（2）若遮挡物无法移动，寻找屋顶是否存在空地，并计算出可安装容量，然后优先选择遮挡面积较大的组件进行搬移。剩余未搬迁仍受遮挡影响的组件，可选择重新调整接线方式或安装组件优化器等措施，减少遮挡对整个组串带来的失配影响。

804. 山地光伏电站光伏组件换位可以提升发电量吗？

答：山地光伏电站的环境因素主要表现为杂草、树木、电线杆、铁塔、高压线、配电房、风机等，其中电线杆、铁塔、高压线、配电房等是固定遮挡物，对光伏场区会产生一定的阴影。由于组件安装场所周边环境的特殊性、不一致性，就会导致组件的实际辐射接收量存在高低之分。

地理因素主要是山地的复杂性，坡向、坡角一般有很多种，因此组件的安装位置就有好有差，如南坡的位置要好于东坡、西坡。好的位置可以让组件最大能力地接收辐射量，而较差的位置往往由于山体遮挡影响，组件表面的有效辐射接收大大降低。

从运维层面来讲，进行精细化发电管理是非常有必要的，观察山地的地势和朝向，可统计电站中最好的安装位置，选择组件的最佳倾角、最佳方位。

对于该区域的组件，如存在低功率组件或低效能组件，可与高功率的组件进行置换。对于使用集中逆变器的，还可以优先将高功率的组件置换到离逆变器较近的区域，提高其跟踪精度，可降低 MPPT 损失。

805. 举例说明对组件阴影遮挡进行技改后的效果。

答：某分布式光伏电站为混凝土屋面，现场女儿墙较高，而光伏阵列距离女儿墙较近，另现场还存在其他对阵列产生阴影的障碍物。根据当地经纬度，可绘制出冬至日 09：00 时受阴影遮挡影响的区域，某分布式光伏电站阵列布置图及阴影遮挡区域见图 8-29。

根据 PVsyst 仿真软件可得到阴影遮挡损失结果（如图 8-30 所示），其中一年辐射损失比例为 4%，由于遮挡带来的电性能损失为 0.8%，累计损失为 4.8%。

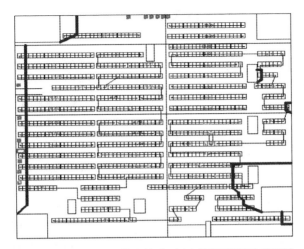

图 8-29 某分布式光伏电站阵列布置图及阴影遮挡区域

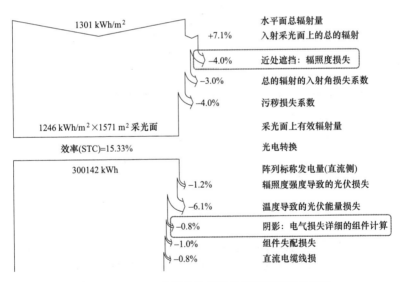

图 8-30 PVsyst 仿真软件得到的阴影遮挡损失结果

由于屋面空间有限,对被遮挡的组件进行移位改造,增加阵列与屋顶障碍物的距离,再次根据 PVsyst 仿真软件模拟遮挡损失情况,如图 8-31 所示。其中一年辐射损失比例降低为 3.2%,由

431

于遮挡带来的电性能损失降低为 0.3%，累计损失 3.5%。与改造前相比，阴影损失降低了 1.3%。

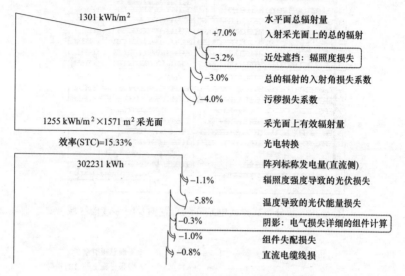

图 8-31　PVsyst 仿真软件模拟遮挡损失情况

806. 光伏电站扩容的原因及价值体现在哪些方面？

答：扩容的原因：

（1）光伏组件功率具有逐年衰减特性，随着光伏电站运行年限的增长，电站实际运行功率与额定功率存在较大缺口。

（2）电站实际光照强度与 STC 光照强度存在一定的偏差，以及光伏电站存在一定的系统损耗，因此实时功率一般小于等于额定功率。

（3）对于早期的存量光伏电站，容配比基本为 1 左右，逆变器数量较多，间接增加了系统投资成本，而根据《光伏系统能效规范》典型地区不同容配比 LCOE 的计算结果，其容配比最大已至 1.8，存量光伏电站存在较大的改造空间。

扩容的价值体现在：

（1）通过对电站扩容可弥补因衰减等因素造成的输出功率损失，以缩小电站实际出力与设计额定值间的偏差。

（2）提升逆变器利用率。当逆变器直流侧的容量较小，逆变器长期处于轻载运行。通过扩容优化容配比，可提升系统的利用率。

（3）光伏设备更新换代较快，光伏电站备品备件无法实现25年运行期的实时更新，通过扩容方案可为解决老旧光伏电站备件更新问题提供新思路。

（4）光伏电站场地资源可得到最大化利用，提升已建光伏电站的发电量和发电收益。

807. 光伏区进行扩容需要考虑哪些问题？

答：（1）光伏区扩容的前提是电站的装机容量不超过备案容量，扩容的方式有新增光伏组件或使用高效组件替换低功率组件，原则上尽量对已建工程进行改造，但也不排除对原有不合理的布置进行优化，例如接线改造。

（2）光伏区扩容需要考虑可利用空地、空闲屋顶的面积，逆变器可接入容量、汇流箱空余接入端子、其他接入点、线缆载流量、支架载荷、箱式变压器负载能力等因素，合理设计扩容容量。

（3）若空地可以安装光伏阵列，优先接入空余端子的汇流箱或逆变器。

（4）考虑新旧设备的电气参数差异。特别是对早期光伏电站进行扩容改造，新旧电气设备的参数差异较大，无法兼容或匹配。

分析旧光伏组件与新组件的电气参数，判断其是否可接入同一台逆变器。若差异大或电站运行年限较长，采用集中逆变器的，则应将新旧组件接入不同的逆变器；采用组串逆变器的，新旧组件接入不同的MPPT。此外，可拆除旧逆变器，更换为新逆变器，并按最优容配比接入组件。拆除的旧组件可分散安装于其余子阵的预留位置或作为备品备件，从而最大化地利用光伏组件。

（5）光伏电站扩容后，对电站的出力影响较大的，若有必要，则应联系调度或相关部门，上报电站最终容量；还应在电站运营管理平台及时更新或补充逆变器的容量数据，以及AGC系统、光功率预测系统等综合自动化系统的容量数据等。目前电站扩容也有实际的改造案例，如图 8-32 为某电站箱式变压器顶部安装了光伏组件，根据箱式变压器的大小，一般可以安装 10 块或 9 块组件。图 8-33 为主控室房顶安装光伏发电系统，现场人员正在施工。

图 8-32　某电站箱式变压器顶部　　　　图 8-33　主控室房顶安装光伏
　　　　　安装了光伏组件　　　　　　　　　　　　　　发电系统

808. 工商业屋顶装了光伏，功率因数降低是怎么回事？

答：正常情况下，并网逆变器输出的无功功率较低。分布式光伏系统接入厂区后，若厂区容性负载与感性负载占比较大，由于光伏发电仅提供有功功率，而负载会同时消耗有功功率和无功功率，根据负载就近消耗原则，光伏发电提供的有功优先被消耗，导致从电网获取的有功减少，而所有无功消耗仅来自电网，对于电网考核点来说功率因数降低。

809. 分布式电站功率因数问题的解决方案有哪些？

答：分布式电站功率因数低的解决方案有：

（1）利用逆变器自身调节功率因数，根据监测点的功率因数调节逆变器的无功输出大小，该方案成本较低，可操作性较强。

（2）增加低压 SVG 设备，缺点是成本较高，占用一定的空间。

（3）改造原有的补偿装置。

810. 功率因数低的用户如何计算无功补偿？

答：计算无功补偿装置的容量的相关计算公式如下：

$$\tan\varphi_1 = \frac{\sqrt{1-\cos^2\varphi_1}}{\cos\varphi_1}$$

$$\tan\varphi_2 = \frac{\sqrt{1-\cos^2\varphi_2}}{\cos\varphi_2}$$

$$Q_1 = P \times \tan\varphi_1$$

$$Q_2 = P \times \tan\varphi_2$$

$$P = S \times \cos\varphi_1$$

$$Q_j = Q_1 - Q_2$$

其中，加装无功补偿装置前后的功率因数分别用 $\cos\varphi_1$ 和 $\cos\varphi_2$ 表示；P 为实际的有功功率；Q_1 为没有加装无功补偿之前的无功功率；Q_2 为并联无功补偿运行之后的无功功率；S 为变压器容量；Q_j 为需要补偿的无功功率。

案例：假设某专用变压器用户的变压器容量是 630kVA，功率因数每个月均为 0.6 左右，导致该用户的力率调整电费被考核，现需要将功率因数提高到 0.9 左右，需要配置多大的无功补偿装置？

$$P = S \times \cos\varphi_1 = 630(\text{kVA}) \times 0.6 = 378(\text{kW})$$

$$\tan\varphi_1 = \frac{\sqrt{1-0.6^2}}{0.6} = 1.333\ 3$$

$$\tan\varphi_2 = \frac{\sqrt{1-0.9^2}}{0.9} = 0.484\ 32$$

$$Q_1 = P \times \tan\varphi_1 = 378 \times 1.333\ 3 = 503.987\ 4(\text{kvar})$$

$$Q_2 = P \times \tan\varphi_2 = 378 \times 0.484\ 32 = 183.073\ 0(\text{kvar})$$

$$Q_j = Q_1 - Q_2 = 320.914\ 4(\text{kvar})$$

如果需要加无功补偿装置，目前市场上的容量规格有 100、134、150、167、200、234、250、267、300、334、350、367、400、434、450、467、500、534、550、567、600kvar 等几种，因此加装 334kvar 自动投切装置比较合理。

811. 光伏电站技改试验的能效提升比例如何进行计算？

答：一般选择对标法来评估电量提升效果，即选择与实验组发电性能相似的单元作为对比组，计算其对比基数。

在统计周期内，将实验组与对比组的发电量（或发电小时数）使用对标基数修正后，得到发电提升比例。由于该方法对标和实验组在同一辐照下对比，可排除辐照的影响。

对比组的选择方法：从电站中选择对比组，一般选择方位、容量、环境条件、所用组件型号和品牌均完全一致的候选方阵，从电站的系统后台收集候选方阵 n 天的历史数据，以日发电量为最小单位，依据拉依达准则，剔除粗大误差后，根据统计结果选择发电量比较稳定，即比例标准差与实验组接近或一致的两个或多个方阵组串作为对比组，同时根据两组长期比例关系确定比对的基数 F。

比对基数 F 的确定：

$$F = \frac{1}{n} \cdot \left(\frac{G_1}{C_1} + \frac{G_2}{C_2} + \frac{G_3}{C_3} + \cdots + \frac{G_n}{C_n} \right) \tag{8-1}$$

其中，G_n 为历史统计数据中的实验组第 n 天的日发电小时数，C_n 为历史统计数据中对比组的第 n 天的日发电小时数，尽量使得 $F \approx 1$。

如计算对比基数时，得到对比组和实验组的比例关系，即 G_1/C_1，G_2/C_2，$\cdots$，G_n/C_n，算出其算术平均值 X 及剩余误差 $V_i = X_i - X$（$i = 1, 2, \cdots, n; n \geq 10$），其中 $X_i = G_i/C_i$，并按贝塞尔公式算出样本的标准偏差 σ。

$$\sigma = \sqrt{\frac{1}{n-1} \cdot \sum_{i=1}^{n} V_i^2} \tag{8-2}$$

根据拉依达准则，若某个对比关系值 X_i 的剩余误差 V_i（$1 \leq i \leq n$）满足下式：$|V_i| = |X_i - X| > 3\sigma$，则认为 X_i 是含有粗大误差值的坏值，应予剔除。

统计周期内 n' 天的增发比例 ΔQ 和增发小时数 H 的公式为：

$$\Delta Q = K \cdot \left[\frac{\sum\limits_{i=1}^{n'} G_i'}{F \cdot \sum\limits_{i=1}^{n'} C_i'} - 1 \right] \tag{8-3}$$

$$H = K \cdot \left(\sum_{i=1}^{n'} G_i' - F \cdot \sum_{i=1}^{n'} C_i' \right) \tag{8-4}$$

其中，K 为对比单元的容量/实验单元容量，G_i' 为实验组的日发电小时数，C_i' 为对比组的日发电小时数。

需要注意的是：如技改对象仅涉及逆变器的部分阵列，在使用逆变器发电数据进行计算时，应注意实际技改容量与逆变器直流侧组件容量的比例关系。

812. 举例说明能效提升的计算方法。

答：以某分布式电站组件清洗机器人试验项目为例进行说明。

（1）对比组的选择：

清洗机器人清洗的光伏组件阵列单元所在的逆变器为 81～84 号逆变器，其中每台逆变器的组件容量为 27.5kW，实际组件清洗容量为 55kW，选择的对比组容量为 110kW，逆变器电量是按整台统计，因此电量统计的总容量均为 110kW。实验组和对比组的对比结果如表 8-11 所示。

表 8-11　　　　　实验组和对比组的对比结果

组别	逆变器对象	清洗容量（kW）	组件容量（kW）
实验组	81、82、83、84 号实验逆变器	55	110
对比组	61、62、63、64 号对比逆变器	—	110

（2）对标基数的计算：

G_i：81、82、83、84 号实验逆变器的日发电小时数。

C_i：61、62、63、64 号对比逆变器的日发电小时数。

$F = 1/N \times \sum G_i / C_i$。

发电小时比例值的总和为 164.56，个数 N 为 164，平均值约为 1，即对比基数 $F=1$，实验逆变器与对比逆变器的日发电小时数比值如图 8-34 所示。

（3）电量提升效果评估（如表 8-12 所示）：

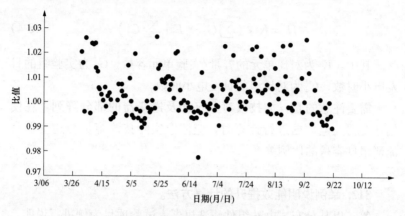

图 8-34　实验逆变器与对比逆变器的日发电小时数比值

根据对比逆变器的容量与实际机器人的清洗容量，可计算得到 $K=2$。

由于容量不同，G_i'、C_i' 使用逆变器发电小时数计算。

根据式（8-3）可计算得：$\Delta Q = 2 \times (885/847 - 1) = 9\%$

根据式（8-4）可计算得：$H = 2 \times (885 - 847) = 76$ （h）

表 8-12　　　　　　电量提升效果评估（统计周期：351 天）

类别	发电量（kWh）	容量（kW）	发电小时数（h）
实验组	97 297	110	885
对比组	93 120	110	847

常见错误举例：

技改前后实验组与对比组相关数据如表 8-13 所示。某光伏电站选择对比组容量 60kW，实验组容量 50kW，计算出了技改 30 天后的发电提升效果。

表 8-13　　　　　　技改前后实验组与对比组相关数据

序号	名称	对比组	实验组	电量差额
1	容量（kW）	50	60	
2	技改前电量统计周期（天）	7	7	

续表

序号	名称	对比组	实验组	电量差额
3	技改前发电量（kWh）	3200	3500	300
4	技改前发电小时数（h）	64.0	58.3	
5	技改后电量统计周期（天）	30	30	
6	技改后发电量（kWh）	10 000	12 000	2000
7	技改后发电小时数（h）	200	200	

【错误计算】

技改后电量提升：12 000－10 000＝2000（kWh）

电量提升效果：2000/10 000＝20％

【错误原因】

技改后电量提升：没有考虑技改前对比组与实验组的差异。

电量提升效果：对比组与实验组容量不同，不能用发电量进行比较，应使用发电小时数计算。

【正确计算】

（1）技改后提升比例：

由于容量不同，需要根据发电小时数进行对比。

技改前：$(58.3/64-1)\times100\%=-8.9\%$。

技改后：$(200/200-1)\times100\%=0\%$。

提升比例：$\Delta Q = 0\%-(-8.9\%)=8.9\%$

（2）技改后小时数提升值 $[H=\sum G_i'-\sum C_i'\times(1-\Delta Q)]$：

$$H=200-200\times(1-8.9\%)=17.8（h）$$

（3）技改后电量提升值 E：

$$E=17.8\times60=1068（kWh）$$

813. 低功率组件批量更换为高功率组件需注意哪些问题？

答：存在以下几种情况，光伏组件可批量更换为高功率组件：①受到自然灾害影响，组件批量受损；原组件功率衰减严重，对发电量带来较大影响，需要通过更换来提升发电量；②低功率组件已经退出市场，无法采购。

更换时需要注意的几个问题有：

（1）由于低功率组件和高功率组件在电性能方面存在差异，比如电流、电压等，在为逆变器匹配时需要考虑 MPPT 的最大承受电流、组件串联数等。对于使用直流汇流箱的，还需要评估原熔断器是否还能继续使用。对于组件重量发生较大变化的，还需要考虑支架的荷载，复核支架的承载力。

（2）组件尺寸发生变化的，使用原支架时需要计算可以敷设的组件数量。例如某西北光伏电站使用的组件功率为 250W，原支架单元上铺设 2×20 块组件，20 块组件为一串，组件的长度为 1.64m，宽度为 0.992m，组件铺设在支架上再考虑组串两端的预留度，支架的长度可计算为 21.4m。现在准备使用 415W 功率挡位的异质结组件替换，组件的宽度为 1.048m，单个支架上一排组件数量若取 20 块，那么会超过原有支架的长度，因此需要减少组件数量，上下排可降低为 18 块，阵列长度为 19.54m，未超过支架的长度。

（3）另外从系统容配比考虑，组件的串联数会发生变化，原有的 40kW 组串逆变器，组件数量为 160 块，8 路接到逆变器直流侧，组件功率 250W，那么容配比正好是 1。如果使用 18 块一串，容配比达到 1.494，显然在西北地区超配严重，会造成较大的超配损失。根据逆变器的电压允许范围和《光伏系统能效规范》系统容配比推荐配置，可使用 16 块一串，容配比为 1.328。阵列长度对比如表 8-14 所示。

表 8-14　　　　　　　　　　阵列长度对比

逆变器容量（kW）	组件型号（W）	组件数量（块）	阵列长度（m）
40	250	160	20.60
40	415	144	19.54

814. 光伏电站涉网设备技术改造的原因是什么？

答：为了满足调度自动化冗余性要求；提高调度数据网可靠性与网络设备安全防护性能；满足《电力监控系统安全防护规定》

（国家发改委〔2014〕14 号令）要求；满足《电力监控系统安全防护总体方案》（国能安全〔2015〕36 号）要求。

815. 光伏电站涉网设备的技术改造点有哪些？

答： 简要列举几点说明：

（1）某新疆光伏电站光功率预测服务器运行多年，调度中心要求电站增加逆变器数据和气象数据的上传，由于数据量大，现有的服务器运行缓慢，经常死机，造成数据上传中断，增加了被省调考核的风险。这种情况下需要更换光功率预测服务器。

（2）对于增加逆变器单机数据上传要求的，如果数据是通过运动机采集并转发至光功率预测系统的，若远动机过了质保，还需要联系厂家到现场进行技术支持。

（3）某光伏电站纵向加密装置版本较低，导致站内纵向加密与调度通信时的密通率较低，此时需要对纵向加密设备进行版本升级，确保与调度通信的传输不会影响到密通率。

（4）对于有功功率控制 AGC 系统，某些电站存在通信延迟的问题，严重时导致逆变器命令执行缓慢，导致有功功率超发现象。需要通过技术手段简化通信通道，提高通信速率。

第五节 清洗除草除雪类

816. 光伏组件的清洗方式有哪些？

答： 目前光伏组件的清洗方式多样，如传统人工清洗（分干洗和水洗）、高压水枪清洗，以及考虑到专业车载式工程车光伏清洁设备、智能化清洗机器人及专用清洗液。具体内容如下：

（1）车载式清洗方式如图 8-35 所示。适用于地势较为平坦、方阵间距足够大，清洗车子可通行的电站，不适合坡度起伏较大的电站或山体电站。

（2）人工清洗方式如图 8-36 所示。适用于大型地面电站和分布式电站，目前大型地面电站清洗的市场价为 0.4～0.5 元/块，屋顶分布式电站由于清洗难度大，费用一般在 0.7～1 元/块。

图 8-35　车载式清洗方式

(a) 地面电站　　　　　　　　　　(b) 屋顶分布式电站

图 8-36　人工清洗方式

　　地面电站使用高压水枪冲洗，需要注意对组件造成的压力不可过大，防止造成电池片隐裂。

　　（3）喷淋式清洁。由控制器和喷头构成，圆周式清洗方式。适用于现场有安装自来水管道的电站。

　　（4）清扫机器人。一台清扫机器人的费用大概从几千到万元不等，一台设备可实现跨阵列清洗，对于不平坦的方阵单元，需要角铁过桥，机器人的爬坡能力较强。由于机器人的智能化程度和可靠性、后期维护问题有待于时间考验，一次性安装成本较高，因此未进入大规模的应用阶段。

817. 现场人员清洗光伏组件需要注意哪些问题？

　　答：一般在辐照度低于 $200W/m^2$ 时进行清洗，如清晨、傍晚、阴天或雨天，因为这些时段的阳光较弱，电量损失小，也可以避免强光下人为阴影使光伏组件产生热斑现象。

使用高压水枪冲洗时，需要注意对组件造成的压力不可过大，防止造成电池片隐裂。

严禁在阳光强烈时段进行清洗，因为可能由于组件表面温度和水温的温差过高造成玻璃爆裂，另外强光下大电流可能带来安全隐患。

严禁在光伏组件上直接踩踏，以免电池产生隐裂或碎片。

818. 如何使用样板机法估算组件最佳清洗时间？

答： 为了量化清洗损失，可根据电站类型建立组件清洗对标区，对于集中式光伏电站，可选择一定容量的组串；对于组串逆变器类型的光伏电站，可根据后台逆变器的发电数据，对比发电小时数、设备故障率等指标，筛选出多台作为样板机。对样板区域的光伏组件进行定期清洗，采集组串电流、逆变器功率、发电量等数据。结合全站清洗费用和清洗时间、灰尘遮蔽损失、现场积灰情况，综合确定清洗时间的临界值。

819. 如何使用系统效率 PR 估算最近清洗的时间节点？

答： 光伏电站的 PR 受到灰尘遮蔽影响较大，这里为了消除温度的影响，对比时均使用 PR_{stc}，清洗后的 PR_{stc} 会随时间的推移呈现下降趋势。

假设清洗一次的成本为 C，损失电量为 E_{loss}，上网电价为 F，清洗收益为 Q，那么：

$$Q = E_{loss} \times F - C$$

如果 $Q>0$，说明实际由于灰尘造成的损失已经大于清洗的成本，可进行清洗作业；如果 $Q<0$，说明实际清洗后挽回的电量收益小于清洗成本，不建议清洗。

标准 PR_{stc} 和实际 PR_{stc} 如图 8-37 所示。以清洗后的系统效率 PR_{stc} 作为基准线，将每日 PR_{stc} 和其进行对比，其差异部分（排除故障损失）可认为是由于灰尘污垢引起，那么如图 8-37 中灰色区域为电量可挽回部分，每日计算电量可挽回值。并计算 Q，并判断是否大于 0。

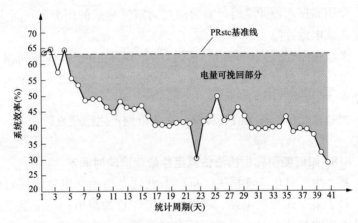

图 8-37　标准 PR_{stc} 和实际 PR_{stc}

最佳清洗点判断如图 8-38 所示。

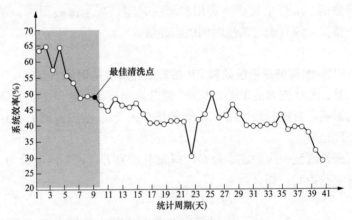

图 8-38　最佳清洗点判断

820. 光伏组件人工清洗的标准是什么？

答：组件清洗后，表面无肉眼可见的油污、斑点及附着物；用白手套或白纱布擦拭组件表面时，无灰尘覆盖现象。

821. 车载除雪方式是什么样的？

答： 在下完小雪后，大部分情况下雪后天晴，电站组件覆盖积雪都能在中午时段短时间融化，对电站发电影响较小，可不用除雪；但如果降雪后天气恶劣，气温有降低趋势，组件积雪不能融化，可以用相应方式进行清雪。

在中到大雪情况下，组件上累积的积雪可能较厚较重，这时可以启动车载刮雪板进行清雪。

（1）准备工具：检查车辆油量充足能够正常启动，检查电站特制专用刮雪板完好，人员防寒劳保穿戴到位。操作杆刷头尽量与光伏板宽度相匹配，刷头采用耐磨柔软材质，防止刮伤光伏板，避免操作杆过长。

（2）清雪工作前危险源告知：在驾驶皮卡车清雪过程中及时调整车辆与组件的距离，以免车辆与组件发生刮擦；刮雪板操作人员注意防止发生机械伤害，以免造成人身、设备事故。

（3）清雪工作：当积雪较厚情况下使用刮雪板清除积雪时，车辆驾驶员应与刮雪板操作员保持实时沟通，随时调整车速做到密切配合，以保证清雪效果达到最佳，清雪面积达到组件覆盖积雪面积 80% 以上，可以适当加快进度，以最短的时间清理更多的积雪。

822. 人工除雪方式是什么样的？

答： 清雪工作应在积雪融化冰冻黏连在组件之前第一时间组织人员清理。人工除雪时，应使用拖布等对光伏组件表面无损伤的工具，巧妙利用光伏组件的热斑效应，沿单组电池片垂直走向对组件进行部分除雪，可提升除雪融雪效率。滑雪工作示意图如图 8-39 所示。

823. 组件除雪注意哪些问题？

答： （1）对于经常下雪的地区，建议组件的安装倾角大一些，这样积雪的重量达到一定程度会自动滑落。

（2）组件底部和地面应保持一定的距离，雪滑落堆积在底部，

445

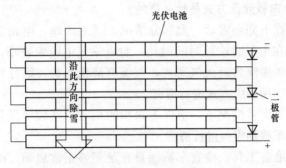

图 8-39　清雪工作示意图

不至于堆积到组件上。

（3）下雪后一般不建议等积雪过厚再清扫，以免积雪过厚而结冰。

（4）如果积雪覆盖了整块组件，建议清扫组件的局部区域，使其露出电池片，当接受太阳光照射发电后，玻璃表面温度升高，可慢慢融化积雪。

（5）对于小型光伏电站，大雪来临前可采用布或塑料纸盖住组件，雪后揭开即可。

（6）对于厚重积雪，可以利用柔软物品将雪推下，不宜使用尖锐物体，以免划伤玻璃。除雪时不留块状积雪，以免影响发电效率。

（7）不能踩在组件上面清扫，会造成组件隐裂或损坏，影响组件寿命。

（8）不宜使用热水浇开冰层，以免冷热不均造成玻璃开裂。

（9）不建议使用除雪剂（或称为融雪剂），以免对组件玻璃造成腐蚀，影响玻璃寿命和透光率。

824. 组件安装偏差问题会影响融雪速度吗?

答: 对于多排组件安装的光伏阵列，组件安装偏差会影响积雪的滑落。同一个支架的上下排组件存在偏差，其原因有：①边框变形导致组件倾角轻微偏差；②更换的组件边框厚度略有偏差；③地面不平，地面凸起造成组件离地高度不够。雪块受阻后难以自动滑落，影响整个组串的发电能力。上一排个别组件积雪不融化现象如图 8-40 所示。

图 8-40 上一排个别组件积雪不融化现象

根据 GB 50794—2012《光伏发电站施工规范》，光伏组件安装允许偏差应符合表 8-15 规定。

表 8-15 光伏组件安装允许偏差

项目	允许偏差	
倾斜角度偏差	±1°	
光伏组件边缘高差	相邻光伏组件间	≤2mm
	同组光伏组件间	≤5mm

更换组件时要保证上下组件位于同一斜面或上排组件略高于下排组件，必要时可在安装时增加平垫。对于过度凸起的地面，日常运维过程中尽可能进行平整。

825. 组件离地高度会影响融雪速度吗？

答：组件设计最低端距离地面较近，组件下方积雪不能融化造成堆积，组件上的积雪无法下滑，发电量损失严重。

图 8-41 光伏组件离地面较近

如图 8-41 所示，光伏组件离地面较近，不足 50cm。若是由于现场环境土地不平整，应对距离地面较近的土坡进行平整，防止距离过近导致积雪遮挡。

有条件的电站可以在组件底部下方开挖一定深度的积雪沟。降雪量大时，可以保证组件上的积雪正常下滑到积雪沟，不会堆积在组件下方，遮挡组件影响发电量。

826. 对于双面组件系统，为什么上一排组件融雪速度快？

答：对于多排组件布置方式的双面组件系统，组件背面离地高度不同，安装在高处的组件背面接收到的地面反射辐射量较高，组件输出电流较大，因此组件正面的温度略高。另外，安装在高处的组件受到的遮挡较少，风速相对略大，这使得吹散积雪的效果更明显，加快了融雪速度。

827. 山地电站的除草方式有哪些？

答：山地电站的除草方式需要考虑站内杂草种类、生长特性、除草时间、除草方式、除草人员以及成本等。原则上以运维员为主、外包为辅的人工除草方式，关于自行除草的工具，根据电站实际地理条件，可使用手推式、背负式电动除草机或镰刀等。

（1）人工除草。运维人员日常巡检时，对个别已经产生遮挡的草木及时清除，或巡检结束后及时清除。人工割草如图 8-42 所示。

图 8-42 人工割草

（2）喷洒除草剂（见图 8-43）。如果电站使用化学药剂除草（除草剂），需要了解当地园林部门相关要求，避免违规违法。

对于评估后无政策（环保）风险情况，可采用喷施除草剂。

图 8-43 喷洒除草剂

（3）养殖动物。有条件的电站可自主饲养羊、牛等或与牧民合作，每只羊每天可除草 $20\sim30m^2$。在光伏区内放养山羊虽有一定的经济收益，但耗费人力，养殖专业性较强，还需要注意组件离地高度，防止动物对组件造成损坏。另外，光伏电缆尽量地埋或以桥架敷设，地上裸露部分需加装保护罩。

（4）便携式割草机。根据电站实际地理条件，可选择使用手推式、背负式电动除草机等电动除草工具。运维人员使用割草机割草如图 8-44 所示。

图 8-44 运维人员使用割草机割草

（5）敷设除草布（见图 8-45）。在组件方阵前铺设除草地布（单价约 1.3 元/m^2，使用年限 3～5 年，一个 20MW 电站约需 4 万 m^2，费用 5.2 万元左右）。

图 8-45　除草布

828. 如何做好除草工作？

答：为做好除草工作，宜采取分步走原则，日常除草常态化，运维人员对巡检发现的遮挡随时进行处理，保证组件不遮挡。

5 月份以后雨水充沛，杂草、灌木大面积增长时，人员无法满足除草需求时，应根据杂草生长分布情况，可外雇单位进行重点区域专项清除。

冬季防火压力增大，枯草遮挡组件影响发电，同时存在严重火灾隐患，年底前开展杂草清除工作，确保电站冬季发电安全运行。

829. 除草工作的注意事项有哪些？

答：（1）当进入高温高湿季节，山地电站的杂草、灌木大面积增长时，提前分析遮挡因素和成本，当除草后产出大于除草成本时，对全站开展专项除草工作，保证发电量。

（2）在运维过程中，要注意统计电站草木类型、株高、密度、生长周期，结合组件离地高度、组件间距和角度、电站气候类型、降雨分布和温度等资料判断遮挡严重月份。

（3）个别山地电站存在塌陷区和蛇类动物，工作时必须注意安全。

（4）对进入场区进行除草作业的外来故障人员进行严格的入场教育，对场区的电缆分布进行详细交代，对于杂草中有线缆的，留意线缆位置避免破坏光伏线缆。禁止将镰刀等尖锐物品插入土中，造成电缆绝缘受损。

（5）在使用除草机时应注意避免石子飞溅到作业人员或组件玻璃及背板上，造成组件损伤。

（6）为了保证除草作业和电站运行安全，清除后的杂草需要运输至除草区域以外且不影响电站生产和生活环境的位置。

830. 除草的合同约定注意哪些？

答： 对于装机容量较大的电站，考虑当地劳力成本较低的情况下，可以申请将除草工作作为劳务外包，找当地村民或劳务人员除草，但必须找统一的牵头人商谈、签订除草合同，确认好价格与开票方式，且在合同中约定除草方式、除草达到的效果、验收标准。价格一般以光伏电站的占地面积计算，一般为70～90元/亩不等。

另外也可考虑在当地寻找正规劳务公司，通过人工或机械化的方式除草。

对于电站装机容量较大，且当地劳动力成本较高的情况，则由电站提出申请，预估除草费用。根据招标流程，进行招标工作确认除草供应商。

831. 光伏电站鸟粪治理有没有简单可行的措施？

答： 鸟儿喜欢在厂区内觅食，觅食后栖息在光伏组件的顶部，并随意将粪便排泄在光伏组件上，长时间就会使电池板形成热斑，尤其是上排组件，这种现象十分明显。组件鸟粪堆积如图8-46所示。

图 8-46 组件鸟粪堆积

现代的驱鸟方式有冲击波驱鸟器、不锈钢驱鸟器、智能语音驱鸟器、激光驱鸟器等。而光伏区一般占地面积较大，传统驱鸟方式、现代驱鸟方式覆盖范围较小且时效性短，现代驱鸟设备投入成本也相对较高。

市场上有一种简易驱鸟器，该设备安装简单，造价低，驱鸟效果十分理想。在光伏组件支架两端，使用 U 型或 L 型金属板进行固定，在支架两端金属板平行拉两根细钢丝。这样鸟儿在落到组件上前，先接触到钢丝，无法落脚就会飞走，也就不会将粪便排泄到组件上。驱鸟绳安装示意图如图 8-47 所示。

图 8-47　驱鸟绳安装示意图

832. 安装简易驱鸟器的益处有哪些？

答：（1）避免光伏组件因鸟粪导致热斑受损，延长光伏组件的使用寿命，减少经济损失。

（2）减少电量损失，如果光伏组件因热斑导致大面积损坏，造成的电量损失将是巨大的，因此安装驱鸟设备可以减少电量损失，从而减少经济损失。

（3）降低清理组件劳动强度，降低组件清理成本。大部分电站组件清洗采用人工清理方式，鸟粪是工人在组件清理时最头疼的一项工作，鸟粪所处位置高，清理难度大，费时费力，不但增加了劳动强度，清理时间也会随之加长，无形中增加了人工成本，安装驱鸟设备后这一问题就会解决。

（4）不会对鸟儿造成伤害，主要防止鸟儿落在组件上沿。

（5）投资小，见效快。主要原料为钢板和细钢丝，造价很低，安装方便，利用光伏支架即可安装，不破坏原有结构，不会对组件造成阴影遮挡，安装后即可见效。

833. 何谓激光驱鸟器？

答：激光驱鸟器是利用鸟类对红、绿光敏感的特性，将棒状激光投射到需要驱鸟的区域，鸟儿受到激光束的刺激，出于求生反应而飞出光伏区域。驱鸟器安装示例如图 8-48 所示。一般在使用时，激光驱鸟器扫射在光伏方阵的上沿部分。由于光伏方阵的范围大，布置激光器时，要保证覆盖范围内，激光射线不会被某个组件遮挡住，这样才能保证使用效果。

(a) 河滩电站　　　　　　　　　(b) 水光互补电站

图 8-48　驱鸟器安装示例

第六节　站用电优化

834. 如何实现站用电源的经济性？

答：站用电量消耗关系到电站用电成本，需对比电站上网电价（标杆电价及补贴）、下网电价及市电电价。通过比较不同时段峰平谷电价，设置对应投用方式。由于各个地区情况不同，下网电价及市电峰平谷不同时段及不同季节的变化，具体细化可由电站根据实际情况调整，最终实现厂用电量成本最低。

（1）光伏电站发电时，电站生产生活用电来自光伏电（通过站用变压器降压）或市电（通过备用变压器降压）；光伏电站不发电时，电站生产生活用电只能由母线下网电量及市电二选一。

对于部分地区农网或市电运行不稳定，根据现场情况，如使用农电或市电，影响到站内设备运行或农电电费较高，可使用母线下网电量即站用变压器电量。

（2）基于电价确定投运方案：

根据现场调研结果，下网电价及市电电价有以下几种：

1）对不同时段及季节分为峰、平、谷，如新疆区域的电站。

2）对所有时段采取均价收费，如河南区域的电站。

3）部分电站采取阶梯电价模式，如山西某电站（站用电量小于170kWh，为 0.477 元/kWh；170～260kWh，为 0.527 元/kWh；大于 260kWh，为 0.777 元/kWh）。

电站可根据电站实际情况，基于节省电费的考虑，采取合适的方案。

1）例如某光伏电站 10kV 备用变压器是农网，度电成本较高（1.78 元/kWh），经过比较，站用电优先使用母线 35kV 下网电量，双电源切换装置处手动投切状态。当电站处于检修状态或故障状态时，使用备用农网电量。

2）例如表 8-16 为西北某 6 个电站所在城市的电价情况和峰谷平时段。白天为峰、平电价，较 10kV 市电价格高，夜间平、谷电价较市电便宜。而电站标杆上网电价较高（0.9 元/kWh），在未限电时使用市电较合理，当限电时使用光伏电则能省下市电的电费支出，夜间使用下网电同样价格也较市电便宜。

表 8-16　　　　西北某 6 个电站所在城市的电价情况和
峰谷平时段

电站	10kV 市电价格 (元/kWh)	35/110kV 下网电价					
		峰段 (元/kWh)	时间	平段 (元/kWh)	时间	谷段 (元/kWh)	时间
A	0.55	0.855	07：00～ 11：00 19：00～ 23：00	0.57	11：00～ 19：00	0.285	23：00～ 07：00
B	0.64	0.855	19：30～ 00：30	0.57	08：30～ 19：30	0.285	00：30～ 08：30
C	0.45	0.855	07：00～ 11：00 19：00～ 23：00	0.57	11：00～ 19：00	0.285	23：00～ 07：00
D	0.62	0.855	07：00～ 11：00 19：00～ 23：00	0.57	11：00～ 19.00	0.285	23：00～ 07：00
E	0.55	0.855	10：00～ 13：00 19：30～ 00：30	0.57	08：30～ 10：00 13：00～ 19：30	0.285	00：30～ 08：30
F	0.62	0.855	07：00～ 11：00 19：00～ 23：00	0.57	11：00～ 19：00	0.285	23：00～ 07：00

835. 使用高压下网电，站用电费的增加可能有哪些原因？

答：（1）SVG 及供热设备的投运：例如东北某电站安装容量 10 MW，配置了 1 台无功补偿装置。SVG 按省调要求全天 24h 投入运行，运行状态为恒考核点电压运行模式，同时冬季各设备内的加热器及生活用电暖气的投入，增加了下网电量的使用，造成下网电费较高。

（2）电网功率因数考核：某 30MW 山地电站，厂用电量主要由汇集线的损耗、箱式变压器损耗、站用变压器负荷、SVG 夜间运行负荷、主变压器夜间运行消耗组成。由于该电站 SVG 一直处于运行状态，SVG 发生故障将影响到电站的功率因数，功率因数考核不达标的，可能会导致电站的电费增加。

第七节　数字化地图

836. 如何提升光伏电站运维巡检的效率？

答：光伏电站规模越大，占地面积越广。平地光伏方阵一般较为规整，从地图上易于辨认，在现场通过设备标识也易于查找，而山地光伏电站，由于地势复杂，山体分散，给电站的运维工作带来一定困难，特别是缺陷处理时查找和故障定位较难。运维人员日常巡检需要辨认低压及高压设备的具体位置，发生故障后，能够快速的定位到具体位置，甚至通过后台发现异常组串后，能够快速地定位到具体组串。

对于经常在现场的运维人员，长期下来可能对现场比较熟悉，而熟练的老运维人员一旦离职以后，新人则需要一定的时间去熟悉，造成运维效率低下。因此，对于山地运维，一套数字化的设备定位系统非常有必要。

基于数字化地图的设备定位系统是基于场区的手机端的三维布置地图，能够定位到具体的位置并显示经纬度，添加现场组串、汇流箱、箱式变压器等设备的标识后，根据标识能够快速准确地定位到目标位置，并且可以生成运维人员当前位置到目标位置的行走路线，若现场存在一些安全隐患的低洼处、遮挡方阵的树木等均可设置相应标识，起到提醒作用。

另外，山地电站需要设置运维人员的巡检路线，不同的人员负责不同的路线，可以标识区分。在组串低效排查时，若当天任务需要排查多个组串，可根据地图组串上的具体位置，给出最优的路线，避免来回行走，提高工作效率。

837. 如何使用软件对场区进行三维化布置？

答： 山地光伏项目运维中的一个问题就是二维平面布置图与实际场区的对应。无论是设计的图纸还是运维的界面，大多都是以二维平面的方式展示，而现场运维人员看到的却是在三维空间中连绵起伏的场区。虽然随着运维时间的推移、运维人员对场区熟悉程度的提高，这个问题会逐渐减小。但不得不承认，如果能以三维的方式展示场区的布置，可以让运维人员更加方便快捷地认识和熟悉场区。这里利用 Candela3D 布置软件将二维电子版场区布置图转化为三维场区布置。

首先需要获取到光伏场区最终布置的 CAD 文件，一般可采用竣工图。然后总体上需要分三步进行，将 CAD 文件转化为三维布置：

（1）提取布置图中的等高线部分，将其导入到 SketchUp 中，利用该软件进行识别，并生成三维地形（如图 8-49 所示）。

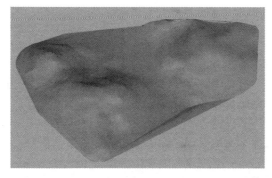

图 8-49　生成三维地形

（2）使用该软件提供的 CAD 插件，识别 CAD 场区布置图纸中的光伏方阵、箱式变压器（或集中逆变器）以及单元划分，并生成专用文件。识别时只需是矩形块即可识别，绝大部分布置图纸均可便捷的识别。设置方阵参数见图 8-50。

（3）使用 Candela3D 导入专用文件，并与生成的三维地形叠

光伏电站运行与维护 1000 问

图 8-50　设置方阵参数

加，可最终形成阵列的三维布置效果图。光伏阵列布置后效果图如图 8-51 所示。

图 8-51　光伏阵列布置后效果图

　　三维布置图能够协助运维人员更加快速准确的建立对山体光伏场区立体的认知，有助于提高其后的运维工作效率。同时，三维布置图还可以协助完成后文提及的相关操作。

458

第九章　电站性能检测与预防性试验

第一节　检测一般问题

838. 检测在运维中的作用和意义是什么?

答: 光伏电站的理论寿命是 25 年及以上,由于前期设计的不足、工程建设的粗放式管理、设备元器件老化、环境影响等原因导致的故障越来越频繁,尤其是光伏组件、逆变器、箱式变压器等关键设备,这些设备的性能下降会影响发电效率,所以在全生命运行周期内需要定期进行检测。就像人类定期体检一样,光伏电站也应该通过检测来了解已出现的问题或潜在的问题,对设备的运行状态进行评估。

现场检测是光伏电站后评价的重要组成部分。通过检测数据的积累,可以建立电站的健康档案,掌握设备的运行性能,便于在光伏电站设备即将发生故障前提前采取相应的措施,减少发电损失,提升发电系统的安全和稳定性。

839. EL 检测的原理是什么?

答: 电致发光是简单有效的检测组件隐裂的方法,其原理如下:电池的核心是 PN 结,在没有其他光照激励的条件下,内部处于动态平衡,电子和空穴数量相对保持稳定。

如果施加正向电压,半导体内部电场被削弱,N 区电子会被推向 P 区,与 P 区的空穴复合(也可以理解为 P 区的空穴被推向 N 区,与 N 区的电子复合),复合以后以光的形式辐射出去,即电致发光。

当组件被施加正向电压以后,复合发光的波长在 1100nm 左右,属于红外波段,肉眼无法观察到,需要使用 CCD 相机进行捕捉,然后以图像的形式显示。

840. EL 图像的明暗说明了什么？

答：光伏组件被施加电压后，所激发出的电子和空穴复合的数量越多，其发射出的光子也就越多，那么捕捉到的图像就越亮。如果有的区域比较暗，说明此处产生的电子空穴数量少，代表该处可能存在缺陷。如果有的区域完全是暗的，说明此处没有发生电子和空穴的复合，或者是所发的光被其他障碍所遮挡，无法检测到信号。

841. 通过组件 EL 测试可发现哪些缺陷？

答：通过组件 EL 测试可以发现组件电池内部的缺陷，这里以几张测试图片为例说明。

图 9-1 为电池片碎裂和隐裂 EL 图像，为组件电池内部的缺陷，图 9-2（a）为组件在生产过程中电池片未严格分档，不同等级的电池混用；图 9-2（b）为电池黑片。

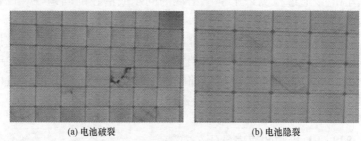

(a) 电池破裂　　　　　　　　　(b) 电池隐裂

图 9-1　电池片碎裂和隐裂 EL 图像

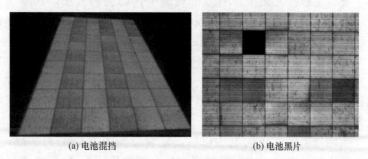

(a) 电池混挡　　　　　　　　　(b) 电池黑片

图 9-2　组件电池内部的缺陷

842. 便携式 *I-U* 测试仪的辐照采集有哪些器件？

答：便携式 *I-U* 测试仪在测试过程中需要对实时的辐照数据进行采集，目前常用的仪器是总辐射表，它分为热电型（见图 9-3）和光电型（见图 9-4）两种。

图 9-3　热电型　　　　　　　　　图 9-4　光电型

热电型一般为两层玻璃罩结构，由玻璃罩下黑色感应面与内部的热电堆等感应器件组成。一般感应元件表面涂有高吸收率的黑色涂层，感应元件的热接点在感应面上，冷接点位于仪器的机体内。双层石英玻璃罩结构的作用是防止热接点单方向通过玻璃罩与环境进行热交换，可提高测量精度。同时为了避免太阳辐射对冷接点的影响，增加了一个白色防辐射盘，用来反射阳光的热辐射。

光电型一般使用硅光电二极管传感器，也有使用标准太阳电池作为辐照度传感器件。

843. 组件背板温度的测试手段有哪些？

答：组件背板温度的测试手段一般有两种，如图 9-5 所示为用胶带将探头粘贴在组件的背板电池片位置进行测试，其探头分为金属或者环氧树脂探头；如图 9-6 所示为使用吸盘式传感器探头进行测试。

图 9-5 用胶带将探头粘贴在组件
的背板电池片位置进行测试

图 9-6 用吸盘式传感器探头
进行测试

844. 光伏组件热斑的外部原因有哪些？

答：组件热斑效应一般由外部原因和内部原因造成。

常见的外部原因有：组件表面积灰严重且厚薄不均，鸟粪、污物、落叶、方阵组件前部的草木以及周边建筑物或电线杆等阴影遮挡，以及场地不平整、方阵东西设计间距不足造成的自阴影等，使得组件局部光照低于其他正常部位，被遮挡的电池被置于反向偏置状态，消耗其他电池的功率，而功率以热能形式释放，导致该电池片温度较高。

外在因素导致的热斑问题在光伏电站中普遍存在，对于非固有性遮挡带来的热斑，例如脏污、草木遮挡等，可在日常运维工作中采取清洗、除草等措施进行消除。

845. 光伏组件热斑的内部原因有哪些？

答：内部原因有组件的生产制造工艺（特别是焊接和层压带来的缺陷）、电池片质量（反向特性、边缘漏电流过大）等。

内部原因造成的热斑是由于组件存在先天性的不足，如果组件未经更换一直使用，在电站的运行期间，内部原因造成的热斑问题将长期存在，对电站的可靠性带来安全隐患，任何一个热斑点造成的功率损耗将限制组串的输出功率。

热斑效应的强弱受到气候条件的影响，如环境温度、辐照度以及风速等，环境温度越高、辐照度越高、风速越低，热斑区域所表现的温度与正常电池的温度差异非常明显。到了夏季，温差会达到峰值，通过红外热成像仪器检测，就越容易被辨认出来，由于热斑带来的温度非常高，对组件的寿命和安全都带来影响，因此在运维环节需要定期测试。

846. 光伏区主接地和分支接地电阻值要求分别是多少？

答：光伏方阵接地应连续、可靠，接地电阻应小于 4Ω；光伏方阵接地装置的冲击接地电阻不宜大于 10Ω，高电阻地区（电阻率大于 $2000\Omega \cdot m$）最大值不应高于 30Ω；中性点直接接地的系统中，要求重复接地，电阻不大于 10Ω。

847. 光伏电站的方阵失配包括哪两个？

答：光伏电站的失配损失主要包括组件到组串的串联失配损失以及光伏组串之间的并联失配损失。

848. 灰尘遮蔽会导致系统效率降低吗？

答：光伏组件表面灰尘的累积，会减弱辐射到电池表面的太阳辐射强度，同样会影响光伏组件的输出功率。某分布式电站光伏组件顺着彩钢瓦屋面平铺，电站运行期间组件清洗频率较低，光伏组件表面覆盖了一层较厚的灰尘，如图 9-7 所示为该电站的系统效率 PR 趋势曲线，短短 41 天，PR 从 63％降至 29％，平均每天约下降 0.8％。

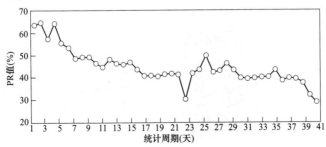

图 9-7 电站的系统效率 PR 趋势曲线

第二节　低压检测仪器

849. 电站检测一般需要哪些设备?

答: 表 9-1 列出了电站检测的常见仪器,如三相电能质量分析仪、光伏方阵功率测试仪、光伏组件功率测试仪、功率分析仪、红外成热像仪、组件 EL 测试仪、太阳辐照计、绝缘检测仪、接地电阻测试仪等。仪器照片和作用参考表 9-1。

表 9-1　　　　　　　　　电站检测的常见仪器

名称	仪器图片	仪器作用
三相电能质量分析仪		测试光伏电站输出的电能质量,判断其是否满足电网要求
光伏方阵功率测试仪		可测试组件电性能参数(功率、电压、电流)和方阵功率参数。量程大,测试范围最大达到 1500V/100A;精度高,测试精度达到 0.5%
组件功率测试仪		测试组件和组串电性能参数(功率、电压、电流)。仪器轻便,操作简单,用于快速测量组件性能,应用较广

名称	仪器图片	仪器作用
功率分析仪		现场实际测量逆变器效率，评估逆变器质量和实际运行性能
红外热成像仪		将物体发出的不可见红外能量转变为可见的热图像，用以查找电站中的组件热斑以及故障接线端子
EL 测试仪		利用电致发光原理检测电池组件内部缺陷。便携式暗箱，可移动检测。1600 万像素镜头，可发现肉眼无法确定的组件问题
太阳辐照计		太阳辐照测量和记录仪器，配置传感器，可测量 $300\sim3000nm$ 波长的太阳辐照量，光强测量范围为 $0\sim2000W/m^2$

续表

名称	仪器图片	仪器作用
绝缘检测仪		测试光伏电站内各环节的绝缘阻值，排查故障点
接地电阻测试仪		测试光伏电站内各接地点的接地电阻，以及关键点之间的连接电阻，排查故障点
温湿度计		测量环境温度、湿度

第三节　低压检测标准

850. 光伏电站低压检测项目和判定标准有哪些?

答: 可参考 CNCA/CTS0016—2015《并网光伏电站性能检测与质量评估技术规范》，光伏电站的检查项目和判定标准如表 9-2 所示。

表 9-2 光伏电站的检查项目和判定标准

序号	测试项目	分项说明	合格判定标准
1	组件平均功率衰减	组件	按照组件质保合同约定，或参考工信部规范条件
2	光伏组件红外检查	发现热斑组件	与正常电池的平均温度相差不大于20℃
3	光伏组件EL测试	发现隐裂组件	以检测结果为准，分析隐裂原因
4	逆变器转换效率	逆变器	带隔离变压器的不低于96%，不带隔离变压器的不低于98%
5	逆变器输出电能质量	连续监测一天的数据	参考国标
6	集中逆变器串并联失配损失	组件至组串	3段失配损失不大于5%
		组串至汇流箱	
		汇流箱至逆变器	
7	组串逆变器失配损失	组件至组串	2段失配损失不大于3%
		组串至逆变器	
8	集中逆变器光伏直流线损	组串近、中、远平均	2段直流线损不大于3%
		汇流箱近、中、远平均	
9	组串逆变器光伏系统直流线损	组串近、中、远平均	直流线损不大于1.5%
10	光伏方阵间距遮挡损失	测量方阵倾角和间距	以 GB/T 50797—2012《光伏发电站设计规范》的设计原则为准
11	组串电流一致性测试	测试条件光照变化不超过3%	运转电流一致性不大于5%

序号	测试项目	分项说明	合格判定标准
12	组串开路电压一致性测试	测试条件光照变化不超过 3%	组串开压一致性不大于 5%
13	方阵绝缘阻值测试	正极母排对地	绝缘电阻值要求不小于 1MΩ
		负极母排对地	
14	接地连续性测试	阵列之间的最大电阻值	接地连续性测试电阻值不大于 100mΩ
		阵列与汇流箱之间的接地电阻值	
		阵列与控制室接地端之间的最大电阻值	
15	接地电阻值	光伏方阵场接地电阻值	接地电阻值最大值不大于 4Ω
		主控室接地电阻值	
		逆变器/箱式变压器室接地电阻值	
		主变压器接地电阻值	
16	电站性能测试	评估时段	以实际测试数据为准评估高低的原因
17	电站年均性能测试	用现场测试 PR 推测年平均 PR	结合 PVsyst 仿真

第四节 低压检测方法

851. 光伏方阵的绝缘电阻测试方法有哪些？

答： 不同系统电压等级下的最小绝缘电阻要求如表 9-3 所示。绝缘电阻测试前，应将光伏组件与其他电气设备的连接断开；测试完毕后，光伏方阵正负极对地绝缘阻抗应达到表 9-3 所示的最小绝缘电阻值的要求。

表 9-3 不同系统电压等级下的最小绝缘电阻要求

系统电压（V）	测试电压（V）	最小绝缘电阻（MΩ）
120	250	0.5
<600	500	1
<1000	1000	1

对于组件边框接地的系统，光伏方阵绝缘电阻测试可以采用两种方法测试：①先测试方阵负极对地的绝缘电阻，然后测试方阵正极对地的绝缘电阻；②测试光伏方阵正极与负极短路时对地的绝缘电阻。

测试时应尽量减少电弧放电，在安全方式下使方阵的正极和负极短路。

对于方阵边框没有接地的系统（如有Ⅱ类绝缘），可以选择做如下两种测试：①在电缆与大地之间做绝缘测试；②在方阵电缆和组件边框之间做绝缘测试。

对于系统单极接地的光伏系统，可以只测试不接地一极的对地绝缘电阻。

852. 汇流箱的绝缘电阻测试有什么要求？

答：汇流箱绝缘电阻测试应每年进行一次，测试前应将汇流箱与其他电气设备的连接断开。测试时用绝缘电阻测试仪分别测量汇流箱的输入电路对地、输出电路对地及输入电路对通信接口、输出电路对通信接口的绝缘电阻值。

853. 逆变器的绝缘测试方法是什么？

答：以系统电压等级为 1000V 的集中逆变器为例，绝缘测试采用 1000V 试验电压，需要分别测量逆变器的输入电压对地、输出电路对地、输入电路对输出电路间的绝缘电阻值。

具体测试步骤如下：①断开逆变器的所有外部连接。②拆下交直流滤波器，用导线代替。③将交流输出端短接。④将直流正负短接。⑤使用 1000V 的绝缘电阻测试仪测试逆变器下列位置的绝缘电阻并做记录：逆变器直流输入对地、逆变器交流输出对地、逆变器交流输出与直流输入。

854. 绝缘电阻表使用的注意事项有哪些?

答:（1）应视被测设备电压等级的不同选用合适的绝缘电阻表，接动手柄时，应由慢渐快，均匀加速到 120r/min。摇测电容器和电缆时，必须在摇把转动的情况下才能将接线拆开，防止反充电损坏绝缘电阻表。

（2）在遥测过程中，被测设备上不能有人工作。

（3）测量线不能绞在一起，需要分开。

（4）绝缘电阻表未停止转动之前或被测设备未放电之前，严禁用手触及。拆线时，也不能触及引线的金属部分。

（5）测量结束后，要对被测设备放电。

（6）禁止在雷电时或高压设备附近测量绝缘电阻，只能在设备不带电也没有感应电的情况下测量。

（7）定期校验绝缘电阻表的准确度。

855. 光伏电站红外检测的流程是什么?

答:红外热成像仪是一种非接触式的测量方法，可以观察电池片的热区和冷区，过热区域则表明电池片存在缺陷。

红外热成像仪不仅可以检测组件是否发热，还可以检测接线端子的发热情况。红外检测的不同用途如图 9-8 所示。

组件红外检测的流程为：

（1）判断测试条件是否满足：辐照值建议达到 $700W/m^2$，测试前光伏电站处于满发状态。

（2）打开热成像仪，与被测组串保持足够距离（一般大于 3m）。

（3）调节焦距，确保被测组件位于热成像仪成像窗口内，使成像窗口和普通拍摄窗口重合，但聚焦窗口不能含有天空、支架部分及地面的泥土。

（4）远距离观察组件红外图像颜色，比较颜色是否均匀一

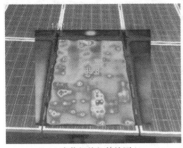
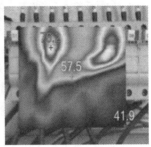

(a) 光伏组件红外检测　　　　　　(b) 接线端子红外检测

图 9-8　红外检测的不同用途

致（除接线盒位置），如颜色异常（与整体颜色不一致，呈深色、黄色、红色等），靠近组件并调焦，对组件颜色异常区域精确测温。

（5）拍照并记录热斑高低温数据及对应组件位置，按×期×区×号汇流箱、第×组串第×号组件的方式对组件编号。

856. 光伏组件的热斑有哪些表现？

答： 下面以某西部地面电站的热斑测试结果为例进行说明，并阐述热斑的常见表现形式及引起的原因。

（1）组件有多个热斑点且随机分布，见图 9-9（a），此类热斑是由于电池片本身问题，如虚焊、隐裂、断栅等。热斑导致组件局部的高温较高，有的甚至高达 100℃以上，尤其在我国西北地区，在夏日午后持续强烈光照和高温环境下，组件局部温度将持续升高，其结果可能导致的玻璃爆裂，背板局部老化，严重的甚至会起火燃烧。

（2）焊接不良问题导致的热斑灼伤，背板烧穿，见图 9-9（b）。问题的原因源于组件焊带为人工焊接，焊接时操作人员未严格控制起焊点，引起焊点 V 型隐裂；在串焊接时，起焊点受到重压及温度过高产生 V 型隐裂。

（3）电池低效混挡。一块组件中混入了一串或两串低效电池片，出现了如图 9-10（a）的热斑效应。同时，接线盒的温度升

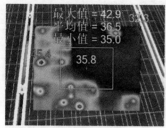

(a) 多个热斑随机分布　　　　(b) 焊接问题导致的热斑灼伤

图 9-9　某西部地面电站的部分热斑效应

高，见图 9-10（b）。

(a) 热斑效应　　　　(b) 接线盒的温度升高

图 9-10　条状热斑

（4）裂片或虚焊。图 9-11（a）为裂片造成的热斑效应，图 9-11（b）为疑似虚焊问题引起的热斑。

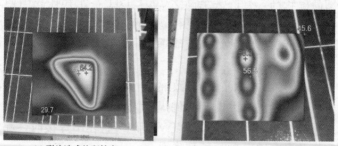

(a) 裂片造成热斑效应　　　　(b) 虚焊问题引起的热斑

图 9-11　裂片或虚焊引起的热斑

（5）接线盒内部高温。某组件表面干净，未发现电池片热斑，而接线盒出现明显高温（接线盒内二极管发热见图 9-12）。该问题通常是由于接线盒中的二极管质量问题，或者汇流带引出线与二极管的管脚连接处松动，造成接触电阻增大，电流流过时产生高温。

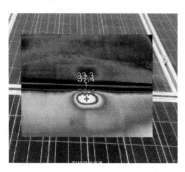

图 9-12 接线盒内二极管发热

（6）块状热斑。电池片整片高温，清除灰尘后，逐渐降温，显露出热斑点。这类问题属于电池片内在缺陷引起的热斑。块状热斑见图 9-13。

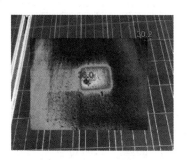

图 9-13 块状热斑

857. 为什么要对热斑检测的温度结果进行温差分区？

答：通过热斑检测可获得大量的热斑温度数据，根据热斑电池片温度与正常电池温度的差值，可得到不同温差区间的热斑组件数量，可分析温差较大区间的热斑比例，便于判断该电站的热斑严重程度。

858. 举例说明热斑检测的温差分区情况。

答：以甘肃、内蒙古和新疆等地的光伏电站的检测结果为例，这些电站的并网运行时间较早，大多为 2012 年前并网，组件热斑检测年份均在 2016 年。按照热斑组件的表面最高温度与正常电池平均温度的差值进行分类汇总，以 5℃为一个区间，见表 9-4。

D 电站温差超过 20°的组件数量较多，占比为 1.03%。一般情况下需要重点关注温差大于 20℃以上的组件，在日常运维中持续观察，必要的情况下可直接更换。

表 9-4　　　　　　　　　　热斑组件温差分区

电站	被测组件数量（块）	不同温差范围的组件数量（块）					
		$T{\leqslant}5℃$	$5℃{<}T$ $≤10℃$	$10℃{<}T$ $≤15℃$	$15℃{<}T$ $≤20℃$	$T{>}20℃$	小计
A	321 024	1191	349	39	15	30	1624
	比例	0.37%	0.11%	0.01%	0.00%	0.01%	0.51%
B	11 760	17	8	2	0	1	28
	比例	0.14%	0.07%	0.02%	0.00%	0.01%	0.24%
C	17 600	77	114	23	15	10	238
	比例	0.44%	0.65%	0.13%	0.09%	0.06%	1.35%
D	48 400	271	379	149	103	499	1401
	比例	0.56%	0.78%	0.31%	0.21%	1.03%	2.89%

859. 使用便携式 *I-U* 测试仪器测试的功率需要做哪些修正？

答：便携式 *I-U* 曲线测试仪可以测试单片组件、组串和单台汇流箱直流电路的 *I-U* 曲线。一般仪器自身可以将实际自然光照条件下的实测功率数据进行自动修正，即修正到标准测试条件下的峰值功率。测试仪修正的内容为温度和光强这两项，并未考虑到实际组件的灰尘遮挡损失、组串匹配损失及仪器自身的测试精度，另外如果在汇流箱的输入端进行测量，方阵的各个组串到达汇流箱的线缆长度不尽相同，会存在电缆损耗，同样影响对组件或方阵真实功率的判断，因此还需要进行第二次修正，将上述损耗补偿到实际功率值当中。

860. 组串户外测试关于功率修正的相关系数如何确定？

答： 具体可参考如下几点：

（1）灰尘遮蔽损失补偿损失 L_s。需要根据电站所处的地理位置和自然环境、测试期间天气状况及组件表面积灰状况进行修正，可在现场实际测试和计算，一般可以尝试这两种方法：①在现场选取典型的两块组件进行对比，一块擦除掉表面灰尘，另一块不做处理，可通过 $I\text{-}U$ 测试功率，确定灰尘遮挡损失。②选择两个组串，一串不清洗，另一串清洗，一般组串电流和太阳辐照可认为是线性正比关系，对于组串逆变器，可监测组串的电流、实时辐照和环境温度，将实时电流换算到 STC 下的电流进行对比。对于集中式，可使用智能汇流箱监测到的每一串的工作电流进行分析。

（2）光伏电缆线损补偿损失 L_c。$4mm^2$ 光伏电缆电阻为 $4.375\Omega/km$，线缆损耗具体值还需要根据实际线缆长度来计算。假设取每一个组串电缆回路的平均长度为 40m，STC 工作电流值为 8A，可计算出每一组串线损为组串功率的 0.28% 左右。

（3）串联失配损失 L_m。组串当中各个组件实际工作电流不一致导致木桶效应，一般经验值可取 1%。当然实际值可对组串的每一块组件进行测试，获取 I_m 值的最小值，以此计算串联失配损失。

（4）测试仪器误差 L_e。对于 $I\text{-}U$ 特性曲线测试仪，如产品供应商给出的测试最大误差范围为 $\pm5\%$，可根据实际情况取值。

因此根据上述修正系数，可得到功率修正公式：

$$P_x = P_c \times (1000/G)/[(1+\beta \times (T_c - 25)) \times$$
$$(1-L_s) \times (1-L_c) \times (1-L_m) \times (1-L_e)] \qquad (9\text{-}1)$$

其中，P_x 为修正功率，P_c 为实测功率，G 为方阵斜面实时辐照度，β 为组件功率负温度系数，T_c 为光伏组件温度，L_s 为灰尘遮挡损失率，L_c 为直流线损率，L_m 为串联失配损失率，L_e 为设备误差损失率。

861. 光伏组件的衰减率如何测试？

答： 现场测试时使用户外 $I\text{-}U$ 测试仪，抽选同一类型组件随机抽取多块开展测试，每一组件一般重复测试 3 次。记录组件的测试数据：最大工作电流（A）、最大工作电压（V）、实测辐照度（W/m²）、组件背板温度（℃）。

辐照度测定条件：＞700W/m²，按 IEC 60891—2009 中公式对测试数据进行辐照度和温度修正，其中辐照度修正主要是针对电流，而不对电压修正，因为 700W/m² 以上光强的变化对工作电压影响非常小，计算得到光伏组件标准条件下的功率，最后用修正后的功率与组件额定功率进行比较就可以得到组件的衰减率。常用户外 *I-U* 测试仪器参数表如表 9-5 所示。

表 9-5　　　　　　　常用户外 *I-U* 测试仪器参数表

名称	测量范围	准确度
直流电压	10～1000V	±(1％rdg＋2dgt)
直流电流	0.3～200A	±(1％rdg＋2dgt)
温度	−55～125℃	
日照强度	0～4000W/m²	

862. 举例说明光伏组件的衰减率测试结果。

答：按照规范中对于样本比例的抽选原则，随机选取了某西部电站共计 200 块光伏组件，其中 255W 的组件 104 块、260W 的组件 80 块，265W 的组件 20 块。将原始测试数据进行 STC 修正，得到光伏组件功率衰减测试结果如表 9-6 所示，由表 9-6 可知，三种型号的组件平均衰减率约为 5.7％，由于该光伏电站投运已满 3 年，按照标准规范判断，实际组件衰减均超过了允许的理论衰减率，没有达到标准要求。

表 9-6　　　　　　　光伏组件功率衰减测试结果

编号	实测平均功率（W）	修正后的功率（W）	额定功率（W）	实际衰减率（％）	理论衰减率（％）	判定结果
A	232.18	240.4	255	5.73	3.9	偏高
B	239.13	244.95	260	5.79	3.9	偏高
C	249.18	251.03	265	5.27	3.9	偏高

863. 光伏电站组件到组串的串联失配率如何测试？

答：根据 CNCA/CTS0016—2015《并网光伏电站性能检测与质量评估技术规范》，以集中式电站为例，光伏电站组件串联失配率 λ_1 的测试和计算方法如下：

（1）选取待测试的光伏组串，断开汇流箱断路器，断开待测支路正负极的熔断器，用万用表直流挡检查汇流箱母排电压，当正负母排电压及各母排对地电压均为零后方可测试组件功率。使用便携式 I-U 曲线测试仪，测量三次该组串功率，并将测试数据记录在表格中，取其平均值为 P_1。

（2）断开该组串每块组件的正负连接器接头。用便携式 I-U 曲线测试仪依次测量每块组件的功率，该组串所有组件的功率和记为 P_0。

（3）每次测试时，记录辐照度和组件背板温度，将组串和组件的功率修正到标准测试条件下。

（4）光伏电站组件串联失配率 λ_1 的计算公式为：

λ_1＝(各组件修正最大功率之和 － 组串修正工作功率值)/各组件修正最大功率值之和×100％

864. 举例说明光伏电站组件到组串的串联失配率计算。

答：以西部某集中式并网光伏电站串联失配率测试结果为例，如表 9-7 所示，数据已经在 STC 条件下进行了修正。测试对象为组串的每一块组件，组串共有 20 块组件，最大功率为 231.21W，最小功率为 212.56W，经过计算得到串联失配率为 10％，已经超过了标准的 2％限值。

表 9-7　西部某集中式并网光伏电站串联失配率测试结果

序号	U_{oc}（V）	U_m（V）	I_m（A）	I_{sc}（A）	P_m（W）
1	36.63	29.07	7.78	8.46	226.3
2	36.25	28.85	7.76	8.49	223.88

续表

序号	U_{oc} (V)	U_m (V)	I_m (A)	I_{sc} (A)	P_m (W)
3	36.26	28.72	7.74	8.49	222.25
4	36.08	28.74	7.54	8.09	216.7
5	35.92	28.34	7.7	8.23	218.27
6	35.86	28.79	7.43	8.06	213.91
7	36.36	28.79	7.75	8.48	223.2
8	36.38	28.83	7.73	8.43	222.91
9	36.63	29.19	7.78	8.48	227.07
10	35.96	28.66	7.58	8.18	217.26
11	36.28	29.49	7.35	8.03	216.85
12	36.78	28.82	8.02	8.57	231.21
13	36.16	28.33	7.83	8.49	221.79
14	36.4	28.68	7.88	8.63	226.05
15	36.29	28.9	7.35	8.33	212.31
16	35.79	28.32	7.71	8.3	218.34
17	36.27	29.08	7.48	8.13	217.51
18	36.63	29.47	7.48	8.07	220.52
19	36.65	29.46	7.5	8.08	220.82
20	36.71	30.26	7.03	7.96	212.56
组串	720	570	7.05	8.3	4018.5
串联失配率					10%

注 U_{oc} 为开路电压，U_m 为最大功率点电压，I_m 为最大功率点电流，I_{sc} 为短路电流，P_m 为最大功率。

865. 光伏电站组串到汇流箱的并联失配率如何测试？

答：根据 CNCA/CTS0016—2015《并网光伏电站性能检测与质量评估技术规范》，以集中式电站为例，光伏电站组件并联失配系数 λ_2 的测试和计算方法如下：

（1）选取待测汇流箱，断开汇流箱的断路器，用万用表直流挡检查汇流箱母排电压，当正负母排电压及各母排对地电压均为零后方可测试方阵功率。

使用便携式 I-U 测试仪测量三次该汇流箱对应的方阵功率，并将测试数据记录在表格中，取其功率的平均值为 P_1。

（2）对选定汇流箱中每一个组串检测 I-U 曲线，记该汇流箱所有支路的功率和为 P_0。

（3）在记录辐照度和组件背板温度后，将组串和组件的功率修正到标准测试条件下。

（4）光伏电站组件并联失配率 λ_2 的计算公式为：

$$\lambda_2 = （汇流箱各组串修正功率和 － 汇流箱方阵功率）\div$$
$$汇流箱各组串修正功率和 \times 100\%$$

866. 举例说明光伏电站组件到组串的并联失配率的计算。

答：以西部某集中式并网光伏电站的组串并联失配率测试为例，某汇流箱 16 个组串，每一组串共有 20 块组件，组串到汇流箱的并联失配测试结果如表 9-8 所示，数据已经修正到 STC 条件。通过计算后可得到该汇流箱下所有组串的并联失配率为 0.4%，未超过标准的 2% 限值。

表 9-8 组串到汇流箱的并联失配测试结果

编号	U_{oc}（V）	I_{sc}（A）	U_m（V）	I_m（A）	P_m（W）
汇流箱	716.00	139.05	547.8	126.35	69 214.53
第 1 串	719.67	8.94	549.34	8.07	4433.17
第 2 串	712.04	8.70	546.02	7.95	4340.86
第 3 串	703.81	8.45	544.09	7.70	4189.49
第 4 串	726.67	9.03	554.09	8.12	4499.21
第 5 串	721.00	8.99	549.56	8.09	4445.94
第 6 串	724.18	8.79	537.24	7.90	4244.20
第 7 串	713.00	8.78	546.90	7.93	4336.92
第 8 串	712.18	8.78	546.05	7.92	4324.72
第 9 串	715.00	8.78	545.9	7.92	4323.53
第 10 串	724.82	8.77	543.00	7.91	4295.13
第 11 串	722.16	8.82	539.98	7.89	4260.44
第 12 串	723.30	8.82	546.34	7.91	4321.55
第 13 串	723.72	8.79	543.61	7.93	4310.83
第 14 串	722.81	8.79	539.8	7.85	4237.43
第 15 串	722.47	8.96	559.00	8.15	4555.85
第 16 串	715.60	8.84	548.48	7.97	4371.39
并联失配率					0.40%

867. 光伏电站的直流线损包括哪些？

答：对于集中式电站，光伏电站直流侧线损主要包括光伏组件到汇流箱端以及汇流箱端到逆变器直流侧的线损之和。对于组串式电站，直流侧线损主要为光伏组件到组串逆变器的直流侧的线损。

868. 组串至汇流箱的直流线损如何测试？

答：根据 CNCA/CTS0016—2015《并网光伏电站性能检测与质量评估技术规范》，组串至汇流箱的直流线损需要同时检测组串出口直流电压（U_0）和汇流箱入口直流电压（U_1），同时测量该组串在汇流箱入口的直流电流 I_0。按照下式求出直流线损：

$U_0 - U_1 =$ 直流导线电压差 ΔU

$\Delta U/U_0 \times 100\% =$ 现场实测直流线损（%）

$\Delta U/I_0 =$ 直流导线电阻 R_{dc}

$I_m \times R_{dc} =$ STC 条件下的直流压降 ΔU_{STC}

$\Delta U_{STC}/U_m \times 100 =$ 单组串 STC 条件下直流线损（%）

其中，I_m 为光伏组串 STC 条件下额定工作电流；U_m 为光伏组串 STC 条件下额定工作电压。

由于设计电缆线径时是按照 STC 条件下的电流值，故将损耗修正到 STC 条件，并检查是否符合表 9-2 中的设计值。

$4mm^2$ 光伏电缆线损结果示例见表 9-9。直流线损为近、中、远 STC 直流线损的平均值，约 0.44%。

表 9-9 $4mm^2$ 光伏电缆线损结果示例

测试和修正项	光伏组串 1（近端）	光伏组串 2（中部）	光伏组串 3（远端）
组串输出电压（V）	574.58	576.89	580.06
汇流箱输入电压（V）	574.40	574.40	574.40
电缆压降（V）	0.18	2.49	5.66

续表

测试和修正项	光伏组串 1 （近端）	光伏组串 2 （中部）	光伏组串 3 （远端）
工作电流（A）	7.656 3	7.656 3	7.656 3
实测线损（%）	0.03	0.43	0.98
平均实测线损（%）	0.48		
线路电阻（Ω）	0.023 8	0.325	0.739
STC 电流（A）	8.2	8.2	8.2
STC 电压降（V）	0.195 16	2.665	6.059 8
STC 工作电压（V）	671	671	671
STC 电缆线损（%）	0.03	0.40	0.90
平均 STC 线损（%）	0.44		

869. 汇流箱到逆变器的直流线损如何测试？

答：根据 CNCA/CTS0016—2015《并网光伏电站性能检测与质量评估技术规范》，从选定逆变器所对应汇流箱中抽取近、中、远三台进行直流线损检测。

检测方法和计算公式：同时检测（光强较稳定条件下也可以分别检测）汇流箱出口直流电压（U_{hc}）和逆变器入口直流电压（U_{nr}），同时测量逆变器入口直流电流 I_{dc}。按照下式求出直流线损：

$U_{hc} - U_{nr} = $ 直流导线电压差 ΔU

$\Delta U / U_{hc} \times 100 = $ 现场实测直流线损（%）

$\Delta U / I_{dc} = $ 直流导线电阻 R_{dc}

$I_{STC} \times R_{dc} = $ STC 条件下的直流压降 ΔU_{STC}

$\Delta U_{STC} / U_{STC} \times 100 = $ 单汇流箱直流线损（%）

其中，I_{STC} 为汇流箱 STC 条件下工作电流；U_{STC} 为汇流箱 STC 条件下工作电压。由于设计电缆线径时是按照 STC 条件下的电流值，故将电缆线损修正到 STC 条件，并检查是否符合表 9-2 中的设计值。

50mm^2 电缆线损测试结果示例见表 9-10。如表 9-10 所示，平均汇流箱到逆变器直流线损为近、中、远直流线损的平均值，约 1.13%。

表 9-10 　　　　50mm² 电缆线损测试结果示例

测试和修正项	汇流箱 1（近端）	汇流箱 2（中部）	汇流箱 3（远端）
汇流箱输出电压（V）	579.86	581.31	583.28
逆变器输入电压（V）	574.4	574.4	574.4
电缆压降（V）	5.46	6.91	8.88
工作电流（A）	122.5	122.5	122.5
实测线损（%）	0.94	1.19	1.52
平均实测线损（%）		1.22	
线路电阻（Ω）	0.044 6	0.056 4	0.072 5
STC 电流（A）	131.2	131.2	131.2
STC 电压降（V）	5.851 52	7.399 68	9.512
STC 工作电压（V）	671	671	671
STC 电缆线损（%）	0.90	1.10	1.40
平均 STC 线损（%）		1.13	

870. 光伏电站的 PR 如何测试？

答：PR 英文全称 Performance Ratio，意为能效比或光伏电站综合能量效率，为输出能量与输入能量之比。

根据 IEC 61724-1《光伏系统性能：第一部分　监控》对 PR 值计算的规定，$PR=(E/P_0)/(H_i/G_{ref})$，其中 G_{ref} 为光强且为 $100W/m^2$。因此计算 PR 值，还需要收集以下信息：测试周期、光伏电站的安装容量 P_0、光伏电站的实际发电量 E、总辐照量 H_i（需使用高精度辐照仪采集数据）。

871. 举例说明光伏电站的 PR 测试结果。

答：如某 20MW 山地光伏电站，测试时间段为 2017 年春季，辐照仪安装方向与组件倾角 26°保持一致，辐照仪朝向正南。经过多日的监测，发电量和辐照监测值、PR 计算值（温度修正值）如表 9-11 所示，计算后该电站的平均 PR 约为 76%，经过温度修正后的 PR_{stc} 约为 78%。

表 9-11 发电量和辐照监测值、PR 计算值（温度修正值）

日期	并网容量（MW）	发电量（万 kWh）	峰值日照小时数（h）	平均温度（℃）	PR（%）	理论满发电量（万 kWh）	理论满发电量修正（万 kWh）	PRstc（%）
第 1 天	40.21	18.35	5.94	33.4	76.9	23.86	23.06	79.6
第 2 天	40.21	18.48	6	33.07	76.5	24.15	23.37	79.1
第 3 天	40.21	19.02	6.27	32.4	75.4	25.21	24.46	77.8
第 5 天	40.21	18.09	5.95	33.18	75.7	23.90	23.12	78.2
第 7 天	40.21	14.52	4.8	31	75.3	19.29	18.83	77.1
第 10 天	40.21	15.04	4.9	30	76.4	19.70	19.31	77.9
第 12 天	40.21	15.83	5.1	32	77.2	20.51	19.93	79.4
第 13 天	40.21	16.73	5.6	33.22	74.3	22.52	21.78	76.9
第 14 天	40.21	15.87	5.2	35.43	75.9	20.91	20.04	79.2
第 15 天	40.21	18.83	6.2	32	75.5	24.93	24.23	77.7

872. 山地光伏电站的 PR 如何测试？

答：一般情况下，检测人员在测试前在光伏电站的物理中心位置安装辐射及组件温度监测的采集装置，所采集的数据用于理论发电量的计算，从而结合实际发电量计算 PR。与传统平坦地面或屋面等光伏电站不同的是，山地光伏电站由于地势复杂，组件朝向和角度多种，组件表面辐射差异较大，因此可结合现场组件布置及竣工图纸，尽可能将朝向、倾角相近的光伏区域归到一起，尽量在不同的区域安装辐照监测设备，并分别计算各区域方阵的理论发电量，由此计算出 PR。若现场辐射监测仪器数量有限，可根据不同方位组件斜面辐射与水平面辐射的数学模型测算，并通过现场实际数据校核或修正，减少理论与实际偏差，使其可作为理论发电量计算的数据参考。

873. 光伏组件的灰尘遮蔽率如何监测？

答：根据 IEC 61724-1《光伏系统性能：第一部分 监控》中的 7.3.4，光伏组件因表面积灰引起的瞬时灰尘遮蔽率可以用实测短路电流或最大功率来计算。

测试时需要准备两块安装条件一致的标准组件或标准电池，所谓条件一致是指组件或电池单元的安装倾角、朝向、安装高度、组件类型一致，并保证相同的角度损失、光谱失配损失。在其中一块组件保持自然积灰，另一块组件保持洁净，可通过人工清洗或自动清洗方法达到要求。两块组件的位置尽量紧挨在一起，减少其他因素的干扰。

874. 组件灰尘瞬时遮蔽率的计算有哪几种方法？

答： 遮蔽率的计算有电流法和功率法两种。以电流法为例介绍计算过程：

瞬时遮蔽率的计算可分为三个步骤：

(1) 有效辐照度的计算。当光伏场区无辐照仪器或数据不准。在某辐照度下，使用洁净标准组件的实测短路电流值 I_{sc}^{clean}、STC 短路电流值 $I_{sc,0}^{clean}$、背板温度 T_{clean} 可以计算得到有效的辐照度 G：

$$G = G_0 \cdot \frac{I_{sc}^{clean} \cdot [1 - \alpha \cdot (T^{clean} - T_0)]}{I_{sc,0}^{clean}} \tag{9-2}$$

公式中分子为实测短路电流值通过组件的短路电流温度系数 α、实测背面温度 T_{clean} 进行修正。分母为 STC 下的短路电流 $I_{sc,0}^{clean}$。T_0 为常数，25℃。G_0 为标准光强 1000W/m²。由此可知，光伏组件的短路电流被认为是与辐照度的大小呈线性关系。

(2) 积灰标准组件在无灰尘遮蔽的情况下的理论短路电流。积灰组件的 STC 短路电流 $I_{sc,0}^{soiled}$ 根据上述计算的辐照度 G 和实测背板温度 T^{soiled} 进行修正，可得到在实际工况下的理论短路电流 $I_{sc,1}^{soiled}$。公式为：

$$I_{sc,1}^{soiled} = I_{sc,0}^{soiled} \cdot [1 + \alpha(T^{soiled} - T_0)] \cdot \frac{G}{G_0} \tag{9-3}$$

(3) 计算瞬时积灰遮蔽率。积灰组件的实测短路电流 I_{sc}^{soiled} 与无灰尘遮蔽情况下的理论短路电流 $I_{sc,1}^{soiled}$ 的比值为瞬时遮蔽率 SR^{Isc}，计算公式为：

$$SR^{\text{Isc}} = \frac{I_{\text{sc}}^{\text{soiled}}}{I_{\text{sc},0}^{\text{soiled}} \cdot [1 + \alpha (T^{\text{soiled}} - T_0)] \cdot \dfrac{G}{G_0}} \quad (9\text{-}4)$$

同理还可从组件实测功率角度来计算遮蔽率，用 SR^{pmax} 表示，公式为：

$$SR^{\text{pmax}} = \frac{P_{\text{max}}^{\text{soiled}}}{P_{\text{max},0}^{\text{soiled}} \cdot [1 + \gamma \cdot (T^{\text{soiled}} - T_0)] \cdot \dfrac{G}{G_0}} \quad (9\text{-}5)$$

其中，$P_{\text{max}}^{\text{soiled}}$ 为积灰组件的实测功率；$P_{\text{max},0}^{\text{soiled}}$ 为积灰组件的额定功率；γ 为组件功率温度系数。

875. 电流和功率法计算瞬时遮蔽率的区别是什么？

答： 上述式（9-4）、式（9-5）的差异：如果光伏组件表面灰尘积灰的程度一致：可使用电流或功率法。如果光伏组件表面灰尘积灰的程度不同：建议使用功率法计算。两种方法的区别如下：

如图 9-14 所示为积灰程度不同对 I-U 曲线的影响，图 9-14（a）表示积灰均匀的情形下，组件的 I-U 曲线形状一致，特别是短路电流 I_{sc} 随着辐照度的下降而下降；而图 9-14（b）表示积灰不均匀的情形下，组件表面电池片所接收的辐照度不一致，造成了马鞍形曲线，形成了两个最大功率点 P_{m}（全局、局部），而各马鞍曲线的短路电流变化较小，最大功率点发生变化。

因此，使用电流法计算遮蔽率无法反映实际情况，只能使用功率法进行计算。

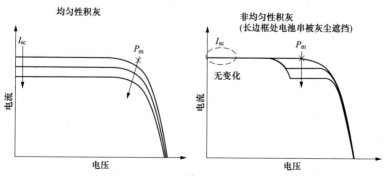

图 9-14　积灰程度不同对 I-U 曲线的影响

876. 日加权遮蔽损失率如何计算？

答：如果得到了瞬时的遮蔽率，就可以根据辐照度进行加权计算。分子为某时刻辐照度与遮蔽率的乘积之和，分母为辐照度之和。

877. 集中逆变器运行效率如何测试？

答：逆变器效率是任意时刻逆变器输出功率与输入功率的比值，或某一时段输出能量与输入能量的比值，用百分比表示。逆变器的转换效率受逆变器输入功率（光伏阵列输出功率）的影响较大，而光伏阵列的输出功率主要受到当地的辐照度、温度等环节因素的影响。

逆变器效率的测试可以使用功率分析仪，可从一年春夏秋冬四季中各选取一个晴朗天气的典型日，从早到晚在不同负载率时测试逆变器的输入和输出功率，同时测试并记录逆变器功率模块的温度。为了确保数据的准确性，逆变器的输入、输出的电压、电流采样精度应满足小于±1%要求。

878. 举例说明集中逆变器的运行效率测试结果。

答：对西部某光伏电站的 4 台集中逆变器效率进行了测试，结果见表 9-12。

表 9-12　　西部某光伏电站集中逆变器效率测试结果

编号	直流侧功率(kW)	交流侧功率(kW)	逆变器效率(%)	逆变器效率平均值(%)
A	207	201	97.1	97.18
	208	203	97.6	
	209	204	97.6	
	202	196	97.0	
	206	199	97.6	
B	273	268	98.2	98.30
	290	285	98.3	
	321	316	98.4	

续表

编号	直流侧功率（kW）	交流侧功率（kW）	逆变器效率（%）	逆变器效率平均值（%）
C	500	491	98.2	98.10
	510	500	98.0	
	521	511	98.1	
D	500	491	98.2	98.03
	523	511	97.7	
	545	535	98.2	

第五节 高压设备定期预防性试验

879. 预防性试验对于运维有什么意义？

答： 光伏电站运行中直流侧和交流侧均会产生故障，对于集中逆变器、箱式变压器、升压站和汇集线缆，相对于直流侧单元，发生故障的频率虽然较少，但是一旦出现了大的故障，就避免不了非计划停电，造成一定的发电量损失，因此需要提前把预防性试验的工作做好，发现问题，可及时采取措施，降低不必要的损失。

电气设备在运行过程中会受某些特定不利因素的影响，使电气设备不能达到正常的运行寿命，因此需要对设备绝缘状况要按时进行定期试验和检查。通过分析从而鉴定电气设备的绝缘老化程度能否满足实际运行的要求，并根据检查和试验结果进行分析，采取相应的检修措施和运行规定，以维持和保证设备的正常工作水平，确保安全、经济、可靠运行。

880. 预防性试验的国家标准有哪些？

答： 主要参考标准如下：DL/T 1476—2015《电力安全工器具预防性试验规程》；DL/T 596—2021《电力设备预防性试验规程》；中国南方电网有限责任公司的企业标准 Q/CSG 114002—2011《电力设备预防性试验规程》。

881. 配电室各设备检测周期一般是多长一次？

答： 根据 DL/T 596—2021《电力设备预防性试验规程》，配电室各设备检测周期如下：

（1）高压电气设备预防性试验：10kV 室内电气设备每 1～2 年试验一次。

（2）10kV 避雷器每一年试验一次。

（3）0.4kV 避雷器每年试验一次。

（4）电力电缆项目：绝缘电阻每一年一次。

（5）电力变压器项目：绕组绝缘电阻和吸收比每两年一次。

（6）绝缘工具绝缘鞋、绝缘手套每半年试验一次，验电器、绝缘杆、接地线每一年试验一次。

（7）电流互感器、电压互感器项目：绕组的绝缘电阻和变比两年一次。

（8）继电保护装置项目：10kV 电压等级的两年一次。

882. 高压试验的设备有哪些?

答： 高压试验设备有绝缘电阻测试仪、直流电阻测试仪、变压器试验综合测试仪、电流互感器/电压互感器综合特性分析仪、直流高压发生器、防雷元件测试仪、开关回路电阻测试仪、真空度真空开关测试仪、高压开关综合测试仪、绝缘油介电强度测试仪、抗干扰介质损耗测试仪、避雷器放电计数器测试仪、变压器变比测试仪、变压器容量测试仪、微机继电保护测试仪等。预防性试验如图 9-15 所示。

(a) 高压开关柜预防性试验　　　　(b) 箱式变压器预防性试验

图 9-15　预防性试验

883. 高压电缆的试验项目和设备有哪些?

答:高压电缆的试验项目和设备见表 9-13。

表 9-13　　　　　　高压电缆试验项目和设备

试验项目	试验设备
高压电缆耐压/相对地耐压	—
绝缘电阻（电缆绝缘电阻、电缆外护套、电缆内衬层）	绝缘电阻表（兆欧表）

884. 油浸式箱式变压器的预防性试验项目有哪些?

答:油浸式箱式变压器的预防性试验项目见表 9-14。

表 9-14　　　油浸式箱式变压器的预防性试验项目和设备

试验项目	试验设备
变压器试验（10、35kV）	
1. 绕组直流电阻	直流电阻测试仪
2. 绕组绝缘电阻、吸收比	绝缘电阻测试仪（绝缘电阻表）
3. 绝缘油中溶解气体色谱分析，绝缘油水分、酸值分析	油色谱分析仪、油酸值测试仪
4. 绝缘油击穿试验	绝缘油介电强度测试仪
5. 铁芯（有外引接地线的）绝缘电阻	绝缘电阻测试仪（绝缘电阻表）
6. 测温装置及其二次回路试验	绝缘电阻测试仪（绝缘电阻表）
7. 绕组的介质损耗 $\tan\delta$	抗干扰介损测试仪
避雷器试验	
1. 绝缘电阻	绝缘电阻测试仪
2. 直流 1mA 下的电压及 75% 该电压下的泄漏电流	直流高压发生器
3. 放电计数器动作情况检查	放电计数器测试仪

885. SVG 装置的试验项目和设备有哪些?

答: SVG 装置的试验项目和设备见表 9-15。

表 9-15　　　　　　　　SVG 装置的试验项目和设备

试验项目	试验设备
变压器试验	
绝缘油中溶解气体色谱	油色谱分析仪
绕组直流电阻	直流电阻测试仪
绕组绝缘电阻、吸收比	绝缘电阻测试仪（绝缘电阻表）
绕组的介质损耗因数	抗干扰介质损耗测试仪
绝缘油击穿试验	绝缘油介电强度测试仪
交流耐压试验	绝缘电阻测试仪
绕组泄漏电流	直流高压发生器
油温、绕温等温度测量、二次回路及相关仪器仪表的检验	
气体继电器校检	检验仪
避雷器试验	
绝缘电阻	绝缘电阻测试仪（绝缘电阻表）
直流 1mA 电压及 75%U_{1mA} 下的泄漏电流	直流高压发生器
放电计数器动作情况检查	放电计数器测试仪
高压电缆	
电缆绝缘电阻及吸收比	绝缘电阻测试仪
电缆主绝缘交流耐压	绝缘电阻测试仪

886. 继电保护自动装置的综合调试的试验项目有哪些?

答: 继电保护自动装置的综合调试试验项目有：定值优化及二次元件检测、保护动作校验及联动、二次回路绝缘、保护定值校对、保护定值传动试验、保护整定调整等。

887. 10kV 高压柜综合开关的试验项目有哪些?

答: 控制回路绝缘检测、母排及支柱瓷瓶绝缘检测、整体交流耐压试验、电显装置检查、五防性能检查、高压柜二次回路试验、高压柜真空断路器、配电采集器测试、无功补偿装置投入试验等。

888. 10kV 电流互感器和电压互感器的试验项目有哪些?

答: 10kV 电流互感器和电压互感器的试验项目有:

(1) 电流互感器:绕组的绝缘电阻、交流耐压试验、伏安特性及变比测量、各分接头的变比等。

(2) 电压互感器:绝缘电阻、交流耐压试验、空载及变比测量、各分接头的电压比等。

889. 变压器油色谱分析的目的是什么?

答: 通过变压器油中溶解气体分析即色谱分析技术,能够分析诊断运行中变压器内部是否正常,及时发现变压器内部存在的潜伏性故障,掌握充油电气设备的健康状况。

890. 变压器绝缘电阻测试的目的是什么?

答: 测量变压器绕组绝缘电阻、吸收比能有效地检查出变压器绝缘整体受潮、部件表面受潮或脏污以及贯穿性的集中性缺陷,如绝缘子破裂、引线外壳、器身内部有金属接地、绕组围裙严重老化、绝缘油严重受潮等缺陷。

891. 变压器在什么情况下测试绝缘电阻?

答: (1) 新装、检修后的变压器在投入运行前,应测量绝缘电阻合格。

(2) 停用半月及以上的变压器投入运行前,应测量其线圈绝缘电阻,并填入绝缘登记簿内。

892. 变压器的绝缘测试有哪些要求?

答: (1) 电压等级为 6kV 以上的绕组,测量绝缘电阻应使用

2500V 绝缘电阻表：1kV 及以下的绕组可选用 1000V（或 500V）绝缘电阻测量。

（2）测量形式：高压对低压、高压对地、低压对地、相间，测量后应对地放电。

（3）主变压器与发电机绝缘可一并测量。测量前，为避免高压侧感应电压的影响，应先将变压器高压侧接地，若测量结果不符合要求时，根据需要，可将主变压器与发电机分开后再分别测量，直至查出问题并恢复正常后方可投运。

893. 变压器的绝缘电阻要求是多少？

答：（1）线圈绝缘电阻的允许值要求每千伏不小于 1MΩ；500V 及以下的不小于 0.5MΩ，应与前次测量结果相比较，不得低于前次测量值的 50%，否则应通知检修处理。干式变压器在投运前，高压对地的绝缘电阻，应用 2500V 绝缘电阻表测量，绝缘电阻不应小于 300MΩ，铁芯对地应用 500V 绝缘电阻表，对地不小于 5MΩ。

（2）变压器线圈绝缘电阻吸收比（R_{60}/R_{15}）不应小于 1.3。

894. 绕组的 tanδ（介质损耗试验）的目的是什么？

答：测试变压器绕组连同套管的介质损耗角正切值 tanδ 的目的主要是检查变压器整体是否受潮、绝缘油介质是否劣化、绕组上是否附着油泥及存在严重局部缺陷等。它是判断变压器绝缘状态的一种较有效的手段，近年来随着变压器绕组变形试验的开展，测量变压器绕组的 tanδ 及电容量可以作为绕组变形判断的辅助手段之一。

895. 变压器预防性试验直流电阻值有超差，如何处理？

答：先排除接线误差、温度换算误差、测量人员操作手法、仪器本身等影响，再检查直流电阻三相不平衡是否合格。如有异常，则分析原因并消除。

第六节 定期防雷检测

896. 光伏电站做防雷检测的周期多长？

答：依据 GB/T 32512—2016《光伏发电站防雷技术要求》中的 6.2，以及 GB 50057—2010《建筑物防雷设计规范》中"建筑物的防雷分类"，第一类防雷建筑上的屋面光伏电站检测周期是 6 个月，第二类、第三类防雷建筑物上的屋面光伏电站和地面光伏电站检测周期是 12 个月。

897. 光伏电站一般如何做好防雷设计？

答：一般光伏区组件边框与支架通过跨接线进行等电位连接，以组件金属边框作为接闪器保护整个组件表面，并将边框与光伏方阵金属支架牢靠焊接，并将支架接地。光伏发电系统直流侧线路正负极均悬空、不接地，将光伏方阵支架接地。直流监测配电箱内设置电涌保护器，以防止雷电引起的线路过电压。

箱式变压器、支架与接地扁铁直接与人工接地体连接至主接地网，升压站使用避雷带、避雷针作为接闪器，避雷带通过建筑物暗敷引下线与主接地网进行连接。

对于分布式光伏电站，光伏区组件边框与支架使用跨接线进行连接后与房屋接地系统进行等电位连接，使用房屋建筑物共用接闪器、引下线与接地网进行连接。

898. 光伏电站防雷检测的主要区域有哪些？

答：对于地面电站，光伏电站防雷检测的主要区域有光伏区、升压站、综合楼。对于分布式电站，主要检测电站系统与房屋防雷系统等电位连接是否合格，并检测房屋接地系统是否良好。

899. 光伏电站防雷检测的主要项目有哪些？

答：依据 GB/T 32512—2016《光伏发电站防雷技术要求》中的 6.2 及项目现场的情况确定以下检测项目：

（1）接闪器、引下线的腐蚀及断裂情况检查。

（2）接地装置的接地电阻测试。

（3）等电位设施的腐蚀及断裂情况检查。

（4）屏蔽及布线设施的腐蚀及断裂情况检查。

（5）电涌保护器的运行状态情况检查。

900. 光伏电站防雷检测的主要工具有哪些？

答： 防雷检测的主要工具如表 9-16 所示。

表 9-16 防雷检测的主要工具

设备名称	备注
接地电阻和土壤电阻率测试仪	土壤电阻率和接地电阻测试
钢卷尺	测量接闪器高度，接闪带支架间距、高度
拉力计	避雷带支架承受能力测试
数显卡尺	测量接闪器规格、接闪器焊接长度
等电位测试仪	测量接闪器之间焊接的过渡电阻

第十章　电站后评价

　　光伏电站后评价是光伏项目并网发电并投入正常使用后，对项目选址、建设和运营的全过程进行综合评价。检验项目设计与施工是否合理、收益是否达到预期。通过分析评价，找出问题的原因，总结经验教训，以不断提高电站项目的决策、设计、施工及管理水平。

　　光伏电站运营维护是建设阶段的延续，是实现项目投资收益和回收的关键时期。光伏电站运营阶段的后评价主要是电站的运行情况、设备性能和综合发电能力等进行分析。

　　光伏电站后评价包括了电站性能检测、设备质量评估、电站系统效率评估等，在前面几章均有所涉及，暂不赘述。本章主要介绍后评价的其他相关问题。

　　901. 光伏电站的后评价包括哪些？

　　答： 光伏电站的后评价（也称为后评估）一般是在光伏电站全部建成并投产运行一年以后进行，主要包括对项目选址、气象指标、光资源指标、设计选型、设备性能、施工安装、运行维护、项目收益等方面进行的综合评价。例如：

　　（1）光资源评价。主要是比较电站监控数据与项目可行性研究和评估时的所用数据是否一致，对预期的发电量进行评估。

　　（2）设计评估。主要是对光伏方阵布置、电气一次、电气二次、土建设计等合理性进行评估。

　　（3）设备性能评估。主要是对设备选型、预期参数与实际运行的差异以及光伏组件的实际发电性能等进行评估。

　　（4）施工评价。主要是电站的建设质量，如对安装质量、防护、接地、绝缘性能等进行评估。

（5）运行维护评价。主要是分析预期发电量与实际发电量的差异及原因，评估汇流箱、逆变器、箱式变压器、电缆等关键设备的可靠性、故障率等。

（6）电站系统效率评估。主要是评估实际系统效率与预期系统效率的差异及影响因素。

（7）项目效益评价。项目投入运行以后，基于实际财务数据核实实际发生的效益和费用，并对后评价时点以后的效益和费用进行重新预测，在此基础上计算评价指标。项目效益评价通过项目投产以后所产生的经济效益与可行性研究时所预测的经济效益的比较，评价项目投资的实际收益率，分析偏离程度，并找出原因，为今后新建项目的投资决策提供参考。

902. 光伏电站的后评价需要收集哪些资料？

答： 参考 NB/T 32041—2018《光伏发电站设备后评价规程》，后评价需要收集下面资料：

（1）可行性研究报告、竣工图设计文件、施工质量控制文件、监理报告、并网运行安全检测和验收文件、电站运行维护档案等。

（2）电站名称、容量、建设时间、并网运行时间；主要设备型号规格、生产厂家和出厂日期；近一年来的现场气象数据、电站电量等。

（3）电站运行生产日报表、维护记录、财务报表等资料。

（4）电站性能检测等相关数据。

903. 光伏电站的发电量后评价需要准备哪些资料？

答： 光伏电站的发电量由三个因素决定：装机容量、峰值日照小时数、系统效率。当光伏电站的装机容量、项目地点确定以后，要对其发电量进行准确的预测，主要取决于剩余两个因素。一方面，要依靠准确的太阳能资源数据、科学的计算方法计算项目的峰值小时数；另一方面，要根据电站的实际情况和以往的经验数据，对项目的系统效率进行计算。

在评估前，至少需获取以下基本资料：

（1）经纬度、海拔。通过经纬度海拔信息获取第三方历史辐射数据。

（2）实际装机容量。依据电站的组件容量信息表了解组串的数量、组串的组件数、组件的功率等信息。

（3）现场运行数据。标杆区发电数据（最大出力、发电量、小时数）、样板逆变器与全站平均发电水平对比；逆变器发电单元发电性能失配率；设备故障台账和故障率、限电损失率、电网停电损失率、外线损失、逆变器单元至关口计量表损耗；电站现场辐照数据（评估光资源）；电站的实际运行数据和检测数据（用于理论发电小时数的偏差校核）。

（4）电站设计和设备组成。逆变器类型、图纸信息、并网时间等，设计校核（倾角、朝向、间距、坡度、坡向、接线方式、组件遮挡等），用于初步评估电站的发电效率或用于 PVsyst 光伏软件建模仿真。

（5）电站的实测数据。组件的实际衰减数据；实际线损（直流侧和交流侧）、实际系统效率测试值等数据。

904. 光伏电站的发电量后评价对数据的要求是什么？

答：（1）发电量后评价需要保证原始数据的完整性、有效性与准确性，数据要求如表 10-1 所示。原始数据主要包括光伏电站的关口计量表上网电量、逆变器单元发电量、光伏斜面辐射量、站用电量等。由于受到设备计量精度、通信问题的影响，采集得到的数据往往与实际值偏差较大，不能用于后评价。因此需要不定期检查后台监控系统，将错误的数据进行纠正。而无法纠正的数据，后期分析时需要剔除。

（2）生产运营指标计算方法的准确性。在计算时需要注意统计周期、计算口径及必要的计算系数。例如电量是关口计量表的正向有功表码与上网倍率的乘积，如果倍率错误，那么电量的计算结果也是错误的。统计口径一般有站内逆变器出口、站端关口

计量表侧、电网结算侧三处，应注意区分。

表 10-1	数据要求
完整性检验	检验统计/分析周期内数据的完整性
有效性检验	检验统计/分析周期内数据的有效性，如数据范围是否正常
数据的修订	异常数据的剔除（由于通信问题造成的数据的跳变，特别是辐照数据）

905. 太阳能资源评价目的和方法有哪些？

答：太阳能资源的评价目的是评估可行性研究报告所采用的气象数据是否合理。为后续在该区域建设光伏电站选择太阳能资源数据提供相关依据。

评价方法如下：

（1）用经过标定的总辐射表采集该光伏电站的气象数据。

（2）调取该电站最近的国家气象站数据。

（3）调取几种主流气象软件上该电站所在地的太阳能辐照数据。

（4）以现场实测辐射数据为基准，采取对比法分析实测数据、各种气象软件数据之间的差异。

906. 目前行业通用的典型气象数据资源有哪些？

答：气象数据对于项目前期太阳能资源评估、计算系统发电量乃至项目经济评价至关重要。获取我国某地气象数据的途径有多种，可通过 Meteonorm、PVsyst、SolarGis、NASA 等软件获取，也可以从当地气象局获取。不同途径获取的气象数据的准确性和可靠性有所不同。目前评估光资源最常用的为 Meteonorm 和 SolarGis 气象数据库。

907. 不同软件气象数据源的差异是什么？

答：以 NASA、Meteonorm、Solargis 气象数据源为例进行说明。气象数据源对比如表 10-2 所示。

表 10-2 气象数据源对比

名称	NASA	Meteonorm	Solargis
空间分辨率	110km	8km	0.25km
数据时间跨度	数据周期 22 年（1983～2005 年），但是不包含近 10 年的数据	周期有 3 种选择，第一种是 1981～1990 年，第 2 种是 1991～2010 年，第三种是未来的预测数据	西部地区 17 年，东部地区 10 以上的实时更新的数据
数据时间步长	每 3h、每日、每月平均值。对每日的平均值图像进行仿真	3h	30min
大气溶胶数据	月平均	月平均	天平均
是否包含年际变量	是，但该数据只是基于较低的空间分辨率数据上	是，但仅限于部分站点。通过对比月度值得来	是
是否包含该点的不确定度	否	是	是
是否实时更新	是（但数据无法下载）	偶尔	是

908. 全生命周期预期发电小时数的估算公式是什么？

答：估算发电小时数的方法有多种，其中峰值日照小时数的方法较为简便，在全生命周期的预测时可采用该方法进行粗略估算。

（1）首年等效利用小时数基本公式。等效利用小时数 H 的计算为峰值日照小时数乘以电站的首年系统效率，用公式表示为：

$$H = \frac{G_A}{E_S} \times \varphi \qquad (10\text{-}1)$$

其中，G_A 为光伏平面的辐射量；E_S 为标准测试条件下的辐照度（常数＝1000W/m²）；φ 表示首年的系统效率，包含组件的首年衰减。

（2）未考虑衰减的首年有效小时数测算。假如组件的首年衰减率用 η 表示，在式（10-1）的基础上，可计算得到未考虑衰减的首年小时数 H' 计算公式：

$$H' = \frac{G_A}{E_S} \times \varphi / (1 - \eta) \tag{10-2}$$

（3）考虑衰减的多年有效小时数测算。在式（10-2）的基础上，可计算得到考虑组件衰减的首年和 25 年逐年小时数 H'' 计算公式：

$$H'' = \frac{G_A}{E_S} \times \varphi / (1 - \eta) \times K \tag{10-3}$$

其中 K 为衰减修正系数。25 年的光伏发电衰减修正系数如表 10-3 所示。假设首年组件衰减率为 2.50%，那么当年衰减修正系数为 97.50%，从第 2 年至第 25 年，逐年衰减率假设为 0.70%，那么第二年的衰减修正系数为 96.80%，其余以此类推。

表 10-3　　　　　　25 年的光伏发电衰减修正系数

第 n 年	组件衰减率	K	第 n 年	组件衰减率	K
1	2.50%	97.50%	14	0.70%	88.40%
2	0.70%	96.80%	15	0.70%	87.70%
3	0.70%	96.10%	16	0.70%	87.00%
4	0.70%	95.40%	17	0.70%	86.30%
5	0.70%	94.70%	18	0.70%	85.60%
6	0.70%	94.00%	19	0.70%	84.90%
7	0.70%	93.30%	20	0.70%	84.20%
8	0.70%	92.60%	21	0.70%	83.50%
9	0.70%	91.90%	22	0.70%	82.80%
10	0.70%	91.20%	23	0.70%	82.10%
11	0.70%	90.50%	24	0.70%	81.40%
12	0.70%	89.80%	25	0.70%	80.70%
13	0.70%	89.10%			

值得注意的是，由于某些因素没有考虑到，这种方法不是一种很严谨的方法，和实际情况还是有一些差别，仅适用于粗略估算光伏电站的发电小时数。

909. 如何对山地电站的方阵布置合理性进行复核?

答: 对于复杂地形的山地光伏项目，因其占地范围广、地形多变、光伏区域不规则、遮挡关系复杂等因素，在电站运行过程中，若需要对电站的局部布置进行优化或进行一些后评价工作时，仅依靠人工会耗时耗力。这时需要将部分工作交给专业的软件进行分析和运算，以提高精确程度和节省人力物力。

目前在进行山地光伏项目设计时，并非所有设计院都会采用三维设计模式，部分仍采用在二维的等高线图上进行布置的方式。由于等高线图在表示坡度大小时依靠的是等高线的疏密变化，且无法直观地表示坡面的准确朝向，需要依靠经验或查看等高线的高程变化趋势来判断。

当进行大面积的山地光伏布置时，采用在二维等高线图上布置的方式难免会出现判断偏差或判断有误的情况，并且当出现这种失误时，即使采用多级校核的审图模式，也很难在众多布置中查找出局部的错误。图 10-1 为在坡面上布置光伏阵列。

图 10-1　在坡面上布置光伏阵列

在山地光伏电站领域，Candela3D 是一款应用较为广泛的软件〔由坎德拉（北京）科技有限公司开发〕，非常适合应用在山地光伏项目。虽然其本身为设计软件，但其部分功能同样可以应用到运维阶段，作为优化和复核的有力工具。

借助于该软件生成的三维布置，可以相对容易地找出可能存在的问题。三维模型中，坡的朝向一目了然，而地形中坡角的大小也容易进行对比和作出判断。正因为三维模型直观的展示能力，当出现较为异常的布置时，相对于平面图来说，更加容易发现。借助该特性在运维阶段可以找出局部布置不合理的区域，可进行局部的改造或其他补救措施。

910. 如何对山地电站的方阵阴影遮挡情况进行复核？

答： 不合理的阴影遮挡是光伏电站需要尽量避免的问题。然而对于山地光伏来说，因为光伏方阵众多、场区分散、地形变化多样，且各个区域的南北间距取值变化不一，局部区域很可能会出现不合理的阴影遮挡。这种不合理的阴影遮挡可能来自前后光伏方阵之间，也可能来自附近的地形。但对于大片的光伏场区来说，通过现场巡察，局部的不合理阴影遮挡并不容易发现，尤其是遮挡仅在部分特定的时间发生。借助于 Candela3D 生成的三维模型以及阴影功能，可直观地查看任意时间全场的阴影情况，从而有针对性地发现现场可能存在的不合理的阴影遮挡，为优化运维提供基础。观察局部阴影遮挡情况如图 10-2 所示。

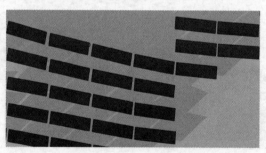

图 10-2 观察局部阴影遮挡情况

911. 如何对山地光伏发电项目的发电量进行后评价？

答： 发电量是光伏电站最重要的一项指标，尤其是光伏电站项目的运维委托给第三方单位时，需要运维服务商对光伏项目的发电量进行担保。对于第三方运维单位而言，希望有一套软件能够对光伏电站的发电能力进行评估。

在发电量计算方面，目前行业中认可度较高的软件是 PVsyst 仿真软件。对于简单地形的光伏电站，可以直接使用该软件建模功能进行模拟。而对于复杂地形，建模功能就显得捉襟见肘，无法应对。对于复杂地形光伏项目来说，布置情况又可能会对发电量会产生较大的影响，是不得不考虑的因素之一，此时可采用 Candela3D 进行辅助评价。

该软件可通过 *.DAE 为后缀的文件，将生成的三维模型导入到 PVsyst 中，再借助 PVsyst 实现发电量的模拟计算，主要操作如下：

（1）如前文所述，利用该软件将项目实际的地形和光伏方阵的布置转化为三维模型。

（2）利用"导出到 PVsyst"功能，将三维布置导出为 *.DAE 为后缀的文件。具体如图 10-3 所示。

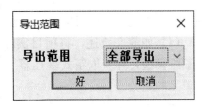

图 10-3　导出到 PVsyst

（3）通过 PVsyst 的导入 *.DAE 文件功能，将三维布置导入到模型空间中，如图 10-4 所示。

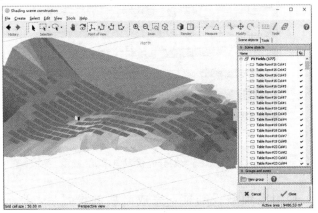

图 10-4　将三维布置导入到模型空间中

（4）正常使用 PVsyst 进行发电量模拟计算。

通过该方式，能够得到更接近于真实情况的布置，从而模拟出更接近于实际情况的遮挡及发电量。该方式除应用在运维阶段外，在设计阶段也是非常实用的一项功能。

912. 如何对光伏电站项目的电缆用量进行评价？

答： 光伏场区内敷设有大量的电缆，光伏场区内的电缆工程作为隐蔽工程，其在电站投入使用后就已经不易进行实地的复核和改造。但对于电缆用量的复核可作为光伏电站后评价的一项内容，一方面可以验证设计电缆用量的准确度，另一方面也可以对未来新建光伏电站的电缆用量提供参考。

在对项目电缆用量进行复核和评价时，借助于 Candela3D 软件，在三维地形上生成电缆。主要的操作步骤如下：

（1）如前文所述，将项目实际的地形和光伏方阵的布置转化为三维模型，并获取箱式变压器（或集中逆变器）位置及光伏发电单元的划分。

（2）根据实际情况，利用该软件完成光伏方阵的汇流划分，并根据需要定义电缆路径。图 10-5 为划分光伏发电单元。

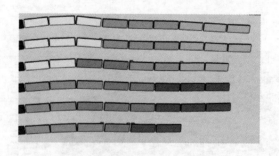

图 10-5　划分光伏发电单元

（3）使用电缆敷设功能，完成必要的设置后，生成电缆。图 10-6 为电缆敷设功能设置。图 10-7 为电缆路径规划结果。

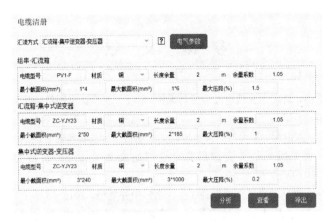

图 10-6 电缆敷设功能设置

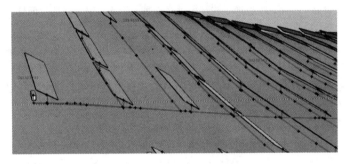

图 10-7 电缆路径规划结果

（4）导出电缆清册，对电缆量和电缆型号进行分析对比。通过在三维地形上敷设电缆，可以解决在等高线图敷设电缆时 Z 轴方向的量难以估算的问题，从而得到更加准确的电缆量。

参 考 文 献

[1] 张清小，葛庆．光伏电站运行与维护．2版．北京：中国铁道出版社有限公司，2019.

[2] 朱鹏，陈世明，管大伟．大型地面光伏项目站址选择所需考虑的问题．第十一届中国光伏大会暨展览会会议论文集．南京：东南大学出版社，2010.

[3] 舟丹．光伏"平价上网"到底指什么？中外能源，2019（5）：79-79.

[4] 薛鸿斐．晶体硅光伏组件功率衰减机制研究．信阳：信阳师范学院，2018.

[5] 王启新，王宇，陈思远．光伏电站逆变器显示 PV 绝缘阻抗过低处理．农村电工，2019，27（9）：36-37.

[6] 江苏省电力公司．电力系统继电保护原理与实用技术．北京：中国电力出版社，2006.

[7] 赵萌萌，江新峰，胡琴洪，等．SVG 在光伏电站无功补偿中的应用．电力电容器与无功补偿，2016（3）：35-38.

[8] 袁泉．光伏电站发电收入损失保险探析．中国保险，2018（1）：35-39.

[9] Richter S, Werner M, Swatek S, et al. Understanding the Snail Trail Effect in Silicon Solar Modules on Microstructural Scale. Frankfurt, 2012.

[10] 王欢，徐征，徐田帅，等．光伏组件隐裂特性的研究进展（上）．太阳能，2015（10）：47-51.

[11] 马勇．光伏熔丝知多少．太阳能，2015（7）：69-73.

[12] 任斌．光伏电站汇流箱通讯故障研究．科学与财富，2018（17）：231-232.

[13] 刘继茂，丁永强．无师自通：分布式光伏发电系统设计、安装与维护．北京：中国电力出版社，2019.

[14] 王景来．变压器渗油原因及处理措施．农村电气化，2017（6）：23-24.

[15] 刘恒，郑建飞，洪道文，等．地面光伏电站组串接地故障的快速判定方法．太阳能，2018（5）：2.

[16] 中国华能集团公司．光伏发电站技术监督标准汇编．北京：中国电力出版社，2017.

[17] 曾飞，刘仲义，董双丽，等．分布式光伏系统运维工作中的安全风险．

顺德职业技术学院学报，2018，16（2）：4.

[18] 赵盛杰，王龙龙，程鹏，等．地面光伏电站的直击雷防护与探讨．电网与清洁能源，2016，32（10）：172-175.

[19] 买发军，吕丹，白荣丽．山地光伏电站防洪设计和施工要点分析．太阳能，2018（4）：75-77.

[20] Sabene A，Piguet G，Loiseau P，et al．Oversizing Array-To-Inverter（DC-AC）Ratio：What Are the Criteria and How to Define the Optimum? 2014.

[21] 刘江林．华电大同秦家山10万kW光伏电站无人机自动巡检及热斑图像自动识别．太阳能，2017（5）：45-48.

[22] 郑军．光伏电站火灾风险的防范技术．电子制作，2016，301（4）：86-86.

[23] 姚苏建，胡海安．用户侧接入的分布式电源系统计量点功率因数治理研究．上海电力大学学报，2020，36（3）：285-289.

[24] 严峰峰，代佩佩，李国华，等．已建光伏电站后期扩容优选方案．电工技术，2019（11）：56-60.

[25] 王永平，席管龙．变压器绝缘电阻，吸收比（极化指数）测试要点及注意事项浅析．建筑工程技术与设计，2018（34）：3297.

[26] 高连生，许兰刚，刘世俊．光伏发电项目后评价技术方法探讨．中国能源，2014，36（3）：43-47.

作　者　简　介

　　陈建国，毕业于东南大学，硕士研究生，高级工程师，市级劳动模范。一直致力于光伏发电及相关领域的技术与研究工作，涉及光伏组件、电站仿真与设计、电站运营管理及后评价等领域。作为主要负责人，承担并完成吉瓦级光伏电站的运行诊断、能效评估、降本增效及光储示范项目的建设与运维；主持/参与运维管理体系编制、集控中心组建及大数据分析等工作；近年发表学术论文十余篇。